"十三五"普通高等教育本科规划教材

工程量清单计价实务

编 著 沈中友 祝亚辉
主 审 黄伟典

中国电力出版社
CHINA ELECTRIC POWER PRESS

内 容 提 要

　　本书为"十三五"普通高等教育本科规划教材。全书共分三篇，主要内容为工程量清单计价基础知识、工程量清单计价理论和工程量清单计价实例。书中较详细地介绍了计量规范的全部内容，系统地介绍了工程量清单编制的基础理论知识和实务操作方法。书中除对计量规范进行了全面的诠释外，每一分部还列举了典型工程实例。通过对本书的学习，读者可在较短的时间内掌握工程量清单计价的基本理论与方法，达到能较熟练地编制工程量清单和工程量清单报价的水平。

　　本书可作为普通高等院校工程造价、工程管理、土木工程等专业的教材，也可作为广大房屋建筑与装饰工程造价人员的参考用书。

图书在版编目（CIP）数据

工程量清单计价实务/沈中友，祝亚辉编著. —北京：中国电力出版社，2016.1（2020.8重印）
"十三五"普通高等教育本科规划教材
ISBN 978 - 7 - 5123 - 8661 - 7

Ⅰ．①工… Ⅱ．①沈… ②祝… Ⅲ．①建筑工程－工程造价－高等学校－教材 Ⅳ．①TU723.3

中国版本图书馆 CIP 数据核字（2015）第 302548 号

出版发行：中国电力出版社
地　　址：北京市东城区北京站西街 19 号（邮政编码 100005）
网　　址：http://www.cepp.sgcc.com.cn
责任编辑：孙　静（010－63412542）
责任校对：黄　蓓
装帧设计：张俊霞
责任印制：钱兴根

印　　刷：北京雁林吉兆印刷有限公司
版　　次：2016 年 1 月第一版
印　　次：2020 年 8 月北京第七次印刷
开　　本：787 毫米×1092 毫米　16 开本
印　　张：27
字　　数：661 千字
定　　价：56.00 元

前　言

为适应我国建设工程管理体制改革以及建设市场的发展需要，规范建设各方的计价行为，进一步深化工程造价管理模式的改革，帮助工程造价人员提高业务水平，提高综合运用知识能力，根据普通高等教育和高职高专类院校的教学计划，编者根据多年的教学和工程实践经验，编制了《工程量清单计价实务》一书。本书可作为普通高等教育和高职高专类院校工程造价、工程管理、土木工程等专业的教材，也可作为广大房屋建筑与装饰工程造价人员的参考用书。

本书根据《关于全面推开营业税改增值税试点的通知》财税（2016）36 号文件、《建设工程工程量清单计价规范》（以下简称"计价规范"）（GB 50500—2013）和《房屋建筑与装饰工程工程量计算规范》（以下简称"计量规范"）（GB 50584—2013）进行编写。全书较详细地介绍了"计量规范"的全部内容，系统地介绍了工程量清单编制的基础理论知识和实务操作方法。本书不但对"计量规范"进行了全面的诠释，每一分部还列举了典型工程实例。通过对本书的学习，使读者可在较短的时间内掌握工程量清单计价的基本理论与方法，达到能较熟练地编制工程量清单和工程量清单报价的水平。

本书基于"互联网＋教育"等教学理念，与北京超星公司共同合作开发了在线习题测试系统，通过安装"学习通"APP，扫描书中二维码（每章末均附有二维码），即可对相关知识点进行在线测试，还可获取电子课件、相关阅读材料等学习资源，便于学生及时巩固所学知识和教师对教学质量的把握。对习题答案有疑问或有对本书的修改建议，可以发送至47898001@qq.com，以便修订完善。

本书由重庆文理学院教授级高级工程师沈中友和重庆科技学院副教授祝亚辉共同编写。沈中友编写第一～四章、第六～十章，祝亚辉编写第五章。

本书在编写过程中，参考了诸多文献，对文献的作者表示感谢，在此不一一列举。由于编者水平所限，缺点和错误在所难免，欢迎读者批评指正。

编　者

2015 年 10 月

目　录

前言

第一篇　工程量清单计价基础知识

第一章　概述 ………………………………………………………………… 1
　第一节　工程量清单计价方式 …………………………………………… 1
　第二节　工程量清单计价原理 …………………………………………… 5
　第三节　工程量清单计价术语 …………………………………………… 14
　第四节　工程量清单计量计价规范概述 ………………………………… 29
第二章　工程量清单编制 …………………………………………………… 39
　第一节　工程量清单编制概述 …………………………………………… 39
　第二节　分部分项工程量清单编制 ……………………………………… 43
　第三节　措施项目清单编制 ……………………………………………… 49
　第四节　其他项目清单 …………………………………………………… 51
　第五节　规费、税金项目清单 …………………………………………… 52
第三章　工程量清单计价 …………………………………………………… 54
　第一节　交易阶段清单计价 ……………………………………………… 54
　第二节　施工阶段清单计价 ……………………………………………… 59
　第三节　竣工阶段清单计价 ……………………………………………… 66

第二篇　工程量清单计价理论

第四章　房屋建筑工程工程量清单 ………………………………………… 70
　第一节　土石方工程 ……………………………………………………… 70
　第二节　地基处理与边坡支护工程 ……………………………………… 78
　第三节　桩基工程 ………………………………………………………… 87
　第四节　砌筑工程 ………………………………………………………… 93
　第五节　混凝土及钢筋混凝土工程 ……………………………………… 107
　第六节　金属结构工程 …………………………………………………… 122
　第七节　木结构工程 ……………………………………………………… 130
　第八节　门窗工程 ………………………………………………………… 134
　第九节　屋面及防水工程 ………………………………………………… 144

第十节　保温、隔热、防腐工程 …………………………………………… 153

第五章　房屋装饰工程工程量清单 ……………………………………………… 159
第一节　楼地面装饰工程 ………………………………………………… 159
第二节　墙、柱面装饰与隔断幕墙工程 ………………………………… 168
第三节　天棚工程 ………………………………………………………… 175
第四节　油漆、涂料、裱糊工程 ………………………………………… 180
第五节　其他装饰工程 …………………………………………………… 185
第六节　拆除工程 ………………………………………………………… 191

第六章　措施项目 …………………………………………………………………… 199
第一节　脚手架工程 ……………………………………………………… 199
第二节　混凝土模板及支架（撑） ……………………………………… 204
第三节　垂直运输及超高施工增加 ……………………………………… 209
第四节　大型机械设备进出场及安拆 …………………………………… 212
第五节　施工排水、降水 ………………………………………………… 216
第六节　安全文明施工及其他措施项目 ………………………………… 218

第七章　其他项目、规费和税金清单编制 …………………………………… 224
第一节　其他项目清单编制 ……………………………………………… 224
第二节　规费和税金清单编制 …………………………………………… 227

第三篇　工程量清单计价实例

第八章　某法院招标工程量清单编制实例 …………………………………… 229
第一节　工程量清单封面与总说明编制 ………………………………… 229
第二节　分部分项工程量清单编制 ……………………………………… 231
第三节　措施项目清单编制 ……………………………………………… 246
第四节　其他项目清单编制 ……………………………………………… 247
第五节　规费和税金工程量清单编制 …………………………………… 250

第九章　某法院招标工程量与组价工程量计算 …………………………… 251
第一节　清单工程量计算 ………………………………………………… 251
第二节　组价工程量计算 ………………………………………………… 280

第十章　某法院投标报价编制实例 …………………………………………… 288
第一节　投标报价封面与总说明编制 …………………………………… 288
第二节　投标报价汇总表的编制 ………………………………………… 290
第三节　分部分项工程量清单投标报价编制 …………………………… 291
第四节　措施项目清单投标报价编制 …………………………………… 306
第五节　其他项目工程量清单投标报价编制 …………………………… 307
第六节　规费和税金工程量清单投标报价编制 ………………………… 310

参考文献 ……………………………………………………………………………… 311
附录　某法院施工图（建筑、结构、装饰）

第一篇 工程量清单计价基础知识

第一章 概 述

第一节 工程量清单计价方式

工程量清单是在 19 世纪 30 年代产生的，西方国家将计算工程量、提供工程量清单专业化为估价师的职责，所有的投标都要以估价师提供的工程量清单为基础，从而使最后的投标结果具有可比性。工程量清单计价方式，是在建设工程招投标中，招标人自行或委托具有资质的中介机构按国家统一的工程量计算规则编制反映工程实体消耗和措施性消耗的工程量清单，提供工程数量并作为招标文件的一部分给投标人，由投标人依据工程量清单自主报价的计价方式。在工程招标中采用工程量清单计价是国际上较为通行的做法。

一、实行工程量清单计价的意义

（一）工程量清单计价是深化工程造价改革的产物

近年来，工程造价管理坚持市场化改革方向，完善工程计价制度，转变工程计价方式，维护各方合法权益，取得了明显成效。从 1992 年开始，针对工程预算定额编制和使用中存在的问题，提出了"控制量、指导价、竞争费"的改革措施，其中对工程预算定额改革的主要思路和原则是：将工程预算定额中的人工、材料、机械的消耗量和相应的单价分离，人工、材料、机械的消耗量是国家根据有关规范、标准以及社会的平均水平来确定。控制量目的就是保证工程质量，价格要逐步走向市场，这一措施在我国实行市场经济初期起到了积极的作用。但随着建筑市场化进程的发展，这种做法难以改变工程预算定额中国家指令性的计划经济模式，难以满足市场化招标投标和评标的要求。对量进行控制反映了社会平均消耗水平，但不能准确反映各个企业的实际消耗量，不能全面地体现企业技术装备水平、管理水平和劳动生产率；也不能充分体现市场公平竞争规律。所以，现阶段工程造价改革的目标为"政府宏观调控、部门动态监管、企业自主报价、市场形成价格"。

（二）工程量清单计价是健全建筑市场的需要

按照建筑市场决定工程造价原则，工程造价是工程建设的核心内容，也是建筑市场运行的核心内容，建筑市场上存在的许多不规范行为大多与工程造价有关。过去的工程预算定额在工程发包与承包工程计价中调节双方利益、反映市场价格等方面反应置后，特别是在公开、公平、公正竞争方面，缺乏合理完善的机制，甚至出现了一些漏洞。实现建设市场的良性发展除了法律法规，行政监管以外，发挥市场规律中"竞争"和"价格"的作用是治本之策。全面推行工程量清单计价，完善配套管理制度，为"企业自主报价，竞争形成价格"提供制度保障。工程量清单计价是市场形成工程造价的主要形式，工程量清单计价有利于发挥企业自主报价的能力，实现政府定价到市场定价的转变。有利于规范业主在招标中的行为，有效改变招标单位在招标中盲目压价的行为，从而真正体现公开、公平、公正的市场经济规律。

（三）工程量清单计价构建了科学合理的计价体系

国家逐步统一各行业、各地区的工程计价规则，以工程量清单为核心，构建科学合理的工程计价依据体系，为打破行业、地区分割，服务统一开放、竞争有序的工程建设市场提供保障。完善工程项目划分，建立多层级工程量清单，形成以清单计价规范和各专（行）业工程量计算规范配套使用的清单规范体系，满足不同设计深度、不同复杂程度、不同承包方式及不同管理需求下工程计价的需要。推行工程量清单全费用综合单价，国家鼓励有条件的行业和地区编制全费用定额。

（四）工程量清单计价是与国际通行惯例接轨的需要

目前，"定额预算计价法"世界上只有中国、俄罗斯和非洲的贝宁在使用，国际上通行的工程造价计价方法，一般都不依赖由政府颁布定额和单价，凡涉及人工、材料、机械等费用价格都是根据市场行情来决定的。由于工程造价计价的主要依据是工程量和单价两大要素，所以任何国家或地区的工程造价管理基本体制主要体现在对于工程项目的"量"和"价"这两个方面的管理和控制模式上。从世界各国的情况来看，工程造价管理的主要模式有如下几种。

1. 美国模式

美国的做法是竞争性市场经济的管理体制，根据历史统计资料确定工程的"量"，根据市场行情确定工程的"价"，价格最终由市场决定。

2. 英联邦模式

英联邦的做法是政府间接管理，"量"有章可循，"价"由市场调节。即由政府颁布统一的工程量计算规则，并定期公布各种价格指数，工程造价是依据这些规则计算工程量，通过自由报价和竞争后形成的。

3. 日本模式

日本的做法是政府相对直接管理，有统一的工程量计算规则和计价基础定额，但量价分离，政府只管工程实物消耗，价格由咨询机构采集提供，作为计价的依据。

除了以上三种主要模式外，还有法国的做法是没有发布给社会的定额单价，一般是以各个工程积累的数据做参数，大公司都有自己的定额单价。德国的做法是与国际上习惯采用的FIDIC要求一致，即由工程数量乘以单价，而工程数量和清单项目均在招标书中全部列出，投标人则按综合单价和总价进行报价。因此，采用工程量清单方式计价和报价是国际上通行的做法，是根据中国国情及我国现行的工程造价计价方法和招标投标中报价方法总结的一种全新方式，是对国际通行惯例的一种借鉴。

（五）工程量清单计价是为促进企业健康发展的需要

工程量清单计价模式招标投标，对承包企业采用工程量清单报价，必须对单位工程成本、利润进行分析及统筹考虑，精心选择施工方案，并根据企业的定额合理确定人工、材料、施工机械等要素的投入与配置，优化组合，合理控制现场费用和施工技术措施费用，确定投标价；改变过去过分依赖国家发布定额的状况，企业根据自身的条件编制出自己的企业定额。对发包单位来说，由于工程量清单是招标文件的组成部分，招标单位必须编制出准确的工程量清单，并承担相应的风险，促进招标单位提高管理水平。由于工程量清单是公开的，将避免工程招标中弄虚作假、暗箱操作等不规范行为。工程量清单计价有利于控制建设项目投资，节约资源，有利于提高社会生产力，促进技术进步，有利于提高造价工程师的素质，使其必须成为懂技术、懂经济、懂法律、善管理等全面发展的复合人才。

二、工程量清单计价的适用范围

使用国有资金投资的建设工程发承包，必须采用工程量清单计价。非国有资金投资的建设工程，宜采用工程量清单计价。不采用工程量清单计价的建设工程，应执行《建设工程工程量清单计价规范》（GB 50500—2013）（以下简称《计价规范》）中除工程量清单等专门性规定外的其他规定。

（一）国有资金项目

根据《工程建设项目招标范围和规模标准规定》（国家计委第 3 号令）的规定，国有资金投资的工程建设项目包括使用国有资金投资和国家融资投资的工程建设项目。

（1）使用国有资金投资项目的范围包括：各级财政预算资金、各种政府性专项建设基金、国有企事业单位自有资金。

（2）国家融资项目的范围包括：国家发行债券所筹资金、使用国家对外借款或者担保所筹资金、国家政策性贷款的项目等。

（3）国有资金（含国家融资资金）为主的工程建设项目是指国有资金占投资总额 50%以上，或虽不足 50%但国有投资者实质上拥有控股权的工程建设项目。

（二）非国有资金项目

对于非国有资金投资的工程建设项目，是否采用工程量清单方式计价由项目业主自主确定，但《计价规范》鼓励采用工程量清单计价方式。

对于确定不采用工程量清单方式计价的非国有投资工程建设项目，除不执行工程量清单计价的专门性规定外，《计价规范》的其他条文仍应执行。

三、工程量清单计价的主要活动

建设工程发承包及实施阶段的计价活动包括：工程量清单编制、招标控制价编制、投标报价编制、工程合同价款的约定、工程施工过程中工程计量与合同价款的支付、索赔与现场签证、合同价款的调整、竣工结算的办理和合同价款争议的解决以及工程造价鉴定等活动。主要计价活动集中在工程交易阶段的工程量清单编制、招标控制价编制和投标报价编制。

（一）工程量清单编制

招标工程量清单应由具有编制能力的招标人或受其委托，具有相应资质的工程造价咨询人或招标代理人编制。招标工程量清单必须作为招标文件的组成部分，其准确性和完整性由招标人负责。

（1）招标人是进行工程建设的主要责任主体，其责任包括负责编制工程量清单。若招标人不具备编制工程量清单的能力，可委托工程造价咨询人编制。

（2）采用工程量清单方式招标发包，工程量清单必须作为招标文件的组成部分，招标人应将工程量清单连同招标文件的其他内容一并发送（或发售）给投标人。投标人依据工程量清单进行投标报价，对工程量清单不负有核实的义务，更不具有修改和调整的权力。对编制质量的责任规定更加明确和责任具体。工程量清单作为投标人报价的共同平台，其准确性、完整性，均应由招标人负责。

（3）如招标人委托工程造价咨询人编制，其责任仍应由招标人承担。中标人与招标人签订工程施工合同后，在履约过程中发现工程量清单漏项或错算，引起合同价款调整的，应由发包人（招标人）承担，而非其他编制人，所以规定仍由招标人负责。而工程造价咨询人的错误应承担什么责任，则应由招标人与工程造价咨询人通过合同约定处理或协商解决。

（二）招标控制价编制

招标控制价是招标人根据国家或省级、行业建设主管部门颁发的有关计价依据和办法，以及拟定的招标文件和招标工程量清单，结合工程具体情况编制的招标工程的最高投标限价。招标控制价是在建设市场发展过程中对传统标底概念的性质进行的界定，其主要作用是：

（1）招标人通过招标控制价，可以清除投标人间合谋超额利益的可能性，有效遏制围标串标行为。

（2）投标人通过招标控制价，可以避免投标决策的盲目性，增强投标活动的选择性和经济性。

（3）招标控制价与经评审的合理最低价评标配合，能促使投标人加快技术革新和提高管理水平。

（三）投标报价编制

投标报价是在工程发承包过程中，投标人响应招标文件的要求，并结合自身的施工技术、装备和管理水平，自主报出的工程造价。投标报价是投标人希望在工程交易阶段达成的期望价格，原则上不能高于招标控制价，高于招标控制价的投标报价应予废标；同时，投标报价不得低于工程成本。因此，工程成本≤投标报价≤招标控制价。

工程量清单计价方式下，投标人的投标报价是体现企业自身技术和管理水平的自主报价。投标报价的主要作用体现在以下几个方面。

（1）投标报价是招标人选择中标人的主要标准，也是施工合同中签约合同价的主要依据。选择合理投标报价能对建设项目投资控制起到重要作用。

（2）工程量清单计价方式下的量价分离，取消统一定额的法令性（注意：不是取消定额，而是取消定额的法令性），将统一的带法令性的预算定额改为指导性的实物量消耗标准，供业主和承包商参考，允许投标人在统一的工程量清单下根据自身情况自主确定实物量消耗标准，自主确定各项基础价格，自主确定各分项工程的单价。

四、清单计价与定额计价的主要区别

（一）单位工程造价构成形式不同

按定额计价时，单位工程造价由直接工程费、间接费、利润、税金构成，计价时先计算直接费，再以直接费（或其中的人工费）为基数计算各项费用、利润、税金，汇总为单位工程造价。工程量清单计价时，工程造价由工程量清单费用（$\sum$ 清单工程量×项目综合单价）、措施项目清单费用、其他项目清单费用、规费、税金 5 部分构成，作这种划分的考虑是将施工过程中的实体性消耗和措施性消耗分开，对于措施性消耗费用只列出项目名称，由投标人根据招标文件要求和施工现场情况、施工方案自行确定，以体现出以施工方案为基础的造价竞争；对于实体性消耗费用，则列出具体的工程数量，投标人要报出每个清单项目的综合单价。

（二）分项工程单价构成不同

按定额计价时分项工程的单价是工料单价，即只包括人工、材料、机械费，工程量清单计价分项工程单价一般为综合单价，除了人工、材料、机械费，还要包括管理费（现场管理费和企业管理费）、利润和必要的风险费。采用综合单价便于工程款支付、工程造价的调整和工程结算，也避免了因为"取费"产生的一些无谓纠纷。综合单价中的人工费、材料费、机械费、管理费、利润由投标人根据本企业实际支出及利润预期、投标策略确定，是施工企业实际成本费用的反映，是工程的个别价格。综合单价的报出是一个企业个别水平、市场竞争的过程。

（三）单位工程项目划分不同

按定额计价的工程项目划分即预算定额中的项目划分，一般土建定额有几千个项目，其划分原则是按工程的不同部位、不同材料、不同工艺、不同施工机械、不同施工方法和材料规格型号，划分十分详细。工程量清单计价的工程项目划分较之定额项目的划分有较大的综合性，它考虑工程部位、材料、工艺特征，但不考虑具体的施工方法或措施，如人工或机械、机械的不同型号等，同时对于同一项目不再按阶段或过程分为几项，而是综合到一起，如混凝土，可以将同一项目的搅拌（制作）、运输、安装、接头灌缝等综合为一项，门窗也可以将制作、运输、安装、刷油、五金等综合到一起，这样能够减少原来定额对于施工企业工艺方法选择的限制，报价时有更多的自主性。工程量清单中的量应该是综合的工程量，而不是按定额计算的"预算工程量"。综合量有利于企业自主选择施工方法并以之为基础竞价，也能使企业摆脱对定额的依赖，建立起企业内部报价及管理的定额和价格体系。

（四）计价依据不同

这是清单计价和按定额计价的最根本区别。按定额计价的唯一依据就是定额，而工程量清单计价的主要依据是企业定额，包括企业生产要素消耗量标准、材料价格、施工机械配备及管理状况、各项管理费支出标准等。目前可能多数企业没有企业定额，但随着工程量清单计价形式的推广和报价实践的增加，企业将逐步建立起自身的定额和相应的项目单价，当企业都能根据自身状况和市场供求关系报出综合单价时，企业自主报价、市场竞争（通过招投标）定价的计价格局也将形成，这也正是工程量清单所要促成的目标。工程量清单计价的本质是要改变政府定价模式，建立起市场形成造价机制，只有计价依据个别化，这一目标才能实现。

第二节　工程量清单计价原理

一、建筑安装工程费的组成

《计价规范》中1.03条规定，建设工程发承包及实施阶段的工程造价由分部分项工程费、措施项目费、其他项目费、规费和税金组成。实质上，不论采用何种计价方式，建设工程造价均可划分为分部分项工程费、措施项目费、其他项目费、规费和税金五部分费用，又称建筑安装工程费。根据住房城乡建设部、财政部印发的《建筑安装工程费用项目组成》建标〔2013〕44号和财政部、国家税务总局财税〔2016〕36号文件内容，建筑安装工程费的组成如下。

（一）按造价形成划分

建筑安装工程费按照工程造价形成由分部分项工程费、措施项目费、其他项目费、规费、税金组成，分部分项工程费、措施项目费、其他项目费包含人工费、材料费、施工机具使用费、企业管理费和利润，具体组成如图1-1所示。

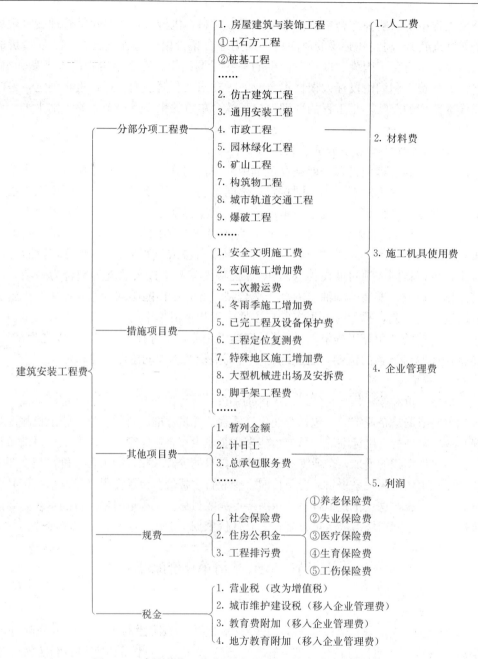

图 1-1　建筑安装工程费用项目组成（按造价形成划分）

1. 分部分项工程费

指各专业工程的分部分项工程应予列支的各项费用。

（1）专业工程：是指按现行国家计量规范划分的房屋建筑与装饰工程、仿古建筑工程、通用安装工程、市政工程、园林绿化工程、矿山工程、构筑物工程、城市轨道交通工程、爆破工程等各类工程。

（2）分部分项工程：指按现行国家计量规范对各专业工程划分的项目。如房屋建筑与装饰工程划分的土石方工程、地基处理与桩基工程、砌筑工程、钢筋及钢筋混凝土工程等。

各类专业工程的分部分项工程划分见现行国家或行业计量规范。

2. 措施项目费

指为完成建设工程施工，发生于该工程施工前和施工过程中的技术、生活、安全、环境保护等方面的费用。内容包括以下几方面。

（1）安全文明施工费：

1）环境保护费：指施工现场为达到环保部门要求所需要的各项费用。

2）文明施工费：指施工现场文明施工所需要的各项费用。

3）安全施工费：指施工现场安全施工所需要的各项费用。

4）临时设施费：指施工企业为进行建设工程施工所必须搭设的生活和生产用的临时建筑物、构筑物和其他临时设施费用。包括临时设施的搭设、维修、拆除、清理费或摊销费等。

（2）夜间施工增加费：指因夜间施工所发生的夜班补助费、夜间施工降效、夜间施工照明设备摊销及照明用电等费用。

（3）二次搬运费：指因施工场地条件限制而发生的材料、构配件、半成品等一次运输不能到达堆放地点，必须进行二次或多次搬运所发生的费用。

（4）冬雨季施工增加费：指在冬季或雨季施工需增加的临时设施、防滑、排除雨雪，人工及施工机械效率降低等费用。

（5）已完工程及设备保护费：指竣工验收前，对已完工程及设备采取的必要保护措施所发生的费用。

（6）工程定位复测费：指工程施工过程中进行全部施工测量放线和复测工作的费用。

（7）特殊地区施工增加费：指工程在沙漠或其边缘地区、高海拔、高寒、原始森林等特殊地区施工增加的费用。

（8）大型机械设备进出场及安拆费：指机械整体或分体自停放场地运至施工现场或由一个施工地点运至另一个施工地点，所发生的机械进出场运输及转移费用及机械在施工现场进行安装、拆卸所需的人工费、材料费、机械费、试运转费和安装所需的辅助设施的费用。

（9）脚手架工程费：指施工需要的各种脚手架搭、拆、运输费用以及脚手架购置费的摊销（或租赁）费用。

措施项目及其包含的内容详见各类专业工程的现行国家或行业计量规范。

3. 其他项目费

（1）暂列金额：指建设单位在工程量清单中暂定并包括在工程合同价款中的一笔款项。用于施工合同签订时尚未确定或者不可预见的所需材料、工程设备、服务的采购，施工中可能发生的工程变更、合同约定调整因素出现时的工程价款调整以及发生的索赔、现场签证确认等的费用。

（2）计日工：是指在施工过程中，施工企业完成建设单位提出的施工图纸以外的零星项目或工作所需的费用。

（3）总承包服务费：是指总承包人为配合、协调建设单位进行的专业工程发包，对建设单位自行采购的材料、工程设备等进行保管以及施工现场管理、竣工资料汇总整理等服务所需的费用。

4. 规费

指按国家法律、法规规定，由省级政府和省级有关权力部门规定必须缴纳或计取的费用。包括：

(1) 社会保险费：

1) 养老保险费：指企业按照规定标准为职工缴纳的基本养老保险费。

2) 失业保险费：指企业按照规定标准为职工缴纳的失业保险费。

3) 医疗保险费：指企业按照规定标准为职工缴纳的基本医疗保险费。

4) 生育保险费：指企业按照规定标准为职工缴纳的生育保险费。

5) 工伤保险费：指企业按照规定标准为职工缴纳的工伤保险费。

(2) 住房公积金：指企业按规定标准为职工缴纳的住房公积金。

(3) 工程排污费：指按规定缴纳的施工现场工程排污费。

其他应列而未列入的规费，按实际发生计取。

5. 税金

指国家税法规定的应计入建筑安装工程造价内的增值税。城市维护建设税、教育费附加以及地方教育附加"营改增"后移入企业管理费中。

(二) 费用构成要素划分

建筑安装工程费按照费用构成要素划分：由人工费、材料（包含工程设备，下同）费、施工机具使用费、企业管理费、利润、规费和税金组成。其中人工费、材料费、施工机具使用费、企业管理费和利润包含在分部分项工程费、措施项目费、其他项目费中，具体组成如图 1-2 所示。

1. 人工费

指按工资总额构成规定，支付给从事建筑安装工程施工的生产工人和附属生产单位工人的各项费用。内容包括：

(1) 计时工资或计件工资：指按计时工资标准和工作时间或对已做工作按计件单价支付给个人的劳动报酬。

(2) 奖金：指对超额劳动和增收节支支付给个人的劳动报酬。如节约奖、劳动竞赛奖等。

(3) 津贴补贴：指为了补偿职工特殊或额外的劳动消耗和因其他特殊原因支付给个人的津贴，以及为了保证职工工资水平不受物价影响支付给个人的物价补贴。如流动施工津贴、特殊地区施工津贴、高温（寒）作业临时津贴、高空津贴等。

(4) 加班加点工资：指按规定支付的在法定节假日工作的加班工资和在法定日工作时间外延时工作的加点工资。

(5) 特殊情况下支付的工资：指根据国家法律、法规和政策规定，因病、工伤、产假、计划生育假、婚丧假、事假、探亲假、定期休假、停工学习、执行国家或社会义务等原因按计时工资标准或计时工资标准的一定比例支付的工资。

2. 材料费

指施工过程中耗费的原材料、辅助材料、构配件、零件、半成品或成品、工程设备的费用。内容包括：

(1) 材料原价：指材料、工程设备的出厂价格或商家供应价格。

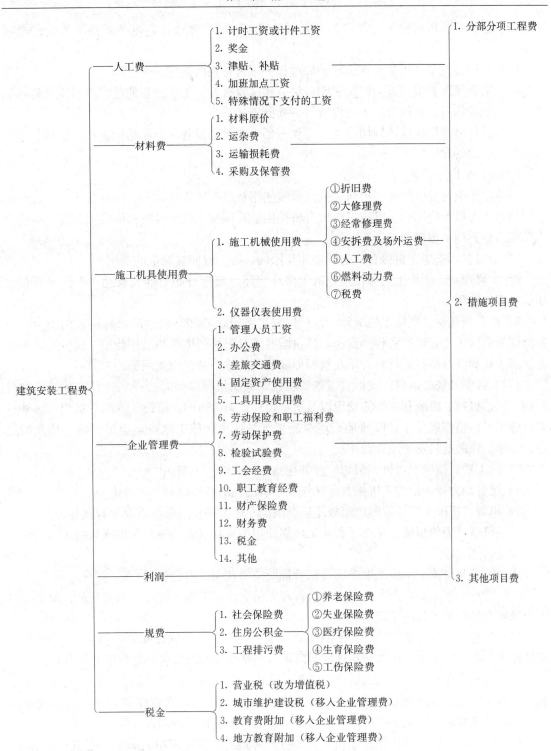

图 1-2 建筑安装工程费用项目组成（按费用构成要素划分）

（2）运杂费：指材料、工程设备自来源地运至工地仓库或指定堆放地点所发生的全部费用。

（3）运输损耗费：指材料在运输装卸过程中不可避免的损耗。

（4）采购及保管费：指为组织采购、供应和保管材料、工程设备的过程中所需要的各项费用。包括采购费、仓储费、工地保管费、仓储损耗。

工程设备是指构成或计划构成永久工程一部分的机电设备、金属结构设备、仪器装置及其他类似的设备和装置。

3. 施工机具使用费

指施工作业所发生的施工机械、仪器仪表使用费或其租赁费。

（1）施工机械使用费：以施工机械台班耗用量乘以施工机械台班单价表示，施工机械台班单价应由下列 7 项费用组成。

1）折旧费：指施工机械在规定的使用年限内，陆续收回其原值的费用。

2）大修理费：指施工机械按规定的大修理间隔台班进行必要的大修理，以恢复其正常功能所需的费用。

3）经常修理费：指施工机械除大修理以外的各级保养和临时故障排除所需的费用。包括为保障机械正常运转所需替换设备与随机配备工具附具的摊销和维护费用，机械运转中日常保养所需润滑与擦拭的材料费用及机械停滞期间的维护和保养费用等。

4）安拆费及场外运费：安拆费指施工机械（大型机械除外）在现场进行安装与拆卸所需的人工、材料、机械和试运转费用以及机械辅助设施的折旧、搭设、拆除等费用；场外运费指施工机械整体或分体自停放地点运至施工现场或由一施工地点运至另一施工地点的运输、装卸、辅助材料及架线等费用。

5）人工费：指机上司机（司炉）和其他操作人员的人工费。

6）燃料动力费：指施工机械在运转作业中所消耗的各种燃料及水、电等。

7）税费：指施工机械按照国家规定应缴纳的车船使用税、保险费及年检费等。

（2）仪器仪表使用费：是指工程施工所需使用的仪器仪表的摊销及维修费用。

4. 企业管理费

指建筑安装企业组织施工生产和经营管理所需的费用。内容包括：

（1）管理人员工资：指按规定支付给管理人员的计时工资、奖金、津贴补贴、加班加点工资及特殊情况下支付的工资等。

（2）办公费：指企业管理办公用的文具、纸张、账表、印刷、邮电、书报、办公软件、现场监控、会议、水电、烧水和集体取暖降温（包括现场临时宿舍取暖降温）等费用。

（3）差旅交通费：指职工因公出差、调动工作的差旅费、住勤补助费，市内交通费和误餐补助费，职工探亲路费，劳动力招募费，职工退休、退职一次性路费，工伤人员就医路费，工地转移费以及管理部门使用的交通工具的油料、燃料等费用。

（4）固定资产使用费：指管理和试验部门及附属生产单位使用的属于固定资产的房屋、设备、仪器等的折旧、大修、维修或租赁费。

（5）工具用具使用费：指企业施工生产和管理使用的不属于固定资产的工具、器具、家具、交通工具和检验、试验、测绘、消防用具等的购置、维修和摊销费。

（6）劳动保险和职工福利费：指由企业支付的职工退职金、按规定支付给离休干部的经费，集体福利费、夏季防暑降温、冬季取暖补贴、上下班交通补贴等。

（7）劳动保护费：企业按规定发放的劳动保护用品的支出。如工作服、手套、防暑降温饮料以及在有碍身体健康的环境中施工的保健费用等。

（8）检验试验费：指施工企业按照有关标准规定，对建筑以及材料、构件和建筑安装物进行一般鉴定、检查所发生的费用，包括自设试验室进行试验所耗用的材料等费用。不包括新结构、新材料的试验费，对构件做破坏性试验及其他特殊要求检验试验的费用和建设单位委托检测机构进行检测的费用，对此类检测发生的费用，由建设单位在工程建设其他费用中列支。但对施工企业提供的具有合格证明的材料进行检测不合格的，该检测费用由施工企业支付。

（9）工会经费：指企业按《工会法》规定的全部职工工资总额比例计提的工会经费。

（10）职工教育经费：指按职工工资总额的规定比例计提，企业为职工进行专业技术和职业技能培训，专业技术人员继续教育、职工职业技能鉴定、职业资格认定以及根据需要对职工进行各类文化教育所发生的费用。

（11）财产保险费：指施工管理用财产、车辆等的保险费用。

（12）财务费：指企业为施工生产筹集资金或提供预付款担保、履约担保、职工工资支付担保等所发生的各种费用。

（13）税金：指企业按规定缴纳的城市维护建设税、教育费附加，以及地方教育附加、房产税、车船使用税、土地使用税、印花税等。

（14）其他：包括技术转让费、技术开发费、投标费、业务招待费、绿化费、广告费、公证费、法律顾问费、审计费、咨询费、保险费等。

5. 利润

指施工企业完成所承包工程获得的盈利。

6. 规费

同"按造价形成划分"中的规费组成。

7. 税金

同"按造价形成划分"中的税金组成。

二、工程量清单计价公式

根据《建筑安装工程费用项目组成》建标〔2013〕44 号文件规定，工程量清单计价公式如下。

（一）分部分项工程费

$$分部分项工程费 = \sum(分部分项工程量 \times 综合单价) \qquad (1-1)$$

式中 综合单价——人工费、材料费、施工机具使用费、企业管理费和利润以及一定范围的风险费用（下同）。

（二）措施项目费

1. 国家计量规范规定应予计量的措施项目计算公式

$$措施项目费 = \sum(措施项目工程量 \times 综合单价) \qquad (1-2)$$

2. 国家计量规范规定不宜计量的措施项目计算方法

（1）安全文明施工费

$$安全文明施工费 = 计算基数 \times 安全文明施工费费率(\%) \qquad (1-3)$$

计算基数应为定额基价（定额分部分项工程费＋定额中可以计量的措施项目费）、定额人工费或（定额人工费＋定额机械费），其费率由工程造价管理机构根据各专业工程的特点综合确定。

（2）夜间施工增加费

$$夜间施工增加费 ＝ 计算基数 × 夜间施工增加费费率(\%) \qquad (1-4)$$

（3）二次搬运费

$$二次搬运费 ＝ 计算基数 × 二次搬运费费率(\%) \qquad (1-5)$$

（4）冬雨季施工增加费

$$冬雨季施工增加费 ＝ 计算基数 × 冬雨季施工增加费费率(\%) \qquad (1-6)$$

（5）已完工程及设备保护费

$$已完工程及设备保护费 ＝ 计算基数 × 已完工程及设备保护费费率(\%) \qquad (1-7)$$

上述（2）～（5）项措施项目的计费基数应为定额人工费或（定额人工费＋定额机械费），其费率由工程造价管理机构根据各专业工程特点和调查资料综合分析后确定。

（三）其他项目费

（1）暂列金额由建设单位根据工程特点，按有关计价规定估算，施工过程中由建设单位掌握使用、扣除合同价款调整后如有余额，归建设单位。

（2）计日工由建设单位和施工企业按施工过程中的签证计价。

（3）总承包服务费由建设单位在招标控制价中根据总包服务范围和有关计价规定编制，施工企业投标时自主报价，施工过程中按签约合同价执行。

（四）规费和税金

建设单位和施工企业均应按照省、自治区、直辖市或行业建设主管部门发布标准计算规费和税金，不得作为竞争性费用。

三、工程量清单计价的计价程序

根据《建筑安装工程费用项目组成》建标〔2013〕44 号和《关于全面推开营业税改增值税试点的通知》财税〔2016〕36 号文件规定，工程量清单计价的计价程序如下。

（一）招标控制价计价程序

建设单位的招标控制价计价程序如表 1-1 所示。

表 1-1　　　　　　　　　　　　招标控制价计价程序表

工程名称：　　　　　　　　　　　标段：

序号	内　　容	计算方法	金额（元）
1	分部分项工程费	按计价规定计算	
1.1			
1.2			
1.3			
1.4			
1.5			
	……		

序号	内　　　容	计算方法	金额（元）
2	措施项目费	按计价规定计算	
2.1	其中：安全文明施工费	按规定标准计算	
3	其他项目费		
3.1	其中：暂列金额	按计价规定估算	
3.2	其中：专业工程暂估价	按计价规定估算	
3.3	其中：计日工	按计价规定估算	
3.4	其中：总承包服务费	按计价规定估算	
4	规费	按规定标准计算	
5	税金	(1+2+3+4)×适用税率	
招标控制价合计＝1+2+3+4+5			

（二）投标报价计价程序

施工企业工程投标报价计价程序如表 1-2 所示。

表 1-2　　　　　　　　　投标报价计价程序表

工程名称：　　　　　　　　　　　标段：

序号	内　　　容	计算方法	金额（元）
1	分部分项工程费	自主报价	
1.1			
1.2			
1.3			
1.4			
1.5			
	……		
2	措施项目费	自主报价	
2.1	其中：安全文明施工费	按规定标准计算	
3	其他项目费		
3.1	其中：暂列金额	按招标文件提供金额计列	
3.2	其中：专业工程暂估价	按招标文件提供金额计列	
3.3	其中：计日工	自主报价	
3.4	其中：总承包服务费	自主报价	
4	规费	按规定标准计算	
5	税金	(1+2+3+4)×适用税率	
投标报价合计＝1+2+3+4+5			

（三）竣工结算计价程序

竣工结算计价程序如表1-3所示。

表1-3　　　　　　　　　　　　　**竣工结算计价程序表**

工程名称：　　　　　　　　　　　　　　　　标段：

序号	汇 总 内 容	计 算 方 法	金额（元）
1	分部分项工程费	按合同约定计算	
1.1			
1.2			
1.3			
1.4			
1.5			
	……		
2	措施项目	按合同约定计算	
2.1	其中：安全文明施工费	按规定标准计算	
3	其他项目		
3.1	其中：专业工程结算价	按合同约定计算	
3.2	其中：计日工	按计日工签证计算	
3.3	其中：总承包服务费	按合同约定计算	
3.4	索赔与现场签证	按发承包双方确认数额计算	
4	规费	按规定标准计算	
5	税金	（1+2+3+4）×适用税率	

竣工结算总价合计＝1+2+3+4+5

第三节　工程量清单计价术语

一、术语概述

（一）计价术语

工程量清单计价中的术语是对《建筑工程工程量清单计价规范》（以下简称《计价规范》）中特有名词给予的定义，为规范在贯彻实施过程中，尽可能避免对规范由于不同理解造成的争议。规范编制组在《2013建设工程工程量清单计价计量规范辅导》中对52个计价术语还作了要点说明。

（二）计量术语

工程量清单计量中的术语是《房屋建筑与装饰工程工程量计算规范》（以下简称《计量规范》）等9本计量规范中特有名词给予的定义，9本计量规范中的计量术语共计48个，汇总见表1-4。

表 1 - 4　　　　　　　　　　　　　　**计 量 术 语 表**

序号	计 量 规 范	数量	术　语
1	《房屋建筑与装饰工程工程量计算规范》	4	工程量计算、房屋建筑、工业建筑、民用建筑
2	《仿古建筑工程工程量计算规范》	4	工程量计算、古建筑、仿古建筑、纪念性建筑
3	《通用安装工程工程量计算规范》	2	工程量计算、安装工程
4	《市政工程工程量计算规范》	2	工程量计算、市政工程
5	《园林绿化工程工程量计算规范》	5	工程量计算、园林工程、绿化工程、园路、园桥
6	《矿山工程工程量计算规范》	5	工程量计算、矿山工程、露天工程、井巷工程、硐室
7	《构筑物工程工程量计算规范》	5	工程量计算、构筑物、工业隧道、造粒塔、输送栈桥
8	《城市轨道交通工程工程量计算规范》	14	工程量计算、城市轨道交通、正线、护轮轨、无缝线路、整体道床、地下结构工程、车辆段、列车自动运行、列车自动控制、调度集中、轨道电路、屏蔽门、防淹门
9	《爆破工程工程量计算规范》	7	工程量计算、爆破工程、钻孔爆破、硐室爆破、拆除爆破、地下空间爆破工程、环境状态
10	合　　计	48	

二、计价术语含义

（一）工程量清单 bills of quantities（BQ）

1. 规范定义

载明建设工程分部分项工程项目、措施项目、其他项目的名称和相应数量以及规费、税金项目等内容的明细清单。

2. 要点说明

工程量清单是建设工程进行计价的专用名词，它表示的是建设工程的分部分项工程项目、措施项目、其他项目的名称和相应数量以及规费、税金项目等内容的明细清单。在建设工程发承包及实施过程的不同阶段，又可分别称为"招标工程量清单"、"已标价工程量清单"等。

（二）招标工程量清单 BQ for tendering

1. 规范定义

招标人依据国家标准、招标文件、设计文件以及施工现场实际情况编制的，随招标文件发布供投标人投标报价的工程量清单，包括其说明和表格。

2. 要点说明

"招标工程量清单"是招标阶段供投标人报价的工程量清单，是对工程量清单的进一步具体化。

（三）已标价工程量清单 priced BQ

1. 规范定义

构成合同文件组成部分的投标文件中已标明价格，经算术性错误修正（如有）且承包人已确认的工程量清单，包括其说明和表格。

2. 要点说明

"已标价工程量清单"表示的是投标人对招标工程量清单已标明价格,并被招标人接受,构成合同文件组成部分的工程量清单。

（四）分部分项工程 work sections and trades

1. 规范定义

分部工程是单项或单位工程的组成部分,是按结构部位、路段长度及施工特点或施工任务将单项或单位工程划分为若干分部的工程;分项工程是分部工程的组成部分,是按不同施工方法、材料、工序、路段长度等将分部工程划分为若干个分项或项目的工程。

2. 要点说明

"分部分项工程"是"分部工程"和"分项工程"的总称。"分部工程"是单项或单位工程的组成部分,是按结构部位、路段长度及施工特点或施工任务将单项或单位工程划分为若干分部的工程。"分项工程"是分部工程的组成部分,是按不同施工方法、材料、工序及路段长度等分部工程划分为若干个分项或项目的工程。

（五）措施项目 preliminaries

1. 规范定义

为完成工程项目施工,发生于该工程施工准备和施工过程中的技术、生活、安全、环境保护等方面的项目。

2. 要点说明

"措施项目"是相对于分部分项工程项目而言,对实际施工中为完成合同工程项目所必须发生的施工准备和施工过程中技术、生活、安全、环境保护等方面的项目的总称。

（六）项目编码 item code

1. 规范定义

分部分项工程和措施项目清单名称的阿拉伯数字标识。

2. 要点说明

国家计量规范不只是对分部分项工程,同时对措施项目名称也进行了编码。

项目编码采用十二位阿拉伯数字表示。一至九位为统一编码,其中,一、二位为相关工程国家计量规范代码,三、四位为专业工程顺序码,五、六位为分部工程顺序码,七、八、九位为分项工程项目名称顺序码,十至十二位为清单项目名称顺序码。

（七）项目特征 item description

1. 规范定义

构成分部分项工程项目、措施项目自身价值的本质特征。

2. 要点说明

定义该术语是为了更加准确地规范工程量清单计价中对分部分项工程项目、措施项目的特征描述的要求,便于准确地组建综合单价。

（八）综合单价 all - in unit rate

1. 规范定义

完成一个规定清单项目所需的人工费、材料和工程设备费、施工机具使用费和企业管理费、利润以及一定范围内的风险费用。

2. 要点说明

一是综合单价为"完成一个规定清单项目"，如措施项目中的安全文明施工费、夜间施工费等总价项目；其他项目中的总承包服务费等无量可计，但总价的构成与综合单价是一致的，这样规定，也更为清晰；二是综合单价中含工程设备费。该定义仍是一种狭义上的综合单价，规费和税金费用并不包括在项目单价中。国际上所谓的综合单价，一般是指包括全部费用的综合单价，在我国目前建筑市场存在过度竞争的情况下，保障税金和规费等不可竞争的费用仍是很有必要的。随着我国社会主义市场经济体制的进一步完善，社会保障机制的进一步健全，实行全费用的综合单价也将只是时间问题。这一定义，与国家发改委、财政部、住建部等九部委联合颁布的第 56 号令中的综合单价的定义是一致的。

（九）风险费用 risk allowance

1. 规范定义

隐含于已标价工程量清单综合单价中，用于化解发承包双方在工程合同中约定内容和范围内的市场价格波动风险的费用。

2. 要点说明

"风险费用"是指隐含（而非明示）在已标价工程量清单中的综合单价中，承包人用于化解在工程合同中约定的计价风险内容和范围内的市场价格波动的费用。

（十）工程成本 construction cost

1. 规范定义

承包人为实施合同工程并达到质量标准，在确保安全施工的前提下，必须消耗或使用的人工、材料、工程设备、施工机械台班及其管理等方面发生的费用和按规定缴纳的规费和税金。

2. 要点说明

工程建设的目标是承包人按照设计、施工验收规范和有关强制性标准，依据合同约定进行施工，完成合同工程并到达合同约定的质量标准。为实现这一目标，承包人在确保安全施工的前提下，必须消耗或使用相应的人工、材料和工程设备、施工机械台班并为其施工管理所发生的费用和按照法律法规规定缴纳的规费和税金，构成承包人施工完成合同工程的工程成本。

（十一）单价合同 unit rate contract

1. 规范定义

发承包双方约定以工程量清单及其综合单价进行合同价款计算、调整和确认的建设工程施工合同。

2. 要点说明

实行工程量清单计价的工程，一般应采用单价合同方式，即合同中的工程量清单项目综合单价在合同约定的条件内固定不变，超过合同约定条件时，依据合同约定进行调整；工程量清单项目及工程量依据承包人实际完成且应予计量的工程量确定。

（十二）总价合同 lump sum contract

1. 规范定义

发承包双方约定以施工图及其预算和有关条件进行合同价款计算、调整和确认的建设工程施工合同。

2. 要点说明

"总价合同"是以施工图纸为基础，在工程任务内容明确，发包人的要求条件清楚，计价依据确定的条件下，发承包双方依据承包人编制的施工图预算商谈确定合同价款。当合同约定工程施工内容和有关条件不发生变化时，发包人付给承包人的合同价款总额就不发生变化。当工程施工内容和有关条件发生变化时，发承包双方根据变化情况和合同约定调整合同价款，但对工程量变化引起的合同价款调整应遵循以下原则：

（1）若合同价款是依据承包人根据施工图自行计算的工程量确定时，除工程变更造成的工程量变化外，合同约定的工程量是承包人完成的最终工程量，发承包双方不能以工程量变化作为合同价款调整的依据；

（2）若合同价款是依据发包人提供的工程量清单确定时，发承包双方应依据承包人最终实际完成的工程量（包括工程变更、工程量清单错、漏）调整确定合同价款。

（十三）成本加酬金合同 cost plus contract

1. 规范定义

发承包双方约定以施工工程成本再加合同约定酬金进行合同价款计算、调整和确认的建设工程施工合同。

2. 要点说明

"成本加酬金合同"是承包人不承担任何价格变化和工程量变化的风险的合同，不利于发包人对工程造价的控制。通常在下列情况下，方选择成本加酬金合同：

（1）工程特别复杂，工程技术、结构方案不能预先确定，或者尽管可以确定工程技术和结构方案，但不可能进行竞争性的招标活动并以总价合同或单价合同的形式确定承包人；

（2）时间特别紧迫，来不及进行详细的计划和商谈，如抢险、救灾工程。

成本加酬金合同有多种形式，主要有成本加固定费用合同、成本加固定比例费用合同、成本加奖金合同。

（十四）工程造价信息 guiDance cost information

1. 规范定义

工程造价管理机构根据调查和测算发布的建设工程人工、材料、工程设备、施工机械台班的价格信息，以及各类工程的造价指数、指标。

2. 要点说明

工程造价管理机构通过搜集、整理、测算并发布工程建设的人工、材料、工程设备、施工机械台班的价格信息，以及各类工程的造价指数、指标，其目的是为政府有关部门和社会提供公共服务，为建筑市场各方主体计价提供造价信息的专业服务，实现资源共享。工程造价中的价格信息是国有资金投资项目编制招标控制价的依据之一，是物价变化调整价格的基础，也是投标人进行投标报价的参考。

（十五）工程造价指数 construction cost index

1. 规范定义

反映一定时期的工程造价相对于某一固定时期的工程造价变化程度的比值或比率。包括按单位或单项工程划分的造价指数，按工程造价构成要素划分的人工、材料、机械价格指数等。

2. 要点说明

"工程造价指数"是反映一定时期价格变化对工程造价影响程度的一种指标，是调整工程造价价差的依据之一。工程造价指数反映了一定时期相对于某一固定时期的价格变动趋势，在工程发承包及实施阶段，主要有单位或单项工程项目造价指数，人工、材料、机械要素价格指数等。

（十六）工程变更 variation order

1. 规范定义

合同工程实施过程中由发包人提出或由承包人提出经发包人批准的合同工程任何一项工作的增、减、取消或施工工艺、顺序、时间的改变；设计图纸的修改；施工条件的改变；招标工程量清单的错、漏从而引起合同条件的改变或工程量的增减变化。

2. 要点说明

建设工程合同是基于合同签订时静态的发承包范围、设计标准、施工条件为前提的，由于工程建设的不确定性，这种静态前提往往会被各种变更所打破。在合同工程实施过程中，工程变更可分为设计图纸发生修改；招标工程量清单存在错、漏；对施工工艺、顺序和时间的改变；为完成合同工程所需要追加的额外工作等。

（十七）工程量偏差 Discrepancy，in BQ quantity

1. 规范定义

承包人按照合同工程的图纸（含经发包人批准由承包人提供的图纸）实施，按照现行国家计量规范规定的工程量计算规则计算得到的完成合同工程项目应予计量的工程量与相应的招标工程量清单项目列出的工程量之间出现的量差。

2. 要点说明

"工程量偏差"是由于招标工程量清单出现疏漏，或合同履行过程中，出现设计变更、施工条件变化等影响，按照相关工程现行国家计量规范规定的工程量计算规则计算的应予计量的工程量与相应的招标工程量清单项目的工程量之间的差额。

（十八）暂列金额 provisional sum

1. 规范定义

招标人在工程量清单中暂定并包括在合同价款中的一笔款项。用于工程合同签订时尚未确定或者不可预见的所需材料、工程设备、服务的采购，施工中可能发生的工程变更、合同约定调整因素出现时的合同价款调整以及发生的索赔、现场签证等确认的费用。

2. 要点说明

"暂列金额"包括以下含义：

（1）暂列金额的性质：包括在签约合同价之内，但并不直接属承包人所有，而是由发包人暂定并掌握使用的一笔款项。

（2）暂列金额的用途：①由发包人用于在施工合同协议签订时尚未确定或者不可预见的在施工过程中所需材料、工程设备、服务的采购；②由发包人用于施工过程中合同约定的各种合同价款调整因素出现时的合同价款调整以及索赔、现场签证确认的费用；③其他用于该工程并由发承包双方认可的费用。

（十九）暂估价 prime cost sum

1. 规范定义

招标人在工程量清单中提供的用于支付必然发生但暂时不能确定价格的材料、工程设备的单价以及专业工程的金额。

2. 要点说明

"暂估价"是在招标阶段预见肯定要发生，只是因为标准不明确或者需要由专业承包人完成，暂时又无法确定具体价格时采用的一种价格形式。采用这一种价格形式，既与国家发展和改革委员会、财政部、住建部等九部委第 56 号令发布的施工合同通用条款中的定义一致，同时又对施工招标阶段中一些无法确定价格的材料、工程设备或专业工程发包提出了具有操作性的解决办法。

（二十）计日工 daywork

1. 规范定义

在施工过程中，承包人完成发包人提出的工程合同范围以外的零星项目或工作，按合同中约定的单价计价的一种方式。

2. 要点说明

"计日工"是指对零星项目或工作采取的一种计价方式，包括完成该项作业的人工、材料、施工机械台班。计日工的单价由投标人通过投标报价确定，计日工的数量按完成发包人发出的计日工指令的数量确定。

（二十一）总承包服务费 main contractor's attendance

1. 规范定义

总承包人为配合协调发包人进行的专业工程发包，对发包人自行采购的材料、工程设备等进行保管以及施工现场管理、竣工资料汇总整理等服务所需的费用。

2. 要点说明

"总承包服务费"主要包括以下含义：

（1）总承包服务费的性质：是在工程建设的施工阶段实行施工总承包时，由发包人支付给总承包人的一笔费用。承包人进行的专业分包或劳务分包不在此列。

（2）总承包服务费的用途：①当招标人在法律、法规允许的范围内对专业工程进行发包，要求总承包人协调服务；②发包人自行采购供应部分材料、工程设备时，要求总承包人提供保管等相关服务；③总承包人对施工现场进行协调和统一管理、对竣工资料进行统一汇总整理等所需的费用。

（二十二）安全文明施工费 health，safety and environmental provisions

1. 规范定义

在合同履行过程中，承包人按照国家法律、法规、标准等规定，为保证安全施工、文明施工，保护现场内外环境和搭拆临时设施等所采用的措施而发生的费用。

2. 要点说明

"安全文明施工费"是按照原建设部办公厅印发的《建筑工程安全防护、文明施工措施费及使用管理规定》，将环境保护费、文明施工费、安全施工费、临时设施费统一在一起的命名。

（二十三）索赔 claim

1. 规范定义

在工程合同履行过程中，合同当事人一方因非己方的原因而遭受损失，按合同约定或法律法规规定应由对方承担责任，从而向对方提出补偿的要求。

2. 要点说明

《中华人民共和国民法通则》第一百一十一条规定：当事人一方不履行合同义务或者履行合同义务不符合合同条件的，另一方有权要求履行或者采取补救措施，并有权要求赔偿损失，这即是"索赔"的法律依据。本条的"索赔"专指工程建设的施工过程中发承包双方在履行合同时，对于非自己过错的责任事件并造成损失时，依据合同约定或法律法规规定向对方提出经济补偿和（或）工期顺延要求的行为。

（二十四）现场签证 site instruction

1. 规范定义

发包人现场代表（或其授权的监理人、工程造价咨询人）与承包人现场代表就施工过程中涉及的责任事件所做的签认证明。

2. 要点说明

"现场签证"是专指在工程建设的施工过程中，发承包双方的现场代表（或其委托人）就涉及的责任事件做出的书面签字确认凭证。有的又称工程签证、施工签证、技术核定单等。

（二十五）提前竣工（赶工）费 early completion（acceleration）cost

1. 规范定义

承包人应发包人的要求而采取加快工程进度措施，使合同工程工期缩短，由此产生的应由发包人支付的费用。

2. 要点说明

"提前竣工（赶工）费"是对发包人要求缩短相应工程定额工期或要求合同工程工期缩短产生的应由发包人给予承包人一定补偿支付的费用。

（二十六）误期赔偿费 delay damages

1. 规范定义

承包人未按照合同工程的计划进度施工，导致实际工期超过合同工期（包括经发包人批准的延长工期），承包人应向发包人赔偿损失的费用。

2. 要点说明

"误期赔偿费"是对承包人未履行合同义务，导致实际工期超过合同工期，向发包人赔偿的费用。

（二十七）不可抗力 force majeure

1. 规范定义

发承包双方在工程合同签订时不能预见的，对其发生的后果不能避免，并且不能克服的自然灾害和社会性突发事件。

2. 要点说明

"不可抗力"是指自然灾害和社会性突发事件的发生必然对工程建设造成损失，但这种事件的发生是发承包双方谁都不能预见、克服的，其对工程建设造成的损失也是不可避免的。

不可抗力包括战争、骚乱、暴动、社会性突发事件和非发承包双方责任或原因造成的罢工、停工、爆炸、火灾等，以及大风、暴雨、大雪、洪水、地震等自然灾害。自然灾害等发生后是否构成不可抗力事件应依据当地有关行政主管部门的规定或在合同中约定。

（二十八）工程设备 engineering facility

1. 规范定义

指构成或计划构成永久工程一部分的机电设备、金属结构设备、仪器装置及其他类似的设备和装置。

2. 要点说明

"工程设备"是采用《标准施工招标文件》（国家发展和改革委员会等 9 部委第 56 令）中通用合同条款的定义，包括现行国家标准《建设工程计价设备材料划分标准》（GB/T 50531—2009）定义的建筑设备。

（二十九）缺陷责任期 defect liability period

1. 规范定义

指承包人对已交付使用的合同工程承担合同约定的缺陷修复责任的期限。

2. 要点说明

"缺陷责任期"是根据住建部、财政部印发的《建设工程质量保证金管理办法》第二条第二、三款规定"缺陷是指建设工程质量不符合工程建设强制性标准、设计文件，以及承包合同的约定。缺陷责任期一般为 1 年，最长不超过 2 年，具体可由发承包双方在合同中约定"定义，与《标准施工招标文件》（国家发展和改革委员会等 9 部委第 56 令）中适用合同条款的相关规定是一致的。

（三十）质量保证金 retention money

1. 规范定义

发承包双方在工程合同中约定，从应付合同价款中预留，用以保证承包人在缺陷责任期内履行缺陷修复义务的金额。

2. 要点说明

"质量保证金"是根据住建部、财政部印发的《建设工程质量保证金管理办法》第二条第一款规定"建设工程质量保证金（保修金）是指发包人与承包人在建设工程承包合同中约定，从应付的工程款中预留，用以保证承包人在缺陷责任期内对建设工程出现的缺陷进行维修的资金"定义。

（三十一）费用 fee

1. 规范定义

承包人为履行合同所发生或将要发生的所有合理开支，包括管理费和应分摊的其他费用，但不包括利润。

2. 要点说明

"费用"是新增名词，指承包人履行合同所发生或将要发生的合理开支，在索赔中经常使用。

（三十二）利润 profit

1. 规范定义

承包人完成合同工程获得的盈利。

2. 要点说明

"利润"是指承包人履行合同义务，完成合同工程以后获得的盈利。

（三十三）企业定额 corporate rate

1. 规范定义

施工企业根据本企业的施工技术、机械装备和管理水平而编制的人工、材料和施工机械台班等的消耗标准。

2. 要点说明

企业定额是一个广义概念，专指施工企业的施工定额，是施工企业根据本企业具有的管理水平、拥有的施工技术和施工机械装备水平而编制的，完成一个规定计量单位的工程项目所需的人工、材料、施工机械台班等的消耗标准。企业定额是施工企业内部编制施工预算、进行施工管理的重要标准，也是施工企业对招标工程进行投标报价的重要依据。

（三十四）规费 statutory fee

1. 规范定义

根据国家法律、法规规定，由省级政府或省级有关权力部门规定施工企业必须缴纳的，应计入建筑安装工程造价的费用。

2. 要点说明

根据住建部、财政部印发的《建筑安装工程费用项目组成》（建标〔2013〕44号）的规定，规费是工程造价的组成部分。根据财政部、国家发改委、建设部《关于专项治理涉及建筑企业收费的通知》（财综〔2003〕46号）规定的行政事业收费的政策界限："各地区凡在法律、法规规定之外，以及国务院或者财政部、原国家计委和省、自治区、直辖市人民政府及其所属财政、价格主管部门规定之外，向建筑企业收取的行政事业性收费，均属于乱收费，应当予以取消"。规费由施工企业根据省级政府或省级有关权力部门的规定进行缴纳，但在工程建设项目施工中的计取标准和办法由国家及省级建设行政主管部门依据省级政府或省级有关权力部门的相关规定制定。

（三十五）税金 tax

1. 规范定义

国家税法规定的应计入建筑安装工程造价内的增值税。城市维护建设税、教育费附加和地方教育附加移入企业管理费。

2. 要点说明

"税金"是国家为了实现本身的职能，按照税法预先规定的标准，强制地、无偿地取得财政收入的一种形式，是国家参与国民收入分配和再分配的工具。本条的"税金"是依据国家规定应计入建筑安装工程造价内，由承包人负责缴纳的增值税。城市建设维护税、教育费附加和地方教育附加移入企业管理费。

（三十六）发包人 employer

1. 规范定义

具有工程发包主体资格和支付工程价款能力的当事人以及取得该当事人资格的合法继承

人，本规范有时又称招标人。

2. 要点说明

"发包人"是指具有工程发包主体资格和支付工程价款能力的当事人以及取该当事人资格的合法继承人，在建设工程施工招标时又称为"招标人"，有时又称"项目业主"。

（三十七）承包人 contractor

1. 规范定义

被发包人接受的具有工程施工承包主体资格的当事人以及取得该当事人资格的合法继承人，本规范有时又称投标人。

2. 要点说明

"承包人"是指被发包人接受的具有工程施工承包主体资格的当事人以及取得该当事人资格的合法继承人，在工程施工招标发包中，投标时又被称为"投标人"，有时又称"施工企业"。

（三十八）工程造价咨询人 cost engineering consultant（quantity surveyor）

1. 规范定义

取得工程造价咨询资质等级证书，接受委托从事建设工程造价咨询活动的当事人以及取得该当事人资格的合法继承人。

2. 要点说明

"工程造价咨询人"是指专门从事工程造价咨询服务的中介机构。中介机构应依法取得工程造价咨询企业资质方能成为工程造价咨询人，并只能在其资质等级许可的范围内从事工程进价咨询活动。建设行政主管部门按照《工程造价咨询企业管理办法》（建设部第 149 号令）对工程造价咨询人进行管理。

（三十九）造价工程师 cost engineer（quantity surveyor）

1. 规范定义

取得造价工程师注册证书，在一个单位注册、从事建设工程造价活动的专业人员。

2. 要点说明

"造价工程师"是从事建设工程造价业务活动的专业技术人员。我国对工程造价人员实行的是执业资格管理制度。住建部、交通部、水利部、人社部《关于印发〈造价工程师执业制度规定〉的通知》（建人〔2018〕67 号）规定，在建设工程计价活动中，工程造价人员实行执业资格制度。造价工程师执业资格制度属于国家统一规划的专业技术执业资格制度范围。造价工程师必须经全国统一考试合格，取得造价工程师执业资格证书，并在一个单位注册方能从事建设工程造价业务活动。建设行政主管部门对造价工程师按照《注册造价工程师管理办法》（住建部第 150 号）进行管理。

（四十）造价员 cost engineering technician

1. 规范定义

取得全国建设工程造价员资格证书，在一个单位注册、从事建设工程造价活动的专业人员。

2. 要点说明

"造价工程师"和"造价员"都是从事建设工程造价业务活动的专业技术人员，统称造价人员。造价员是按照中国建设工程造价管理协会印发的《全国建设工程造价员管理办法》

（中价协〔2011〕021 号）的规定，通过考试取得全国建设工程造价员资格证书并在一个单位登记方能从事工程造价业务的人员。中国建设工程造价管理协会和各地区造价管理协会或归口管理机构负责对造价员进行管理，国务院国发〔2016〕5 号文件决定取消造价员职业资格。

（四十一）单价项目 unit rate project

1. 规范定义

工程量清单中以单价计价的项目，即根据合同工程图纸（含设计变更）和相关工程现行国家计量规范规定的工程量计算规则进行计量，与已标价工程量清单相应综合单价进行价款计算项目。

2. 要点说明

"单价项目"是指工程量清单中以工程数量乘以综合单价计价的项目，如现行国家计量规范规定的分部分项工程项目、可以计算工程量的措施项目。

（四十二）总价项目 lump sum project

1. 规范定义

工程量清单中以总价计价的项目，即此类项目在现行国家计量规范中无工程量计算规则，以总价（或计算基础乘费率）计算的项目。

2. 要点说明

"总价项目"是指工程量清单中以总价（或计算基础乘费率）计价的项目，此类项目在现行国家计量规范中无工程量计算规则，不能计算工程量，如安全文明施工费、夜间施工增加费，以及总承包服务费、规费等。

（四十三）工程计量 measurement of quantities

1. 规范定义

发承包双方根据合同约定，对承包人完成合同工程的数量进行的计算和确认。

2. 要点说明

"工程计量"是指发承包双方根据合同约定，对承包人完成工程量进行的计算和确认。正确的计量是支付的前提。

（四十四）工程结算 final account

1. 规范定义

发承包双方根据合同约定，对合同工程在实施中、终止时、已完工后进行的合同价款计算、调整和确认。包括期中结算、终止结算、竣工结算。

2. 要点说明

"工程结算"是根据不同的阶段，又可分为期中结算、终止结算和竣工结算。期中结算又称中间结算，包括月度、季度、年度结算和形象进度结算。终止结算是合同解除后的结算。竣工结算是指工程竣工验收合格，发承包双方依据合同约定办理的工程结算，是期中结算的汇总。竣工结算包括单位工程竣工结算、单项工程竣工结算和建设项目竣工结算。单项工程竣工结算由单位工程竣工结算组成，建设项目竣工结算由单项工程竣工结算组成。

（四十五）招标控制价 tender sum limit

1. 规范定义

招标人根据国家或省级、行业建设主管部门颁发的有关计价依据和办法，以及拟定的招标文件和招标工程量清单，结合工程具体情况编制的招标工程的最高投标限价。

2. 要点说明

"招标控制价"不单是依据设计施工图纸计算的，还要依据拟定的招标文件和招标工程量清单，结合工程具体情况编制，使其与招标工程量清单相区分，更加明晰。其作用是招标人用于对招标工程发包规定的最高投标限价。

（四十六）投标价 tender sum

1. 规范定义

投标人投标时响应招标文件要求所报出的对已标价工程量清单汇总后标明的总价。

2. 要点说明

投标价是在工程采用招标发包的过程中，由投标人按照招标文件的要求和招标工程量清单，根据工程特点，并结合自身的施工技术、装备和管理水平，依据有关计价规定自主确定的工程造价，是投标人希望达成工程承包交易的期望价格，它不能高于招标人设定的最高投标限价，即招标控制价。

（四十七）签约合同价（合同价款）contract sum

1. 规范定义

发承包双方在工程合同中约定的工程造价，即包括了分部分项工程费、措施项目费、其他项目费、规费和税金的合同总金额。

2. 要点说明

"签约合同价"是在工程发承包交易完成后，由发承包双方以合同形式确定的工程承包价格。采用招标发包的工程，其签约合同价应为投标人的中标价，也即投标人的投标报价。计价规范的很多条文，按照用语习惯，经常使用合同价款一词，如调整合同价款，其实质就是调整签约合同价；再如合同价款支付，其实质也是对完成的签约合同价进行的支付，因此，在本规范中，签约合同价与合同价款同义。

（四十八）预付款 advance payment

1. 规范定义

在开工前，发包人按照合同约定预先支付给承包人用于购买合同工程施工所需的材料、工程设备，以及组织施工机械和人员进场等的款项。

2. 要点说明

工程预付款又称材料备料款或材料预付款。预付款用于承包人为合同工程施工购置材料、工程设备，购置或租赁施工设备、修建临时设施以及组织施工队伍进场等所需的款项。

（四十九）进度款 interim payment

1. 规范定义

在合同工程施工过程中，发包人按照合同约定对付款周期内承包人完成的合同价款给予支付的款项，也是合同价款期中结算支付。

2. 要点说明

进度款的支付，一般按当月实际完成工程量进行结算，工程竣工后办理竣工结算。在期中结算中，应在施工过程中双方确认计量结果后 14 天内，按完成工程数量支付进度款，支付比例发包人应支付不低于工程价款的 60％且不高于工程价款的 90％。

（五十）合同价款调整 adjustment in contract sum

1. 规范定义

在合同价款调整因素出现后，发承包双方根据合同约定，对其合同价款进行变动的提出、计算和确认。

2. 要点说明

合同工程实施的理想状态，是合同价款无须任何调整，但建筑施工生产的特点决定了这样的理想状态少之又少，由于合同条件的改变，在施工过程中，出现合同约定的价款调整因素，发承包方均可提出对其合同价款进行变动，经发承包双方确认后进行调整。

（五十一）竣工结算价 final account at completion

1. 规范定义

发承包双方依据国家有关法律、法规和标准规定，按照合同约定确定的，包括在履行合同过程中按合同约定进行的合同价款调整，是承包人按合同约定完成了全部承包工作后，发包人应付给承包人的合同总金额。

2. 要点说明

"竣工结算价"是在承包人完成合同约定的全部工程承包内容，发包人依法组织竣工验收合格后，由发承包双方根据国家有关法律、法规和本规范的规定，按照合同约定的工程造价确定条款，即签约合同价、合同价款调整等事项确定的最终工程造价。

《计价规范》第 2.0.45～2.0.51 条规定的招标控制价、投标价、签约合同价、预付款、进度款、合同价款调整、竣工结算价这 7 条术语，反映了工程造价的计价具有动态性和阶段性（多次性）的特点。工程建设项目从决策到竣工交付使用，都有一个较长的建设期。在整个建设期内，构成工程造价的任何因素发生变化都必然会影响工程造价的变动，不能一次确定可靠的价格，要到竣工结算后才能最终确定工程造价，因此需对建设程序的各个阶段进行计价，以保证工程造价确定和控制的科学性。工程造价的多次性计价反映了不同的计价主体对工程造价的逐步深化、逐步细化、逐步接近和最终确定工程造价的过程。

（五十二）工程造价鉴定 construction cost verification

1. 规范定义

工程造价咨询人接受人民法院、仲裁机关委托，对施工合同纠纷案件中的工程造价争议，运用专门知识进行鉴别、判断和评定，并提供鉴定意见的活动。也称为工程造价司法鉴定。

2. 要点说明

在社会主义市场经济条件下，发承包双方在履行施工合同中，仍有一些施工合同纠纷采用仲裁、诉讼的方式解决。因此，工程造价鉴定在一些施工合同纠纷案件处理中就成了裁决、判决的主要依据。本术语针对诸如工程经济纠纷、工程造价纠纷、工程造价争议等不同的称谓，依据全国人大常委会《关于司法鉴定管理问题的决定》第一条"司法鉴定是指在诉讼活动中鉴定人运用科学技术或者专门知识对诉讼涉及的专门性问题进行鉴别和判断并提供鉴定意见的活动"的规定，统一将其定义为工程造价鉴定，或称工程造价司法鉴定，并明确其为：工程造价咨询人接受人民法院、仲裁机关委托，对施工合同纠纷案件中的工程造价争议进行的鉴别、判断和评定。合同纠纷当事人或其他法人、自然人委托工程造价咨询人进行的有关工程造价鉴证，仍归于工程造价咨询之一以示区别。

三、计量术语含义

本书以建筑工程为主，只编写房屋建筑与装饰工程中的 4 个计量术语。

（一）工程计量计算 measurement of quantities

1. 规范定义

工程计量计算指建设工程项目以工程设计图纸、施工组织设计或施工方案及有关技术经济文件为依据，按照相关工程国家的计算规则、计量单位等规定，进行工程数量的计算活动，在工程建设中简称"工程计量"。

2. 要点说明

"工程计量计算"的依据是工程设计图纸、施工组织设计或施工方案及有关技术经济文件，计量需按照相关工程国家的计算规则、计量单位等规定，进行工程数量的计算活动。

（二）房屋建筑 building construction

1. 规范定义

在固定地点，为使用者或占用物提供庇护覆盖以进行生活、生产或其他活动的实体，可分为工业建筑与民用建筑。

2. 要点说明

房屋建筑物与其他建筑物的区别在于：一是有固定地点；二是实物体；三是功能满足为使用者或占用物提供生产、生活的庇护覆盖，用于工业与民用。

（三）工业建筑 industrial construction

1. 规范定义

提供生产用的各种建筑物，如车间、厂区建筑、动力站、与厂房相连的生活间、厂区内的库房和运输设施等。

2. 要点说明

"工业建筑"是指提供生产用的各种建筑物，如车间、厂区建筑、动力站、与厂房相连的生活间、厂区内的库房和运输设施等，明确了工业建筑功能是提供生产使用，也进一步明确与生产使用相关联的建筑物归属工业建筑。

（四）民用建筑 civil construction

1. 规范定义

非生产性的居住建筑和公共建筑，如住宅、办公楼、幼儿园、学校、食堂、影剧院、商店、体育（场）馆、旅馆、医院、展览馆等。

2. 要点说明

"民用建筑"是指非生产性的居住建筑和公共建筑，如住宅、办公楼、幼儿园、学校、食堂、影剧院、商店、体育（场）馆、旅馆、医院、展览馆等。明确了与工业建筑的区别是非生产性建筑物，房屋建筑主要体现在居住和公共使用。

第四节　工程量清单计量计价规范概述

一、工程量清单计价规范的历史沿革

(一)《建设工程工程量清单计价规范》(GB 50500—2003)

1. "03 规范"简介

为了适应我国建设工程管理体制改革以及建设市场发展的需要,规范建设工程各方的计价行为,进一步深化工程造价管理模式的改革,2003 年 2 月 17 日,原建设部以第 119 号公告发布了国家标准《建设工程工程量清单计价规范》(GB 50500—2003)(以下简称"03 规范"),自 2003 年 7 月 1 日开始实施,为推行工程量清单计价,建立市场形成工程造价的机制奠定了基础。"03 规范"主要侧重于工程招投标中的工程量清单计价,对工程合同签订、工程计量与价款支付、合同价款调整、索赔和竣工结算等方面缺乏相应的规定。

2. "03 规范"组成内容

"03 规范"共包括 5 章和 5 个附录,条文数量共 45 条,其中强制性条文 6 条,组成内容见表 1-5。

表 1-5　　　　　　　　　　　　　　"03 规范"组成内容

序号	章节	名　　　称	条文数	说明
1	第 1 章	总则	6	
2	第 2 章	术语	9	
3	第 3 章	工程量清单编制	14	
4	第 4 章	工程量清单计价	10	
5	第 5 章	工程量清单及其计价格式	6	
6	第 6 章	建筑工程工程量清单项目及计算规则		
7	第 7 章	装饰装修工程工程量清单项目及计算规则		
8	第 8 章	安装工程工程量清单项目及计算规则		
9	第 9 章	市政工程工程量清单项目及计算规则		
10	第 10 章	园林工程工程量清单项目及计算规则		
合　　计			45	

(二)《建设工程工程量清单计价规范》(GB 50500—2008)

1. "08 规范"简介

原建设部标准定额司从 2006 年开始,组织有关单位对"03 规范"的正文部分进行了修订。2008 年 7 月 9 日,住房城乡建设部以第 63 号公告,发布了《建设工程工程量清单计价规范》(GB 50500—2008)(以下简称"08 规范"),自 2008 年 12 月 1 日开始实施,对规范工程实施阶段的计价行为起到了良好的作用,具有以下特点。

(1)内容涵盖了工程施工阶段从招投标开始到工程竣工结算办理的全过程。包括工程量清单的编制、招标控制价和投标报价的编制、合同价款的约定、工程量的计量与价款支付、索赔与现场签证、工程价款的调整、工程竣工结算的办理、工程计价争议的处理等。

（2）体现了工程造价计价各阶段的要求，使规范工程造价计价行为形成有机整体。

（3）充分考虑到我国建设市场的实际情况，体现了国情。在安全文明施工费、规费等计取上，规定了不允许竞价；在应对物价波动对工程造价的影响上，较为公平的提出了发、承包双方共担风险的规定。

（4）充分注意了工程建设计价的难点，条文规定更具操作性。"08规范"对工程施工建设各阶段、各步骤计价的具体做法和要求都做出了具体而详尽的规定。

2."08规范"组成内容

"08规范"共包括5章和6个附录，条文数量共137条，其中强制性条文15条。附录A～附录E没有修订，增加了"附录E矿山工程工程量清单项目及计算规则"，并增加了条文说明。基本上涵盖了工程施工阶段的全过程。组成内容见表1-6。

表1-6　　　　　　　　　　　　　　　"08规范"组成内容

序号	章节	名　称	条文数	条文变化
1	第1章	总则	8	增加2条
2	第2章	术语	23	增加14条
3	第3章	工程量清单编制	21	增加7条
4	第4章	工程量清单计价	72	增加62条
5	第5章	工程量清单计价表格	13	增加7条
6	第6章	建筑工程工程量清单项目及计算规则		
7	第7章	装饰装修工程工程量清单项目及计算规则		
8	第8章	安装工程工程量清单项目及计算规则		
9	第9章	市政工程工程量清单项目及计算规则		
10	第10章	园林工程工程量清单项目及计算规则		
		合　计	137	

（三）《计价规范》体系

1.《计价规范》简介

为了进一步适应建设市场的发展，需要借鉴国外经验，总结我国工程建设实践，进一步健全、完善计价规范。因此，2009年6月5日，住房城乡建设部标准定额司组织有关单位全面开展"08规范"的修订工作。住房城乡建设部标准定额研究所、四川省建设工程造价管理总站为主编单位，于2012年6月完成了国家标准《建设工程工程量清单计价规范》（GB 50500—2013）（简称《计价规范》）的修订任务，自2013年7月1日开始实施。

2."13计量规范"简介

《计价计量规范》全面总结了"03规范"实施10年来的经验，针对存在的问题，发布了1本工程计价、9本计量规范，特别是9个专业工程计量规范的出台，使整个工程计价标准体系明晰了，为下一步工程计价标准的制定打下了坚实的基础。9本计量规范（简称"13计量规范"）见表1-7。

表 1 - 7　　　　　　　　　　"13 计量规范"组成表

序号	标准	名称	说明
1	GB 50854—2013	《房屋建筑与装饰工程工程量计算规范》	
2	GB 50855—2013	《仿古建筑工程工程量计算规范》	
3	GB 50856—2013	《通用安装工程工程量计算规范》	
4	GB 50857—2013	《市政工程工程量计算规范》	
5	GB 50858—2013	《园林绿化工程工程量计算规范》	
6	GB 50859—2013	《矿山工程工程量计算规范》	
7	GB 50860—2013	《构筑物工程工程量计算规范》	
8	GB 50861—2013	《城市轨道交通工程工程量计算规范》	
9	GB 50862—2013	《爆破工程工程量计算规范》	

3.《计价规范》主要变化

《计价规范》共设置 16 章、54 节、329 条，比"08 规范"分别增加 11 章、37 节、192 条，表格增加 8 种，并进一步明确了物价变化合同价款调整的两种方法。具体变化如表 1-8 所示。

表 1 - 8　　　　　　　　"13 规范"与"08 规范"章、节、条文增减表

《计价规范》			"08 规范"			条文 增（＋） 减（－）
章	节	条文	章	节	条文	
1. 总则		7	1 总则		8	－1
2. 术语		52	2 术语		23	＋29
3. 一般规定	4	19	4.1 一般规定	1	9	＋10
4. 工程量清单编制	6	19	3 工程量清单编制	6	21	－2
5. 招标控制价	3	21	4.2 招标控制价	1	9	＋12
6. 投标报价	2	13	4.3 投标价	1	8	＋5
7. 合同价款约定	2	5	4.4 工程合同价款的约定	1	4	＋1
8. 工程计量	3	15	4.5 工程计量与价款支付中 4.5.3、4.5.4		2	＋13
9. 合同价款调整	15	58	4.6 索赔与现场签证 4.7 工程价款调整	2	16	＋42
10. 合同价款期中支付	3	24	4.5 工程计世与价款支付	1	6	＋18
11. 竣工结算与支付	6	35	4.8 竣工结算	1	14	＋21
12. 合同解除的价款结算与支付		4				＋4
13. 合同价款争议的解决	5	19	4.9 工程计价争议处理	1	3	＋16

续表

《计价规范》			"08 规范"			条文 增（＋） 减（一）
章	节	条文	章	节	条文	
14. 工程造价鉴定	3	19	4.9.2		1	＋18
15. 工程计价资料与档案	2	13				＋13
16. 工程计价表格		6	5.2 计价表格使用规定	1	5	＋1
合　　计	54	329		17	137	＋192

二、《建设工程工程量清单计价规范》（GB 50500—2013）

（一）编制原则

1. 依法编制原则

建设工程计价活动受《中华人民共和国合同法》等多部法律、法规的管辖，因此，《计价规范》对规范条文做到依法设置。例如，有关招标控制价的设置，就遵循了《政府采购法》的相关规定，以有效的遏制哄抬标价的行为；有关招标控制价投诉的设置，就遵循了《招标投标法》的相关规定，既维护了当事人的合法权益，又保证了招标活动的顺利进行；有关合理工期的设置，就遵循了《建设工程质量管理条例》的相关规定，以促使施工作业有序进行，确保工程质量和安全；有关工程结算的设置，就遵循了《合同法》以及相关司法解释的相关规定。

2. 权责对等原则

在建设工程施工活动中，不论发包人或承包人，有权利就必然有责任。《计价规范》仍然坚持这一原则，杜绝只有权利没有责任的条款。如关于工程量清单编制质量的责任由招标人承担的规定，就有效遏制了招标人以强势地位设置工程量偏差由投标人承担的做法。

3. 公平交易原则

建设工程计价从本质上讲，就是发包人与承包人之间的交易价格，在社会主义市场经济条件下应做到公平断。"08 规范"关于计价风险合理分担条文，及其在条文说明中对于计价风险的分类和风险幅度的指导意见，就得到了工程建设各方的认同，因此，《计价规范》将其正式条文化。

4. 可操作性原则

尽量避免条文点到就止，十分重视条文有无可操作性。例如招标控制价的投诉问题，仅规定可以投诉，但没有操作方面的规定，《计价规范》在总结黑龙江、山东、四川等地做法的基础上，对投诉时限、投诉内容、受理条件、复查结论等作了较为详细的规定。

5. 从约原则

建设工程计价活动是发承包双方在法律框架下签约、履约的活动。因此，遵从合同约定，履行合同义务是双方的应尽之责。《计价规范》在条文上坚持"按合同约定"的规定，但在合同约定不明或没有约定的情况下，发承包双方发生争议时不能协商一致，规范的规定就会在处理争议方面发挥积极作用。

（二）《计价规范》组成内容及主要特点

1. 组成内容

《计价规范》由正文和附录组成，共设置 16 章和 11 个附录，组成内容如表 1-9 所示。

表 1-9　　　　　　　　　　　　　《计价规范》组成内容

序号	章节	名　　称	条文数	说明
1	第 1 章	总则	7	
2	第 2 章	术语	52	
3	第 3 章	一般规定	19	
4	第 4 章	工程量清单编制	19	
5	第 5 章	招标控制价	21	
6	第 6 章	投标报价	13	
7	第 7 章	合同价款约定	5	
8	第 8 章	工程计量	15	
9	第 9 章	合同价款调整	58	
10	第 10 章	合同价款中期支付	24	
11	第 11 章	竣工结算支付	35	
12	第 12 章	合同解除的价款结算与支付	4	
13	第 13 章	合同价款争议的解决	19	
14	第 14 章	工程造价鉴定	19	
15	第 15 章	工程计价资料与档案	13	
16	第 16 章	工程计价表格	6	
17	附录 A	物价变化合同价款调整方法		
18	附录 B	工程计价文件封面		
19	附录 C	工程计价文件扉页		
20	附录 D	工程计价总说明		
21	附录 E	工程计价汇总表		
22	附录 F	分部分项工程和措施项目计价表		
23	附录 G	其他项目计价表		
24	附录 H	规费、税金项目计价表		
25	附录 J	工程计量申请（核准）表		
26	附录 K	合同价款支付申请（核准）表		
27	附录 L	主要材料、工程设备一览表		
		合　　计	329	

2. 主要特点

（1）确立了工程计价标准体系的形成。"03规范"发布以来，我国又相继发布了《建筑工程建筑面积计算规范》（GB/T 50353—2013）、《水利工程工程量清单计价规范》（GB 50501—2007）、《建设工程计价设备材料划分标准》（GB/T 50531—2009），此次共发布10本工程计价、计量规范，特别是9个专业工程计量规范的出台，使整个工程计价标准体系明晰了，为下一步工程计价标准的制定打下了坚实的基础。

（2）扩大了计价计量规范的适用范围。《计价规范》明确规定，"本规范适用于建设工程发承包及实施阶段的计价活动"、"13计量规范"并规定"××工程计价，必须按本规范规定的工程量计算规则进行工程计量"。而非"08规范"规定的"适用于工程量清单计价活动"。表明了不分何种计价方式，必须执行计价计量规范，对规范发承包双方计价行为有了统一的标准。

（3）注重了与施工合同的衔接。"13规范"明确定义为适用于"工程施工发承包及实施阶段……"因此，在名词、术语、条文设置上尽可能与施工合同相衔接，既重视规范的指引和指导作用，又充分尊重发承包双方的意思自治，为造价管理与合同管理相统一搭建了平台。

（4）明确了工程计价风险分担的范围。《计价规范》在"08规范"计价风险条文的基础上，根据现行法律法规的规定，进一步细化、细分了发承包阶段工程计价风险，并提出了风险的分类负担规定，为发承包双方共同应对计价风险提供了依据。

（5）完善了招标控制价制度。自"08规范"总结了各地经验，统一了招标控制价称谓，在《招标投标法实施条例》中又以最高投标限价得到了肯定。《计价规范》从编制、复核、投诉与处理对招标控制价作了详细规定。

（6）规范了不同合同形式的计量与价款交付。《计价规范》针对单价合同、总价合同给出了明确定义，指明了其在计量和合同价款中的不同之处，提出了单价合同中的总价项目和总价合同的价款支付分解及支付的解决办法。

（7）统一了合同价款调整的分类内容和合同价款争议解决的方法。《计价规范》按照形成合同价款调整的因素，归纳为5类14个方面，并明确将索赔也纳入合同价款调整的内容，每一方面均有具体的条文规定，为规范合同价款调整提供了依据。

《计价规范》将合同价款争议专列一章，根据现行法律规定立足于把争议解决在萌芽状态，为及时并有效解决施工过程中的合同价款争议，提出了不同的解决方法。

（8）确立了施工全过程计价控制与工程结算的原则。《计价规范》从合同约定到竣工结算的全过程均设置了可操作性的条文，体现了发承包双方应在施工全过程中管理工程造价，明确规定竣工结算应依据施工过程中的发承包双方确认的计量、计价资料办理的原则，为进一步规范竣工结算提供了依据。

（9）增加了工程造价鉴定的专门规定。由于不同的利益诉求，一些施工合同纠纷采用仲裁、诉讼的方式解决，这时，工程造价鉴定意见就成了一些施工合同纠纷案件裁决或判决的主要依据。因此，工程造价鉴定除应按照工程计价规定外，还应符合仲裁或诉讼的相关法律规定，《计价规范》对此作了规定。

（10）细化了措施项目计价的规定。《计价规范》根据措施项目计价的特点，按照单价项目、总价项目分类列项，明确了措施项目的计价方式。

三、《房屋建筑与装饰工程工程量计算规范》（GB 50854—2013）

（一）编制原则

1. 项目编码唯一性原则

《计价规范》9 个专业工程修编为 9 个计量规范，但项目编码仍按"03 规范"、"08 规范"设置的方式保持不变。前两位定义为每本计量规范的代码，使每个项目清单的编码都是唯一的，没有重复。

2. 项目设置简明适用原则

"13 计量规范"在项目设置上以合工程实际、满足计价需要为前提，力求增加新技术、新工艺、新材料的项目，删除技术规范已经淘汰的项目。

3. 项目特征满足组价原则

"13 计量规范"在项目特征上，对凡是体现项目自身价值的都作出规定，不因工作内容已有，而不在项目特征中做出要求。

（1）对工程计价无实质影响的内容不作规定，如现浇混凝土梁底板标高等。

（2）对应由投标人根据施工方案自行确定的不作规定，如预裂爆破的单孔深度及装药量等。

（3）对应由投标人根据当地材料供应及构件配料决定的不作规定，如混凝土拌和料的石子种类及粒径、砂的种类等。

（4）对应由施工措施解决并充分体现竞争要求的，注明了特征描述时不同的处理方式，如弃土运距等。

4. 计量单位方便计量原则

计量单位应以方便计量为前提，注意与现行工程定额的规定衔接。如有两个或两个以上计量单位均可满足某一工程项目计量要求的，均予以标注，由招标人根据工程实际情况选用。

5. 工程量计算规则统一原则

"13 计量规范"不使用"估算"之类的词语；对使用两个或两个以上计量单位的，分别规定了不同计量单位的工程量计算规则；对易引起争议的，用文字说明，如钢筋的搭接如何计量等。

（二）组成内容

《房屋建筑与装饰工程工程量计算规范》（GB 50854—2013）由正文和附录两部分组成，组成内容如表 1-10 所示。

表 1-10　　　　　　　　　　　"13 房建计量规范"组成内容

序号	章节	名　　称	条文数	说明
1	第 1 章	总则	4	
2	第 2 章	术语	4	
3	第 3 章	工程计量	6	
4	第 4 章	工程量清单编制	15	

续表

序号	章节	名　　称	条文数	说明
5	附录 A	土石方工程		
6	附录 B	地基处理与边坡支护工程		
7	附录 C	桩基工程		
8	附录 D	砌筑工程		
9	附录 E	混凝土及钢筋混凝土工程		
10	附录 F	金属结构工程		
11	附录 G	木结构工程		
12	附录 H	门窗工程		
13	附录 J	屋面及防水工程		
14	附录 K	保温、隔热、防腐工程		
15	附录 L	地面装饰工程		
16	附录 M	墙、柱面装饰与隔断、幕墙工程		
17	附录 N	天棚工程		
18	附录 P	油漆、涂料、裱糊工程		
19	附录 Q	其他装饰工程		
20	附录 R	拆除工程		
21	附录 S	措施项目		
		合　　计	29	

四、重庆市 2013 清单计量计价规则

（一）计价规则

为了规范重庆市建设工程造价计价行为，统一建设工程造价编制原则和计价方法，维护发承包人的合法权益，根据国家标准《计价规范》，结合重庆实际，编制了《重庆市建设工程工程量清单计价规则》（CQJJGZ—2013），简称《重庆计价规则》。自 2013 年 9 月 1 日起施行，在重庆市行政区域内的建设工程发承包及实施阶段的计价活动，应执行《重庆计价规则》。其条文数量和《计价规范》对比如表 1-11 所示。

表 1-11　　　　　　　　　　《重庆计价规则》组成内容

序号	章节	名　　称	国家条文数	重庆条文数
1	第 1 章	总则	7	10
2	第 2 章	术语	52	52
3	第 3 章	一般规定	19	25
4	第 4 章	工程量清单编制	19	21
5	第 5 章	招标控制价	21	20

序号	章节	名　　　称	国家条文数	重庆条文数
6	第6章	投标报价	13	13
7	第7章	合同价款约定	5	5
8	第8章	工程计量	15	15
9	第9章	合同价款调整	58	58
10	第10章	合同价款中期支付	24	24
11	第11章	竣工结算支付	35	35
12	第12章	合同解除的价款结算与支付	4	4
13	第13章	合同价款争议的解决	19	19
14	第14章	工程造价鉴定	19	19
15	第15章	工程计价资料与档案	13	13
16	第16章	工程计价表格	6	15
	合　　计		329	348

（二）计量规则

为规范重庆市建设工程造价计量行为，统一建设工程工程量计算规则及工程量清单编制方法，根据国家计量规范，结合重庆市实际，制定《重庆市建设工程工程量计算规则》（CQJLGZ—2013），简称《重庆计量规则》。自2013年9月1日起施行，在重庆市行政区域内的建设工程发承包及实施阶段的工程计量和工程量清单编制。《重庆计量规则》按照国家计量规范的要求，对需要细化和完善的内容进行了明确和补充。《重庆计量规则》结合国家计量规范使用，《重庆计量规则》包括的内容以《重庆计量规则》为准，《重庆计量规则》未包括的内容按国家计量规范执行。其中房屋建筑与装饰工程补充修改情况如表1-12所示。

表1-12　　　　　　　　房屋建筑与装饰工程补充修改清单项目统计表

序号	章节	名称	国家清单项目数	重庆		
				修改	补充	补注
1	附录A	土石方工程	13	11		14
2	附录B	地基处理与边坡支护工程	28	4		2
3	附录C	桩基工程	11	4	4	2
4	附录D	砌筑工程	27	1		3
5	附录E	混凝土及钢筋混凝土工程	76	6	2	5
6	附录F	金属结构工程	31	25		1
7	附录G	木结构工程	8			
8	附录H	门窗工程	55			1
9	附录J	屋面及防水工程	21			1

续表

序号	章节	名称	国家清单项目数	重庆		
				修改	补充	补注
10	附录 K	保温、隔热、防腐工程	16			1
11	附录 L	地面装饰工程	43	4	1	1
12	附录 M	墙、柱面装饰与隔断、幕墙工程	35	4		3
13	附录 N	天棚工程	10	1		
14	附录 P	油漆、涂料、裱糊工程	36			
15	附录 Q	其他装饰工程	62			
16	附录 R	拆除工程	37	37	1	
17	附录 S	措施项目	52	15	14	
	合　　计		561	112	22	34

注　表中"修改"指修改了项目特征、计量单位、工程量计算规则、工作内容。

第一章　绪论

第二章 工程量清单编制

第一节 工程量清单编制概述

一、工程量清单的组成

招标工程量清单应以单位（项）工程为单位编制，应由分部分项工程项目清单、措施项目清单、其他项目清单、规费和税金项目清单组成。

1. 分部分项工程项目清单

分部分项工程项目清单是工程量清单的主体，是按照计量计价规范的要求，根据拟建工程施工图计算出来的工程实物数量清单。

2. 措施项目清单

措施项目清单是为完成工程项目施工，发生于该工程施工准备和施工过程中的技术、生活、安全、环境保护等方面的项目清单。例如模板、脚手架搭设费、二次搬运费等。

3. 其他项目清单

其他项目清单是上述两部分清单项目的必要补充，是指按照计量计价规范的要求及招标文件和工程实际情况编制的具有预见性或者需要单独处理的费用项目。例如暂列金额等。

4. 规费项目清单

规费项目清单根据国家法律、法规规定，由省级政府或省级有关权力部门规定施工企业必须缴纳的，应计入建筑安装工程造价的费用清单。

5. 税金项目清单

税金项目清单是国家税法规定的应计入建筑安装工程造价内的增值税费用清单。城市维护建设税、教育费附加和地方教育附加"营改增"后移入措施项目清单。

二、工程量清单的编制内容

根据招标工程量清单的组成。其编制内容见表 2-1。

表 2-1 工程量清单的编制内容

清单名称	编制内容	说明
分项工程项目清单	项目编码、项目名称、项目特征描述、计量单位选择、工程量计算	计量单位选择指有多个计量单位的清单
措施项目清单	单价措施项目、总价措施项目	单价措施项目编制同分项工程项目清单
其他项目清单	暂列金额、暂估价（材料暂估单价、工程设备暂估单价、专业工程暂估价）、计日工、总承包服务费	
规费项目清单	社会保险费（包括养老保险费、失业保险费、医疗保险费、工伤保险费、生育保险费）、住房公积金、工程排污费	
税金项目清单	增值税	

三、编制一般规定

（1）招标工程量清单应由具有编制能力的招标人或受其委托具有相应资质的工程造价咨询人编制。

（2）采用工程量清单方式招标，工程量清单必须作为招标文件的组成部分，其准确性和完整性由招标人负责。

（3）招标工程量清单是工程量清单计价的基础，应作为编制招标控制价、投标报价、计算工程量、支付工程款、调整合同价款、办理竣工结算以及工程索赔等的依据之一。

（4）编制工程量清单应依据：

1）《重庆计价规则》及《重庆计量规则》；

2）国家计量规范及计价规范；

3）国家或重庆市建设行政主管部门颁发的计价依据、计价办法和有关规定；

4）建设工程设计文件及相关资料；

5）与建设工程项目有关的标准、规范、技术资料；

6）拟定的招标文件；

7）施工现场情况、地勘水文资料、工程特点及常规施工方案；

8）其他相关资料。

（5）其他项目、规费和税金项目清单应按照重庆市计价规则及国家计价规范的相关规定编制。

（6）编制工程量清单出现《计量规范》和《重庆计量规则》中未包括的项目，编制人应作补充清单项目，并报重庆市建设工程造价管理机构备案。

四、编制程序

按照工程量清单的编制依据，工程量清单的编制工作可分为分部分项工程项目清单编制、措施项目清单编制、其他项目清单编制、规费和税金项目清单编制、封面及总说明的编制五个环节。具体编制流程如图 2-1 所示。

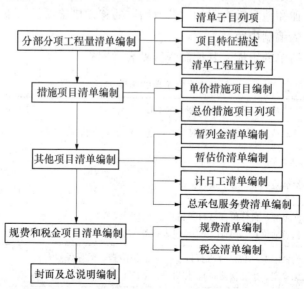

图 2-1　工程量清单的编制流程

五、工程量清单计价表格

（一）计价表格组成

工程量清单编制及工程量清单计价由各种表格，其具体格式见《建设工程工程量清单计价规范》（GB 50500—2013）第 35 至 74 页。重庆地区的工程量清单计价表格具体格式见《重庆计价规则》第 49 至 84 页，组成如下。

1. 工程计价文件封面

（1）招标工程量清单：封 - 1

（2）招标控制价：封 - 2

（3）投标总价：封 - 3

（4）竣工结算书：封 - 4

（5）工程造价鉴定意见书：封 - 5

2. 工程计价总说明

表 - 01

3. 工程计价汇总表

（1）建设项目招标控制价/投标报价汇总表：表 - 02

（2）单项工程招标控制价/投标报价汇总表：表 - 03

（3）单位工程招标控制价/投标报价汇总表：表 - 04

（4）建设项目竣工结算汇总表：表 - 05

（5）单项工程竣工结算汇总表：表 - 06

（6）单位工程竣工结算汇总表：表 - 07

4. 分部分项工程和措施项目计价表

（1）措施项目汇总表：表 - 08

（2）分部分项工程/施工技术措施项目清单计价表：表 - 09

（3）分部分项工程/施工技术措施项目综合单价分析表（一）：表 - 09 - 1

（4）分部分项工程/施工技术措施项目综合单价分析表（二）：表 - 09 - 2

（5）施工组织措施项目清单计价表：表 - 10

5. 其他项目计价表

（1）其他项目清单计价汇总表：表 - 11

（2）暂列金额明细表：表 - 11 - 1

（3）材料（工程设备）暂估单价及调整表：表 - 11 - 2

（4）专业工程暂估价及结算价表：表 - 11 - 3

（5）计日工表：表 - 11 - 4

（6）总承包服务费计价表：表 - 11 - 5

（7）索赔与现场签证计价汇总表：表 - 11 - 6

（8）费用索赔申请（核准）表：表 - 11 - 7

（9）现场签证表：表 - 11 - 8

6. 规费、税金项目计价表

表 - 12

7. 工程计量申请（核准）表

表 - 13

8. 综合单价调整表

表 - 14

9. 合同价款支付申请（核准）表

（1）预付款支付申请（核准）表：表 - 15

（2）进度款支付申请（核准）表：表 - 16

（3）竣工结算款支付申请（核准）表：表 - 17

（4）最终结清支付申请（核准）表：表 - 18

10. 主要材料、工程设备一览表

（1）发包人提供材料和工程设备一览表：表 - 19

（2）承包人提供主要材料和工程设备一览表（适用于价格指数差额调整法）：表 - 20

（3）承包人提供主要材料和工程设备一览表（适用于造价信息差额调整法）：表 - 21

（二）使用表格规定

（1）工程计价采用统一表格格式，招标人与投标人均不得变动表格格式。

（2）投标人应按招标文件的要求，附工程量清单综合单价分析表。

（3）工程量清单计价使用表格根据《计价规范》第 35～74 页选择使用，下文的表格编号引自规范原文，具体格式和内容因篇幅所限，本书不一一列出。

1）工程量清单编制：封 - 1、表 - 01、表 - 08、表 - 09、表 - 10、表 - 11、表 - 11 - 1～表 11 - 5、表 - 12、表 - 19、表 - 20 或表 - 21。

2）招标控制价：封 - 2、表 - 01、表 - 02、表 - 03、表 - 04、表 - 08、表 - 09、表 - 09 - 1 或表 - 09 - 2、表 - 10、表 - 11、表 - 11 - 1～表 - 11 - 5、表 - 12、表 - 19、表 - 20 或表 - 21。

3）投标报价：封 - 3、表 - 01、表 - 02、表 - 03、表 - 04、表 - 08、表 - 09、表 - 09 - 1 或表 - 09 - 2、表 - 10、表 - 11、表 - 11 - 1～表 - 11 - 5、表 - 12、表 - 19、表 - 20 或表 - 21。

4）竣工结算：封 - 4、表 - 01、表 - 05、表 - 06、表 - 07、表 - 08、表 - 09、表 - 09 - 1 或表 - 09 - 2、表 - 10、表 - 11、表 - 11 - 2～表 - 11 - 8、表 - 12～表 - 19、表 - 20 或表 - 21。

5）工程造价鉴定：封 - 5、表 - 01、表 - 05、表 - 06、表 - 07、表 - 08、表 - 09、表 - 09 - 1 或表 - 09 - 2、表 - 10、表 - 11、表 - 11 - 2～表 - 11 - 8、表 - 12～表 - 19、表 - 20 或表 - 21。

（三）填表要求规定

1. 封面的要求规定

（1）工程量清单编制：封面应按规定的内容填写、签字、盖章、由造价员编制的工程量应有负责审核的造价工程师签字、盖章。受委托编制的工程量清单。应有造价工程师签字、盖章以及工程造价咨询人盖章。

（2）招标控制价：封面应按规定的内容填写、签字、盖章，除承包人自行编制的投标报价和竣工结算外，受委托编制的招标控制价、投标报价、竣工结算若为造价员编制的，应有负责审核的造价工程师签字、盖章以及工程造价咨询人盖章。

（3）投标报价：同招标控制封面要求。

（4）竣工结算：同招标控制封面要求。

（5）工程造价鉴定：封面应按规定内容填写、签字、盖章，应有承担鉴定和负责审核的注册造价工程师签字盖执业专用章。

2. 说明的内容要求

（1）工程量清单编制总说明应填写的内容：

1）工程概况：建设规模、工程特征、计划工期、施工现场实际情况、自然地理条件、环境保护要求等；

2）工程招标和专业发包范围；

3）工程量清单编制依据；

4）工程质量、材料、施工等的特殊要求；

5）其他需要说明的问题。

（2）招标控制价编制总说明应填写的内容：

1）工程概况：建设规模、工程特征、计划工期、合同工期、实际工期、施工现场及变化情况、施工组织设计的特点、自然地理条件、环境保护要求等。

2）编制依据等。

（3）投标报价：同招标控制总说明要求。

（4）竣工结算：同招标控制总说明要求。

（5）工程造价鉴定的说明应按《重庆计价规则》第 14.3.5 条第 1 款至第 6 款的规定填写。

第二节　分部分项工程量清单编制

一、编制相关规定

（一）五个要件

分部分项工程项目清单必须载明项目编码、项目名称、项目特征、计量单位和工程量五个要件，这五个要件在分部分项工程项目清单的组成中缺一不可。

（二）编制根据

分部分项工程项目清单必须根据相关工程现行《计量规范》和《重庆计量规则》规定的项目编码、项目名称、项目特征、计量单位和工程量计算规则进行编制。

（三）模板工程

（1）《计量规范》附录和《重庆计量规则》中现浇混凝土工程项目"工作内容"中包括模板工程的内容，同时又在"措施项目"中单列了现浇混凝土模板工程项目。

（2）招标人编制工程量清单可根据工程实际情况选用，若招标人在措施项目清单中未编列现浇混凝土模板项目清单，即表示现浇混凝土模板项目不单列，现浇混凝土工程项目的综合单价中应包括模板工程费用。

（四）预制混凝土构件

（1）现场制作。《计量规范》和《重庆计量规则》对预制混凝土构件按现场制作编制项目，"工作内容"中包括模板工程的内容，不再另列。

（2）成品预制。若采用成品预制混凝土构件时，构件成品价（包括模板、钢筋、混凝土等所有费用）应计入综合单价中。

（五）金属结构构件

《计量规范》和《重庆计量规则》对金属结构构件为成品编制项目，构件成品价应计入综合单价中，若采用现场制作，包括制作的所有费用。

（六）门窗工程

（1）成品。《计量规范》和《重庆计量规则》对门窗（橱窗除外）按成品编制项目，门窗成品价应计入综合单价中。

（2）现场制作。若采用现场制作，其制作安装、油漆应分别编码列项。

（七）专业工程界限划分

房屋建筑与装饰工程涉及电气、给排水、消防等安装工程的项目，按照通用安装工程的相应项目执行；涉及仿古建筑工程的项目，按仿古建筑工程的相应项目执行；涉及室外地（路）面、室外给排水等工程的项目，按市政工程的相应项目执行；采用爆破法施工的石方工程按照爆破工程的相应项目执行。

二、项目编码

（一）项目编码的设置

项目编码是分部分项工程量清单项目名称的数字标识，应采用十二位阿拉伯数字表示。一至九位应按附录的规定设置，十至十二位应根据拟建工程的工程量清单项目名称和项目特征设置，同一招标工程的项目编码不得有重码。其中一、二位为专业工程代码（01—房屋建筑与装饰工程、02—仿古建筑工程、03—通用安装工程工程、04—市政工程、05—园林工程、06—矿山工程、07—构筑物工程、08—城市轨道交通工程、09—爆破工程九个专业），三、四位为附录分类顺序码，五、六位为分部工程顺序码，七、八、九位为分项工程"项目名称"顺序码，十至十二位为"清单项目名称"顺序码。

各级编码代表含义如下：

　×× 　　×× 　　×× 　　××× 　　×××
第一级　 第二级 　第三级 　第四级 　第五级

（1）第一级表示专业工程代码（分两位）。房屋建筑与装饰工程为01，仿古建筑工程为02，通用安装工程为03，市政工程为04，园林工程为05等。

（2）第二级表示附录分类顺序码（分两位），如0104为房屋建筑与装饰工程第四章"砌筑工程"。

（3）第三级表示分部工程顺序码（分两位），如010401为房屋建筑与装饰工程第四章"砌筑工程"的第一节"砖砌体"。

（4）第四级表示分项工程"项目名称"顺序码（分三位），010401003为第四章第一节"砖砌体"中的"实心砖墙"。

（5）第五级表示拟建工程清单项目顺序码（分三位）。由编制人依据项目特征和工程内容的区别，一般情况从001开始，共999个编码可供使用，如010401003×××。

（二）第五级编码设置说明

当同一招标工程的一份工程量清单中含有多个单项或单位（以下简称单位）工程且工程量清单是以单位工程为编制对象时，在编制工程量清单时应特别注意对项目编码十至十二位的设置不得有重码的规定。例如一个标段（或合同段）的工程量清单中含有三个单位工程，每一单位工程中都有项目特征相同的实心砖墙砌体，在工程量清单中又需反映三个不同单位工程的实心砖墙砌体工程量时，此时工程量清单应以单位工程为编制对象，则第一个单位工程的实心砖墙的项目编码应为 010401003001，第二个单位工程的实心砖墙的项目编码应为 010401003002，第三个单位工程的实心砖墙的项目编码应为 010401003003，并分别列出各单位工程实心砖墙的工程量。

三、项目名称

工程量清单的项目名称应按国家计量规范附录和地区清单计量规则中的项目名称结合拟建工程的实际确定，也是就是要结合工程实际和本地区的常用名称确定，自己可以修改确定，以便于使用。分部分项工程量清单项目名称的设置应考虑三个因素，一是附录中的项目名称；二是附录中的项目特征；三是拟建工程的实际情况。工程量清单编制时，以附录中的项目名称为主体，考虑该项目的规格、型号、材质等特征要求，结合拟建工程的实际情况，使其工程量清单项目名称具体化、细化，能够反映影响工程造价的主要因素。例如计量规范中的"块料楼地面"可以命名为"地砖地面"或"防滑地砖楼面"等。

项目名称划分技巧：为了清单项目粗细适度和便于计价，应尽量与消耗量定额子目相结合，考虑该项目地区消耗量定额子目名称、定额的步距等影响综合单价的因素，根据具体项目情况可以进行命名。如柱截面不一定要描述具体尺寸，根据地区消耗量定额子目，可命名为矩形柱、构造柱、圆形柱、其他异形柱等；柱的模板，根据地区消耗量定额子目步距，断面周长 3m 以内或以上等。

四、项目特征

"项目特征"是相对于工程量清单计价而言，对构成工程实体的分部分项工程量清单项目和非实体的措施清单项目，反映其自身价值的特征进行的描述。

（一）描述的主要意义

项目特征描述的责任方是发包人，发包人在招标工程量清单中对项目特征的描述，应被认为是准确和全面的，并与实际施工要求相符合。

1. 项目特征是区分清单项目的依据

工程量清单项目特征是用来表述分部分项清单项目的实质内容，用于区分计价规范中同一清单条目下各个具体的清单项目。没有项目特征的准确描述，对于相同或相似的清单项目名称，就无从区分。

2. 项目特征是确定综合单价的前提

由于工程量清单项目的特征决定了工程实体项目的实质内容，必然直接决定了工程实体的自身价值。工程量清单项目特征描述得准确与否，直接关系到工程量清单项目综合单价的准确确定。因此，发包人对项目特征准确全面的描述，并与实际施工要求相符，否则限价编制人或承包人无法正确合理组价。

3. 项目特征是履行合同义务的基础

实行工程量清单计价，工程量清单及其综合单价是施工合同的组成部分，因此，如果工程量清单项目特征的描述不清甚至漏项、错误，从而引起在施工过程中的更改，都会引起分歧，导致纠纷。

（二）描述应遵循的原则

分部分项工程量清单项目特征应按国家计量规范附录和地区清单计量规则中规定的项目特征，结合拟建工程项目的实际进行修改描述。对涉及计量、结构及材质要求、施工工艺和方法、安装方式等影响组价的项目特征必须予以描述，不得视为图纸、图集已说明，或包含在已列和未列的工作内容中。发包人对规范附录的特征描述进行相应内容进行"增减修正"，从而达到项目特征得到准确全面的描述，但有些项目特征用文字往往又难以准确和全面的描述。为达到规范、简洁、准确、全面描述项目特征的要求，在描述工程量清单项目特征时应按以下原则进行：

1. 满足组价需要

项目特征描述的内容按本规范附录规定的内容，项目特征的表述按拟建工程的实际要求，能满足确定综合单价的需要。

2. 图纸、图集描述要求

若采用标准图集或施工图纸能够全部或部分满足项目特征描述的要求，项目特征描述可直接采用详见××图集或××图号的方式。对不能满足项目特征描述要求的部分，仍用文字描述。

3. 不能描述"品牌"

按招投法规定"招标文件不得要求或者标明特定的生产供应者"，因此，项目特征中不能描述材料、设备的"品牌"。

(三) "项目特征" 与 "工作内容" 的区别

决定一个分部分项工程量清单项目价值大小的是"项目特征"，而非"工作内容"。理由是计价规范附录中"项目特征"与"工作内容"是两个不同性质的规定。

1. 项目特征必须描述，因为其讲的是工程项目的实质，直接决定工程的价值

例如砖砌体的实心砖墙，按照计价规范"项目特征"栏的规定，就必须描述砖的品种：是页岩砖、还是煤灰砖；砖的规格：是标砖还是非标砖，是非标砖就应注明规格尺寸；砖的强度等级：是MU10、MU15还是MU20；因为砖的品种、规格、强度等级直接关系到砖的价格。必须描述墙体的厚度：是1砖（240mm），还是1砖半（370mm）等；墙体类型：是混水墙，还是清水墙，清水是双面，还是单面，或者是一斗一卧、围墙等；因为墙体的厚度、类型直接影响砌砖的工效以及砖、砂浆的消耗量。必须描述是否勾缝：是原浆，还是加浆勾缝；如是加浆勾缝，还需注明砂浆配合比。必须描述砌筑砂浆的种类：是混合砂浆，还是水泥砂浆；还应描述砂浆的强度等级：是M5、M7.5还是M10等，因为不同种类，不同强度等级、不同配合比的砂浆，其价格是不同的。由此可见，这些描述均不可少，因为其中任何一项都影响了实心砖墙项目综合单价的确定。

2. 工程内容无须描述，因为其主要讲的是操作程序

例如计价规范关于实心砖墙的"工作内容"中的"砂浆制作、运输，砌砖，勾缝，砖压顶砌筑，材料运输"就不必描述。因为，发包人没必要指出承包人要完成实心砖墙的砌筑还需要制作、运输砂浆，还需要砌砖、勾缝，还需要材料运输。不描述这些工程内容，承包人也必然要操作这些工序，才能完成最终验收的砖砌体。就好比我们购买汽车没必要了解制造商是否需要购买、运输材料，以及进行切割、车铣、焊接、加工零部件，进行组装等工序是一样的。由于在计价规范中，工程量清单项目与工程量计算规则，工程内容有一一对应的关系，当采用计价规范这一标准时，工程内容均有规定，无须描述。需要指出的是，计价规范中关于"工程内容"的规定来源于原工程预算定额，实行工程量清单计价后，由于两种计价方式的差异，清单计价对项目特征的要求才是必需的。

（四）"项目特征"描述技巧

1. 必须描述的特征

（1）涉及正确计量计价的必须描述：如门窗洞口尺寸或框外围尺寸；

（2）涉及结构要求的必须描述：如混凝土强度等级（C20 或 C30）、砌筑砂浆的种类和强度等级（M5 或 M10）；

（3）涉及施工难易程度的必须描述：如抹灰的墙体类型（砖墙或混凝土墙等）、天棚类型（现浇天棚或预制天棚等）；

（4）涉及材质要求的必须描述：如装饰材料、玻璃、油漆的品种、管材的材质（碳钢管、无缝钢管等）；

（5）涉及材料品种规格厚度要求的必须描述：如地砖、面砖的大小、抹灰砂浆的厚度等。

2. 可不详细描述的特征

（1）无法准确描述的可不详细描述：如土的类别可描述为综合（对工程所在具体地点来讲，应由投标人根据地勘资料确定土壤类别，决定报价）。

（2）施工图、标准图集标注明确的，可不再详细描述（可描述为见××图××节点）。

（3）还有一些项目可不详细描述，但清单编制人在项目特征描述中应注明由招标人自定，如土石方工程中的"取土运距""弃土运距"等。首先由清单编制人决定在多远取土或取、弃土运往多远是困难的；其次由投标人根据在建工程施工情况统筹安排，自主决定取、弃土方的运距可以充分体现竞争的要求。

3. 可不描述的特征

（1）对项目特征或计量计价没有实质影响的内容可以不描述：如混凝土柱高度、梁断面大小等；

（2）应由投标人根据施工方案确定的可不描述：如外运土运距、购土的距离等；

（3）应由投标人根据当地材料供应确定的可不描述：如混凝土拌和料使用的石子种类及粒径、砂子的种类等；

（4）应由施工措施解决的可不描述：如现浇混凝土板、梁的标高等。

4. 计价规范规定多个计量单位的描述

（1）计量规范对"C.1 打桩"的"预制钢筋混凝土桩"计量单位有"m、m^3、根"3 个计量单位，但是没有具体的选用规定，在编制该项目清单时，清单编制人可以根据具体情况选择其中之一作为计量单位。但在项目特征描述时，当以"根"为计量单位，单桩长度应描述为确定值，只描述单桩长度即可；当以"m"为计量单位，单桩长度可以按范围值描述，并注明根数。

（2）计量规范对"D.1 砖砌体"中的"零星砌砖"的计量单位为"m^3、m^2、m、个"四个计量单位，但是规定了砖砌锅台与炉灶可按外形尺寸以"个"计算，砖砌台阶可按水平投影面积以"m^2"计算，小便槽、地垄墙可按长度以"m"计算，其他工程量按"m^3"计算，所以在编制该项目的清单时，应将零星砌砖的项目具体化，并根据计量规范的规定选用计量单位，并按照选定的计量单位进行恰当的特征描述。

5. 规范没有要求，但又必须描述的特征

对规范中没有项目特征要求的个别项目，但又必须描述的应予以描述：由于计量规范难免在个别地方存在考虑不周的地方，需要我们在实际工作中来完善。例如 S.2"混凝土模板及支架"中的直形墙模板子目，计量规范以"m²"作为计量单位，但又没有规定"墙体厚度"项目特征，"墙体厚度"就是影响报价的重要因素，因此，就必须描述，以便投标人准确报价。

五、计量单位

（1）分部分项工程量清单的计量单位应按附录规范中规定的计量单位确定。

（2）当附录规范中有两个或两个以上计量单位时，应结合拟建工程项目的实际情况，确定其中一个为计量单位。同一工程项目（或标段、合同段）的计量单位应一致。根据所编工程量清单项目的特征要求，选择最适宜表现该项目特征并方便计量的单位。例如《计量规范》中门窗工程的计量单位有"樘/m²"两个计量单位，如实际工程若门窗类型较多，为减少清单编制子目数量，就应选择"m²"最适宜的单位来表示。

六、工程数量

（一）计量依据

工程量计算除依据《重庆计量规则》和国家计量规范的各项规定外，尚应依据以下文件：

（1）经审定通过的施工设计图纸及其说明。

（2）经审定通过的施工组织设计或施工方案。

（3）经审定通过的其他有关技术经济文件。

（二）有效位数

工程实施过程的计量应按照《计量规范》和《重庆计量规则》的相关规定执行，工程计量时有效位数应遵守下列规定：

（1）以"t、km"为单位，应保留小数点后三位数字，第四位小数四舍五入；

（2）以"m、m²、m³、kg"为单位，应保留小数点后两位数字，第三位小数四舍五入；

（3）以"个、件、根、组、系统、台、套、株、丛、缸、支、只、块、座、对、份、樘、攒、榀"为单位，应取整数。

（三）清单工程量与组价工程量区别

（1）清单工程量指按工程量清单计价规范由招标人计算的工程量。

（2）组价工程量指按计价定额工程量计算规则结合所采用的施工方案所计算的工程量。招标人按此工程量确定招标控制价，投标人按此进行投标报价。需要说明的是，对于同一个清单项目，当招标人和不同投标人在计算组价工程量时，施工考虑所采用的施工方案不同或依据的计价定额工程量计算规则不同时，所计算的组价工程量就有可能不同。

七、缺项补充

随着科学技术日新月异的发展，工程建设中新材料、新技术、新工艺不断涌现，计量规范附录所列的工程量清单项目不可能包罗万象，更不可能包含随科技发展而出现的新项目。在实际编制工程量清单时，当出现《计量规范》和《重庆计量规则》中未包括的清单项目时，编制人应作补充。

（一）国家计量规范补充子目

（1）补充项目的编码必须按《计量规范》的规定进行。即由专业工程代码（01—房屋建筑与装饰工程）与 B 和三位阿拉伯数字组成，并应从 01B001 起顺序编制，同一招标工程的项目不得重码。

（2）在工程量清单中应附补充项目的项目名称、项目特征、计量单位、工程量计算规则和工作内容。不能计量的措施项目，需附有补充项目的名称、工作内容及包含范围。

（3）将编制的补充项目报省级或行业工程造价管理机构备案。

表2-2为国家计量规范补充项目示例。

表 2 - 2　　　　　　　附录 M　墙、柱面装饰与隔断、幕墙工程补充项目

M.11 隔墙（编码：011211）

项目编码	项目名称	项目特征	计量单位	工程量计算规则	工作内容
01B001	成品 GRC 隔墙	1. 隔墙材料品种、规格 2. 隔墙厚度 3. 嵌缝、塞口材料品种	m^2	按设计图示尺寸以面积计算，扣除门窗洞口及单个 $\geqslant 0.3m^2$ 的孔洞所占面积	1. 骨架及边框安装 2. 隔板安装 3. 嵌缝、塞口

（二）《重庆计量规则》补充子目

（1）编制工程量清单出现《重庆计量规则》和《计量规范》中未包括的项目，编制人应作补充清单项目，并报本市建设工程造价管理机构备案。

（2）补充清单项目的编码由《重庆计量规则》和《计量规范》的专业代码 0X 与 B 和三位阿拉伯数字组成，并应从 0XB01 起顺序编制，同一招标工程的项目不得重码。

（3）补充的工程量清单项目中需附有补充项目的名称、项目特征、计量单位、工程量计算规则、工作内容。不能计量的措施项目，需附有补充项目的名称、工作内容及包含范围。

重庆地区补充编码和《计量规范》有区别，重庆地区 0X 为《计量规范》的前 6 位编码，6 位编码的组成是专业工程代码（两位）＋附录分类顺序码（两位）＋分部工程顺序码（两位），再加 B01 起顺序码三位，一共也是 9 位编码，表2-3为重庆地区补充项目示例。

表 2 - 3　　　　　　　　　　附录 C　桩基工程补充项目

C.2　灌注桩（编码：010302）

项目编码	项目名称	项目特征	计量单位	工程量计算规则	工作内容
010302B01001	机械钻孔灌注桩土方	1. 地层情况 2. 成孔方法 3. 桩深 4. 桩径	m	按设计图示尺寸以钻孔深度计算	1. 成孔 2. 场内运输

第三节　措施项目清单编制

措施项目清单根据能否准确计算工程量，将其划分为单价措施项目清单和总价措施项目清单两类。

一、单价措施项目清单

单价措施项目指措施项目中列出了项目编码、项目名称、项目特征、计量单位、工程量计算规则的项目，编制工程量清单时，应按照《计量规范》和《重庆计量规则》和分部分项工程的规定执行。工程量清单的编制方法与分部分项工程编制方法一致，编制工程量清单时必须列出项目编码、项目名称、项目特征、计量单位、工程数量五要素。例如单价措施项目清单，综合脚手架如表 2-4 所示。

表 2-4　　　　　　　　分部分项工程和单价措施项目清单与计价表

工程名称：某工程

序号	项目编码	项目名称	项目特征	计量单位	工程量	金额（元）	
						综合单价	合价
1	011701001001	综合脚手架	1. 建筑结构形式：框架 2. 檐口高度：60m	m²	6800.00		

二、总价措施项目清单

总价措施项目指措施项目仅列出项目编码、项目名称，未列出项目特征、计量单位和工程量计算规则的项目，编制工程量清单时，应照《计量规范》和《重庆计量规则》中相应措施项目规定的项目编码、项目名称确定。总价措施项目清单也就是定额计价模式下按费用定额规定的费率计算的措施费用。例如总价措施项目安全文明施工、夜间施工如表 2-5 所示。

表 2-5　　　　　　　　总价措施项目清单与计价表

工程名称：某工程

序号	项目编码	项目名称	计算基础	费率（%）	金额（元）	调整费率（%）	金额（元）
1	011707001001	安全文明施工	定额基价				
2	011707002001	夜间施工	定额人工费				

三、重庆地区的分类

（一）技术措施项目

重庆地区将单价措施项目称为施工技术措施项目，包括：大型机械设备进出场及安拆、混凝土模板及支架、脚手架、施工排水及降水、垂直运输、超高降效、围堰及筑岛、挂篮、施工栈桥、洞内临时设施、建筑物垂直封闭、垂直防护架、水平防护架、安全防护通道、现场临时道路硬化、远程监控设备安装与使用及设施摊销费、地上和地下设施的临时保护措施、建筑垃圾清运费用及各专业工程技术措施项目。

（二）组织措施项目

重庆地区将总价措施项目称为施工组织措施项目，包括：安全文明施工专项费用、夜间施工、非夜间施工照明、二次搬运、冬雨季施工、行车行人干扰、已完工程及设备保护、临时设施、环境保护、工程定位复测点交及场地清理、材料检验试验、特殊检验试验及其他措施项目。组织措施费的计取应按照重庆市有关规定进行办理。

第四节 其他项目清单

其他项目清单是指除分部分项工程量清单、措施项目清单外的由于招标人的特殊要求而设置的项目清单。

一、其他项目清单内容

（一）其他项目清单宜按照下列内容列项

（1）暂列金额；

（2）暂估价，包括材料暂估单价、工程设备暂估单价、专业工程暂估价；

（3）计日工；

（4）总承包服务费。

工程建设标准的高低、工程的复杂程度、工程的工期长短、工程的组成内容、发包人对工程管理要求等都直接影响其他项目清单的具体内容，《计价规范》仅提供 4 项内容作为列项参考。其不足部分，编制人可根据工程的具体情况进行补充，如竣工结算中的索赔、现场签证列入可其他项目清单中。

（二）其他项目清单内容分类

其他项目清单包括招标人部分（不可竞争费用）和投标人（可竞争费用）部分。

1. 招标人部分

（1）暂列金额：招标人在工程量清单中暂定并包括在合同价款中的一笔款项。用于施工合同签订时尚未确定或者不可预见的所需材料、设备、服务的采购，施工中可能发生的工程变更、合同约定调整因素出现时的工程价款调整以及发生的索赔、现场签证确认等的费用。

（2）暂估价：招标人在工程量清单中提供的用于支付必然发生但暂时不能确定的材料的单价以及专业工程的金额。

2. 投标人部分

（1）计日工：在施工过程中，完成发包人提出的工程合同范围以外的零星项目或工作，按合同中约定的单价计价。

（2）总承包服务费：总承包人为配合协调发包人进行的工程分包，自行采购的设备、材料等进行管理、服务以及施工现场管理、竣工资料汇总整理等服务所需的费用。

二、暂列金额

暂列金额的结算办法：只有按照合同约定程序实际发生后，才能成为中标人的应得金额，纳入合同结算价款中。扣除实际发生金额后的暂列金额余额仍属于招标人所有。

有一种错误的观念认为，暂列金额列入合同价格就属于承包人（中标人）所有了。事实上，即便是总价包干合同，也不是列入合同价格的任何金额都属于中标人的，是否属于中标人应得金额取决于具体的合同约定，暂列金额的定义是非常明确的，设立暂列金额并不能保证合同结算价格就不会再出现超过合同价格的情况，是否超出合同价格完全取决于工程量清单编制人对暂列金额预测的准确性，以及工程建设过程是否出现了其他事先未预测到的事件。

三、暂估价

（一）暂估价的性质

暂估价是指招标阶段直至签订合同协议时，招标人在招标文件中提供的用于支付必然要发生但暂时不能确定价格的材料以及需另行发包的专业工程金额。其类似于 FIDIC 合同条款中的 Prime Cost Items，在招标阶段预见肯定要发生，只是因为标准不明确或者需要由专业承包人完成，暂时无法确定其价格或金额。

（二）暂估价的形式

一般而言，为方便合同管理和计价，需要纳入分部分项工程量清单项目综合单价中的暂估价最好只是材料费，以方便投标人组价。以"项"为计量单位给出的专业工程暂估价一般应是综合暂估价，应当包括除规费、税金以外的管理费、利润等。

四、计日工

（一）计日工的性质

计日工是为了解决现场发生的零星工作的计价而设立的。国际上常见的标准合同条款中，大多数都设立了计日工（Daywork）计价机制。计日工以完成零星工作所消耗的人工工时、材料数量、机械台班进行计量，并按照计日工表中填报的适用项目的单价进行计价支付。计日工适用的所谓零星工作一般是指合同约定之外的或者因变更而产生的、工程量清单中没有相应项目的额外工作，尤其是那些时间不允许事先商定价格的额外工作。计日工为额外工作和变更的计价提供了一个方便快捷的途径。

（二）计日工的量与价

工程量清单中的计日工数，招标人应填写拟定数字。在以往的实践中，计日工经常被忽略。其中一个主要原因是因为计日工项目的单价水平一般要高于工程量清单项目单价的水平。理论上讲，合理的计日工单价水平一定是高于工程量清单的价格水平，其原因在于计日工往往是用于一些突发性的额外工作，缺少计划性，承包人在调动施工生产资源方面难免不影响已经计划好的工作，生产资源的使用效率也有一定的降低，客观上造成超出常规的额外投入。另一方面，计日工清单往往忽略给出一个暂定的工程量，无法纳入有效的竞争，也是造成计日工单价水平偏高的原因之一。因此，为了获得合理的计日工单价，计日工表中一定要给出暂定数量，并且需要根据经验，尽可能估算一个比较贴近实际的数量。当然，尽可能把项目列全，防患于未然，也是值得充分重视的工作。

五、总承包服务费

总承包服务费是为了解决招标人在法律、法规允许的条件下进行专业工程发包以及自行采购供应材料、设备时，要求总承包人对发包的专业工程提供协调和配合服务（如分包人使用总包人的脚手架、水电搭接等）；对供应的材料、设备提供收、发和保管服务以及对施工现场进行统一管理；对竣工资料进行统一汇总整理等发生并向总承包人支付的费用。招标人应当预计该项费用并按投标人的投标报价向投标人支付该项费用。

第五节　规费、税金项目清单

规费项目清单是根据省级政府或省级有关权力部门规定必须缴纳的，应计入建筑安装工程造价的费用项目明细清单。

税金项目清单是国家税法规定的应计入建筑安装工程造价内的增值税项目清单。

一、规费项目清单

（一）规费项目清单的内容

《计价规范》第4.5.1条规定，规费项目清单应包括下列内容：

（1）社会保险费：包括养老保险费、失业保险费、医疗保险费、工商保险费、生育保险费；

（2）住房公积金；

（3）工程排污费。

（二）规费项目清单的列项原则

《计价规范》第4.5.2条规定，出现上述（一）规费项目清单的内容未列的项目，应根据省级政府或省级有关部门的规定列项。

根据住建部、财政部"关于印发《建筑安装工程费用项目组成》的通知"（建标〔2013〕44号）的规定，规费包括工程排污费、社会保险费（含养老保险、失业保险、医疗保险、工伤保险、生育保险）、住房公积金。规费作为政府和有关部门规定必须缴纳的费用，政府和有关权力部门可根据形势发展的需要，对规费项目进行调整。因此，对《建筑安装工程费用项目组成》未包括的规费项目，在计算规费时应根据省级政府和省级有关部门的规定进行补充。

二、税金项目清单

（一）税金项目清单的内容

根据建设部、财政部"关于印发《建筑安装工程费用项目组成》的通知"（建标〔2013〕44号）和财政部、国家税务总局《关于全面推开营业税改增值税试点的通知》〔2016〕36号文件的规定，目前国家税法规定应计入建筑安装工程造价内的税种包括增值税、城市建设维护税及教育费附加，《计价规范》4.6.1条规定税金项目清单应包括下列内容：

（1）营业税（改为增值税）；

（2）城市维护建设税（移入企业管理费）；

（3）教育费附加（移入企业管理费）；

（4）地方教育附加（移入企业管理费）。

（二）税金项目清单的列项原则

《计价规范》4.6.2条规定出现4.6.1条未列的项目，应根据税务部门规定列项，如国家税法发生变化或地方政府及税务部门依据职权对税种进行了调整，应对税金项目清单进行相应调整。因此，根据财税〔2016〕36号文件，营业税改增值税，税金项目清单进行了相应调整。

第二章　工程量清单编制

第三章　工程量清单计价

第一节　交易阶段清单计价

一、招标控制价的编制

（一）招标控制价概述

1. 招标控制价的作用

实行工程量清单招标后，由于招标方式的改变，标底保密这一法律规定已不能起到有效遏止哄抬标价的作用。因此，为不造成国有资产流失，国有资金投资的建设工程招标，招标人必须编制招标控制价。其主要作用是：

（1）招标人通过招标控制价，可以清除投标人间合谋超额利益的可能性，有效遏制围标串标行为。

（2）投标人通过招标控制价，可以避免投标决策的盲目性，增强投标活动的选择性和经济性。

（3）招标控制价与经评审的合理最低价评标配合，能促使投标人加快技术革新和提高管理水平。

2. 编制一般规定

（1）招标控制价应由具有编制能力的招标人或受其委托具有相应资质的工程造价咨询人编制和复核。

（2）工程造价咨询人接受招标人委托编制招标控制价，不得再就同一工程接受投标人委托编制投标报价。

（3）招标控制价按照本页"第3条编制依据"编制，不应上调或下浮。

（4）招标控制价超过批准的概算时，招标人应将其报原概算审批部门审核。

（5）招标人应在发布招标文件时公布招标控制价，同时应将招标控制价及有关资料报送工程所在地（或有该工程管辖权的行业管理部门）工程造价管理机构备查。

3. 编制依据

《计价规范》第5.2.1条规定，招标控制价应根据下列依据编制与复核：

（1）《计价规范》；

（2）国家或省级、行业建设主管部门颁发的计价定额和计价办法；

（3）建设工程设计文件及相关资料；

（4）拟定的招标文件及招标工程量清单；

（5）与建设项目相关的标准、规范、技术资料；

（6）施工现场情况、工程特点及常规施工方案；

（7）工程造价管理机构发布的工程造价信息；工程造价信息没有发布的，参照市场价；

（8）其他的相关资料。

（二）编制方法与内容

1. 综合单价的编制

（1）综合单价中应包括招标文件中划分的应由投标人承担的风险范围及其费用。招标文件中没有明确的，如是工程造价咨询人编制，应提请招标人明确；如是招标人编制，应予明确。

（2）分部分项工程和措施项目中的单价项目，应根据拟定的招标文件和招标工程量清单项目中的特征描述及有关要求确定综合单价计算。

（3）单价项目的计价原则：

1）采用的工程量应是招标工程量清单提供的工程量；

2）综合单价应按上一页"第3条编制依据"确定；

3）招标文件提供了暂估单价的材料，应按招标文件确定的暂估单价计入综合单价；

4）综合单价应当包括招标文件中招标人要求投标人所承担的风险内容及其范围（幅度）产生的风险费用。

2. 总价措施项目费的编制

（1）措施项目中的总价项目应根据拟定的招标文件和常规施工方案按《计价规范》第3.1.4条和3.1.5条的规定计价。

（2）措施项目中的总价项目的计价原则：

1）措施项目中的总价项目，应按上一页"第3条编制依据"计价，包括除规费、税金以外的全部费用；

2）措施项目中的安全文明施工费应当按照国家或省级、行业建设主管部门的规定标准计算。

3. 其他项目费的编制

（1）暂列金额应按招标工程量清单中列出的金额填写；暂列金额、暂估价如招标工程量清单未列出金额或单价时，编制招标控制价时必须明确。

（2）暂估价中的材料、工程设备单价应按招标工程量清单中列出的单价计入综合单价。

（3）暂估价中的专业工程金额应按招标工程量清单中列出的金额填写。

（4）暂列金额、暂估价如招标工程量清单未列出金额或单价时，编制招标控制价时必须明确。

（5）计日工应按招标工程量清单中列出的项目根据工程特点和有关计价依据确定综合单价计算。

编制招标控制价时，对计日工中的人工单价和施工机械台班单价应按省级、行业建设主管部门或其授权的工程造价管理机构公布的单价计算；材料应接工程造价管理机构发布的工程造价信息中的材料单价计算，工程造价信息未发布材料单价的材料，其价格应按市场调查确定的单价计算。

（6）总承包服务费应根据招标工程量清单列出的内容和要求估算。编制招标控制价时，总承包服务费应按照省级或行业建设主管部门的规定计算，《计价规范》在条文说明中列出的标准仅供参考：

1）当招标人仅要求总包人对其发包的专业工程进行施工现场协调和统一管理、对施工资料进行统一汇总整理等服务时，总包服务费按发包的专业工程估算造价的1.5%左右计算。

2）当招标人要求总包人对其发包的专业工程既进行总承包管理和协调，又要求提供相应配合服务时，总承包服务费根据招标文件列出的配合服务内容，按发包的专业工程估算造价的 3%～5%计算。

3）招标人自行供应材料、设备的，按招标人供应材料、设备价值的 1%计算。

4．规费和税金的编制

规费和税金应按国家或省级、行业建设主管部门规定的标准计算。

（三）投诉与处理

1．投诉的相关规定

（1）投标人经复核认为招标人公布的招标控制价未按照《计价规范》的规定进行编制的，应当在招标控制价公布后 5 天内向招投标监督机构和工程造价管理机构投诉。

（2）投诉人投诉时，应当提交书面投诉书，投诉书必须由单位盖章和法定代表人或其委托人签名或盖章。投诉书应包括以下内容：

1）投诉人与被投诉人的名称、地址及有效联系方式；

2）投诉的招标工程名称、具体事项及理由；

3）投诉依据及有关证明材料；

4）相关的请求及主张。

（3）投诉人不得进行虚假、恶意投诉，阻碍招投标活动的正常进行。

2．处理的相关规定

（1）工程造价管理机构在接到投诉书后应在 2 个工作日内进行审查，对有下列情况之一的，不予受理：

1）投诉人不是所投诉招标工程招标文件的收受人；

2）投诉书提交的时间超过招标控制价公布后 5 天的；

3）投诉书不符合本页第 1 条中的第（2）项规定的；

4）投诉事项已进入行政复议或行政诉讼程序的。

（2）工程造价管理机构应在不迟于结束审查的次日将是否受理投诉的决定书面通知投诉人、被投诉人以及负责该工程招投标监督的招投标管理机构。

（3）工程造价管理机构受理投诉后，应立即对招标控制价进行复查，组织投诉人、被投诉人或其委托的招标控制价编制人等单位人员对投诉问题逐一核对。有关当事人应当予以配合，并保证所提供资料的真实性。

（4）工程造价管理机构应当在受理投诉的 10 天内完成复查（特殊情况下可适当延长），并作出书面结论通知投诉人、被投诉人及负责该工程招投标监督的招投标管理机构。

（5）当招标控制价复查结论与原公布的招标控制价误差＞±3%的，应当责成招标人改正。

（6）招标人根据招标控制价复查结论，需要重新公布招标控制价的，其最终公布的时间至招标文件要求提交投标文件截止时间不足 15 天的，相应延长投标文件的截止时间。

二、招标控制价的审查

（一）审查依据

招标控制价的审查招标控制价的审查依据包括《建设工程招标控制价编审规程》

（CECA/GC6—2011）和《计价规范》规定的招标控制价的编制依据，以及招标人发布的招标控制价。

（二）审查方法

招标控制价的审查方法可依据项目的规模、特征、性质及委托方的要求等采用重点审查法、全面审查法。重点审查法适用于投标人对个别项目进行投诉的情况，全面审查法适用于各类项目的审查。

（三）重点审查事项

招标控制价应重点审查以下几个方面：

（1）招标控制价的项目编码、项目名称、工程数量、计量单位等是否与发布的招标工程量清单项目一致。

（2）招标控制价的总价是否全面，汇总是否正确。分部分项工程综合单价的组成是否符合现行国家标准《计价规范》《计量规范》和其他工程造价计价依据的要求。

（3）措施项目施工方案是否正确、可行，费用的计取是否符合现行国家标准《计价规范》《计量规范》和其他工程造价计价依据的要求。安全文明施工费是否执行了国家或省级、行业建设主管部门的规定。

（4）管理费、利润、风险费以及主要材料及设备的价格是否正确、得当。

（5）规费、税金是否符合现行国家标准《计价规范》。

三、投标报价的编制

（一）编制一般规定

1. 编制主体

《计价规范》6.1.1 条规定投标价应由投标人或受其委托具有相应资质的工程造价咨询人编制。可见，投标价的编制主体是投标人。投标人可以自行编制，也可以委托具有相应资质的工程造价咨询人编制。

2. 报价原则

（1）投标人应依据《计价规范》第 6.2.1 条规定的编制依据自主确定投标报价。投标报价编制和确定的最基本特征是投标人自主报价，它是市场竞争形成价格的体现，但投标人自主决定投标报价必须执行《计价规范》的强制性条文。

（2）投标报价的基本原则是不得低于工程成本。

（3）投标人必须按招标工程量清单填报价格。项目编码、项目名称、项目特征、计量单位、工程量必须与招标工程最清单一致。《计价规范》将"工程量清单"与"工程量清单计价表"两表合一，为避免出现差错，投标人最好按招标人提供的工程量清单与计价表直接填写价格。

（4）投标人的投标报价高于招标控制价的应予废标。

（5）招标工程量清单与计价表中列明的所有需要填写单价和合价的项目，投标人均应填写且只允许有一个报价。未填写单价和合价的项目，视为此项费用已包含在已标价工程量清单中其他项目的单价和合价之中。当竣工结算时，此项目不得重新组价予以调整。

（6）投标总价应当与分部分项工程费、措施项目费、其他项目费和规费、税金的合计金额一致。实行工程量清单招标，投标人的投标总价应当与组成已标价工程量清单的分部分项工程费、措施项目费、其他项目费和规费、税金的合计金额相一致，即投标人在进行工程量清单招标的投标报价时，不能进行投标总价优惠（或降价、让利），投标人对投标报价的任何优惠（或降价、让利）均应反映在相应清单项目的综合单价中。

（二）编制依据

投标报价应根据下列依据编制和复核：

（1）《计价规范》；

（2）国家或省级、行业建设主管部门颁发的计价办法；

（3）企业定额，国家或省级、行业建设主管部门颁发的计价定额和计价办法；

（4）招标文件、招标工程量清单及其补充通知、答疑纪要；

（5）建设工程设计文件及相关资料；

（6）施工现场情况、工程特点及投标时拟定的施工组织设计或施工方案；

（7）与建设相关的标准、规范等技术资料；

（8）市场价格信息或工程造价管理机构发布的工程造价信息；

（9）其他的相关资料。

（三）计价原则

1. 综合单价的编制

（1）综合单价中应包括招标文件中划分的应由投标人承担的风险范围及其费用，招标文件中没有明确的，应提请招标人明确。

（2）分部分项工程和措施项目中的单价项目，应根据招标文件和招标工程量清单项目中的特征描述确定综合单价计算。

（3）分部分项工程和措施项目中的单价项目最主要的是确定综合单价，单价项目综合单价的确定原则包括：

1）确定依据。确定分部分项工程和措施项目中的单价项目综合单价的最重要依据之一是该清单项目的特征描述的主要内容，投标人投标报价时应依据招标工程量清单项目的特征描述确定清单项目的综合单价。在招投标过程中，当出现招标工程量清单特征描述与设计图纸不符时，投标人应以招标工程量清单的项目特征描述为准，确定投标报价的综合单价。当施工中施工图纸或设计变更与招标工程量清单项目特征描述不一致时，发承包双方应按实际施工的项目特征，依据合同约定重新确定综合单价。

2）材料、工程设备暂估价。招标工程量清单中提供了暂估单价的材料、工程设备，按暂估的单价进入综合单价。

3）风险费用。招标文件中要求投标人承担的风险内容和范围，投标人应考虑进入综合单价。在施工过程中，当出现的风险内容及其范围（幅度）在招标文件规定的范围内时，合同价款不作调整。

2. 总价措施项目费的编制

（1）措施项目中的总价项目金额应根据招标文件及投标时拟定的施工组织设计或施工方案自主确定。由于各投标人拥有的施工装备、技术水平和采用的施工方法有所差异，招标人提出的措施项目清单是根据一般情况确定的，没有考虑不同投标人的"个性"，投标人投标时应根据自身编制的投标施工组织设计（或施工方案）确定措施项目，投标人根据投标施工组织设计（或施工方案）调整和确定的措施项目应通过评标委员会的评审。

（2）总价措施项目应采用综合单价方式价，包括除规费、税金外的全部费用。

（3）安全文明施工费应按照国家或省级、行业建设主管部门的规定计算确定。

3. 其他项目费的编制

投标人对其他项目投标报价的依据及原则：

（1）暂列金额应按照招标工程量清单中列出的金额填写，不得变动。

（2）暂估价不得变动和更改。暂估价中的材料、工程设备必须按照暂估单价计入综合单价；专业工程暂估价必须按照招标工程量清单中列出的金额填写。

（3）计日工应按照招标工程量清单列出的项目和估算的数量，自主确定各项综合单价并计算费用。

（4）总承包服务费应根据招标工程量列出的专业工程暂估价内容和供应材料、设备情况，按照招标人提出协调、配合与服务要求和施工现场管理需要自主确定。

4. 规费和税金的编制

投标人在投标报价时必须按照国家或省级、行业建设主管部门的有关规定计算规费和税金，这是投标人对规费和税金投标报价的原则。

规费和税金的计取标准是依据有关法律、法规和政策规定制定的，具有强制性。投标人是法律、法规和政策的执行者，既不能改变，更不能制定，而必须按照法律、法规、政策的有关规定执行。

第二节 施工阶段清单计价

一、工程计量

（一）一般规定

1. 计量根本原则

（1）工程量必须按照相关工程现行国家计量规范规定的工程量计算规则计算。正确的计量是发包人向承包人支付合同价款的前提和依据。

（2）不论何种计价方式，其工程量必须按照相关工程的现行国家计量规范规定的工程量计算规则计算。采用全国统一的工程量计算规则，对于规范工程建设各方的计量计价行为，有效减少计量争议具有十分重要的意义。

（3）鉴于当前工程计量的国家标准还不完善，如还没有国家计量标准的专业工程，可选用行业标准或地方标准。

（4）因承包人原因造成的超出合同工程范围施工或返工的工程量，发包人不予计量。

2. 计量的方式

（1）工程计量可选择按月或按工程形象进度分段计量，具体计量周期应在合同中约定。工程量的正确计算是合同价款支付的前提和依据，而选择恰当的计量方式对于正确计量也十分必要。

（2）由于工程建设具有投资大、周期长等特点，因此，工程计量以及价款支付是通过"阶段小结、最终结清"来体现的。所谓阶段小结可以时间节点来划分，即按月计量；也可以形象节点来划分，即按工程形象进度分段计量。

（3）按工程形象进度分段计量与按月计量相比，其计量结果更具稳定性，可以简化竣工结算。但应注意工程形象进度分段的时间应与按月计量保持一定关系，不应过长。

（二）单价合同的计量

1. 计量原则

（1）工程量必须以承包人完成合同工程应予计量的工程量确定。招标工程量清单标明的工程量是招标人根据拟建工程设计文件预计的工程量，不能作为承包人在履行合同义务中应予完成的实际和准确的工程量。

（2）施工中进行工程计量，当发现招标工程量清单中出现缺项、工程量偏差，或因工程变更引起工程量增减时，应按承包人在履行合同义务中完成的工程量计算。招标人提供的招标工程量清单，应当被认为是准确的和完整的。但在实际工作中，难免会出现疏漏，工程建设的特点也决定了难免会出现变更，由此引起工程量的增减变化应按实调整。

2. 计量程序

（1）承包人应当按照合同约定的计量周期和时间向发包人提交当期已完工程量报告。发包人应在收到报告后7天内核实，并将核实计量结果通知承包人。发包人未在约定时间内进行核实的，承包人提交的计量报告中所列的工程量应视为承包人实际完成的工程量。

（2）发包人认为需要进行现场计量核实时，应在计量前24小时通知承包人，承包人应为计量提供便利条件并派人参加。当双方均同意核实结果时，双方应在上述记录上签字确认。承包人收到通知后不派人参加计量，视为认可发包人的计量核实结果。发包人不按照约定时间通知承包人，致使承包人未能派人参加计量，计量核实结果无效。

3. 计量结果

（1）当承包人认为发包人核实后的计量结果有误时，应在收到计量结果通知后的7天内向发包人提出书面意见，并应附上其认为正确的计量结果和详细的计算资料。发包人收到书面意见后应在7天内对承包人的计量结果进行复核后通知承包人。承包人对复核计量结果仍有异议的，按照合同约定的争议解决办法处理。

（2）承包人完成已标价工程量清单中每个项目的工程量并经发包人核实无误后，发承包双方应对每个项目的历次计量报表进行汇总，以核实最终结算工程量，并应在汇总表上签字确认。

（三）总价合同的计量

1. 计量原则

（1）采用工程量清单方式招标形成的总价合同，其工程量应按照《计价规范》第4.1.2条、第8.1.1条的强制性规定，其招标工程量清单与合同工程实施中工程量的差异，应予调整。

（2）采用经审定批准的施工图纸及其预算方式发包形成的总价合同，除按照工程变更规定的工程量增减外，总价合同各项目的工程量应为承包人用于结算的最终工程量。这是与单价合同的最本质区分。

（3）总价合同约定的项目计量应以合同工程经审定批准的施工图纸为依据，发承包双方应在合同中约定工程计量的形象目标或时间节点进行计量。

2. 计量程序

（1）承包人应在合同约定的每个计量周期内对已完成的工程进行计量，并向发包人提交达到工程形象目标完成的工程量和有关计量资料的报告。

（2）发包人应在收到报告后7天内对承包人提交的上述资料进行复核，以确定实际完成的工程量和工程形象目标。对其有异议的，应通知承包人进行共同复核。

二、清单综合单价确定方法

（一）有适用综合单价

（1）已标价工程量清单中有适用于变更工程项目的，应采用该项目的单价；适用于当工程变更导致该清单项目的工程数量发生变化，且工程量偏差不超过 15% 的情况。

（2）直接采用适用的项目单价的前提是其采用的材料、施工工艺和方法相同，也不因此增加关键线路上工程的施工时间。

例如：某工程施工过程中，由于设计变更，新增加轻质材料隔墙 1200m²，已标价工程量清单中有此轻质材料隔墙项目综合单价，且新增部分工程量偏差在 15% 以内，就应直接采用该项目综合单价。

（二）有类似综合单价

（1）已标价工程量清单中没有适用但有类似于变更工程项目的，可在合理范围内参照类似项目的单价。

（2）采用适用的项目单价的前提是其采用的材料、施工工艺和方法基本相似，不增加关键线路上工程的施工时间，可仅就其变更后的差异部分，参考类似的项目单价由发承包双方协商新的项目单价。

例如：某工程现浇混凝土梁为 C25，施工过程中设计调整为 C30，此时，可仅将 C30 混凝土价格替换 C25 混凝土价格，其余不变，组成新的综合单价。

（三）无适用和类似综合单价

（1）已标价工程量清单中没有适用也没有类似于变更工程项目的，应由承包人根据变更工程资料、计价办法、工程造价管理机构发布的信息价格和承包人报价浮动率提出变更工程项目的单价，并应报发包人确认后调整。承包人报价浮动率可按下列公式计算。

招标工程

$$承包人报价浮动率 L = (1 - 中标价 / 招标控制价) \times 100\% \qquad (3-1)$$

非招标工程

$$承包人报价浮动率 L = (1 - 报价值 / 施工图预算) \times 100\% \qquad (3-2)$$

（2）无法找到适用和类似的项目单价时，应采用招投标时的基础资料和工程造价管理机构发布的信息价格，按成本加利润的原则由发承包双方协商新的综合单价。

例如：某工程招标控制价为 8413949 元，中标人的投标报价为 7972282 元，承包人报价浮动率为多少？施工过程中，屋面防水采用 PE 高分子防水卷材（2mm），清单项目中无类似项目，工程造价管理机构发布有该卷材单价为 18 元/m²，该项目综合单价如何确定？

1）由式（3-1）

$$L = \left(1 - \frac{7972282}{8413949}\right) \times 100\%$$
$$= (1 - 0.9475) \times 100\%$$
$$= 5.25\%$$

2）查项目所在地该项目定额人工费为 3.78 元，除卷材外的其他材料费为 0.65 元，管理费和利润为 1.13 元。

$$该项目综合单价 = (3.78 + 18 + 0.65 + 1.13) \times (1 - 5.25\%)$$
$$= 23.56 \times 94.75\%$$
$$= 22.32(元)$$

发承包双方可按 22.32 元协商确定该项目综合单价。

（四）无适用、类似综合单价和缺价

（1）已标价工程量清单中没有适用也没有类似于变更工程项目，且工程造价管理机构发布的信息价格缺价的，应由承包人根据变更工程资料、计量规则、计价办法和通过市场调查等取得有合法依据的市场价格提出变更工程项目的单价，并应报发包人确认后调整。

（2）无法找到适用和类似项目单价、工程造价管理机构也没有发布此类信息价格，由发承包双方协商确定。

三、措施项目费调整方法

（一）调整原则

1. 施工方案确认

工程变更引起施工方案改变并使措施项目发生变化时，承包人提出调整措施项目费的，应事先将拟实施的方案提交发包人确认，并应详细说明与原方案措施项目相比的变化情况。拟实施的方案经发承包双方确认后执行。

2. 施工方案未确认

如果承包人未事先将拟实施的方案提交给发包人确认，则应视为工程变更不引起措施项目费的调整或承包人放弃调整措施项目费的权利。

（二）调整方法

1. 安全文明施工费

安全文明施工费应按照实际发生变化的措施项目依据《计价规范》第 3.1.5 条的规定计算，即措施项目中的安全文明施工费必须按国家或省级、行业建设主管部门的规定计算，不得作为竞争性费用。

2. 单价措施项目费

采用单价计算的措施项目费，应按照实际发生变化的措施项目，按本节"二、清单综合单价确定方法"的规定确定单价。

3. 总价措施项目费

按总价（或系数）计算的措施项目费，按照实际发生变化的措施项目调整，但应考虑承包人报价浮动因素，即调整金额按照实际调整金额乘以本节"二、清单综合单价确定方法"规定的承包人报价浮动率计算。

四、工程量偏差的计价调整

施工过程中，由于施工条件、地质水文、工程变更等变化以及招标工程量清单编制人专业水平的差异，往往在合同履行期间，应予计算的工程量与招标工程量清单出现偏差，工程量偏差过大，对综合成本的分摊带来影响，如突然增加太多，仍按原综合单价计价，对发包人不公平；而突然减少太多，仍按原综合单价计价，对承包人不公平。并且，这给有经验的承包人的不平衡报价打开了方便之门。因此，为维护合同的公平，工程量偏差超过 15% 时的价款应作调整。

（一）调整原则

合同履行期间，当应予计算的实际工程量与招标工程量清单出现偏差，且符合以下（1）、（2）条规定时，发承包双方应调整合同价款。

（1）对于任意招标工程量清单项目，当工程变更等原因导致工程量偏差超过 15% 时，可进行调整。当工程量增加 15% 以上时，增加部分的工程量的综合单价应予调低；当工程量减少 15% 以上时，减少后剩余部分的工程量的综合单价应予调高。

（2）当工程量出现第（1）条的变化，且该变化引起相关措施项目相应发生变化时，按系数或单一总价方式计价的，工程量增加的措施项目费调增，工程量减少的措施项目费调减。需注意的是，工程量变化必须引起相关措施项目相应发生变化，如未引起相关措施项目发生变化，则不予调整。

（二）调整方法

工程量偏差超过 15% 时，综合单价调整时可参考以下公式：

（1）当 $Q_1 > 1.15Q_0$ 时，

$$S = 1.15Q_0 \times P_0 + (Q_1 - 1.15Q_0) \times P_1 \qquad (3-3)$$

（2）当 $Q_1 < 0.85Q_0$ 时，

$$S = Q_1 \times P_1 \qquad (3-4)$$

式中　S——调整后的某一分部分项工程费结算价；

　　Q_1——最终完成的工程量；

　　Q_0——招标工程量清单中列出的工程量；

　　P_1——按照最终完成工程量重新调整后的综合单价；

　　P_0——承包人在工程量清单中填报的综合单价。

采用上述两式的关键是确定新的综合单价，即 P_1。确定的方法，一是发承包双方协商确定，二是与招标控制价相联系，当工程量偏差项目出现承包人在工程量清单中填报的综合单价与发包人招标控制价相应清单项目的综合单价偏差超过 15% 时，工程量偏差项目综合单价的调整可参考以下公式：

（3）当 $P_0 < P_2 \times (1-L) \times (1-15\%)$ 时，该类项目的综合单价

$$P_1 \text{ 按照 } P_2 \times (1-L) \times (1-15\%) \text{ 调整} \qquad (3-5)$$

（4）当 $P_0 > P_2 \times (1+15\%)$ 时，该类项目的综合单价

$$P_1 \text{ 按照 } P_2 \times (1+15\%) \text{ 调整} \qquad (3-6)$$

式中　P_0——承包人在工程量清单中填报的综合单价；

　　P_2——发包人招标控制价相应项目的综合单价；

　　L——式（3-1）、式（3-2）中的承包人报价浮动率。

当 $P_0 > P_2 \times (1-L) \times (1-15\%)$ 或 $P_0 < P_2 \times (1+15\%)$ 时，可不调整。

【例 3-1】　某工程项目招标控制价的综合单价为 350 元，投标报价的综合单价为 287 元，该工程投标报价下浮率为 6%，综合单价是否调整？

解　$287 \div 350 = 82\%$，偏差为 18%；

按式（3-5）有

$$350 \times (1-6\%) \times (1-15\%) = 279.65(\text{元})$$

由于 287 元大于 279.65 元，该项目变更后的综合单价可不予调整。

【例 3 - 2】　某工程项目招标控制价的综合单价为 350 元，投标报价的综合单价为 406 元，工程变更后的综合单价如何调整？

解　406/350＝1.16，偏差为 16%

按式（3 - 6）有
$$350 \times (1 + 15\%) = 402.50(元)$$

由于 406 大于 402.50，该项目变更后的综合单价应调整为 402.50 元。

【例 3 - 3】　某工程项目招标工程量清单数量为 1520m³，施工中由于设计变更调增为 1824m³，增加 20%，该项目招标控制价综合单价为 350 元，投标报价为 406 元，应如何调整？

解　①见［例 3 - 2］，综合单价调整为 402.50 元。

②由式（3 - 3）有
$$S = 1.15 \times 1520 \times 406 + (1824 - 1.15 \times 1500) \times 402.50$$
$$= 709608 + 76 \times 402.50$$
$$= 740198(元)$$

【例 3 - 4】　某工程项目招标工程量清单数量为 1520m³，施工中由于设计变更调减为 1216m³，减少 20%，该项目招标控制价为 350 元，投标报价为 287 元，应如何调整？

解　①见［例 3 - 2］，综合单价 P_1 可不调整。

②用式（3 - 4）有
$$S = 1216 \times 287 = 348992(元)$$

五、其他项目清单调整

（一）计日工调整

发包人通知承包人以计日工方式实施的零星工作，承包人应予执行。

1. 计日工报表内容

采用计日工计价的任何一项变更工作，在该项变更的实施过程中，承包人应按合同约定提交下列报表和有关凭证送发包人复核：

（1）工作名称、内容和数量；

（2）投入该工作所有人员的姓名、工种、级别和耗用工时；

（3）投入该工作的材料名称、类别和数量；

（4）投入该工作的施工设备型号、台数和耗用台时；

（5）发包人要求提交的其他资料和凭证。

2. 生效原则

任一计日工项目持续进行时，承包人应在该项工作实施结束后的 24 小时内向发包人提交有计日工记录汇总的现场签证报告一式三份。发包人在收到承包人提交现场签证报告后的 2 天内予以确认并将其中一份返还给承包人，作为计日工计价和支付的依据。发包人逾期未确认也未提出修改意见的，应视为承包人提交的现场签证报告已被发包人认可。

3. 计价原则

任一计日工项目实施结束后，承包人应按照确认的计日工现场签证报告核实该类项目的工程数量，并应根据核实的工程数量和承包人已标价工程量清单中的计日工单价计算，提出应付价款；已标价工程量清单中没有该类计日工单价的，由发承包双方按本规范第 9.3 节的规定商定计日工单价计算。

4. 支付原则

每个支付期末，承包人应按照规定向发包人提交本期间所有计日工记录的签证汇总表，并应说明本期间自己认为有权得到的计日工金额，调整合同价款，列入进度款支付。

（二）暂估价调整

1. 材料、工程设备暂估价

（1）发包人在招标工程量清单中给定暂估价的材料、工程设备属于依法必须招标的，应由发承包双方以招标的方式选择供应商，确定价格，并应以此为依据取代暂估价，调整合同价款。

（2）发包人在招标工程量清单中给定暂估价的材料、工程设备不属于依法必须招标的，应由承包人按照合同约定采购，经发包人确认单价后取代暂估价，调整合同价款。

2. 专业工程暂估价

（1）发包人在工程量清单中给定暂估价的专业工程不属于依法必须招标的，应按照《计价规范》第9.3节工程变更相应条款的规定确定专业工程价款，并应以此为依据取代专业工程暂估价，调整合同价款。

（2）发包人在招标工程量清单中给定暂估价的专业工程，依法必须招标的，应当由发承包双方依法组织招标选择专业分包人，接受有管辖权的建设工程招标投标管理机构的监督，还应符合下列要求：

1）除合同另有约定外，承包人不参加投标的专业工程发包招标，应由承包人作为招标人，但拟定的招标文件、评标工作、评标结果应报送发包人批准。与组织招标工作有关的费用应当被认为已经包括在承包人的签约合同价（投标总报价）中。

2）承包人参加投标的专业工程发包招标，应由发包人作为招标人，与组织招标工作有关的费用由发包人承担。同等条件下，应优先选择承包人中标。

3）应以专业工程发包中标价为依据取代专业工程暂估价，调整合同价款。

（三）暂列金额

（1）已签约合同价中的暂列金额应由发包人掌握使用，并且只能按照发包人的指示使用。暂列金额虽然列入合同但并不属于承包人所有，也不必然发生。

（2）只有按照合同约定实际发生后，才能成为承包人的应纳入工程合同结算价款中，扣除发包人按照合同价款调整所做的支付后，暂列金额余额仍归发包人所有。

（四）现场签证

1. 签证常见情形

由于施工生产的特殊性，在施工过程中往往会出现一些与合同工程或合同约定不一致或未约定的事项，这时就需要发承包双方用书面形式记录下来，各地对此的称谓不一，如工程签证、施工签证、技术核定单等，《计价规范》将其定义为现场签证。签证常见情形：

（1）发包人的口头指令，需要承包人将其提出，由发包人转换成书面签证；

（2）是发包人的书面通知如涉及工程实施，需要承包人就完成此通知需要的人工、材料、机械设备等内容向发包人提出，取得发包人的签证确认；

（3）是合同工程招标工程量清单中已有，但施工发现与其不符比如土方类别，出现流沙等，需承包人及时向发包人提出签证确认，以便调整合同价款；

（4）是由于发包人原因，未按合同约定提供场地、材料、设备或停水、停电等成承包人的停工，需承包人及时向发包人提出签证确认，以便计算索赔费用；

（5）是合同中约定的材料等价格由于市场发生变化，需承包人向发包人提出采购数量及其单价，以取得发包人的签证确认；

（6）是其他由于合同条件变化需要现场签证的事项等。

2. 签证要求

（1）承包人应发包人要求完成合同以外的零星项目、非承包人责任事件等工作的，发包人就及时以书面形式向承包人发出指令，并应提供所需的相关资料；承包人在收到指令后，应及时向发包人提出现场签证要求。

（2）签证时限要求。承包人应在收到发包人指令后的 7 天内向发包人提交现场签证报告，发包人应在收到现场签证报告后的 48 小时内对报告内容进行核实，予以确认或提出修改意见。发包人在收到承包人现场签证报告后的 48 小时内未确认也未提出修改意见的，应视为承包人提交的现场签证报告已被发包人认可。

（3）签证内容要求。现场签证的工作如已有相应的计日工单价，现场签证中应列明完成该类项目所需的人工、材料、工程设备和施工机械台班的数量。如现场签证的工作没有相应的计日工单价，应在现场签证报告中列明完成该签证工作所需的人工、材料设备和施工机械台班的数量及单价。

（4）未签证责任。合同工程发生现场签证事项，未经发包人签证确认，承包人便擅自施工的，除非征得发包人书面同意，否则发生的费用应由承包人承担。

（5）签证支付原则。原则现场签证工作完成后的 7 天内，承包人应按照现场签证内容计算价款，报送发包人确认后，作为增加合同价款，与进度款同期支付。

（6）签证基本要求。在施工过程中，当发现合同工程内容因场地条件、地质水文、发包人要求等不一致时，承包人应提供所需的相关资料，并提交发包人签证认可，作为合同价款调整的依据。一份完整的现场签证应包括时间、地点、原由、事件后果、如何处理等内容，并由发承包双方授权的现场管理人签章。

第三节　竣工阶段清单计价

一、竣工结算编制概述

（一）结算编制一般规定

1. 竣工结算办理原则

工程完工后，发承包双方必须在合同约定时间内办理工程竣工结算。根据《中华人民共和国合同法》第二百七十九条"建设工程竣工后……验收合格的，发包人应当按照约定支付价款"和《中华人民共和国建筑法》第十八条"发包单位应当按照合同的约定，及时拨付工程款项"的规定，本条规定了工程完工后，发承包双方应在合同约定时间内办理竣工结算。合同中设有约定或约定不清的，按《计价规范》相关规定实施。

2. 竣工结算责任主体

竣工结算由承包人编制，发包人核对。实行总承包的工程，由总承包人对竣工结算的编制负总责。根据《工程造价咨询企业管理办法》（住建部令第 149 号）的规定，承包人、发包人均可委托具有工程造价咨询资质的工程造价咨询企业编制或核对竣工结算。

3. 竣工结算投诉处理

（1）当发承包双方或一方对工程造价咨询人出具的竣工结算文件有异议时，可向工程造价管理机构投诉，申请对其进行执业质量鉴定。

（2）工程完工后的竣工结算，是建设工程施工合同签约双方的共同权利和责任。由于社会分工的日益精细化，主要由发包人委托工程造价咨询人进行竣工结算审核已是现阶段办理竣工结算的主要方式。这一方式对建设单位有效控制投资，加快结算进度，提高社会效益等方面发挥了积极作用，但也存在个别工程造价咨询人不讲执业质量，不顾发承包双方或一方的反对，单方面出具竣工结算文件的现象，由于施工合同签约中的一方或双方不签章认可，从而也不具有法律效力，但是，却形成了合同价款争议，影响结算的办理。

（3）工程造价管理机构对投诉的竣工结算文件进行质量鉴定，宜按《计价规范》第 14 章工程造价鉴定中的相关规定进行。工程造价管理机构受理投诉后，应当组织专家对投诉的竣工结算文件进行质量鉴定，并作出鉴定意见。

4. 结算书的备案要求

竣工结算办理完毕，发包人应将竣工结算文件报送工程所在地或有该工程管辖权的行业管理部门的工程造价管理机构备案，竣工结算文件应作为工程竣工验收备案、交付使用的必备文件。备案要求是依据《中华人民共和国建筑法》第六十一条"交付竣工验收的建筑工程，必须符合规定的建筑工程质量标准，有完整的工程技术经济资料和经签署的工程保修书，并具备国家规定的其他竣工条件"的规定。

（二）结算编制依据

《计价规范》11.2.1 条规定工程竣工结算应根据下列依据编制的依据是：

（1）《计价规范》规范；

（2）工程合同；

（3）发承包双方实施过程中已确认的工程量及其结算的合同价款；

（4）发承包双方实施过程中已确认调整后追加（减）的合同价款；

（5）建设工程设计文件及相关资料；

（6）投标文件；

（7）其他依据。

（三）进度款支付与竣工结算关系

工程合同价款按交付时间顺序可分为：工程预付款、工程进度款和工程竣工结算款，由于工程预付款已在工程进度款中扣回，因此，工程竣工结算时，工程竣工结算价款＝工程进度款＋工程竣工结算余款。可见，竣工结算与合同工程实施过程中的工程计量及其价款结算、进度款支付、合同价款调整等具有内在联系，除有争议的外，均应直接进入竣工结算，简化结算流程。

二、竣工结算计价原则

（一）单价项目结算原则

（1）工程量结算。分部分项工程和措施项目中的单价项目应依据发承包双方确认的工程量计算。

（2）综合单价结算。分部分项工程和措施项目中的单价项目应依据已标价工程量清单的综合单价计算；发生调整的，应以发承包双方确认调整的综合单价计算。

（二）总价措施项目结算原则

（1）措施项目中的总价措施项目，应依据已标价工程量清单的措施项目和金额计算；发生调整的，应以发承包双方确认调整的金额计算。

（2）安全文明施工费应按照国家或省级、行业建设主管部门的规定计算。施工过程中，国家或省级、行业建设主管部门对安全文明施工费进行了调整的，措施项目费中的安全文明施工费应作相应调整。

（三）其他项目费结算原则

（1）计日工的费用应按发包人实际签证确认的数量和相应项目综合单价计算。

（2）若暂估价中的材料、工程设备是招标采购的，其单价按中标价在综合单价中调整；若暂估价中的材料、工程设备为非招标采购的，其单价按发承包双方最终确认的单价在综合单价中调整。

若暂估价中的专业工程是招标发包的，其专业工程费按中标价计算；若暂估价中的专业工程为非招标发包的，其专业工程费按发承包双方与分包人最终确认的金额计算。

（3）总承包服务费应依据已标价工程量清单的金额计算，发承包双方依据合同约定对总承包服务费进行了调整，应按调整后的金额计算。

（4）索赔事件产生的费用在办理竣工结算时应在其他项目费中反映。索赔费用的金额应依据发承包双方确认的索赔事项和金额计算。

（5）现场签证发生的费用在办理竣工结算时应在其他项目费中反映。现场签证费用金额依据发承包双方签证确认的金额计算。

（6）合同价款中的暂列金额在用于各项价款调整、索赔与现场签证的费用后，若有余额，则余额归发包人，若出现差额，则由发包人补足并反映在相应项目的价款中。

（四）规费和税金结算原则

规费和税金应按本规范应按照国家或省级、行业建设主管部门对规费和税金的计取标准计算，规费中的工程排污费应按工程所在地环境保护部门规定的标准缴纳后按实列入。

三、竣工结算的核对规定

1. 竣工结算编制工作要求

（1）合同工程完工后，承包人向发包人提交的竣工验收报告资料应是完整的，其中包括竣工结算书。承包人应在经发承包双方确认的合同工程期中价款结算的基础上汇总编制完成竣工结算文件，并应在提交竣工验收申请的同时向发包人提交竣工结算文件。

（2）承包人未在合同约定的时间内提交竣工结算文件，经发包人催告后14天内仍未提交或没有明确答复的，发包人有权根据已有资料编制竣工结算文件，作为办理竣工结算和支付结算款的依据，承包人应予以认可。

（3）承包人无正当理由在约定时间内未递交竣工结算书，造成工程结算价款延期支付的，责任由承包人承担。

2. 竣工结算核对要求

（1）发包人应在收到承包人提交的竣工结算文件后的28天内核对。发包人经核实，认为承包人还应进一步补充资料和修改结算文件，应在上述时限内向承包人提出核实意见，承包人在收到核实意见后的 28 天内应按照发包人提出的合理要求补充资料，修改竣工结算文件，并就再次提交给发包人复核后批准。

（2）发包人应在收到承包人再次提交的竣工结算文件后的 28 天内予以复核，将复核结果通知承包人，并应遵守下列规定：

1）发包人、承包人对复核结果无异议的，应在 7 天内在竣工结算文件上签字确认，竣工结算办理完毕；

2）发包人或承包人对复核结果认为有误的，无异议部分按规定办理完竣工结算；有异议部分由发承包双方协商解决；协商不成的，应按照合同约定的争议解决方式处理。

（3）发包人在收到承包人竣工结算文件后的 28 天内，不核对竣工结算或未提出核对意见的，应视为承包人提交的竣工结算文件已被发包人认可，竣工结算办理完毕。

（4）发包人委托工程造价咨询人核对竣工结算的，工程造价咨询人应在 28 天内核对完毕，核对结论与承包人竣工结算文件不一致的，应提交给承包人复核承包人应在 14 天内将同意核对结论或不同意见的说明提交工程造价咨询人。工程造价咨询人收到承包人提出的异议后，应再次复核，复核无异议的，应按本节"竣工结算核对要求"中第（2）条第 1 款规定办理，复核后仍有异议的，按本节"竣工结算核对要求"中第（2）条第 2 款的规定办理。

承包人逾期未提出书面异议的，应视为工程造价咨询人核对的竣工结算文件已经承包人认可。

3. 核对结果确认规定

（1）对发包人或发包人委托的工程造价咨询人指派的专业人员与承包人指派的专业人员经核对后无异议并签名确认的竣工结算文件，除非发承包人能提出具体、详细的不同意见，发承包人都应在竣工结算文件上签名确认，如其中一方拒不签认的，按下列规定办理：

1）若发包人拒不签认的，承包人可不提供竣工验收备案资料，并有权拒绝与发包人或其上级部门委托的工程造价咨询人重新核对竣工结算文件。

2）若承包人拒不签认的，发包人要求办理竣工验收备案的，承包人不得拒绝提供竣工验收资料，否则，由此造成的损失，承包人承担相应责任。

（2）合同工程竣工结算核对完成，发承包双方签字确认后，发包人不得要求承包人与另一个或多个工程造价咨询人重复核对竣工结算。

（3）发包人对工程质量有异议，拒绝办理工程竣工结算的，已竣工验收或已竣工未验收但实际投入使用的工程，其质量争议应按该工程保修合同执行，竣工结算应按合同约定办理；已竣工未验收且未实际投入使用工程以及停工、停建工程的质量争议，双方应就有争议的部分委托有资质的检测鉴定机构进行检测，并应根据检测结果确定解决方案，或按工程质量监督机构的处理决定执行后办理竣工结算，无争议部分的竣工结算应按合同约定办理。

第三章 工程量清单计价

第二篇　工程量清单计价理论

第四章　房屋建筑工程工程量清单

第一节　土石方工程

一、清单工程量计算规范

（一）土方工程

土方工程量清单项目设置、项目特征描述的内容、计量单位及工程量计算规则，应按表4-1的规定执行。

表4-1　　　　　　　　　　土方工程（编号：010101）

项目编码	项目名称	项目特征	计量单位	工程量计算规则	工作内容
010101001	平整场地	1. 土壤类别 2. 弃土运距 3. 取土运距	m²	按设计图示尺寸以建筑物首层建筑面积计算	1. 土方挖填 2. 场地找平 3. 运输
010101002	挖一般土方	1. 土壤类别 2. 挖土深度 3. 弃土运距	m³	按设计图示尺寸以体积计算	1. 排地表水 2. 土方开挖 3. 围护（挡土板）、支撑 4. 基底钎探 5. 运输
010101003	挖沟槽土方			按设计图示尺寸以基础垫层底面积乘以挖土深度计算	
010101004	挖基坑土方				
010101005	冻土开挖	1. 冻土厚度 2. 弃土运距		按设计图示尺寸开挖面积乘厚度以体积计算	1. 爆破 2. 开挖 3. 清理 4. 运输
010101006	挖淤泥、流砂	1. 挖掘深度 2. 弃淤泥、流砂距离		按设计图示位置、界限以体积计算	1. 开挖 2. 运输
010101007	管沟土方	1. 土壤类别 2. 管外径 3. 挖沟深度 4. 回填要求	1. m 2. m³	1. 以米计量，按设计图示以管道中心线长度计算 2. 以立方米计量，按设计图示管底垫层面积乘以挖土深度计算；无管底垫层按管外径的水平投影面积乘以挖土深度计算。不扣除各类井的长度，井的土方并入管沟土方	1. 排地表水 2. 土方开挖 3. 围护（挡土板）、支撑 4. 运输 5. 回填

（二）石方工程

石方工程量清单项目设置、项目特征描述的内容、计量单位及工程量计算规则，应按表4-2的规定执行。

表4-2　　　　　　　　　　石方工程（编号：010102）

项目编码	项目名称	项目特征	计量单位	工程量计算规则	工作内容
010102001	挖一般石方			按设计图示尺寸以体积计算	
010102002	挖沟槽石方	1. 岩石类别 2. 开凿深度 3. 弃碴运距	m³	按设计图示尺寸沟槽底面积乘以挖石深度以体积计算	1. 排地表水 2. 凿石 3. 运输
010102003	挖基坑石方			按设计图示尺寸基坑底面积乘以挖石深度以体积计算	
010102004	挖管沟石方	1. 岩石类别 2. 管外径 3. 挖沟深度	1. m 2. m³	1. 以米计量，按设计图示以管道中心长度计算 2. 以立方米计量，按设计图示截面积乘以长度计算	1. 排地表水 2. 凿石 3. 回填 4. 运输

（三）回填

回填工程量清单项目设置、项目特征描述的内容、计量单位及工程量计算规则，应按表4-3的规定执行。

表4-3　　　　　　　　　　回填（编号：010103）

项目编码	项目名称	项目特征	计量单位	工程量计算规则	工作内容
010103001	回填方	1. 密实度要求 2. 填方材料品种 3. 填方粒径要求 4. 填方来源、运距	m³	按设计图示尺寸以体积计算 1. 场地回填：回填面积乘平均回填厚度 2. 室内回填：主墙间面积乘回填厚度，不扣除间隔墙 3. 基础回填：挖方体积减去自然地坪以下埋设的基础体积（包括基础垫层及其他构筑物）	1. 运输 2. 回填 3. 压实

项目编码	项目名称	项目特征	计量单位	工程量计算规则	工作内容
010103002	余方弃置	1. 废弃料品种 2. 运距	m³	按挖方清单项目工程量减利用回填方体积（正数）计算	余方点装料运输至弃置点

二、计量规范应用说明

（一）土方工程

（1）挖土平均厚度应按自然地面测量标高至设计地坪标高间的平均厚度确定。基础土方开挖深度应按基础垫层底表面标高至交付施工现场地标高确定，无交付施工场地标高时，应按自然地面标高确定。

（2）建筑物场地厚度≤±300mm的挖、填、运、找平，应按平整场地项目编码列项；厚度＞±300mm的竖向布置挖土或山坡切土应按本表中挖一般土方项目编码列项。若±30cm以内的全挖方或填方，需外运土方或借土回填时，应描述弃土运距（或弃土地点）或取土运距（或取土地点）。

（3）沟槽、基坑、一般土方的划分为：底宽≤7m，底长＞3倍底宽为沟槽；底长≤3倍底宽、底面积≤150m² 为基坑；超出上述范围则为一般土方。

（4）挖土方如需截桩头时，应按桩基工程相关项目编码列项。

（5）桩间挖土不扣除桩的体积，并在项目特征中加以描述。

（6）弃、取土运距可以不描述，但应注明由投标人根据施工现场实际情况自行考虑，决定报价。

（7）土壤的分类应按表4-4确定，如土壤类别不能准确划分时，招标人可注明为综合，由投标人根据地勘报告决定报价。

表4-4　　　　　　　　　　土 壤 分 类 表

土壤分类	土 壤 名 称	开 挖 方 法
一、二类土	粉土、砂土（粉砂、细砂、中砂、粗砂、砾砂）、粉质黏土、弱中盐渍土、软土（淤泥质土、泥炭、泥炭质土）、软塑红黏土、冲填土	用锹、少许用镐、条锄开挖。机械能全部直接铲挖满载者
三类土	黏土、碎石土（圆砾、角砾）混合土、可塑红黏土、硬塑红黏土、强盐渍土、素填土、压实填土	主要用镐、条锄、少许用锹开挖。机械需部分刨松方能铲挖满载者或可直接铲挖但不能满载者
四类土	碎石土（卵石、碎石、漂石、块石）、坚硬红黏土、超盐渍土、杂填土	全部用镐、条锄挖掘、少许用撬棍挖掘。机械须普遍刨松方能铲挖满载者

注　本表土的名称及其含义按国家标准《岩土工程勘察规范》（GB 50021—2001）（2009年版）定义。

（8）土方体积应按挖掘前的天然密实体积计算。非天然密实土方，应按表4-5系数折算。

表 4 - 5　　　　　　　　　　**土方体积折算系数表**

天然密实度体积	虚方体积	夯实后体积	松填体积
0.77	1.00	0.67	0.83
1.00	1.30	0.87	1.08
1.15	1.50	1.00	1.25
0.92	1.20	0.80	1.00

注　1. 虚方指未经碾压、堆积时间≤1年的土壤。

　　2. 本表按《全国统一建筑工程预算工程量计算规则》（GJDGZ—101—95）整理。

　　3. 设计密实度超过规定的，填方体积按工程设计要求执行；无设计要求按各省、自治区、直辖市或行业建设行政主管部门规定的系数执行。

（9）挖沟槽、基坑、一般土方因工作面和放坡增加的工程量（管沟工作面增加的工程量），是否并入各土方工程量中，按各省、自治区、直辖市或行业建设主管部门的规定实施，如并入各土方工程量中，办理工程结算时，按经发包人认可的施工组织设计规定计算，编制工程量清单时，可按表 4 - 6～表 4 - 8 规定计算。例如重庆市规定挖沟槽、基坑、管沟、一般土方因工作面和放坡增加的工程量并入各土方（清单）工程量中。

表 4 - 6　　　　　　　　　　**放 坡 系 数 表**

土类别	放坡起点（m）	人工挖土	机械挖土		
			在坑内作业	在坑上作业	顺沟槽在坑上作业
一、二类土	1.20	1：0.5	1：0.33	1：0.75	1：0.5
三类土	1.50	1：0.33	1：0.25	1：0.67	1：0.33
四类土	2.00	1：0.25	1：0.10	1：0.33	1：0.25

注　1. 沟槽、基坑中土类别不同时，分别按其放坡起点、放坡系数、依不同土类别厚度加权平均计算。

　　2. 计算放坡时，在交接处的重复工程量不予扣除，原槽、坑作基础垫层时，放坡自垫层上表面开始计算。

表 4 - 7　　　　　　　　　　**基础施工所需工作面宽度计算表**

基础材料	每边各增加工作面宽度（mm）
砖基础	200
浆砌毛石、条石基础	150
混凝土基础垫层支模板	300
混凝土基础支模板	300
基础垂直面做防水层	1000（防水层面）

注　本表按《全国统一建筑工程预算工程量计算规则》（GJDGZ—101—95）整理。

表 4 - 8   管沟施工每侧所需工作面宽度计算表

管沟材料＼管道结构宽（mm）	≤500	≤1000	≤2500	＞2500
混凝土及钢筋混凝土管道（mm）	400	500	600	700
其他材质管道（mm）	300	400	500	600

注　1. 本表按《全国统一建筑工程预算工程量计算规则》（GJDGZ—101—95）整理。

　　2. 管道结构宽：有管座的按基础外缘，无管座的按管道外径。

（10）挖方出现流砂、淤泥时，如设计未明确，在编制工程量清单时，其工程数量可为暂估量，结算时应根据实际情况由发包人与承包人双方现场签证确认工程量。

（11）挖沟槽土方适用于房屋建筑的基础沟槽开挖，管沟土方项目适用于管道（给排水、工业、电力、通信）、光（电）缆沟［包括人（手）孔、接口坑］及连接井（检查井）等。

（二）石方工程

（1）挖石应按自然地面测量标高至设计地坪标高的平均厚度确定。基础石方开挖深度应按基础垫层底表面标高至交付施工现场地标高确定，无交付施工场地标高时，应按自然地面标高确定。

（2）厚度＞±300mm 的竖向布置挖石或山坡凿石应按本表中挖一般石方项目编码列项。

（3）沟槽、基坑、一般石方的划分为：底宽≤7m，底长＞3 倍底宽为沟槽；底长≤3 倍底宽、底面积≤150m² 为基坑；超出上述范围则为一般石方。

（4）弃碴运距可以不描述，但应注明由投标人根据施工现场实际情况自行考虑，决定报价。

（5）岩石的分类应按表 4 - 10 确定。

表 4 - 9   管沟施工每侧所需工作面宽度计算表

管沟材料＼管道结构宽（mm）	≤500	≤1000	≤2500	＞2500
混凝土及钢筋混凝土管道（mm）	400	500	600	700
其他材质管道（mm）	300	400	500	600

注　1. 本表按《全国统一建筑工程预算工程量计算规则》（GJDGZ—101—95）整理。

　　2. 管道结构宽：有管座的按基础外缘，无管座的按管道外径。

（6）石方体积应按挖掘前的天然密实体积计算。非天然密实体积应按规范表 4 - 10 折算。

表 4 - 10   岩石分类表

岩石分类	代表性岩石	开挖方法
极软岩	1. 全风化的各种岩石 2. 各种半成岩	部分用手凿工具、部分用爆破法开挖

岩石分类		代表性岩石	开 挖 方 法
软质岩	软岩	1. 强风化的坚硬岩或较硬岩 2. 中等风化—强风化的较软岩 3. 未风化—微风化的页岩、泥岩、泥质砂岩等	用风镐和爆破法开挖
	较软岩	1. 中等风化—强风化的坚硬岩或较硬岩 2. 未风化—微风化的凝灰岩、千枚岩、泥灰岩、砂质泥岩等	用爆破法开挖
硬质岩	较硬岩	1. 微风化的坚硬岩 2. 未风化—微风化的大理岩、板岩、石灰岩、白云岩、钙质砂岩等	用爆破法开挖
	坚硬岩	未风化—风化的花岗岩、闪长岩、辉绿岩、玄武岩、安山岩、片麻岩、石英岩、石英砂岩、硅质砾岩、硅质石灰岩等	用爆破法开挖

注 本表依据国家标准《工程岩体分级级标准》（GB 50218—94）和《岩土工程勘察规范》（GB 50021—2001）（2009年版）整理。

（7）管沟石方项目适用于管道（给排水、工业、电力、通信）、光（电）缆沟［包括：人（手）孔、接口坑］及连接井（检查井）等。

（8）《计量规范》对石方工程挖沟槽、基坑、管沟、一般石方因工作面增加的工程量并未做出说明，重庆市补充作出规定石方工程挖沟槽、基坑、管沟、一般石方因工作面增加的工程量并入各石方工程量中。

（三）回填

（1）填方密实度要求，在无特殊要求情况下，项目特征可描述为满足设计和规范的要求。

（2）填方材料品种可以不描述，但应注明由投标人根据设计要求验方后方可填入，并符合相关工程的质量规范要求。

（3）填方粒径要求，在无特殊要求情况下，项目特征可以不描述。

（4）如需买土回填应在项目特征填方来源中描述，并注明买土方数量。

三、工程量清单编制实例

（一）背景资料

1. 设计说明

（1）重庆市某工程±0.000以下条形基础平面、剖面大样图详如图4-1所示，室内外高差450mm，本工程室外标高为－0.450。

（2）基础垫层为非原槽浇筑，垫层支模，混凝土强度等级为C15。

（3）本工程建设方已经完成三通一平，施工场地交付标高315.000，±0.000相当于绝对标高315.45。

（4）地勘资料显示标高313.000～315.000深度2m内均为三类土，均属天然密实土，无地下水。

（5）室内地面构造从上（±0.000）至下为：①50mm地砖面层，②80mm C15混凝土垫层，③素土夯实。

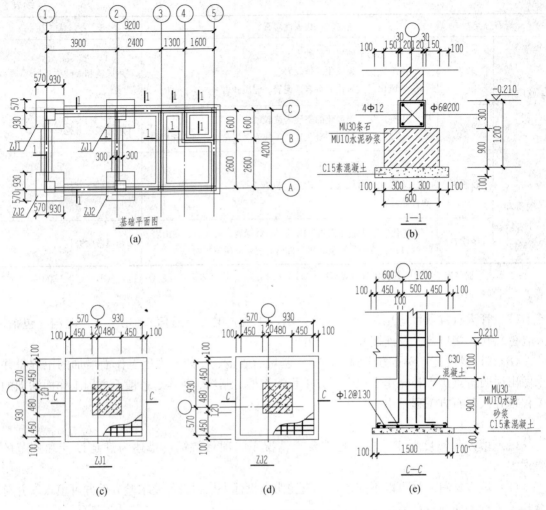

图 4-1　基础图

2. 施工方案

（1）本基础工程土方为人工开挖，非桩基工程，不考虑基底钎探，不考虑支挡土板施工，工作面按垫层支模为 300mm，放坡起点为 1.50m，放坡系数为 0.33。

（2）开挖基础土方，其中一部分土壤考虑按挖方量的 30% 进行现场运输、堆放，采用人力车运输，距离为 40m，另一部分土壤在基坑边 5m 内堆放。平整场地弃、取土运距为施工场内。弃土外运 5km，回填为夯填。

3. 计算说明

编制清单时，根据《重庆市建设工程量计算规则》（CQJLGZ—2013）A.1 土方工程中补注第 3 条说明"挖沟槽、基坑因工作面增加的工程量并入各石方工程量中，编制工程量清单和办理工程结算时，如设计或批准的施工组织设计（方案）有规定时按规定计算；无规定时，加宽工作面按表 4-5 规定计算。"

（二）问题

根据以上背景资料及国家标准《建设工程工程量清单计价规范》（GB 50500—2013）、《房屋建筑与装饰工程工程量计算规范》（GB 50854—2013），试列出该工程的平整场地、±0.000以下基础工程的挖沟槽、基坑、弃土外运、土方回填等项目的分部分项工程量清单。

清单工程量计算详见表 4-11。

表 4-11 　　　　　　　　　　　　　清 单 工 程 量 计 算 表

工程名称：某工程

序号	项目编码	清单项目名称	工程量计算式	工程量	计量单位
1	010101001001	平整场地	$S=(9.2+0.24)\times(4.2+0.24)=26.64$	41.91	m²
2	010101003001	挖沟槽土方	$L_{外}=(9.2+4.2)\times2-(1.7+0.3\times2)\times2-(1.03+0.3)\times4=16.88$ $L_{内}=4.2-(1.03+0.3)\times2+4.2-(0.8+0.3\times2)+(1.6-0.4-0.3)\times2=6.14$ $H=315-(315.45-0.21-1.2-0.1)=1.06$ $V=B\times H\times L=(0.8+0.3\times2)\times1.06\times(16.88+6.14)=34.16$	34.16	m³
3	010101004001	挖基坑土方	$H=315-(315.45-0.21-1-0.9-0.1)=1.76$ $S_{下}=(1.7+0.3\times2)^2=2.3^2$ $S_{上}=(1.7+0.3\times2+2\times0.33\times1.76)^2=3.46^2$ $V=\dfrac{1}{3}\times H\times(S_{上}+S_{下}+\sqrt{S_{上}S_{下}})\times4=\dfrac{1}{3}\times1.76\times(3.46^2+2.3^2+3.46\times2.3)\times4=59.18$	59.18	m³
4	010103001001	土方回填	①基础垫层：$V=(19.28+7.94)\times0.8\times0.1+1.7\times1.7\times0.1\times4=3.33$ ②石基础：$V=(20.08+8.54)\times0.9\times0.6=15.45$ ③土下部分圈梁：$V=(23.68+10.04)\times0.3\times(0.21+0.3-0.45)=0.61$ ④混凝土基础及埋在土下的柱：$V=1.5\times1.5\times0.9\times4+0.6\times0.6\times(0.21+1-0.45)\times4=9.19$ 槽坑回填：$V=34.16+59.18-3.33-15.45-0.61-9.19=64.76$ 室内回填：$V=(3.66\times3.96+2.16\times3.96+2.66\times3.96-1.48\times0.24\times2)\times(0.45-0.13)=10.52$ 回填合计：$V=64.76+10.52=75.28$	75.28	m³
5	010103002001	余方弃置	$V=34.16+59.18-75.28=18.06$	18.06	m³

根据表 4-11 的清单工程量和背景资料的有关信息，分部分项工程量清单如表 4-12 所示。

表 4 - 12　　　　　　　　分部分项工程量清单和单价措施项目清单与计价表

工程名称：某工程

序号	项目编码	项目名称	项目特征	计量单位	工程量	金额	
						综合单价	合价
1	010101001001	平整场地	1. 土壤类别：三类土 2. 弃土运距：场内 3. 取土运距：场内	m²	41.91		
2	010101003001	挖沟槽土方	1. 土壤类别：三类土 2. 挖土深度：2m 以内 3. 弃土运距：40m 以内	m³	34.16		
3	010101004001	挖基坑土方	1. 土壤类别：三类土 2. 挖土深度：2m 以内 3. 弃土运距：40m 以内	m³	59.18		
4	010103001001	土方回填	1. 密实度要求：满足规范及设计 2. 填方材料品种：满足规范及设计 3. 填方粒径要求：满足规范及设计 4. 填方来源、运距：场内取土、运距投标人自行考虑	m³	75.28		
5	010103002001	余方弃置	1. 废弃料品种：土方 2. 运距：5km	m³	18.06		

第二节　地基处理与边坡支护工程

一、清单工程量计算规范

（一）地基处理

地基处理工程量清单项目设置、项目特征描述的内容、计量单位及工程量计算规则，应按表 4 - 13 的规定执行。

表 4 - 13　　　　　　　　地基处理（编号：010201）

项目编码	项目名称	项目特征	计量单位	工程量计算规则	工作内容
010201001	换填垫层	1. 材料种类及配比 2. 压实系数 3. 掺加剂品种	m³	按设计图示尺寸以体积计算	1. 分层铺填 2. 碾压、振密或夯实 3. 材料运输

项目编码	项目名称	项目特征	计量单位	工程量计算规则	工作内容
010201002	铺设土工合成材料	1. 部位 2. 品种 3. 规格	m^2	按设计图示尺寸以面积计算	1. 挖填锚固沟 2. 铺设 3. 固定 4. 运输
010201003	预压地基	1. 排水竖井种类、断面尺寸、排列方式、间距、深度 2. 预压方法 3. 预压荷载、时间 4. 砂垫层厚度		按设计图示尺寸以加固面积计算	1. 设置排水竖井、盲沟、滤水管 2. 铺设砂垫层、密封膜 3. 堆载、卸载或抽气设备安拆、抽真空 4. 材料运输
010201004	强夯地基	1. 夯击能量 2. 夯击遍数 3. 夯击点布置形式、间距 4. 地耐力要求 5. 夯填材料种类			1. 铺设夯填材料 2. 强夯 3. 夯填材料运输
010201005	振冲密实（不填料）	1. 地层情况 2. 振密深度 3. 孔距			1. 振冲加密 2. 泥浆运输
010201006	振冲桩（填料）	1. 地层情况 2. 空桩长度、桩长 3. 桩径 4. 填充材料种类		1. 以米计量，按设计图示尺寸以桩长计算 2. 以立方米计量，按设计桩截面乘以桩长以体积计算	1. 振冲成孔、填料、振实 2. 材料运输 3. 泥浆运输
010201007	砂石桩	1. 地层情况 2. 空桩长度、桩长 3. 桩径 4. 成孔方法 5. 材料种类、级配	1. m 2. m^3	1. 以米计量，按设计图示尺寸以桩长（包括桩尖）计算 2. 以立方米计量，按设计桩截面乘以桩长（包括桩尖）以体积计算	1. 成孔 2. 填充、振实 3. 材料运输
010201008	水泥粉煤灰碎石桩	1. 地层情况 2. 空桩长度、桩长 3. 桩径 4. 成孔方法 5. 混合料强度等级	m	按设计图示尺寸以桩长（包括桩尖）计算	1. 成孔 2. 混合料制作、灌注、养护 3. 材料运输

续表

项目编码	项目名称	项目特征	计量单位	工程量计算规则	工作内容
010201009	深层搅拌桩	1. 地层情况 2. 空桩长度、桩长 3. 桩截面尺寸 4. 水泥强度等级、掺量		按设计图示尺寸以桩长计算	1. 预搅下钻、水泥浆制作、喷浆搅拌提升成桩 2. 材料运输
010201010	粉喷桩	1. 地层情况 2. 空桩长度、桩长 3. 桩径 4. 粉体种类、掺量 5. 水泥强度等级、石灰粉要求			1. 预搅下钻、喷粉搅拌提升成桩 2. 材料运输
010201011	夯实水泥土桩	1. 地层情况 2. 空桩长度、桩长 3. 桩径 4. 成孔方法 5. 水泥强度等级 6. 混合料配比		按设计图示尺寸以桩长（包括桩尖）计算	1. 成孔、夯底 2. 水泥土拌和、填料、夯实 3. 材料运输
010201012	高压喷射注浆桩	1. 地层情况 2. 空桩长度、桩长 3. 桩截面 4. 注浆类型、方法 5. 水泥强度等级	m	按设计图示尺寸以桩长计算	1. 成孔 2. 水泥浆制作、高压喷射注浆 3. 材料运输
010201013	石灰桩	1. 地层情况 2. 空桩长度、桩长 3. 桩径 4. 成孔方法 5. 掺和料种类、配合比		按设计图示尺寸以桩长（包括桩尖）计算	1. 成孔 2. 混合料制作、运输、夯实
010201014	灰土（土）挤密桩	1. 地层情况 2. 空桩长度、桩长 3. 桩径 4. 成孔方法 5. 灰土级配			1. 成孔 2. 混合料制作、运输、填充、夯实
10201015	柱锤冲扩桩	1. 地层情况 2. 空桩长度、桩长 3. 桩径 4. 成孔方法 5. 桩体材料种类、配合比		按设计图示尺寸以桩长计算	1. 安拔套管 2. 冲孔、填料、夯实 3. 桩体材料制作、运输

项目编码	项目名称	项目特征	计量单位	工程量计算规则	工作内容
010201016	注浆地基	1. 地层情况 2. 空钻深度、注浆深度 3. 注浆间距 4. 浆液种类及配比 5. 注浆方法 6. 水泥强度等级	1. m 2. m³	1. 以米计量，按设计图示尺寸以钻孔深度计算 2. 以立方米计量，按设计图示尺寸以加固体积计算	1. 成孔 2. 注浆导管制作、安装 3. 浆液制作、压浆 4. 材料运输
010201017	褥垫层	1. 厚度 2. 材料品种及比例	1. m² 2. m³	1. 以平方米计量，按设计图示尺寸以铺设面积计算 2. 以立方米计量，按设计图示尺寸以体积计算	材料拌和、运输、铺设、压实

（二）基坑与边坡支护

基坑与边坡支护工程量清单项目设置、项目特征描述的内容、计量单位及工程量计算规则，应按表4-14的规定执行。

表4-14　　　　　　基坑与边坡支护（编码：010202）

项目编码	项目名称	项目特征	计量单位	工程量计算规则	工作内容
010202001	地下连续墙	1. 地层情况 2. 导墙类型、截面 3. 墙体厚度 4. 成槽深度 5. 混凝土类别、强度等级 6. 接头形式	m³	按设计图示墙中心线长乘以厚度乘以槽深以体积计算	1. 导墙挖填、制作、安装、拆除 2. 挖土成槽、固壁、清底置换 3. 混凝土制作、运输、灌注、养护 4. 接头处理 5. 土方、废泥浆外运 6. 打桩场地硬化及泥浆池、泥浆沟
010202002	咬合灌注桩	1. 地层情况 2. 桩长 3. 桩径 4. 混凝土类别、强度等级 5. 部位	1. m 2. 根	1. 以米计量，按设计图示尺寸以桩长计算 2. 以根计量，按设计图示数量计算	1. 成孔、固壁 2. 混凝土制作、运输、灌注、养护 3. 套管压拔 4. 土方、废泥浆外运 5. 打桩场地硬化及泥浆池、泥浆沟

续表

项目编码	项目名称	项目特征	计量单位	工程量计算规则	工作内容
010202003	圆木桩	1. 地层情况 2. 桩长 3. 材质 4. 尾径 5. 桩倾斜度	1. m 2. 根	1. 以米计量，按设计图示尺寸以桩长（包括桩尖）计算 2. 以根计量，按设计图示数量计算	1. 工作平台搭拆 2. 桩机移位 3. 桩靴安装 4. 沉桩
010202004	预制钢筋混凝土板桩	1. 地层情况 2. 送桩深度、桩长 3. 桩截面 4. 沉桩方法 5. 连接方式 6. 混凝土强度等级			1. 工作平台搭拆 2. 桩机移位 3. 沉桩 4. 板桩连接
010202005	型钢桩	1. 地层情况或部位 2. 送桩深度、桩长 3. 规格型号 4. 桩倾斜度 5. 防护材料种类 6. 是否拔出	1. t 2. 根	1. 以吨计量，按设计图示尺寸以质量计算 2. 以根计量，按设计图示数量计算	1. 工作平台搭拆 2. 桩机竖拆、移位 3. 打（拔）桩 4. 接桩 5. 刷防护材料
010202006	钢板桩	1. 地层情况 2. 桩长 3. 板桩厚度	1. t 2. m²	1. 以吨计量，按设计图示尺寸以质量计算 2. 以平方米计量，按设计图示墙中心线长乘以桩长以面积计算	1. 工作平台搭拆 2. 桩机竖拆、移位 3. 打拔钢板桩
010202007	锚杆（锚索）	1. 地层情况 2. 锚杆（索）类型、部位 3. 钻孔深度 4. 钻孔直径 5. 杆体材料品种、规格、数量 6. 预应力 7. 浆液种类、强度等级	1. m 2. 根	1. 以米计量，按设计图示尺寸以钻孔深度计算 2. 以根计量，按设计图示数量计算	1. 钻孔、浆液制作、运输、压浆 2. 锚杆、锚索索制作、安装 3. 张拉锚固 4. 锚杆、锚索施工平台搭设、拆除
010202008	土钉	1. 地层情况 2. 钻孔深度 3. 钻孔直径 4. 置入方法 5. 杆体材料品种、规格、数量 6. 浆液种类、强度等级			1. 钻孔、浆液制作、运输、压浆 2. 锚杆、土钉制作、安装 3. 锚杆、土钉施工平台搭设、拆除

续表

项目编码	项目名称	项目特征	计量单位	工程量计算规则	工作内容
010202009	喷射混凝土、水泥砂浆	1. 部位 2. 厚度 3. 材料种类 4. 混凝土（砂浆）类别、强度等级	m²	按设计图示尺寸以面积计算	1. 修整边坡 2. 混凝土（砂浆）制作、运输、喷射、养护 3. 钻排水孔、安装排水管 4. 喷射施工平台搭设、拆除
010202010	混凝土支撑	1. 部位 2. 混凝土种类 3. 混凝土强度等级	m³	按设计图示尺寸以体积计算	1. 模板（支架或支撑）制作、安装、拆除、堆放、运输及清理模内杂物、刷隔离剂等 2. 混凝土制作、运输、浇筑、振捣、养护
010202011	钢支撑	1. 部位 2. 钢材品种、规格 3. 探伤要求	t	按设计图示尺寸以质量计算。不扣除孔眼质量，焊条、铆钉、螺栓等不另增加质量	1. 支撑、铁件制作（摊销、租赁） 2. 支撑、铁件安装 3. 探伤 4. 刷漆 5. 拆除 6. 运输

二、计量规范应用说明

（一）地基处理

（1）地层情况按表4-4和表4-10的规定，并根据岩土工程勘察报告按单位工程各地层所占比例（包括范围值）进行描述。对无法准确描述的地层情况，可注明由投标人根据岩土工程勘察报告自行决定报价。

（2）项目特征中的桩长应包括桩尖，空桩长度＝孔深－桩长，孔深为自然地面至设计桩底的深度。

（3）高压喷射注浆类型包括旋喷、摆喷、定喷，高压喷射注浆方法包括单管法、双重管法、三重管法。

（4）如采用泥浆护壁成孔，工作内容包括土方、废泥浆外运，如采用沉管灌注成孔，工作内容包括桩尖制作、安装。

（二）基坑与边坡支护

（1）地层情况按表4-4和表4-10的规定，并根据岩土工程勘察报告按单位工程各地层所占比例（包括范围值）进行描述。对无法准确描述的地层情况，可注明由投标人根据岩土工程勘察报告自行决定报价。

（2）土钉置入方法包括钻孔置入、打入或射入等。

（3）混凝土种类：指清水混凝土、彩色混凝土等，如在同一地区既使用预拌（商品）混凝土，又允许现场搅拌混凝土时，也应注明。

（4）地下连续墙和喷射混凝土的钢筋网及咬合灌注桩的钢筋笼制作、安装，按本章第5节中相关项目编码列项。本分部未列的基坑与边坡支护的排桩按《计量规范》附录C中相关项目编码列项。水泥土墙、坑内加固按表4-13中相关项目编码列项。砖、石挡土墙、护坡按本章第四节中相关项目编码列项。混凝土挡土墙按附录E中相关项目编码列项。弃土（不含泥浆）清理、运输按本章第一节中相关项目编码列项。

（三）本分部应注意的问题

（1）对地层情况的项目特征描述，为避免描述内容与实际地质情况有差异而造成重新组价，可采用以下方法处理：

第一种方法是描述各类土石的比例及范围值。

第二种方法是分不同土石类别分别列项。

第三种方法是直接描述"详勘察报告"

（2）为避免"空桩长度、桩长"的描述引起重新组价，可采用以下方法处理：

第一种方法是描述"空桩长度、桩长"的范围值，或描述空桩长度、桩长所占比例及范围值。

第二种方法是空桩部分单独列项。

（3）对于"预压地基""强夯地基"和"振冲密实（不填料）"项目的工程量按设计图示处理范围以面积计算，即根据每个点所代表的范围乘以点数计算。

三、工程量清单编制实例

（一）背景资料

（1）某学校公寓配套边坡支护工程采用锚杆支护，根据岩土工程勘察报告，边坡为岩质边坡：坡高约11m，边坡倾向为170°，岩体为三叠系须家河组中风化砂岩，岩体较完整，属硬性结构面，边坡岩体类型为Ⅳ类，边坡安全等级为三级，场内共发育两组裂隙：其中一组产状为305°∠43°；另一组产状为59°∠58°。此段边坡破坏模式：沿裂隙平面滑移破坏。岩质：中等风化带砂岩天然重度经验值取$24.0kN/m^2$；结构面抗剪强度：$C=0.53MPa$，$\phi=34°$；地基承载力特征值：中风化带砂岩取7.4MPa，砂岩基底摩擦系数取0.50；等效内摩擦角取45°，岩体破裂角取18°。

（2）图4-2中为AD段一组锚杆的剖面图，本边坡支护工程共设锚杆12组共计48根，长度4.5～15.0m，锚杆倾角20°。

（3）注浆浆液采用M30水泥混合浆液，配比按水泥：水：水玻璃：膨胀剂=1：0.5：0.3：0.05，锚杆采用HRB400钢筋。

（4）锚孔施工应符合下列规定：

1）锚孔定位偏差不宜大于20.0mm；

2）锚孔偏斜度不应大于2%；

3）钻孔深度超过锚杆设计长度不应小于0.5m。

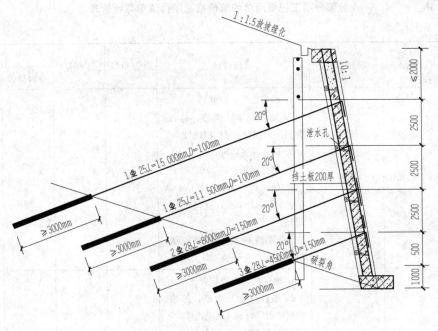

图 4-2　边坡剖面图

（二）问题

根据以上背景资料及国家标准《建设工程工程量清单计价规范》（GB 50500—2013）、《房屋建筑与装饰工程工程量计算规范》（GB 50854—2013），试列出该工程锚杆项目的分部分项工程量清单。

解　清单工程量计算详见表 4-15。

表 4-15　　　　　　　　　　　**清 单 工 程 量 计 算 表**

工程名称：某工程

序号	项目编码	清单项目名称	工程量计算式	工程量	计量单位
1	010202007001	锚杆	单根长 $L=4500mm$　　$N=12$ 根	12	根
2	010202007002	锚杆	单根长 $L=8000mm$　　$N=12$ 根	12	根
3	010202007003	锚杆	单根长 $L=11500mm$　　$N=12$ 根	12	根
4	010202007004	锚杆	单根长 $L=15000mm$　　$N=12$ 根	12	根

根据表 4-15 的清单工程量和背景资料的有关信息，分部分项工程量清单如表 4-16 所示。

表 4 - 16   **分部分项工程量清单和单价措施项目清单与计价表**

工程名称：某工程

序号	项目编码	项目名称	项目特征	计量单位	工程量	金额	
						综合单价	合价
1	010202007001	锚杆	1. 地层情况：较软岩 2. 锚杆（索）类型、部位：非预应力锚杆、AD 段边坡 3. 钻孔深度：5m 4. 钻孔直径：150mm 5. 杆体材料品种、规格、数量：3 根 HRB335，直径 28mm 钢筋 6. 浆液种类、强度等级：M30 水泥混合浆液	根	12		
2	010202007002	锚杆	1. 地层情况：较软岩 2. 锚杆（索）类型、部位：非预应力锚杆、AD 段边坡 3. 钻孔深度：8.5m 4. 钻孔直径：150mm 5. 杆体材料品种、规格、数量：2 根 HRB335，直径 28mm 钢筋 6. 浆液种类、强度等级：M30 水泥混合浆液	根	12		
3	010202007003	锚杆	1. 地层情况：较软岩 2. 锚杆（索）类型、部位：非预应力锚杆、AD 段边坡 3. 钻孔深度：12m 4. 钻孔直径：100mm 5. 杆体材料品种、规格、数量：1 根 HRB335，直径 25mm 钢筋 6. 浆液种类、强度等级：M30 水泥混合浆液	根	12		
4	010202007004	锚杆	1. 地层情况：较软岩 2. 锚杆（索）类型、部位：非预应力锚杆、AD 段边坡 3. 钻孔深度：15.5m 4. 钻孔直径：100mm 5. 杆体材料品种、规格、数量：1 根 HRB335，直径 25mm 钢筋 6. 浆液种类、强度等级：M30 水泥混合浆液	根	12		

第三节　桩　基　工　程

一、清单工程量计算规范

（一）打桩

打桩工程量清单项目设置、项目特征描述的内容、计量单位及工程量计算规则，应按表4-17的规定执行。

表4-17　　　　　　　　　　　　　打桩（编号：010301）

项目编码	项目名称	项目特征	计量单位	工程量计算规则	工作内容
010301001	预制钢筋混凝土方桩	1. 地层情况 2. 送桩深度、桩长 3. 桩截面 4. 沉桩方法 5. 接桩方式 6. 桩倾斜度 7. 混凝土强度等级	1. m 2. m³ 3. 根	1. 以米计量，按设计图示尺寸以桩长（包括桩尖）计算 2. 以立方米计量，按设计图示截面积乘以桩长（包括桩尖）以实体积 3. 以根计量，按设计图示数量计算	1. 工作平台搭拆 2. 桩机竖拆、移位 3. 沉桩 4. 接桩 5. 送桩
010301002	预制钢筋混凝土管桩	1. 地层情况 2. 送桩深度、桩长 3. 桩外径、壁厚 4. 桩倾斜度 5. 沉桩方法 6. 桩尖类型 7. 混凝土强度等级 8. 填充材料种类 9. 防护材料种类			1. 工作平台搭拆 2. 桩机竖拆、移位 3. 沉桩 4. 接桩 5. 送桩 6. 桩尖的制作安装 7. 填充材料、刷防护材料
010301003	钢管桩	1. 地层情况 2. 送桩深度、桩长 3. 材质 4. 管径、壁厚 5. 桩倾斜度 6. 沉桩方法 7. 填充材料种类 8. 防护材料种类	1. t 2. 根	1. 以吨计量，按设计图示尺寸以质量计算 2. 以根计量，按设计图示数量计算	1. 工作平台搭拆 2. 桩机竖拆、移位 3. 沉桩 4. 接桩 5. 送桩 6. 切割钢管、精割盖帽 7. 管内取土 8. 填充材料、刷防护材料
010301004	截（凿）桩头	1. 桩类型 2. 桩头截面、高度 3. 混凝土强度等级 4. 有无钢筋	1. m³ 2. 根	1. 以立方米计量，按设计桩截面乘以桩头长度以体积计算 2. 以根计量，按设计图示数量计算	1. 截桩头 2. 凿平 3. 废料外运

（二）灌注桩

灌注桩工程量清单项目设置、项目特征描述的内容、计量单位及工程量计算规则，应按表 4-18 的规定执行。

表 4-18　　　　　　　　　　灌注桩（编号：010302）

项目编码	项目名称	项目特征	计量单位	工程量计算规则	工作内容
010302001	泥浆护壁成孔灌注桩	1. 地层情况 2. 空桩长度、桩长 3. 桩径 4. 成孔方法 5. 护筒类型、长度 6. 混凝土类别、强度等级	1. m 2. m³ 3. 根	1. 以米计量，按设计图示尺寸以桩长（包括桩尖）计算 2. 以立方米计量，按不同截面在桩上范围内以体积计算 3. 以根计量，按设计图示数量计算	1. 护筒埋设 2. 成孔、固壁 3. 混凝土制作、运输、灌注、养护 4. 土方、废泥浆外运 5. 打桩场地硬化及泥浆池、泥浆沟
010302002	沉管灌注桩	1. 地层情况 2. 空桩长度、桩长 3. 复打长度 4. 桩径 5. 沉管方法 6. 桩尖类型 7. 混凝土类别、强度等级			1. 打（沉）拔钢管 2. 桩尖制作、安装 3. 混凝土制作、运输、灌注、养护
010302003	干作业成孔灌注桩	1. 地层情况 2. 空桩长度、桩长 3. 桩径 4. 扩孔直径、高度 5. 成孔方法 6. 混凝土类别、强度等级			1. 成孔、扩孔 2. 混凝土制作、运输、灌注、振捣、养护
010302004	挖孔桩土（石）方	1. 土（石）类别 2. 挖孔深度 3. 弃土（石）运距	m³	按设计图示尺寸（含护壁）截面积乘以挖孔深度以立方米计算	1. 排地表水 2. 挖土、凿石 3. 基底钎探 4. 运输
010302005	人工挖孔灌注桩	1. 桩芯长度 2. 桩芯直径、扩底直径、扩底高度 3. 护壁厚度、高度 4. 护壁混凝土类别、强度等级 5. 桩芯混凝土类别、强度等级	1. m³ 2. 根	1. 以立方米计量，按桩芯混凝土体积计算 2. 以根计量，按设计图示数量计算	1. 护壁制作 2. 混凝土制作、运输、灌注、振捣、养护

续表

项目编码	项目名称	项目特征	计量单位	工程量计算规则	工作内容
010302006	钻孔压浆桩	1. 地层情况 2. 空钻长度、桩长 3. 钻孔直径 4. 水泥强度等级	1. m 2. 根	1. 以米计量，按设计图示尺寸以桩长计算 2. 以根计量，按设计图示数量计算	钻孔、下注浆管、投放骨料、浆液制作、运输、压浆
010302007	桩底注浆	1. 注浆导管材料、规格 2. 注浆导管长度 3. 单孔注浆量 4. 水泥强度等级	孔	按设计图示以注浆孔数计算	1. 注浆导管制作、安装 2. 浆液制作、运输、压浆

二、计量规范应用说明

（一）打桩

（1）地层情况按表 4-4 和表 4-10 的规定，并根据岩土工程勘察报告按单位工程各地层所占比例（包括范围值）进行描述。对无法准确描述的地层情况，可注明由投标人根据岩土工程勘察报告自行决定报价。

（2）项目特征中的桩截面、混凝土强度等级、桩类型等可直接用标准图代号或设计桩型进行描述。

（3）预制钢筋混凝土管桩以成品桩编制，应包括成品桩购置费，如果用现场预制，应包括现场预制桩的所有费用。

（4）打试验桩和打斜桩应按相应项目编码单独列项，并应在项目特征中注明试验桩或斜桩（斜率）。

（5）截（凿）桩头项目适用于本章第二节、第三节所列桩的桩头截（凿）。

（6）预制混凝土管桩桩顶与承台的连接构造如图 4-3 所示，图 4-3 中桩顶与承台的连接部分钢筋和混凝土按本章第五节相关项目列项。

（二）灌注桩

（1）地层情况按表 4-4 和表 4-10 的规定，并根据岩土工程勘察报告按单位工程各地层所占比例（包括范围值）进行描述。对无法准确描述的地层情况，可注明由投标人根据岩土工程勘察报告自行决定报价。

（2）项目特征中的桩长应包括桩尖，空桩长度＝孔深－桩长，孔深为自然地面至设计桩底的深度。

（3）项目特征中的桩截面（桩径）、混凝土强度等级、桩类型等可直接用标准图代号或设计桩型进行描述。

（4）泥浆护壁成孔灌注桩是指在泥浆护壁条件下成孔，采用水下灌注混凝土的桩。其成孔方法包括冲击钻成孔、冲抓锥成孔、回旋钻成孔、潜水钻成孔、泥浆护壁的旋挖成孔等。

（5）沉管灌注桩的沉管方法包括捶击沉管法、振动沉管法、振动冲击沉管法、内夯沉管法等。

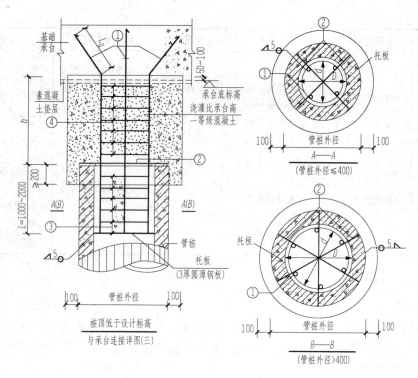

图 4-3　某工程桩顶与承台的连接构造图

（6）干作业成孔灌注桩是指不用泥浆护壁和套管护壁的情况下，用钻机成孔后，下钢筋笼，灌注混凝土的桩，适用于地下水位以上的土层使用。其成孔方法包括螺旋钻成孔、螺旋钻成孔扩底、干作业的旋挖成孔等。

（7）混凝土种类：指清水混凝土、彩色混凝土等，如在同一地区既使用预拌（商品）混凝土、又允许现场搅拌混凝土时，也应注明。

（8）混凝土灌注桩的钢筋笼制作、安装，按附录 E 中相关项目编码列项。

（三）本分部应注意的问题

（1）"地层情况"项目特征描述。为避免描述内容与实际地质情况有差异而造成重新组价，可采用以下方法处理：

第一种方法是描述各类土石的比例及范围值，例如可描述为"三类土 30％厚 2～3m，极软岩 40％厚 3～4m，软岩 30％厚 2m"。

第二种方法是分不同土石类别分别列项。例如可描述为"三类土、极软岩、软岩"等土石分类名称。

第三种方法是直接描述为"详勘察报告"。

（2）"空桩长度、桩长"项目特征描述。"空桩长度、桩长"项目特征描述时，与计量单位有关系。

1）计量单位是"m³"时，"空桩长度、桩长"项目特征可不描述。

2）计量单位是"m"时，每根"空桩长度"可能不一致，项目特征描述时，可采取范围值描述；"桩长"根据设计长度具体描述。"空桩长度、桩长"例如可描述为"1～2m、8m"。

三、工程量清单编制实例

（一）背景资料

（1）某工程桩基础为人工挖孔混凝土灌注桩（图 4-4），自然地面标高－0.6m，桩顶标高－0.75m，设计桩长含桩尖 5.85m，土方为 3m，软质岩深度为 3m，桩直径 800mm，共计 60 根。

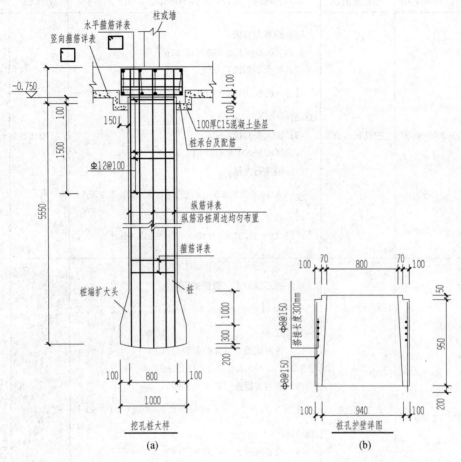

图 4-4 挖孔桩

(a) 挖孔桩 ZJ1 详图；(b) ZJ1 护壁详图

（2）桩芯为 C25 商品混凝土，护壁为 C15 现场搅拌混凝土。

（二）问题

根据以上背景资料及国家标准《建设工程工程量清单计价规范》（GB 50500—2013）、《房屋建筑与装饰工程工程量计算规范》（GB 50854—2013），试列出该工程锚杆项目的分部分项工程量清单。

解 由设计图可看出：桩长的分解：设计桩长 5.85m（伸入承台 0.1m＋5.55m＋桩尖 0.2m），从底往上可分解为 $L=0.2m$（桩尖）＋0.3m（扩大头直段）＋1m（扩大头斜段）＋1.5m（无护壁直段）＋2.85m（有护壁直段）＝5.85m。

孔深的分解：孔深＝5.85m＋(0.75－0.6)＝6m，从底往上可分解为 $H=0.2m$（桩尖）＋0.3m（扩大头直段）＋1m（扩大头斜段）＋1.5m（无护壁直段）＋3m（有护壁直段）＝6m。

清单工程量计算详如表 4-19 所示。

表 4-19   **清 单 工 程 量 计 算 表**

工程名称：某工程

序号	项目编码	清单项目名称	工程量计算式	工程量	计量单位
1	010302004001	挖孔桩土方	$3.14 \times (0.4+0.17)^2 \times 3 \times 60 = 183.63 \text{m}^3$	183.63	m³
2	010302004002	挖孔桩石方	(1) 挖石方直段： $3.14 \times 0.4^2 \times 1.5 \times 60 = 45.22 \text{m}^3$ (2) 扩大头斜段： $\frac{1}{3} \times (0.4^2+0.5^2+0.4 \times 0.5) \times 3.14 \times 1 \times 60 = 38.31 \text{m}^3$ (3) 扩大头直段： $3.14 \times 0.5^2 \times 0.3 \times 60 = 14.13 \text{m}^3$ (4) 锅底石方量： $\frac{1}{6} \times 3.14 \times (3 \times 0.5^2 + 0.2^2) \times 0.2 \times 60 = 4.96 \text{m}^3$ (5) 石方工程量合计 $= 45.22 + 38.31 + 14.13 + 4.96 = 102.62 \text{m}^3$	102.62	m³
3	010302005001	人工挖孔桩桩芯混凝土	(1) 桩芯混凝土（带护壁段）： $\frac{1}{3} \times 3.14 \times (0.4^2+0.47^2+0.4 \times 0.47) \times 2.85 \times 60 = 101.82 \text{m}^3$ (2) 桩芯混凝土（无护壁段）： $3.14 \times 0.4^2 \times 1.5 \times 60 = 45.22 \text{m}^3$ (3) 桩芯混凝土（扩大头斜段）： $\frac{1}{3} \times 3.14 \times (0.5^2+0.4^2+0.5 \times 0.4) \times 1 \times 60 = 38.31 \text{m}^3$ (4) 桩芯混凝土（扩大头直段）： $3.14 \times 0.5^2 \times 0.3 \times 60 = 14.13 \text{m}^3$ (5) 锅底混凝土（球缺）： $\frac{1}{6} \times 3.14 \times 0.2 \times (3 \times 0.5^2 + 0.2^2) \times 60 = 4.96 \text{m}^3$ (6) 合计桩芯混凝土： $101.82 + 45.22 + 38.31 + 14.13 + 4.96 = 204.44 \text{m}^3$	204.44	m³
4	010302005002	人工挖孔桩护壁混凝土	$3.14 \times 3 \times 0.57^2 \times 60 - 101.82 \times \frac{3}{2.85} = 76.45 \text{m}^3$	76.45	m³

根据表 4-19 的清单工程量和背景资料的有关信息，分部分项工程量清单如表 4-20 所示。

表 4 - 20 分部分项工程量清单和单价措施项目清单与计价表

工程名称：某工程

序号	项目编码	项目名称	项目特征	计量单位	工程量	金额	
						综合单价	合价
1	010302004001	挖孔桩土方	1. 地层情况：土方 2. 挖孔深度：6m 以内 3. 弃土运距：投标人自行考虑	m³	183.63		
2	010302004002	挖孔桩石方	1. 地层情况：较软岩 2. 挖孔深度：6m 以内 3. 弃土运距：投标人自行考虑	m³	102.62		
3	010302005001	人工挖孔桩 桩芯混凝土	1. 混凝土种类：商品混凝土 2. 混凝土强度等级：C25	m³	204.44		
4	010302005002	人工挖孔桩 护壁混凝土	1. 混凝土种类：自拌混凝土 2. 混凝土强度等级：C15	m³	76.45		

第四节 砌 筑 工 程

一、清单工程量计算规范

（一）砖砌体

砖砌体工程量清单项目设置、项目特征描述的内容、计量单位及工程量计算规则，应按表 4 - 21 的规定执行。

表 4 - 21 砖砌体（编码：010401）

项目编码	项目名称	项目特征	计量单位	工程量计算规则	工作内容
010401001	砖基础	1. 砖品种、规格、强度等级 2. 基础类型 3. 砂浆强度等级 4. 防潮层材料种类	m³	按设计图示尺寸以体积计算包括附墙垛基础宽出部分体积，扣除地梁（圈梁）、构造柱所占体积，不扣除基础大放脚T形接头处的重叠部分及嵌入基础内的钢筋、铁件、管道、基础砂浆防潮层和单个面积 ≤ 0.3m² 的孔洞所占体积，靠墙暖气沟的挑檐不增加 基础长度：外墙按外墙中心线，内墙按内墙净长线计算	1. 砂浆制作、运输 2. 砌砖 3. 防潮层铺设 4. 材料运输
010401002	砖砌挖孔桩护壁	1. 砖品种、规格、强度等级 2. 砂浆强度等级		按设计图示尺寸以立方米计算	1. 砂浆制作、运输 2. 砌砖 3. 材料运输

续表

项目编码	项目名称	项目特征	计量单位	工程量计算规则	工作内容
010401003	实心砖墙	1. 砖品种、规格、强度等级 2. 墙体类型 3. 砂浆强度等级、配合比	m^3	按设计图示尺寸以体积计算 　扣除门窗洞口、过人洞、空圈、嵌入墙内的钢筋混凝土柱、梁、圈梁、挑梁、过梁及凹进墙内的壁龛、管槽、暖气槽、消火栓箱所占体积，不扣除梁头、板头、檩头、垫木、木楞头、沿缘木、木砖、门窗走头、砖墙内加固钢筋、木筋、铁件、钢管及单个面积≤0.3m² 的孔洞所占的体积。凸出墙面的腰线、挑檐、压顶、窗台线、虎头砖、门窗套的体积亦不增加。凸出墙面的砖垛并入墙体体积内计算 　1. 墙长度：外墙按中心线、内墙按净长计算 　2. 墙高度： 　（1）外墙：斜（坡）屋面无檐口天棚者算至屋面板底；有屋架且室内外均有天棚者算至屋架下弦底另加 200mm；无天棚者算至屋架下弦底另加00mm，出檐宽度超过 600mm 时按实砌高度计算；与钢筋混凝土楼板隔层者算至板顶。平屋顶算至钢筋混凝土板底 　（2）内墙：位于屋架下弦者，算至屋架下弦底；无屋架者算至天棚底另加 100mm；有钢筋混凝土楼板隔层者算至楼板顶；有框架梁时算至梁底 　（3）女儿墙：从屋面板上表面算至女儿墙顶面（如有混凝土压顶时算至压顶下表面） 　（4）内、外山墙：按其平均高度计算 　3. 框架间墙：不分内外墙按墙体净尺寸以体积计算 　4. 围墙：高度算至压顶上表面（如有混凝土压顶时算至压顶下表面），围墙柱并入围墙体积内	1. 砂浆制作、运输 2. 砌砖 3. 刮缝 4. 砖压顶砌筑 5. 材料运输
010401004	多孔砖墙				
010401005	空心砖墙				

项目编码	项目名称	项目特征	计量单位	工程量计算规则	工作内容
010401006	空斗墙	1. 砖品种、规格、强度等级 2. 墙体类型 3. 砂浆强度等级、配合比	m³	按设计图示尺寸以空斗墙外形体积计算。墙角、内外墙交接处、门窗洞口立边、窗台砖、屋檐处的实砌部分体积并入空斗墙体积内	1. 砂浆制作、运输 2. 砌砖 3. 装填充料 4. 刮缝 5. 材料运输
010401007	空花墙			按设计图示尺寸以空花部分外形体积计算，不扣除空洞部分体积	
010401008	填充墙	1. 砖品种、规格、强度等级 2. 墙体类型 3. 填充材料种类及厚度 4. 砂浆强度等级、配合比		按设计图示尺寸以填充墙外形体积计算	
010401009	实心砖柱	1. 砖品种、规格、强度等级 2. 柱类型 3. 砂浆强度等级、配合比		按设计图示尺寸以体积计算。扣除混凝土及钢筋混凝土梁垫、梁头所占体积	1. 砂浆制作、运输 2. 砌砖 3. 刮缝 4. 材料运输
010401010	多孔砖柱				
010401011	砖检查井	1. 井截面 2. 垫层材料种类、厚度 3. 底板厚度 4. 井盖安装 5. 混凝土强度等级 6. 砂浆强度等级 7. 防潮层材料种类	座	按设计图示数量计算	1. 砂浆制作、运输 2. 铺设垫层 3. 底板混凝土制作、运输、浇筑、振捣、养护 4. 砌砖 5. 刮缝 6. 井池底、壁抹灰 7. 抹防潮层 8. 材料运输

续表

项目编码	项目名称	项目特征	计量单位	工程量计算规则	工作内容
010401012	零星砌砖	1. 零星砌砖名称、部位 2. 砖品种、规格、强度等级 3. 砂浆强度等级、配合比	1. m³ 2. m² 3. m 4. 个	1. 以立方米计量，按设计图示尺寸截面积乘以长度计算 2. 以平方米计量，按设计图示尺寸水平投影面积计算 3. 以米计量，按设计图示尺寸长度计算 4. 以个计量，按设计图示数量计算	1. 砂浆制作、运输 2. 砌砖 3. 刮缝 4. 材料运输
010401013	砖散水、地坪	1. 砖品种、规格、强度等级 2. 垫层材料种类、厚度 3. 散水、地坪厚度 4. 面层种类、厚度 5. 砂浆强度等级	m²	按设计图示尺寸以面积计算	1. 土方挖、运 2. 地基找平、夯实 3. 铺设垫层 4. 砌砖散水、地坪 5. 抹砂浆面层
010401014	砖地沟、明沟	1. 砖品种、规格、强度等级 2. 沟截面尺寸 3. 垫层材料种类、厚度 4. 混凝土强度等级 5. 砂浆强度等级	m	以米计量，按设计图示以中心线长度计算	1. 土方挖、运 2. 铺设垫层 3. 底板混凝土制作、运输、浇筑、振捣、养护 4. 砌砖 5. 刮缝、抹灰 6. 材料运输

（二）砌块砌体

砌块砌体工程量清单项目设置、项目特征描述的内容、计量单位及工程量计算规则，应按表 4 - 22 的规定执行。

表 4 - 22　　　　　　　　　　砌块砌体（编码：010402）

项目编码	项目名称	项目特征	计量单位	工程量计算规则	工作内容
010402001	砌块墙	1. 砌块品种、规格、强度等级 2. 墙体类型 3. 砂浆强度等级	m³	按设计图示尺寸以体积计算。扣除门窗洞口、过人洞、空圈、嵌入墙内的钢筋混凝土柱、梁、圈梁、挑梁、过梁及凹进墙内的壁龛、管槽、暖气槽、消火栓箱所占体积，不扣除梁头、板头、檩头、垫木、木楞头、沿缘木、木砖、门窗走头、砌块墙内加固钢筋、木筋、铁件、钢管及单个面积≤0.3m² 的孔洞所占的体积。凸出墙面的腰线、挑檐、压顶、窗台线、虎头砖、门窗套的体积亦不增加。凸出墙面的砖垛并入墙体体积内计算 　1. 墙长度：外墙按中心线、内墙按净长计算 　2. 墙高度： 　（1）外墙：斜（坡）屋面无檐口天棚者算至屋面板底；有屋架且室内外均有天棚者算至屋架下弦底另加 200mm；无天棚者算至屋架下弦底另加 300mm，出檐宽度超过 600mm 时按实砌高度计算；与钢筋混凝土楼板隔层者算至板顶；平屋面算至钢筋混凝土板底 　（2）内墙：位于屋架下弦者，算至屋架下弦底；无屋架者算至天棚底另加 100mm；有钢筋混凝土楼板隔层者算至楼板顶；有框架梁时算至梁底 　（3）女儿墙：从屋面板上表面算至女儿墙顶面（如有混凝土压顶时算至压顶下表面） 　（4）内、外山墙：按其平均高度计算 　3. 框架间墙：不分内外墙按墙体净尺寸以体积计算 　4. 围墙：高度算至压顶上表面（如有混凝土压顶时算至压顶下表面），围墙柱并入围墙体积内	1. 砂浆制作、运输 2. 砌砖、砌块 3. 勾缝 4. 材料运输

项目编码	项目名称	项目特征	计量单位	工程量计算规则	工作内容
010402002	砌块柱	1. 砌块品种、规格、强度等级 2. 墙体类型 3. 砂浆强度等级	m³	按设计图示尺寸以体积计算 扣除混凝土及钢筋混凝土梁垫、梁头、板头所占体积	1. 砂浆制作、运输 2. 砌砖、砌块 3. 勾缝 4. 材料运输
010402B01 （重庆）	零星砌块	1. 零星砌砖名称、部位 2. 砖品种、规格、强度等级 3. 砂浆强度等级、配合比		按设计图示尺寸以体积计算	1. 砂浆制作、运输 2. 砌块砌筑 3. 材料运输

（三）石砌体

石砌体工程量清单项目设置、项目特征描述的内容、计量单位及工程量计算规则，应按表 4‐23 的规定执行。

表 4‐23　　　　　　　　　　　　石砌体（编码：010403）

项目编码	项目名称	项目特征	计量单位	工程量计算规则	工作内容
010403001	石基础	1. 石料种类、规格 2. 基础类型 3. 砂浆强度等级	m³	按设计图示尺寸以体积计算。包括附墙垛基础宽出部分体积，不扣除基础砂浆防潮层及单个面积≤0.3m² 的孔洞所占体积，靠墙暖气沟的挑檐不增加体积。基础长度：外墙按中心线，内墙按净长计算	1. 砂浆制作、运输 2. 吊装 3. 砌石 4. 防潮层铺设 5. 材料运输
010403002	石勒脚	1. 石料种类、规格 2. 石表面加工要求 3. 勾缝要求 4. 砂浆强度等级、配合比		按设计图示尺寸以体积计算，扣除单个面积＞0.3m² 的孔洞所占的体积	1. 砂浆制作、运输 2. 吊装 3. 砌石 4. 石表面加工 5. 勾缝 6. 材料运输

项目编码	项目名称	项目特征	计量单位	工程量计算规则	工作内容
010403003	石墙	1. 石料种类、规格 2. 石表面加工要求 3. 勾缝要求 4. 砂浆强度等级、配合比	m³	按设计图示尺寸以体积计算。扣除门窗洞口、过人洞、空圈、嵌入墙内的钢筋混凝土柱、梁、圈梁、挑梁、过梁及凹进墙内的壁龛、管槽、暖气槽、消火栓箱所占体积，不扣除梁头、板头、檩头、垫木、木楞头、沿缘木、木砖、门窗走头、石墙内加固钢筋、木筋、铁件、钢管及单个面积≤0.3m² 的孔洞所占的体积。凸出墙面的腰线、挑檐、压顶、窗台线、虎头砖、门窗套的体积亦不增加。凸出墙面的砖垛并入墙体体积内计算 1. 墙长度：外墙按中心线、内墙按净长计算 2. 墙高度： （1）外墙：斜（坡）屋面无檐口天棚者算至屋面板底；有屋架且室内外均有天棚者算至屋架下弦底另加 200mm；无天棚者算至屋架下弦底另加 300mm，出檐宽度超过 600mm 时按实砌高度计算；平屋顶算至钢筋混凝土板底 （2）内墙：位于屋架下弦者，算至屋架下弦底；无屋架者算至天棚底另加 100mm；有钢筋混凝土楼板隔层者算至楼板顶；有框架梁时算至梁底 （3）女儿墙：从屋面板上表面算至女儿墙顶面（如有混凝土压顶时算至压顶下表面） （4）内、外山墙：按其平均高度计算 3. 围墙：高度算至压顶上表面（如有混凝土压顶时算至压顶下表面），围墙柱并入围墙体积内	1. 砂浆制作、运输 2. 吊装 3. 砌石 4. 石表面加工 5. 勾缝 6. 材料运输

续表

项目编码	项目名称	项目特征	计量单位	工程量计算规则	工作内容
010403004	石挡土墙	1. 石料种类、规格 2. 石表面加工要求 3. 勾缝要求 4. 砂浆强度等级、配合比	m³	按设计图示尺寸以体积计算	1. 砂浆制作、运输 2. 吊装 3. 砌石 4. 变形缝、泄水孔、压顶抹灰 5. 滤水层 6. 勾缝 7. 材料运输
010403005	石柱	1. 石料种类、规格 2. 石表面加工要求 3. 勾缝要求 4. 砂浆强度等级、配合比	m³	按设计图示尺寸以体积计算	1. 砂浆制作、运输 2. 吊装 3. 砌石 4. 石表面加工 5. 勾缝 6. 材料运输
010403006	石栏杆		m	按设计图示以长度计算	
010403007	石护坡	1. 垫层材料种类、厚度 2. 石料种类、规格 3. 护坡厚度、高度 4. 石表面加工要求 5. 勾缝要求 6. 砂浆强度等级、配合比	m³	按设计图示尺寸以体积计算	1. 铺设垫层 2. 石料加工 3. 砂浆制作、运输 4. 砌石 5. 石表面加工 6. 勾缝 7. 材料运输
010403008	石台阶		m³	按设计图示尺寸以体积计算	
010403009	石坡道		m²	按设计图示以水平投影面积计算	
010403010	石地沟、明沟	1. 沟截面尺寸 2. 土壤类别、运距 3. 垫层材料种类、厚度 4. 石料种类、规格 5. 石表面加工要求 6. 勾缝要求 7. 砂浆强度等级、配合比	m	按设计图示以中心线长度计算	1. 土方挖、运 2. 砂浆制作、运输 3. 铺设垫层 4. 砌石 5. 石表面加工 6. 勾缝 7. 回填 8. 材料运输

（四）垫层

垫层工程量清单项目设置、项目特征描述的内容、计量单位及工程量计算规则，应按表4-24的规定执行。

表 4-24   垫层（编码：010404）

项目编码	项目名称	项目特征	计量单位	工程量计算规则	工作内容
010404001	垫层	垫层材料种类、配合比、厚度	m³	按设计图示尺寸以立方米计算	1. 垫层材料的拌制 2. 垫层铺设 3. 材料运输

二、计量规范应用说明

（一）砖砌体

（1）"砖基础"项目适用于各种类型砖基础：柱基础、墙基础、管道基础等。

（2）基础与墙（柱）身使用同一种材料时，以设计室内地面为界（图4-5），有地下室者，以地下室室内设计地面为界（图4-6），以下为基础，以上为墙（柱）身。

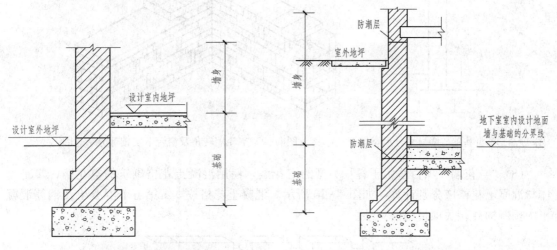

图 4-5 基础与墙身划分示意图   图 4-6 地下室的基础与墙身划分示意图

（3）基础与墙身使用不同材料时，位于设计室内地面高度≤±300mm 时，以不同材料为分界线 ［图 4-7（a）］，高度＞±300mm 时，以设计室内地面为分界线 ［图 4-7（b）］。

（4）砖围墙以设计室外地坪为界，以下为基础，以上为墙身，如图 4-8 所示。

（5）框架外表面的镶贴砖部分，按零星项目编码列项。

（6）附墙烟囱、通风道、垃圾道、应按设计图示尺寸以体积（扣除孔洞所占体积）计算并入所依附的墙体体积内。当设计规定孔洞内需抹灰时，应按第五章第二节中零星抹灰项目编码列项。

（7）空斗墙的窗间墙、窗台下、楼板下、梁头下等的实砌部分（图4-9），按零星砌砖项目编码列项。

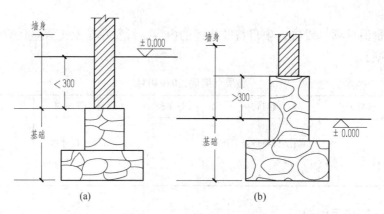

图 4-7　基础与墙身使用不同材料划分示意图

（a）以不同材料为分界线；（b）以设计室内地面为分界线

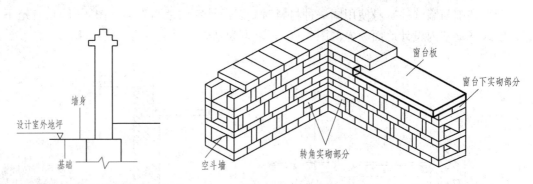

图 4-8　围墙基础与墙身划分示意图　　　　图 4-9　空斗墙转角及窗台下实砌部分示意图

（8）"空花墙"项目适用于各种类型的空花墙，使用混凝土花格砌筑的空花墙，实砌墙体与混凝土花格应分别计算，如图 4-10 所示。混凝土花格按本章第五节混凝土及钢筋混凝土中预制构件相关项目编码列项。

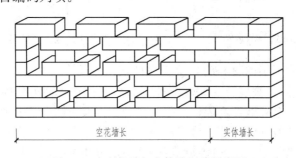

图 4-10　空花墙与实体墙划分示意图

（9）台阶（图 4-11）、台阶挡墙（图 4-12）、梯带、锅台、炉灶、蹲台（图 4-13）、池槽、水槽腿（图 4-14）、砖胎模、花台、花池、楼梯栏板、阳台栏板、地垄墙（图 4-15）、≤0.3m² 的孔洞填塞等，应按零星砌砖项目编码列项。砖砌锅台与炉灶可按外形尺寸以个计算，砖砌台阶可按水平投影面积以平方米计算，小便槽、地垄墙可按长度计算、其他工程按立方米计算。

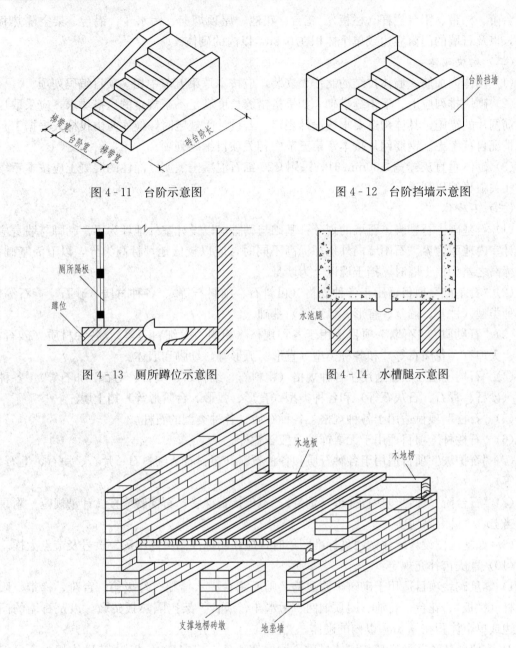

图 4-11　台阶示意图　　　　　　　　图 4-12　台阶挡墙示意图

图 4-13　厕所蹲位示意图　　　　　　图 4-14　水槽腿示意图

图 4-15　地垄墙及支撑地楞木的砖墩示意图

（10）砖砌体内钢筋加固，应按本章第五节中相关项目编码列项。

（11）砖砌体勾缝按《计量规范》附录 M 中相关项目编码列项。

（12）检查井内的爬梯按本章第五节中相关项目编码列项；井、池内的混凝土构件按本章第五节中混凝土及钢筋混凝土预制构件编码列项。

（13）如施工图设计标注做法见标准图集时，应注明标注图集的编码、页号及节点大样，例如：详见西南 11J312 第 32 页 3 大样。

（14）重庆市补充规定：零星砌砖项目适用于砌筑小便池槽、厕所蹲台、水槽腿、垃圾箱、台阶、梯带、阳台栏杆（栏板）、花台、花池、屋顶烟囱、污水斗、锅台、架空隔热板砖墩，以及石墙的门窗立边或单个体积在 0.3m³ 以内的砌体。

（二）砌块砌体

（1）砌体内加筋、墙体拉结的制作、安装，应按本章第五节中相关项目编码列项。

（2）砌块排列应上、下错缝搭砌，如果搭错缝长度满足不了规定的压搭要求，应采取压砌钢筋网片的措施，具体构造要求按设计规定。若设计无规定时，应注明由投标人根据工程实际情况自行考虑。钢筋网片按本章第五节中相关项目编码列项。

（3）砌体垂直灰缝宽＞30mm 时，采用 C20 细石混凝土灌实。灌注的混凝土应按本章第五节相关项目编码列项。

（三）石砌体

（1）石基础、石勒脚、石墙的划分：基础与勒脚应以设计室外地坪为界。勒脚与墙身应以设计室内地面为界。石围墙内外地坪标高不同时，应以较低地坪标高为界，以下为基础；内外标高之差为挡土墙时，挡土墙以上为墙身。

（2）"石基础"项目适用于各种规格（粗料石、细料石等）、各种材质（砂石、青石等）和各种类型（柱基、墙基、直形、弧形等）基础。

（3）"石勒脚""石墙"项目适用于各种规格（粗料石、细料石等）、各种材质（砂石、青石、大理石、花岗石等）和各种类型（直形、弧形等）勒脚和墙体。

（4）"石挡土墙"项目适用于各种规格（粗料石、细料石、块石、毛石、卵石等）、各种材质（砂石、青石、石灰石等）和各种类型（直形、弧形、台阶形等）挡土墙。

（5）"石柱"项目适用于各种规格、各种石质、各种类型的石柱。

（6）"石栏杆"项目适用于无雕饰的一般石栏杆。

（7）"石护坡"项目适用于各种石质和各种石料（粗料石、细料石、片石、块石、毛石、卵石等）。

（8）"石台阶"项目包括石梯带（垂带），不包括石梯膀，石梯膀应按《计量规范》附录 C 石挡土墙项目编码列项。

（9）如施工图设计标注做法见标准图集时，应注明标注图集的编码、页号及节点大样。

（10）重庆市补充规定：

1）零星砌块项目适用于砌筑小便池槽、厕所蹲台、水槽腿、垃圾箱、台阶、梯带、阳台栏杆（栏板）、花台、花池、屋顶烟囱、污水斗、锅台、架空隔热板砖墩，以及石墙的门窗立边或单个体积在 0.3m³ 以内的砌体。

2）砌块墙体顶部及底部与墙体材质不同的实心砖，应按表 4-21 中砖砌体相关项目编码列项。

（四）垫层

除混凝土垫层应按本章第五节中相关项目编码列项外，没有包括垫层要求的清单项目应按表 4-24 垫层项目编码列项。

（五）砖墙厚度说明

（1）标准砖尺寸应为 240mm×115mm×53mm。

（2）标准砖墙厚度应按表 4-25 计算。

表4-25					标准墙计算厚度表			
砖数（厚度）	$\frac{1}{4}$	$\frac{1}{2}$	$\frac{3}{4}$	1	$1\frac{1}{2}$	2	$2\frac{1}{2}$	3
计算厚度（mm）	53	115	180	240	365	490	615	740

三、工程量清单编制实例

（一）背景资料

（1）某工程±0.000以下条形基础平面、剖面大样图详见图4-16所示，室内外高差150mm。

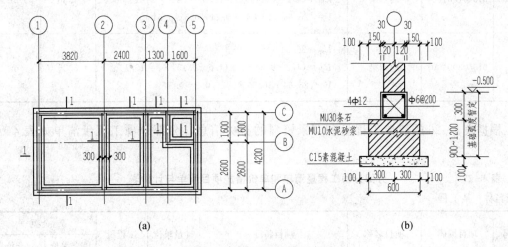

图4-16 某工程基础示意图

（a）基础平面图；（b）1-1剖面图

（2）基础垫层为原槽浇筑，清条石1000mm×300mm×300mm，基础使用水泥砂浆M7.5砌筑，页岩标砖，砖强度等级MU7.5，基础为M7.5水泥砂浆砌筑。

（3）本工程室外标高为-0.150。

（4）垫层为C15素混凝土，现场自拌混凝土。

（5）地圈梁为C30混凝土，商品混凝土。

（二）问题

（1）根据以上背景资料及国家标准《建设工程工程量清单计价规范》（GB 50500—2013）、《房屋建筑与装饰工程工程量计算规范》（GB 50854—2013），试列出该工程基础垫层、石基础、地圈梁、砖基础的分部分项工程量清单。

解 （1）条石基础高度设计为900～1200mm，编制清单时按上限取为1200mm计算。

（2）砖墙与基础采用不同的材料，并且高差-0.500≥0.3m，基础与墙身的分界按计算规则，以室内地坪±0.000为界，砖基础高度为0.5m。

（3）清单工程量计算详见表4-26所示。

表 4 - 26   **清 单 工 程 量 计 算 表**

工程名称：某工程

序号	项目编码	清单项目名称	工程量计算式	工程量	计量单位
1	010501001001	基础垫层	$L_{外}=(9.12+4.2)\times2=26.64$ $L_{内}=(4.2-0.8)\times2+(1.6-0.4)\times2=9.2$ $V=(26.64+9.2)\times0.8\times0.1=2.87$	2.87	m^3
2	010403001001	石基础	$L_{外}=26.64$ $L_{内}=(4.2-0.6)\times2+(1.6-0.3)\times2=9.8$ $V=(26.64+9.8)\times0.6\times1.2=26.24$	26.24	m^3
3	010401001001	砖基础	$L_{外}=26.64$ $L_{内}=(4.2-0.24)\times2+(1.6-0.12)\times2=10.88$ $V=(26.64+10.88)\times0.24\times0.5=0.54$	4.50	m^3
4	010503004001	地圈梁	$L_{外}=26.64$ $L_{内}=(4.2-0.3)\times2+(1.6-0.15)\times2=10.7$ $V=(26.64+10.7)\times0.3\times0.3=0.54$	3.36	m^3

根据表 4 - 26 的清单工程量和背景资料的有关信息，分部分项工程量清单如表 4 - 27 所示。

表 4 - 27   **分部分项工程量清单和单价措施项目清单与计价表**

工程名称：某工程

序号	项目编码	项目名称	项目特征	计量单位	工程量	综合单价	合价
1	010501001001	基础垫层	1. 混凝土种类：自拌混凝土 2. 混凝土强度等级：C15	m^3	2.87		
2	010403001001	石基础	1. 石料种类、规格：清条石1000mm×300mm×300mm 2. 基础类型：条形基础 3. 砂浆强度等级：M7.5 水泥砂浆	m^3	26.24		
3	010401001001	砖基础	1. 砖品种、规格、强度等级：240mm×115mm×53mm、MU7.5 2. 基础类型：条形 3. 砂浆强度等级：M5 水泥砂浆	m^3	4.50		
4	010503004001	地圈梁	1. 混凝土种类：商品混凝土 2. 混凝土强度等级：C30	m^3	3.36		

（金额列表头跨列：金额，下分 综合单价、合价）

第五节　混凝土及钢筋混凝土工程

一、清单工程量计算规范

（一）现浇混凝土基础

现浇混凝土基础工程量清单项目设置、项目特征描述的内容、计量单位及工程量计算规则，应按表4-28的规定执行。

表4-28　　　　　　　　　　　现浇混凝土基础（编号：010501）

项目编码	项目名称	项目特征	计量单位	工程量计算规则	工作内容
010501001	垫层				1. 模板及支撑制作、安装、拆除、堆放、运输及清理模内杂物、刷隔离剂等 2. 混凝土制作、运输、浇筑、振捣、养护
010501002	带形基础	1. 混凝土类别 2. 混凝土强度等级	m³	按设计图示尺寸以体积计算。不扣除构件内钢筋、预埋铁件和伸入承台基础的桩头所占体积	
010501003	独立基础				
010501004	满堂基础				
010501005	桩承台基础				
010501006	设备基础	1. 混凝土类别 2. 混凝土强度等级 3. 灌浆材料及其强度等级			

（二）现浇混凝土柱

现浇混凝土柱工程量清单项目设置、项目特征描述的内容、计量单位及工程量计算规则，应按表4-29的规定执行。

表4-29　　　　　　　　　　　现浇混凝土柱（编号：010502）

项目编码	项目名称	项目特征	计量单位	工程量计算规则	工作内容
010502001	矩形柱	1. 混凝土类别 2. 混凝土强度等级	m³	按设计图示尺寸以体积计算。不扣除构件内钢筋，预埋铁件所占体积。型钢混凝土柱扣除构件内型钢所占体积 柱高 1. 有梁板的柱高，应自柱基上表面（或楼板上表面）至上一层楼板上表面之间的高度计算 2. 无梁板的柱高，应自柱基上表面（或楼板上表面）至柱帽下表面之间的高度计算 3. 框架柱的柱高：应自柱基上表面至柱顶高度计算 4. 构造柱按全高计算，嵌接墙体部分（马牙槎）并入柱身体积 5. 依附柱上的牛腿和升板的柱帽，并入柱身体积计算	1. 模板及支架（撑）制作、安装、拆除、堆放、运输及清理模内杂物、刷隔离剂等 2. 混凝土制作、运输、浇筑、振捣、养护
010502002	构造柱				
010502003	异形柱	1. 柱形状 2. 混凝土类别 3. 混凝土强度等级			

（三）现浇混凝土梁

现浇混凝土梁工程量清单项目设置、项目特征描述的内容、计量单位及工程量计算规则，应按表 4-30 的规定执行。

表 4-30　　　　　　　　　　现浇混凝土梁（编号：010503）

项目编码	项目名称	项目特征	计量单位	工程量计算规则	工作内容
010503001	基础梁	1. 混凝土类别 2. 混凝土强度等级	m³	按设计图示尺寸以体积计算 伸入墙内的梁头、梁垫并入梁体积内 梁长： 1. 梁与柱连接时，梁长算至柱侧面 2. 主梁与次梁连接时，次梁长算至主梁侧面	1. 模板及支架（撑）制作、安装、拆除、堆放、运输及清理模内杂物、刷隔离剂等 2. 混凝土制作、运输、浇筑、振捣、养护
010503002	矩形梁				
010503003	异形梁				
010503004	圈梁				
010503005	过梁				
010503006	弧形、拱形梁	1. 混凝土类别 2. 混凝土强度等级	m³	按设计图示尺寸以体积计算。不扣除构件内钢筋、预埋铁件所占体积，伸入墙内的梁头、梁垫并入梁体积内 梁长： 1. 梁与柱连接时，梁长算至柱侧面 2. 主梁与次梁连接时，次梁长算至主梁侧面	1. 模板及支架（撑）制作、安装、拆除、堆放、运输及清理模内杂物、刷隔离剂等 2. 混凝土制作、运输、浇筑、振捣、养护

（四）现浇混凝土墙

现浇混凝土墙工程量清单项目设置、项目特征描述的内容、计量单位及工程量计算规则，应按表 4-31 的规定执行。

表 4-31　　　　　　　　　　现浇混凝土墙（编号：010504）

项目编码	项目名称	项目特征	计量单位	工程量计算规则	工作内容
010504001	直形墙	1. 混凝土类别 2. 混凝土强度等级	m³	按设计图示尺寸以体积计算 扣除门窗洞口及单个面积＞0.3m² 的孔洞所占体积，墙垛及突出墙面部分并入墙体体积计算内	1. 模板及支架（撑）制作、安装、拆除、堆放、运输及清理模内杂物、刷隔离剂等 2. 混凝土制作、运输、浇筑、振捣、养护
010504002	弧形墙				
010504003	短肢剪力墙				
010504004	挡土墙				

（五）现浇混凝土板

现浇混凝土板工程量清单项目设置、项目特征描述的内容、计量单位及工程量计算规则，应按表 4-32 的规定执行。

表 4 - 32 现浇混凝土板（编号：010505）

项目编码	项目名称	项目特征	计量单位	工程量计算规则	工作内容
010505001	有梁板			按设计图示尺寸以体积计算，不扣除构件内钢筋、预埋铁件及单个面积≤0.3m² 的柱、垛以及孔洞所占体积。压形钢板混凝土楼板扣除构件内压形钢板所占体积 有梁板（包括主、次梁与板）按梁、板体积之和计算，无梁板按板和柱帽体积之和计算，各类板伸入墙内的板头并入板体积内，薄壳板的肋、基梁并入薄壳体积内计算	1. 模板及支（撑）制作、安装、拆除、堆放、运输及清理模内杂物、刷隔离剂等 2. 混凝土制作、运输、浇筑、振捣、养护
010505002	无梁板				
010505003	平板				
010505004	拱板				
010505005	薄壳板				
010505006	栏板	1. 混凝土类别 2. 混凝土强度等级	m³		
010505007	天沟（檐沟）、挑檐板			按设计图示尺寸以体积计算	
010505008	雨篷、悬挑板、阳台板			按设计图示尺寸以墙外部分体积计算。包括伸出墙外的牛腿和雨篷反挑檐的体积	
010505009	空心板			按设计图示尺寸以体积计算。空心板（GBF 高强薄壁蜂巢芯板等）应扣除空心部分体积	
010505010	其他板			按设计图示尺寸以体积计算	

（六）现浇混凝土楼梯

现浇混凝土楼梯工程量清单项目设置、项目特征描述的内容、计量单位及工程量计算规则，应按表 4 - 33 的规定执行。

表 4 - 33 现浇混凝土楼梯（编号：010506）

项目编码	项目名称	项目特征	计量单位	工程量计算规则	工作内容
010506001	直形楼梯	1. 混凝土类别 2. 混凝土强度等级	1. m² 2. m³	1. 以平方米计量，按设计图示尺寸以水平投影面积计算。不扣除宽度≤500mm 的楼梯井，伸入墙内部分不计算 2. 以立方米计量，按设计图示尺寸以体积计算	1. 模板及支架（撑）制作、安装、拆除、堆放、运输及清理模内杂物、刷隔离剂等 2. 混凝土制作、运输、浇筑、振捣、养护
010506002	弧形楼梯				

（七）现浇混凝土其他构件

现浇混凝土其他构件工程量清单项目设置、项目特征描述的内容、计量单位及工程量计算规则，应按表4-34的规定执行。

表 4-34   现浇混凝土其他构件（编号：010507）

项目编码	项目名称	项目特征	计量单位	工程量计算规则	工作内容
010507001	散水、坡道	1. 垫层材料种类、厚度 2. 面层厚度 3. 混凝土类别 4. 混凝土强度等级 5. 变形缝填塞材料种类	m²	以平方米计量，按设计图示尺寸以面积计算。不扣除单个≤0.3m²的孔洞所占面积	1. 地基夯实 2. 铺设垫层 3. 模板及支撑制作、安装、拆除、堆放、运输及清理模内杂物、刷隔离剂等 4. 混凝土制作、运输、浇筑、振捣、养护 5. 变形缝填塞
010507002	室外地坪	1. 地平厚底 2. 混凝土强度等级			
010507003	电缆沟、地沟	1. 土壤类别 2. 沟截面净空尺寸 3. 垫层材料种类、厚度 4. 混凝土类别 5. 混凝土强度等级 6. 防护材料种类	m	按设计图示以中心线长计算	1. 挖填、运土石方 2. 铺设垫层 3. 模板及支撑制作、安装、拆除、堆放、运输及清理模内杂物、刷隔离剂等 4. 混凝土制作、运输、浇筑、振捣、养护 5. 刷防护材料
010507004	台阶	1. 踏步高、宽 2. 混凝土类别 3. 混凝土强度等级	1. m² 2. m³	1. 以平方米计量，按设计图示尺寸水平投影面积计算 2. 以立方米计量，按设计图示尺寸以体积计算	1. 模板及支撑制作、安装、拆除、堆放、运输及清理模内杂物、刷隔离剂等 2. 混凝土制作、运输、浇筑、振捣、养护
010507005	扶手、压顶	1. 断面尺寸 2. 混凝土类别 3. 混凝土强度等级	1. m 2. m³	1. 以米计量，按设计图示的延长米计算 2. 以立方米计量，按设计图示尺寸以体积计算	1. 模板及支架（撑）制作、安装、拆除、堆放、运输及清理模内杂物、刷隔离剂等 2. 混凝土制作、运输、浇筑、振捣、养护
010507006	化粪池、检查井	1. 部位 2. 混凝土强度等级 3. 防水、抗渗要求	m³	按设计图示尺寸以体积计算。不扣除构件内钢筋、预埋铁件所占体积	
010507007	其他构件	1. 构件的类型 2. 构件规格 3. 部位 4. 混凝土类别 5. 混凝土强度等级	m³		

（八）后浇带

后浇带工程量清单项目设置、项目特征描述的内容、计量单位及工程量计算规则，应按表 4-35 的规定执行。

表 4-35　　　　　　　　　后浇带（编号：010508）

项目编码	项目名称	项目特征	计量单位	工程量计算规则	工作内容
010508001	后浇带	1. 混凝土类别 2. 混凝土强度等级	m³	按设计图示尺寸以体积计算	1. 模板及支（撑）制作、安装、拆除、堆放、运输及清理模内杂物、刷隔离剂等 2. 混凝土制作、运输、浇筑、振捣、养护及混凝土交接面、钢筋等的清理

（九）预制混凝土柱

预制混凝土柱工程量清单项目设置、项目特征描述的内容、计量单位及工程量计算规则，应按表 4-36 的规定执行。

表 4-36　　　　　　　　预制混凝土柱（编号：010509）

项目编码	项目名称	项目特征	计量单位	工程量计算规则	工作内容
010509001	矩形柱	1. 图代号 2. 单件体积 3. 安装高度 4. 混凝土强度等级 5. 砂浆（细石混凝土）强度等级、配合比	1. m³ 2. 根	1. 以立方米计量，按设计图示尺寸以体积计算 2. 以根计量，按设计图示尺寸以数量计算	1. 模板的制作、安装、拆除、堆放、运输及清理模内杂物、隔离剂等 2. 混凝土的制作、运输、浇筑、振捣、养护 3. 构件的运输、安装 4. 砂浆的制作、运输 5. 接头灌浆、养护
010509002	异形柱				

（十）预制混凝土梁

预制混凝土梁工程量清单项目设置、项目特征描述的内容、计量单位及工程量计算规则，应按表 4-37 的规定执行。

表 4-37　　　　　　　　预制混凝土梁（编号：010510）

项目编码	项目名称	项目特征	计量单位	工程量计算规则	工作内容
010510001	矩形梁	1. 图代号 2. 单件体积 3. 安装高度 4. 混凝土强度等级 5. 砂浆（细石混凝土）强度等级、配合比	1. m³ 2. 根	1. 以立方米计量，按设计图示尺寸以体积计算 2. 以根计量，按设计图示尺寸以数量计算	1. 模板的制作、安装、拆除、堆放、运输及清理模内杂物、隔离剂等 2. 混凝土的制作、运输、浇筑、振捣、养护 3. 构件的运输、安装 4. 砂浆的制作、运输 5. 接头灌浆、养护
010510002	异形梁				
010510003	过梁				
010510004	拱形梁				
010510005	鱼腹式吊车梁				
010510006	其他梁				

（十一）预制混凝土屋架

预制混凝土屋架工程量清单项目设置、项目特征描述的内容、计量单位及工程量计算规则，应按表 4-38 的规定执行。

表 4-38　　　　　　　　　预制混凝土屋架（编号：010511）

项目编码	项目名称	项目特征	计量单位	工程量计算规则	工作内容
010511001	折线型	1. 图代号 2. 单件体积 3. 安装高度 4. 混凝土强度等级 5. 砂浆强度等级、配合比	1. m³ 2. 榀	1. 以立方米计量，按设计图示尺寸以体积计算 2. 以榀计量，按设计图示尺寸以数量计算	1. 模板的制作、安装、拆除、堆放、运输及清理模内杂物、隔离剂等 2. 混凝土的制作、运输、浇筑、振捣、养护 3. 构件的运输、安装 4. 砂浆的制作、运输 5. 接头灌浆、养护
010511002	组合				
010511003	薄腹				
010511004	门式刚架				
010511005	天窗架				

（十二）预制混凝土板

预制混凝土板工程量清单项目设置、项目特征描述的内容、计量单位及工程量计算规则，应按表 4-39 的规定执行。

表 4-39　　　　　　　　　预制混凝土板（编号：010512）

项目编码	项目名称	项目特征	计量单位	工程量计算规则	工作内容
010512001	平板	1. 图代号 2. 单件体积 3. 安装高度 4. 混凝土强度等级 5. 砂浆（细石混凝土）强度等级、配合比	1. m³ 2. 块	1. 以立方米计量，按设计图示尺寸以体积计算。不扣除单个面积在 ≤300mm×300mm 的孔洞所占体积，扣除空心板空洞体积 2. 以块计量，按设计图示尺寸以数量计算	1. 模板的制作、安装、拆除、堆放、运输及清理模内杂物、隔离剂等 2. 混凝土的制作、运输、浇筑、振捣、养护 3. 构件的运输、安装 4. 砂浆的制作、运输 5. 接头灌浆、养护
010512002	空心板				
010512003	槽形板				
010512004	网架板				
010512005	折线板				
010512006	带肋板				
010512007	大型板				
010512008	沟盖板、井盖板、井圈	1. 单件体积 2. 安装高度 3. 混凝土强度等级 4. 砂浆强度等级、配合比	1. m³ 2. 块（套）	1. 以立方米计量，按设计图示尺寸以体积计算。不扣除构件内钢筋、预埋铁件所占体积 2. 以块计量，按设计图示尺寸以数量计算	

（十三）预制混凝土楼梯

预制混凝土楼梯工程量清单项目设置、项目特征描述的内容、计量单位及工程量计算规则，应按表 4-40 的规定执行。

表 4 - 40　　　　　　　　　预制混凝土楼梯（编号：010513）

项目编码	项目名称	项目特征	计量单位	工程量计算规则	工作内容
010513001	楼梯	1. 楼梯类型 2. 单件体积 3. 混凝土强度等级 4. 砂浆（细石混凝土）强度等级	1. m³ 2. 块	1. 以立方米计量，按设计图示尺寸以体积计算。扣除空心踏步板空洞体积 2. 以段计量，按设计图示数量计算	1. 模板的制作、安装、拆除、堆放、运输及清理模内杂物、隔离剂等 2. 混凝土的制作、运输、浇筑、振捣、养护 3. 构件的运输、安装 4. 砂浆的制作、运输 5. 接头灌浆、养护

（十四）其他预制构件

其他预制构件工程量清单项目设置、项目特征描述的内容、计量单位及工程量计算规则，应按表 4 - 41 的规定执行。

表 4 - 41　　　　　　　　　其他预制构件（编号：010514）

项目编码	项目名称	项目特征	计量单位	工程量计算规则	工作内容
010514001	垃圾道、通风道、烟道	1. 单件体积 2. 混凝土强度等级 3. 砂浆强度等级	1. m³ 2. m² 3. 根（块）	1. 以立方米计量，按设计图示尺寸以体积计算。不扣除单个面积≤300mm×300mm 的孔洞所占体积，扣除烟道、垃圾道、通风道的孔洞所占体积 2. 以平方米计量，按设计图示尺寸以面积计算。不扣除单个面积≤300mm×300mm 的孔洞所占面积 3. 以根计量，按设计图示尺寸以数量计算	1. 模板的制作、安装、拆除、堆放、运输及清理模内杂物、隔离剂等 2. 混凝土的制作、运输、浇筑、振捣、养护 3. 构件的运输、安装 4. 砂浆的制作、运输 5. 接头灌浆、养护
010514002	其他构件	1. 单件体积 2. 构件的类型 3. 混凝土强度等级 4. 砂浆强度等级			

（十五）钢筋工程

钢筋工程工程量清单项目设置、项目特征描述的内容、计量单位及工程量计算规则，应按表 4 - 42 的规定执行。

表 4 - 42　　　　　　　　　钢筋工程（编号：010515）

项目编码	项目名称	项目特征	计量单位	工程量计算规则	工作内容
010515001	现浇构件钢筋	钢筋种类、规格	t	按设计图示钢筋（网）长度（面积）乘单位理论质量计算	1. 钢筋制作、运输 2. 钢筋安装 3. 焊接（绑扎）

项目编码	项目名称	项目特征	计量单位	工程量计算规则	工作内容
010515002	预制构件钢筋	钢筋种类、规格	t	按设计图示钢筋（网）长度（面积）乘单位理论质量计算	1. 钢筋网制作、运输 2. 钢筋网安装 3. 焊接（绑扎）
010515003	钢筋网片				
010515004	钢筋笼				1. 钢筋笼制作、运输 2. 钢筋笼安装 3. 焊接（绑扎）
010515005	先张法预应力钢筋	1. 钢筋种类、规格 2. 锚具种类		按设计图示钢筋长度乘单位理论质量计算	1. 钢筋制作、运输 2. 钢筋张拉
010515006	后张法预应力钢筋	1. 钢筋种类、规格 2. 钢丝种类、规格 3. 钢绞线种类、规格 4. 锚具种类 5. 砂浆强度等级		按设计图示钢筋（丝束、绞线）长度乘单位理论质量计算 1. 低合金钢筋两端均采用螺杆锚具时，钢筋长度按孔道长度减 0.35m 计算，螺杆另行计算 2. 低合金钢筋一端采用镦头插片、另一端采用螺杆锚具时，钢筋长度按孔道长度计算，螺杆另行计算 3. 低合金钢筋一端采用镦头插片、另一端采用帮条锚具时，钢筋增加 0.15m 计算；两端均采用帮条锚具时，钢筋长度按孔道长度增加 0.3m 计算 4. 低合金钢筋采用后张混凝土自锚时，钢筋长度按孔道长度增加 0.35m 计算 5. 低合金钢筋（钢绞线）采用 JM、XM、QM 型锚具，孔道长度≤20m 时，钢筋长度增加 1m 计算，孔道长度＞20m 时，钢筋长度增加 1.8m 计算 6. 碳素钢丝采用锥形锚具，孔道长度≤20m 时，钢丝束长度按孔道长度增加 1m 计算，孔道长度＞20m 时，钢丝束长度按孔道长度增加 1.8m 计算 7. 碳素钢丝采用镦头锚具时，钢丝束长度按孔道长度增加 0.35m 计算	1. 钢筋、钢丝、钢绞线制作、运输 2. 钢筋、钢丝、钢绞线安装 3. 预埋管孔道铺设 4. 锚具安装 5. 砂浆制作、运输 6. 孔道压浆、养护
010515007	预应力钢丝				
010515008	预应力钢绞线				

续表

项目编码	项目名称	项目特征	计量单位	工程量计算规则	工作内容
010515009	支撑钢筋（铁马）	1. 钢筋种类 2. 规格	t	按设计钢筋长度乘单位理论质量计算	钢筋制作、焊接、安装
010515010	声测管	1. 材质 2. 规格型号		按设计图示尺寸以质量计算	1. 检测管截断、封头 2. 套管制作、焊接 3. 定位、固定

（十六）螺栓、铁件

螺栓、铁件工程量清单项目设置、项目特征描述的内容、计量单位及工程量计算规则，应按表 4 - 43 的规定执行。

表 4 - 43　　　　　　　　**螺栓、铁件（编号：010516）**

项目编码	项目名称	项目特征	计量单位	工程量计算规则	工作内容
010516001	螺栓	1. 螺栓种类 2. 规格	t	按设计图示尺寸以质量计算	1. 螺栓、铁件制作、运输件 2. 螺栓、铁件安装
010516002	预埋铁件	1. 钢材种类 2. 规格 3. 铁件尺寸			
010516003	机械连接	1. 连接方式 2. 螺纹套筒种类 3. 规格	个	按数量计算	1. 钢筋套丝 2. 套筒连接

二、计量规范应用说明

（一）现浇混凝土基础

（1）有肋带形基础、无肋带形基础应按现浇混凝土基础表 4 - 28 中相关项目列项，并注明肋高。凡有肋（梁）带形混凝土基础，其肋高（指基础扩大顶面至梁顶面的高）与肋宽之比在 4：1 以内的按有梁式带形基础计算。超过 4：1 时，起肋部分（扩大顶面以上部分）按混凝土墙计算，肋以下按无梁式带形基础计算，因为当梁（肋）高大于梁（肋）宽（即厚）的四倍时，其梁就形似于墙了，故不能按有梁式基础计算，如图 4 - 17 所示。重庆地区规定的肋高与肋宽之比是 5：1。

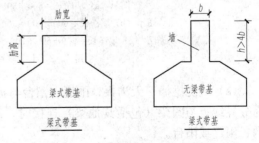

图 4 - 17　有肋带形基础示意图

（2）箱式满堂基础（图 4 - 18）中柱、梁、墙、板按表 4 - 29、表 4 - 30、表 4 - 31、表 4 - 32相关项目分别编码列项；箱式满堂基础底板按表 4 - 28 中的满堂基础项目列项。

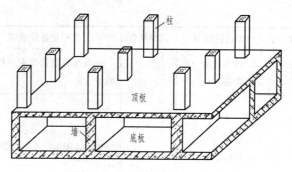

图 4-18　箱式满堂基础示意图

（3）框架式设备基础中柱、梁、墙、板分别按表 4-29、表 4-30、表 4-31、表 4-32 相关项目编码列项；基础部分按表 4-28 相关项目编码列项。

（4）如为毛石混凝土基础，项目特征应描述毛石所占比例。

（二）现浇混凝土柱、墙、梁、板、楼梯及其他构件

（1）混凝土种类：指清水混凝土、彩色混凝土等，如在同一地区既使用预拌（商品）混凝土、又允许现场搅拌混凝土时，也应注明。

（2）短肢剪力墙是指截面厚度不大于 300mm、各肢截面高度与厚度之比的最大值大于 4 但不大于 8 的剪力墙；各肢截面高度与厚度之比的最大值不大于 4 的剪力墙按柱项目编码列项，如图 4-19 所示。

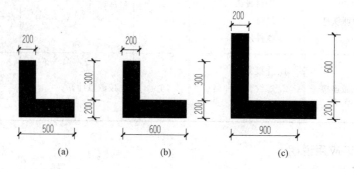

图 4-19　某工程现浇混凝土墙示意图

（a）柱；（b）短肢剪力墙；（c）直形墙

图示（a）墙净长＝500＋300＝800　800/200＝4，应按柱算。

图示（b）墙净长＝600＋300＝900　900/200＝4.5，应按短肢剪力墙算。

图示（c）墙净长＝900＋600＋200＝1500　1500/200＝8.5，应按直形墙算。

其 T、Z、十字形的划分方法与 L 形相同

（3）现浇挑檐、天沟板、雨篷、阳台与板（包括屋面板、楼板）连接时，以外墙外边线为分界线；与圈梁（包括其他梁）连接时，以梁外边线为分界线。外边线以外为挑檐、天沟、雨篷或阳台。

（4）整体楼梯（包括直形楼梯、弧形楼梯）水平投影面积包括休息平台、平台梁、斜梁和楼梯的连接梁。当整体楼梯与现浇楼板无梯梁连接时，以楼梯的最后一个踏步边缘加 300mm 为界。如图 4-20 所示。

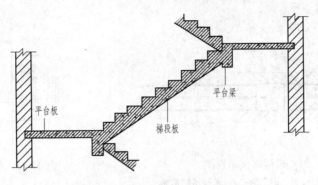

图 4-20　整体楼梯组成示意图

(5) 现浇混凝土小型池槽、垫块、门框等，应按表 4-34 中其他构件项目编码列项。架空式混凝土台阶，按现浇楼梯计算。

(三) 预制混凝土构件

(1) 预制混凝土构件必须描述单件体积的情况是：

1) 预制混凝土柱、预制混凝土梁如以根计量，必须描述单件体积；

2) 预制混凝土屋架以榀计量，必须描述单件体积；

3) 预制混凝土板以块、套计量，必须描述单件体积；

4) 预制混凝土楼梯以块计量，必须描述单件体积；

5) 其他预制构件以块、根计量，必须描述单件体积。

(2) 三角形屋架应按表 4-38 中折线型屋架项目编码列项。

(3) 不带肋的预制遮阳板、雨篷板、挑檐板、拦板等，应按表 4-39 中平板项目编码列项。预制 F 形板、双 T 形板、单肋板和带反挑檐的雨篷板、挑檐板、遮阳板等，应按表 4-39 中带肋板项目编码列项。预制大型墙板、大型楼板、大型屋面板等，应按表 4-39 中大型板项目编码列项。

(4) 预制钢筋混凝土小型池槽、压顶、扶手、垫块、隔热板、花格等，按表 4-41 中其他构件项目编码列项。

(四) 钢筋工程、螺栓、铁件

(1) 现浇构件中伸出构件的锚固钢筋应并入钢筋工程量内。除设计 (包括规范规定) 标明的搭接外，其他施工搭接不计算工程量，在综合单价中综合考虑。

(2) 螺栓、预埋铁件、机械连接 (图 4-21) 等子目在编制工程量清单时，如果设计未明确，其工程数量可为暂估量，实际工程量按现场签证数量计算。但应注意采用机械连接部分钢筋工程量组价时需要区别处理，例如重庆地区计价定额规定：电渣压力焊接头 (图 4-22)、机械连接接头分别按相应定额计算；现浇钢筋制、安执行现浇混凝土钢筋定额子目时，但应扣除人工 3.68 工日、钢筋 0.02t、电焊条 5kg、其他材料费 3.00 元进行基价调整，电渣压力焊、机械连接的损耗已考虑在定额项目内，不得另计。

(3) 现浇构件中固定钢筋位置的支撑钢筋、双 (多) 层钢筋用的 "铁马" (垫铁或马凳) 在编制工程量清单时，其工程数量可为暂估量并入相应钢筋工程量内，结算时按现场签证数量计算。

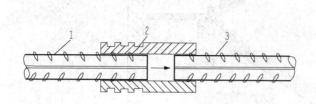

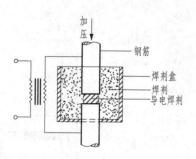

图 4-21 机械连接示意图
1—已挤压的钢筋；2—钢套筒；3—未挤压的钢筋

图 4-22 电渣焊示意图

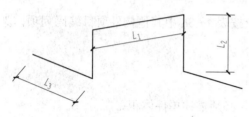

图 4-23 Ⅱ字型马凳示意图

马凳筋又称撑脚钢筋，是指用于支撑现浇混凝土板或现浇雨篷板中的上部钢筋的铁件。马凳筋常见的有Ⅱ字型（图 4-23）和一字型（图 4-24）两种。"铁马"钢筋工程量投标报价时可以暂估量，结算时按现场签证数量计算。

Ⅱ字型马凳筋长度 $L = L_1 + L_2 \times 2 + L_3 \times 2$

其中 L_1、L_2、L_3 的长度，设计有规定者按设计规定计算；设计无规定，各段长度可按板厚－2×保护层设计计算。

双层双向板马凳筋根数 n ＝ 板净面积 /（间距×间距）＋1

负筋马凳筋根数 n ＝ 排数×负筋布筋长度 / 间距＋1

一字型单腿马凳筋长度 $L = L_1 + L_2 \times 2 + L_3 \times 2$

一字型双腿马凳筋长度 $L = L_1 + L_2 \times 2 + L_3 \times 4$

一字型马凳筋个数 n ＝ 排数×每排个数

一字型马凳筋设计有规定者按设计规定计算，设计无规定一般可按 L_1 长度为 2000mm，支架间距为 1500mm，L_2 长度为板厚减－2×保护层，L_3 长度为 250mm 设计计算。

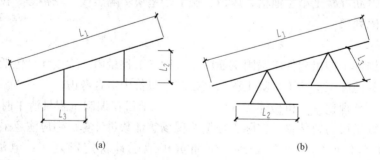

(a)   (b)

图 4-24 一字型马凳筋示意图
(a) 一字型单腿马凳筋；(b) 一字型双腿马凳筋

一字型马凳筋多用于钢筋混凝土筏板内，实际使用哪种类型马凳筋，钢筋规格是多少，应根据工程实际需要确定，如果基础底板厚度大于 800mm 时应采用角铁做支架。

（五）本分部应注意的问题

（1）预制混凝土构件或预制钢筋混凝土构件，如施工图设计标注做法见标准图集时，项目特征注明标准图集的编码、页号及节点大样即可。

（2）现浇或预制混凝土和钢筋混凝土构件，不扣除构件内钢筋、螺栓、预埋铁件、张拉孔道所占体积，但应扣除劲性骨架的型钢所占体积。

三、工程量清单编制实例

（一）背景资料

（1）某工程结施图纸：柱施工图（图4-25）、地梁施工图（图4-26）、屋面层梁配筋图（图4-27）、屋面层板配筋图（图4-28）、结施大样图（图4-29）所示。基础为桩基础（图4-4），桩顶设计标高为－0.75m，桩相接的地梁顶标高同桩顶标高。

（2）框架抗震等级为三级，混凝土强度等级地梁垫层为C15，其余均为C30。地梁垫层采用现场搅拌混凝土（自拌混凝土），框架结构采用商品混凝土。

（3）柱、梁、板钢筋锚固按图集《16G101-1》施工。

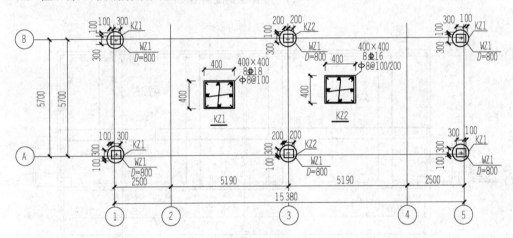

图 4-25 柱施工图

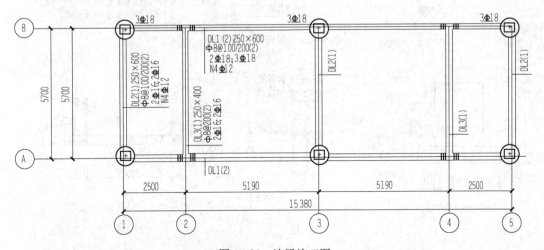

图 4-26 地梁施工图

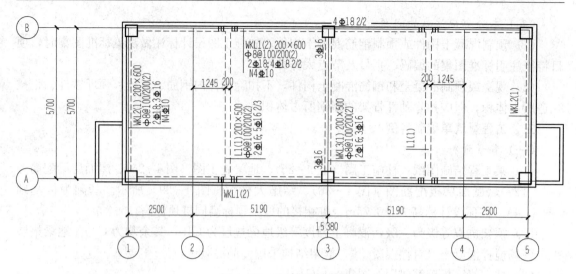

图 4-27　屋面层梁配筋图

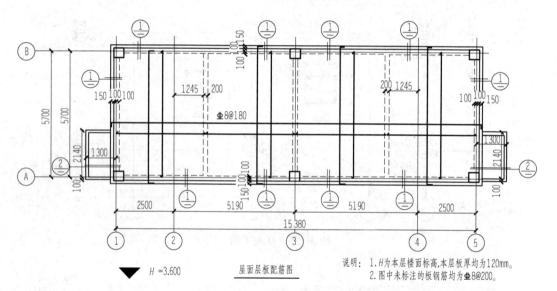

说明：1. *H* 为本层楼面标高,本层板厚均为 120mm。
　　　2. 图中未标注的板钢筋均为 Φ8@200。

图 4-28　屋面层板配筋图

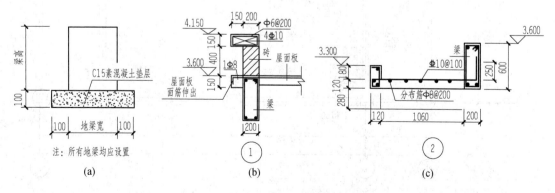

图 4-29　大样图
（a）地梁垫层图；（b）大样①详图；（c）大样②详图

（二）问题

根据以上背景资料及国家标准《建设工程工程量清单计价规范》（GB 50500—2013）、《房屋建筑与装饰工程工程量计算规范》（GB 50854—2013），试列出本工程混凝土部分的分部分项工程量清单。

解　清单工程量计算详见表 4 - 44。

表 4 - 44　　　　　　　　　　　　　清 单 工 程 量 计 算 表

工程名称：某工程

序号	项目编码	清单项目名称	工程量计算式	工程量	计量单位
1	010501001001	地梁垫层	DL_1：$L_1=(15.38-0.5-0.8-0.5)\times2=27.16m$ DL_2：$L_2=(5.7-0.5-0.5)\times3=14.10m$ DL_3：$L_3=(5.7-0.225-0.225)\times2=10.50m$ $V=0.45\times0.1\times(27.16+14.1+10.5)=2.33m^3$	2.33	m^3
2	010503001001	基础梁	DL1：$L_1=27.16m$ DL2：$L_2=14.10m$ DL3：$L_3=(5.7-0.125-0.125)\times2=10.90m$ $V=0.25\times0.6\times(27.16+14.1)+0.25\times0.4\times10.9$ $=7.28m^3$	7.28	m^3
3	010502001001	矩形柱	KZ_1：$0.4\times0.4\times(3.6+0.75)\times4=2.78m^3$ KZ_2：$0.4\times0.4\times(3.6+0.75)\times2=1.39m^3$ $V=2.78+1.39=4.17m^3$	4.17	m^3
4	010505001001	有梁板	板体积：$V_1=(15.38+0.2)\times(5.7+0.2)\times0.12-0.4\times0.4\times0.12\times6=10.92m^3$ WKL_1 长：$L_1=(15.38-0.3-0.4-0.3)\times2=28.76m$ WKL_2 长：$L_2=(5.7-0.3-0.3)\times2=10.20m$ WKL_3 长：$L_3=(5.7-0.3-0.3)=5.10m$ 次梁 L_1 长：$L_4=(5.7-0.1-0.1)\times2=11.00m$ 梁体积：$V_2=0.2\times(0.6-0.12)\times(28.76+10.2)+0.2\times(0.5-0.12)\times(5.1+11)=4.96m^3$ 合计：$V=10.92+4.96=15.88m^3$	76.45	m^3
5	010507007001	其他构件	①大样：$L=(15.38+0.2+0.15\times2)\times2+(5.7+0.2)\times2=43.56m$ $V=0.15\times0.12\times43.56=0.78m^3$	0.78	m^3
6	010505008001	雨篷	②大样：$V=1.2\times2.24\times0.12+0.12\times0.18\times2.24+0.12\times0.18\times1.08)\times2=0.79m^3$	0.79	m^3
7	010507005001	压顶	①大样：$L=(15.38+0.2+0.15\times2)\times2+(5.7-0.2)\times2=42.76m$ $V=0.15\times0.35\times42.76=2.25m^3$	2.25	m^3

根据表 4 - 44 的清单工程量和背景资料的有关信息，分部分项工程量清单如表 4 - 45所示。

表 4-45　　　　　　　分部分项工程量清单和单价措施项目清单与计价表

工程名称：某工程

序号	项目编码	项目名称	项目特征	计量单位	工程量	金额	
						综合单价	合价
1	010501001001	地梁垫层	1. 混凝土种类：自拌混凝土 2. 混凝土强度等级：C15	m³	2.33		
2	010503001001	基础梁	1. 混凝土种类：商品混凝土 2. 混凝土强度等级：C30	m³	7.28		
3	010502001001	矩形柱	1. 混凝土种类：商品混凝土 2. 混凝土强度等级：C30	m³	4.17		
4	010505001001	有梁板	1. 混凝土种类：商品混凝土 2. 混凝土强度等级：C30	m³	76.45		
5	010507007001	其他构件	1. 构件的类型：零星混凝土 2. 构件规格：120mm×150mm 3. 部位：屋面板悬挑板，详见结施图《屋面板配筋图》①大样 4. 混凝土种类：商品混凝土 5. 混凝土强度等级：C30	m³	0.78		
6	010505008001	雨篷	1. 混凝土种类：商品混凝土 2. 混凝土强度等级：C30	m³	0.79		
7	010507005001	压顶	1. 断面尺寸：150mm×350mm 2. 混凝土种类：商品混凝土 3. 混凝土强度等级：C30	m³	2.25		

第六节　金 属 结 构 工 程

一、清单工程量计算规范

（一）钢网架

钢网架工程量清单项目设置、项目特征描述的内容、计量单位及工程量计算规则，应按表 4-46 的规定执行。

表 4-46　　　　　　　　　钢网架（编码：010601）

项目编码	项目名称	项目特征	计量单位	工程量计算规则	工作内容
010601001	钢网架	1. 钢材品种、规格 2. 网架节点形式、连接方式 3. 网架跨度、安装高度 4. 探伤要求 5. 防火要求	t	按设计图示尺寸以质量计算。不扣除孔眼的质量，焊条、铆钉、螺栓等不另增加质量	1. 拼装 2. 安装 3. 探伤 4. 补刷油漆

（二）钢屋架、钢托架、钢桁架、钢桥架

钢屋架、钢托架、钢桁架、钢桥架工程量清单项目设置、项目特征描述的内容、计量单位及工程量计算规则，应按表4-47的规定执行。

表4-47 　　　　　钢屋架、钢托架、钢桁架、钢桥架（编码：010602）

项目编码	项目名称	项目特征	计量单位	工程量计算规则	工作内容
010602001	钢屋架	1. 钢材品种、规格 2. 单榀质量 3. 屋架跨度、安装高度 4. 螺栓种类 5. 探伤要求 6. 防火要求	1. 榀 2. t	1. 以榀计量，按设计图示数量计算 2. 以吨计量，按设计图示尺寸以质量计算。不扣除孔眼的质量，焊条、铆钉、螺栓等不另增加质量	1. 拼装 2. 安装 3. 探伤 4. 补刷油漆
010602002	钢托架	1. 钢材品种、规格 2. 单榀质量 3. 安装高度 4. 螺栓种类 5. 探伤要求 6. 防火要求	t	按设计图示尺寸以质量计算 不扣除孔眼的质量，焊条、铆钉、螺栓等不另增加质量	
010602003	钢桁架				
010602004	钢架桥				

（三）钢柱

钢柱工程量清单项目设置、项目特征描述的内容、计量单位及工程量计算规则，应按表4-48的规定执行。

表4-48 　　　　　　　　　钢柱（编码：010603）

项目编码	项目名称	项目特征	计量单位	工程量计算规则	工作内容
010603001	实腹钢柱	1. 柱类型 2. 钢材品种、规格 3. 单根柱质量 4. 螺栓种类 5. 探伤要求 6. 防火要求	t	按设计图示尺寸以质量计算。不扣除孔眼的质量，焊条、铆钉、螺栓等不另增加质量，依附在钢柱上的牛腿及悬臂梁等并入钢柱工程量内	1. 拼装 2. 安装 3. 探伤 4. 补刷油漆
010603002	空腹钢柱				
010603003	钢管柱	1. 钢材品种、规格 2. 单根柱质量 3. 螺栓种类 4. 探伤要求 5. 防火要求		按图示尺寸以质量计算。不扣除孔眼的质量，焊条、铆钉、螺栓等不另增加质量，钢管柱上的节点板、牛腿等并入钢管柱工程量内	

（四）钢梁

钢梁工程量清单项目设置、项目特征描述的内容、计量单位及工程量计算规则，应按

表4-49的规定执行。

表4-49　　　　　　　　　　　钢梁（编码：010604）

项目编码	项目名称	项目特征	计量单位	工程量计算规则	工作内容
010604001	钢梁	1. 梁类型 2. 钢材品种、规格 3. 单根质量 4. 螺栓种类 5. 安装高度 6. 探伤要求 7. 防火要求	t	按设计图示尺寸以质量计算。不扣除孔眼的质量，焊条、铆钉、螺栓等不另增加质量，制动梁、制动板、制动桁架、车挡并入钢吊车梁工程量内	1. 拼装 2. 安装 3. 探伤 4. 补刷油漆
010504002	钢吊车梁	1. 钢材品种、规格 2. 单根质量 3. 螺栓种类 4. 安装高度 5. 探伤要求 6. 防火要求			

（五）钢板楼板、墙板

钢板楼板、墙板工程量清单项目设置、项目特征描述的内容、计量单位及工程量计算规则，应按表4-50的规定执行。

表4-50　　　　　　　　　钢板楼板、墙板（编码：010605）

项目编码	项目名称	项目特征	计量单位	工程量计算规则	工作内容
010605001	钢板楼板	1. 钢材品种、规格 2. 钢板厚度 3. 螺栓种类 4. 防火要求	m²	按设计图示尺寸以铺设水平投影面积计算。不扣除单个面积≤0.3m²柱、垛及孔洞所占面积	1. 拼装 2. 安装 3. 探伤 4. 补刷油漆
010605002	钢板墙板	1. 钢材品种、规格 2. 钢板厚度、复合板厚度 3. 螺栓种类 4. 复合板夹芯材料种类、层数、型号、规格 5. 防火要求		按设计图示尺寸以铺挂展开面积计算。不扣除单个面积≤0.3m²的梁、孔洞所占面积，包角、包边、窗台泛水等不另加面积	

（六）钢构件

钢构件工程量清单项目设置、项目特征描述的内容、计量单位及工程量计算规则，应按表4-51的规定执行。

表 4 - 51 钢构件 （编码：010606）

项目编码	项目名称	项目特征	计量单位	工程量计算规则	工作内容
010606001	钢支撑、钢拉条	1. 钢材品种、规格 2. 构件类型 3. 安装高度 4. 螺栓种类 5. 探伤要求 6. 防火要求			
010606002	钢檩条	1. 钢材品种、规格 2. 构件类型 3. 单根质量 4. 安装高度 5. 螺栓种类 6. 探伤要求 7. 防火要求		按设计图示尺寸以质量计算。不扣除孔眼的质量，焊条、铆钉、螺栓等不另增加质量	
010606003	钢天窗架	1. 钢材品种、规格 2. 单榀质量 3. 安装高度 4. 螺栓种类 5. 探伤要求 6. 防火要求	t		1. 拼装 2. 安装 3. 探伤 4. 补刷油漆
010606004	钢挡风架	1. 钢材品种、规格 2. 单榀质量 3. 螺栓种类 4. 探伤要求 5. 防火要求			
010606005	钢墙架				
010606006	钢平台	1. 钢材品种、规格 2. 螺栓种类 3. 防火要求			
010606007	钢走道				
010606008	钢梯	1. 钢材品种、规格 2. 钢梯形式 3. 螺栓种类 4. 防火要求			
010606009	钢护栏	1. 钢材品种、规格 2. 防火要求			
010606010	钢漏斗	1. 钢材品种、规格 2. 漏斗、天沟形式 3. 安装高度 4. 探伤要求		按设计图示尺寸以质量计算，不扣除孔眼的质量，焊条、铆钉、螺栓等不另增加质量，依附漏斗或天沟的型钢并入漏斗或天沟工程量内	
010606011	钢板天沟				

项目编码	项目名称	项目特征	计量单位	工程量计算规则	工作内容
010606012	钢支架	1. 钢材品种、规格 2. 单付重量 3. 防火要求	t	按设计图示尺寸以质量计算，不扣除孔眼的质量，焊条、铆钉、螺栓等不另增加质量	1. 拼装 2. 安装 3. 探伤 4. 补刷油漆
010606013	零星钢构件	1. 构件名称 2. 钢材品种、规格			

（七）金属制品

金属制品工程量清单项目设置、项目特征描述的内容、计量单位及工程量计算规则，应按表 4-52 的规定执行。

表 4-52   金属制品（编码：010607）

项目编码	项目名称	项目特征	计量单位	工程量计算规则	工作内容
010607001	成品空调金属百叶护栏	1. 材料品种、规格 2. 边框材质	m²	按设计图示尺寸以框外围展开面积计算	1. 安装 2. 校正 3. 预埋铁件及安螺栓
010607002	成品栅栏	1. 材料品种、规格 2. 边框及立柱型钢品种、规格			1. 安装 2. 校正 3. 预埋铁件 4. 安螺栓及金属立柱
010607003	成品雨篷	1. 材料品种、规格 2. 雨篷宽度 3. 晾衣竿品种、规格	1. m 2. m	1. 以米计量，按设计图示接触边以米计算 2. 以平方米计量，按设计图示尺寸以展开面积计算	1. 安装 2. 校正 3. 预埋铁件及安螺栓
010607004	金属网栏	1. 材料品种、规格 2. 边框及立柱型钢品种、规格	m²	按设计图示尺寸以框外围展开面积计算	1. 安装 2. 校正 3. 安螺栓及金属立柱
010607005	砌块墙钢丝网加固	1. 材料品种、规格 2. 加固方式		按设计图示尺寸以面积计算	1. 铺贴 2. 铆固
010607006	后浇带金属网				

二、计量规范应用说明

（一）项目特征描述

（1）钢结构螺栓种类指普通螺栓或高强螺栓。螺栓按螺栓性能等级分 3.6、4.6、4.8、5.6、6.8、8.8、9.8、10.9、12.9 等 10 余个等级，其中 8.8 级及以上螺栓材质为低碳合金钢或中碳钢并经热处理（淬火、回火），通称为高强度螺栓，其余通称为普通螺栓。

（2）钢屋架以榀计量，按标准图设计的应注明标准图代号，按非标准图设计的项目特征必须描述单榀屋架的质量。

（3）实腹钢柱的"柱类型"项目特征指十字、T、L、H形等。"实腹柱"是由型钢或钢板连接而成具有实腹式截面的柱为实腹柱，如图 4-30 所示，"实腹柱"项目适用于实腹钢柱和实腹式型钢混凝土柱。

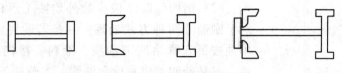

图 4-30　实腹柱示意图

（4）空腹钢柱的"柱类型"项目特征指箱形、格构等。"空腹柱"是型钢或钢板连接而成具有格构式截面的柱，如图 4-31 所示，"空腹柱"项目适用于空腹钢柱和空腹型钢混凝土柱。

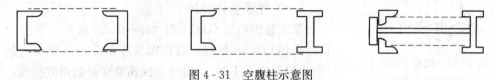

图 4-31　空腹柱示意图

（5）钢梁"梁类型"项目特征指 H、L、T 形、箱形、格构式等。

（6）钢构件表 4-51 中的"钢支撑、钢拉条类型"项目特征指单式、复式；钢檩条类型指型钢式、格构式；钢漏斗形式指方形、圆形；天沟形式指矩形沟或半圆形沟。

（7）"防火要求"项目特征指耐火极限。对钢结构而言，构件使用在不同的部位，按耐火等级要求就必须达到不同的耐火极限。例如，一级耐火等级的柱子，耐火极限为 3h，二级耐火等级的柱子，耐火极限 2.5h，三级的 2h；对梁来说，则一、二、三级耐火等级时，耐火极限分别为 2h，1.5h，1h。钢结构通常只有 15 分钟的耐火极限，所以在这种情况下，都是要刷防火涂料保护的。钢结构防火目前我国广泛采用的钢构件防火措施主要有防火涂料法和构造防火两种类型。

（8）钢构件的"探伤要求"项目特征包括射线探伤、超声波探伤、磁粉探伤、金相探伤、着色探伤、荧光探伤等。

（二）清单项目列项

（1）型钢混凝土柱浇筑钢筋混凝土，其混凝土和钢筋应按本章第五节混凝土及钢筋混凝土工程中相关项目编码列项。

（2）型钢混凝土梁浇筑钢筋混凝土，其混凝土和钢筋应按本章第五节混凝土及钢筋混凝土工程中相关项目编码列项。

（3）钢板楼板上浇筑钢筋混凝土，其混凝土和钢筋应按本章第五节混凝土及钢筋混凝土工程中相关项目编码列项。

（4）压型钢楼板按钢楼板项目编码列项。

（5）钢构件表 4-51 中的钢墙架项目包括墙架柱、墙架梁和连接杆件。

（6）钢构件表 4-51 中的加工铁件等小型构件，应按零星钢构件项目编码列项。

（7）抹灰钢丝网加固按表 4-52 中砌块墙钢丝网加固项目编码列项。

（三）相关问题及说明

（1）《计量规范》F.8 条规定：金属构件的切边，不规则及多边形钢板发生的损耗在综合单价中考虑。这与传统的定额计价模式的工程量计算规则"不规则及多边形钢板按其外接矩形面积乘以厚度以单位理论质量计算"不一致。

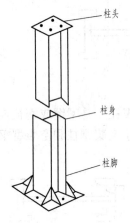

图 4-32 依附于钢柱上的附件示意图

（2）钢构件除了极少数外均按工厂化生产编制项目，对于刷油漆两种方式处理：一是若购置成品价不含油漆，单独按第五章第四节油漆、涂料、裱糊工程相关编码列项。二是若购置成品价含油漆，本节的工作内容中含"补刷油漆"。

（3）依附于钢柱上的牛腿、悬臂梁、柱脚和柱顶板等附件，如图 4-32 所示，应并入柱身主材重量内。

三、工程量清单编制实例

（一）背景资料

某工程钢桁架 GHJ-21 如图 4-33 所示，共有 10 榀。设计采用 Q345B 钢材、高强螺栓连接，防火要求达到二级（耐火极限 2.5 小时），设计对探伤要求是超声波探伤，安装高度 7.8m。

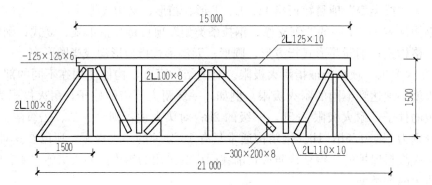

图 4-33 钢桁架示意图

（二）问题

根据以上背景资料及国家标准《建设工程工程量清单计价规范》（GB 50500—2013）、《房屋建筑与装饰工程工程量计算规范》（GB 50854—2013），试列出钢桁架的分部分项工程量清单。

解 清单工程量计算详见表 4-53 所示。

表 4 - 53　　　　　　　　　　　清 单 工 程 量 计 算 表

工程名称：某工程

序号	项目编码	清单项目名称	工程量计算式	工程量	计量单位
1	010602003001	钢桁架	1. 上弦杆的工程量 查《五金手册》知：L125×10 的理论质量是 22.696kg/m。 22.696×15×2＝680.88kg＝0.681t 2. 下弦杆的工程量 查《五金手册》知：L110×10 的理论质量是 19.782kg/m。 19.782×21×2＝830.844kg＝0.831t 3. 斜向支撑杆的工程量 查《五金手册》知：L100×8 的理论质量是 15.120kg/m。 15.12××2×6＝384.89kg＝0.385t 4. 竖向支撑杆的工程量 15.12×1.5×2×5＝226.8kg＝0.227t 5. 塞板的工程量 查《五金手册》知：6mm 厚的钢板的理论质量为是 47.1kg/m。 47.1×(0.125×0.125＋0.11×0.11)×2＝2.612kg ＝0.003t 6. 连接板的工程量 查《五金手册》知：8mm 厚的钢板的理论质量为 62.8kg/m²。 62.8×0.2×0.3×5＝18.84kg＝0.019t 总计工程量＝(0.681＋0.831＋0.385＋0.227＋ 0.003＋0.019)×10＝2.146×10＝21.460t	21.460	t

　　根据表 4 - 53 的清单工程量和背景资料的有关信息，分部分项工程量清单如表 4 - 54 所示。

表 4 - 54　　　　　　　分部分项工程量清单和单价措施项目清单与计价表

工程名称：某工程

序号	项目编码	项目名称	项目特征	计量单位	工程量	金额	
						综合单价	合价
1	010602003001	钢桁架	1. 钢材品种、规格：Q345B，以 L 125×10、L 110×8、L 100×8 为主，详图 GHJ - 21 2. 单榀重量：2.146t 3. 安装高度：7.8m 4. 螺栓种类：高强螺栓 5. 探伤要求：超声波探伤 6. 防火要求：耐火极限 2.5h	t	21.460		

第七节 木 结 构 工 程

一、清单工程量计算规范

（一）木屋架

木屋架工程量清单项目设置、项目特征描述的内容、计量单位及工程量计算规则，应按表 4 - 55 的规定执行。

表 4 - 55 　　　　　　　　木屋架（编码：010701）

项目编码	项目名称	项目特征	计量单位	工程量计算规则	工作内容
010701001	木屋架	1. 跨度 2. 材料品种、规格 3. 刨光要求 4. 拉杆及夹板种类 5. 防护材料种类	1. 榀 2. m³	1. 以榀计量，按设计图示数量计算 2. 以立方米计量，按设计图示的规格尺寸以体积计算	1. 制作 2. 运输 3. 安装 4. 刷防护材料
010701002	钢木屋架	1. 跨度 2. 木材品种、规格 3. 刨光要求 4. 钢材品种、规格 5. 防护材料种类	榀	以榀计量，按设计图示数量计算	

（二）木构件

木构件工程量清单项目设置、项目特征描述的内容、计量单位及工程量计算规则，应按表 4 - 56 的规定执行。

表 4 - 56 　　　　　　　　木构件（编码：010702）

项目编码	项目名称	项目特征	计量单位	工程量计算规则	工作内容
010702001	木柱	1. 构件规格尺寸 2. 木材种类 3. 刨光要求 4. 防护材料种类	m³	按设计图示尺寸以体积计算	1. 制作 2. 运输 3. 安装 4. 刷防护材料
010702002	木梁		m³	按设计图示尺寸以体积计算	
010702003	木檩		1. m³ 2. m	1. 以立方米计量，按设计图示尺寸以体积计算 2. 以米计量，按设计图示尺寸以长度计算	
010702004	木楼梯	1. 楼梯形式 2. 木材种类 3. 刨光要求 4. 防护材料种类	m²	按设计图示尺寸以水平投影面积计算。不扣除宽度≤300mm 的楼梯井，伸入墙内部分不计算	
010702005	其他木构件	1. 构件名称 2. 构件规格尺寸 3. 木材种类 4. 刨光要求 5. 防护材料种类	1. m³ 2. m	1. 以立方米计量，按设计图示尺寸以体积计算 2. 以米计量，按设计图示尺寸以长度计算	

（三）屋面木基层

屋面木基层工程量清单项目设置、项目特征描述的内容、计量单位及工程量计算规则，应按表4-57的规定执行。

表4-57　　　　　　　　　　　　　屋面木基层（编码：010703）

项目编码	项目名称	项目特征	计量单位	工程量计算规则	工作内容
010703001	屋面木基层	1. 椽子断面尺寸及椽距 2. 望板材料种类、厚度 3. 防护材料种类	m²	按设计图示尺寸以斜面积计算。不扣除房上烟囱、风帽底座、风道、小气窗、斜沟等所占面积。小气窗的出檐部分不增加面积	1. 椽子制作、安装 2. 望板制作、安装 3. 顺水条和挂瓦条制作、安装 4. 刷防护材料

二、计量规范应用说明

（一）木屋架

（1）屋架的跨度应以上、下弦中心线两交点之间的距离计算。屋架都由上弦、下弦、斜杆、竖杆和中柱组成，斜杆受压，一般用木材；竖杆与中柱因受拉，一般用圆钢，如图4-34所示。木屋架与钢木屋架不同之处，主要在下弦的用料不同，木屋架的下弦是木材（如圆木、方木等），钢木屋架的下弦是用钢材（如角钢、圆钢等）。

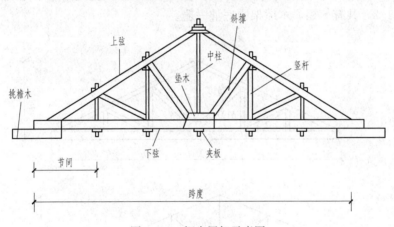

图4-34　钢木屋架示意图

（2）带气楼的屋架和马尾、折角以及正交部分（图4-35）的半屋架，按相关屋架相目编码列项。

1）马尾——是指四坡水屋顶建筑物的两端屋面的端头坡面部位。

2）折角——是指构成L形的坡屋顶建筑横向和竖向相交的部位。

3）正交——是指构成丁字形的坡屋顶建筑横向和竖向相交的部位。

（3）木屋架以榀计量，按标准图设计的应注明标准图代号，若非标准图设计设计的项目特征必须按本表要求予以描述。

（二）木构件

（1）木楼梯的栏杆（栏板）、扶手，应按《计量规范》附录Q中的相关项目编码列项。

（2）以米计量，项目特征必须描述构件规格尺寸。

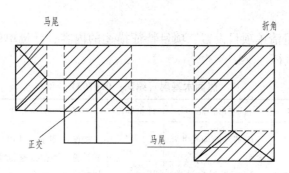

图 4-35　屋架平面示意图

（三）本分部应注意的问题

（1）原木构件设计规定梢径时，应按原木材积计算表计算体积。

（2）设计规定使用干燥木材时，干燥损耗及干燥费应包括在报价内。

（3）木材的出材率应包括在报价内。

（4）木结构有防虫要求时，防虫药剂应包括在报价内。

三、工程量清单编制实例

（一）背景资料

某厂房如图 4-36 所示，采用普通人字形原木屋架，露面抛光，原木为一等杉木，跨度 6m，坡度为 1/2，共有 6 榀，木屋架刷底油一遍。

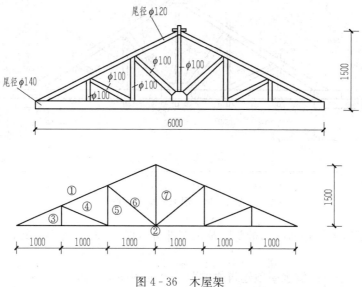

图 4-36　木屋架

（二）问题

根据以上背景资料及国家标准《建设工程工程量清单计价规范》（GB 50500—2013）、《房屋建筑与装饰工程工程量计算规范》（GB 50854—2013），试列出该木屋架的分部分项工程量清单。

解　（1）屋架坡度为 1/2，即高跨比为 1/4，跨度为 6m。各杆长度计算如下。

上弦杆①：3×1.118×2＝6.708m

下弦杆②：6m

立杆③：$1×0.5＝0.5m$

斜杆④：$1×1.118＝1.118m$

立杆⑤：$2×0.5＝1m$

斜杆⑥：$1×1.414＝1.414m$

中立杆⑦：$3×0.5＝1.5m$

（2）计算体积。

查《原木材积表》（GB 4814—2013）可知：检尺长度，以 0.2m 为进制，不足 0.2m 按下一级长规定，如 2.7m 长，按 2.6m 取用。检尺直径，按小头直径以 2cm 为进制，凡直径尾数满 1cm 者进一级，如尾径 11cm，按 12cm 取用。

长度在 1.8m 以下的材积按下述公式计算

$$8cm\ 直径材积\ V = \frac{0.7854L×(8.2+0.45L)^2}{10000}$$

$$10cm\ 直径材积\ V = \frac{0.7854L×(10.2+0.45L)^2}{10000}$$

$$12cm\ 直径材积\ V = \frac{0.7854L×(12.2+0.45L)^2}{10000}$$

$$14cm\ 直径材积\ V = \frac{0.7854L×(14.2+0.45L)^2}{10000}$$

式中　V——杉原木体积，m^3；

　　　L——杉原木材长，m。

木屋架的工程量计算如表 4-58 所示

表 4-58　　　　　　　　　　　清单工程量计算表

工程名称：某工程

序号	项目编码	清单项目名称	工程量计算式	工程量	计量单位
1	010701001001	原木屋架	查《原木材积表》（GB 4814—2013） 上弦杆① $V_1=0.05×2=0.1m^3$ 下弦杆② $V_2=0.142m^3$ 立杆③ $V_3=\dfrac{0.7854×0.5×(10.2+0.45×0.5)^2}{10000}×2$ 　　$=0.01m^3$ 斜杆④ $V_4=\dfrac{0.7854×1.118×(10.2+0.45×1.118)^2}{10000}×2$ 　　$=0.02m^3$ 立杆⑤ $V_5=\dfrac{0.7854×1×(10.2+0.45×1)^2}{10000}×2$ 　　$=0.018m^3$	1.98	m^3

序号	项目编码	清单项目名称	工程量计算式	工程量	计量单位
1	010701001001	原木屋架	斜杆⑥ $V_6 = \dfrac{0.7854 \times 1.414 \times (10.2+0.45 \times 1.414)^2}{10000} \times 2$ $= 0.026\text{m}^3$ 中立杆⑦ $V_7 = \dfrac{0.7854 \times 1.5 \times (10.2+0.45 \times 1.5)^2}{10000}$ $= 0.014\text{m}^3$ $V = (V_1 + V_2 + V_3 + V_4 + V_5 + V_6 + V_7) \times 6$ $= 1.98\text{m}^3$	1.98	m³

　　根据表 4-58 的清单工程量和背景资料的有关信息，分部分项工程量清单如表 4-59 所示。

表 4-59　　　　　　　分部分项工程量清单和单价措施项目清单与计价表

工程名称：某工程

序号	项目编码	项目名称	项目特征	计量单位	工程量	金额	
						综合单价	合价
1	010701001001	原木屋架	1. 跨度：6m 2. 材料品种、规格：一等、杉木 3. 刨光要求：露面抛光 4. 拉杆种类：木拉杆 5. 防护材料种类：刷臭油水一遍	m³	1.98		

第八节　门　窗　工　程

一、清单工程量计算规范

（一）木门

　　木门工程量清单项目设置、项目特征描述的内容、计量单位及工程量计算规则，应按表 4-60 的规定执行。

表 4-60　　　　　　　　　　　木门（编码：010801）

项目编码	项目名称	项目特征	计量单位	工程量计算规则	工作内容
010801001	木质门	1. 门代号及洞口尺寸 2. 镶嵌玻璃品种、厚度	1. 樘 2. m²	1. 以樘计量，按设计图示数量计算 2. 以平方米计量，按设计图示洞口尺寸以面积计算	1. 门安装 2. 玻璃安装 3. 五金安装
010801002	木质门带套				
010801003	木质连窗门				
010801004	木质防火门				

项目编码	项目名称	项目特征	计量单位	工程量计算规则	工作内容
010801005	木门框	1. 门代号及洞口尺寸 2. 框截面尺寸 3. 防护材料种类	1. 樘 2. m	1. 以樘计量，按设计图示数量计算 2. 以米计量，按设计图示框的中心线以延长米计算	1. 木门框制作、安装 2. 运输 3. 刷防护材料
010801006	门锁安装	1. 锁品种 2. 锁规格	个（套）	按设计图示数量计算	安装

（二）金属门

金属门工程量清单项目设置、项目特征描述的内容、计量单位及工程量计算规则，应按表 4-61 的规定执行。

表 4-61　　　　　　　　　　金属门（编码：010802）

项目编码	项目名称	项目特征	计量单位	工程量计算规则	工作内容
010802001	金属（塑钢）门	1. 门代号及洞口尺寸 2. 门框或扇外围尺寸 3. 门框、扇材质 4. 玻璃品种、厚度	1. 樘 2. m²	1. 以樘计量，按设计图示数量计算 2. 以平方米计量，按设计图示洞口尺寸以面积计算	1. 门安装 2. 五金安装 3. 玻璃安装
010802002	彩板门	1. 门代号及洞口尺寸 2. 门框或扇外围尺寸			
010802003	钢质防火门	1. 门代号及洞口尺寸 2. 门框或扇外围尺寸 3. 门框、扇材质			
010702004	防盗门	1. 门代号及洞口尺寸 2. 门框或扇外围尺寸 3. 门框、扇材质			1. 门安装 2. 五金安装

（三）金属卷帘（闸）门

金属卷帘（闸）门工程量清单项目设置、项目特征描述的内容、计量单位及工程量计算规则，应按表 4-62 的规定执行。

表 4-62　　　　　　　　　金属卷帘（闸）门（编码：010803）

项目编码	项目名称	项目特征	计量单位	工程量计算规则	工作内容
010803001	金属卷帘（闸）门	1. 门代号及洞口尺寸 2. 门材质 3. 启动装置品种、规格	1. 樘 2. m²	1. 以樘计量，按设计图示数量计算 2. 以平方米计量，按设计图示洞口尺寸以面积计算	1. 门运输、安装 2. 启动装置、活动小门、五金安装
010803002	防火卷帘（闸）门				

（四）厂库房大门、特种门

厂库房大门、特种门工程量清单项目设置、项目特征描述的内容、计量单位及工程量计算规则，应按表4-63的规定执行。

表4-63   **厂库房大门、特种门（编码：010804）**

项目编码	项目名称	项目特征	计量单位	工程量计算规则	工作内容
010804001	木板大门	1. 门代号及洞口尺寸 2. 门框或扇外围尺寸 3. 门框、扇材质 4. 五金种类、规格 5. 防护材料种类	1. 樘 2. m²	1. 以樘计量，按设计图示数量计算 2. 以平方米计量，按设计图示洞口尺寸以面积计算	1. 门（骨架）制作、运输 2. 门、五金配件安装 3. 刷防护材料
010804002	钢木大门				
010804003	全钢板大门				
010804004	防护铁丝门			1. 以樘计量，按设计图示数量计算 2. 以平方米计量，按设计图示门框或扇以面积计算	
010804005	金属格栅门	1. 门代号及洞口尺寸 2. 门框或扇外围尺寸 3. 门框、扇材质 4. 启动装置的品种、规格		1. 以樘计量，按设计图示数量计算 2. 以平方米计量，按设计图示洞口尺寸以面积计算	1. 门安装 2. 启动装置、五金配件安装
010804006	钢质花饰大门	1. 门代号及洞口尺寸 2. 门框或扇外围尺寸 3. 门框、扇材质		1. 以樘计量，按设计图示数量计算 2. 以平方米计量，按设计图示门框或扇以面积计算	1. 门安装 2. 五金配件安装
010804007	特种门			1. 以樘计量，按设计图示数量计算 2. 以平方米计量，按设计图示洞口尺寸以面积计算	

（五）其他门

其他门工程量清单项目设置、项目特征描述的内容、计量单位及工程量计算规则，应按表4-64的规定执行。

表 4 - 64　　　　　　　　　　其他门（编码：010805）

项目编码	项目名称	项目特征	计量单位	工程量计算规则	工作内容
010805001	电子感应门	1. 门代号及洞口尺寸 2. 门框或扇外围尺寸 3. 门框、扇材质			1. 门安装 2. 启动装置、五金、电子配件安装
010805002	旋转门	4. 玻璃品种、厚度 5. 启动装置的品种、规格 6. 电子配件品种、规格			
010805003	电子对讲门	1. 门代号及洞口尺寸 2. 门框或扇外围尺寸 3. 门材质	1. 樘 2. m²	1. 以樘计量，按设计图示数量计算 2. 以平方米计量，按设计图示洞口尺寸以面积计算	
010805004	电动伸缩门	4. 玻璃品种、厚度 5. 启动装置的品种、规格 6. 电子配件品种、规格			
010805005	全玻自由门	1. 门代号及洞口尺寸 2. 门框或扇外围尺寸 3. 框材质 4. 玻璃品种、厚度			
010805006	镜面不锈钢饰面门	1. 门代号及洞口尺寸 2. 门框或扇外围尺寸 3. 框、扇材质 4. 玻璃品种、厚度			1. 门安装 2. 五金安装
010805007	复合材料门				

（六）木窗

木窗工程量清单项目设置、项目特征描述的内容、计量单位及工程量计算规则，应按表 4 - 65 的规定执行。

表 4 - 65　　　　　　　　　　木窗（编码：010806）

项目编码	项目名称	项目特征	计量单位	工程量计算规则	工作内容
010806001	木质窗	1. 窗代号及洞口尺寸 2. 玻璃品种、厚度		1. 以樘计量，按设计图示数量计算 2. 以平方米计量，按设计图示洞口尺寸以面积计算	1. 窗制作、运输、安装 2. 五金、玻璃安装
010806002	木飘（凸）窗	1. 窗代号 2. 框截面及外围展开面积	1. 樘 2. m²	1. 以樘计量，按设计图示数量计算 2. 以平方米计量，按设计图示尺寸以框外围展开面积计算	1. 窗制作、运输、安装 2. 五金、玻璃安装 3. 刷防护材料
010806003	木橱窗	3. 玻璃品种、厚度 4. 防护材料种类			
010806004	木纱窗	1. 窗代号及洞口尺寸 2. 窗纱材料品种、规格		1. 以樘计量，按设计图示数量计算 2. 以平方米计量，按设计图示洞口尺寸以面积计算	1. 窗安装 2. 五金、玻璃安装

（七）金属窗

金属窗工程量清单项目设置、项目特征描述的内容、计量单位及工程量计算规则，应按表 4-66 的规定执行。

表 4-66 　　　　　　　　金属窗（编码：010807）

项目编码	项目名称	项目特征	计量单位	工程量计算规则	工作内容
010807001	金属（塑钢、断桥）窗	1. 窗代号及洞口尺寸 2. 框、扇材质 3. 玻璃品种、厚度	1. 樘 2. m²	1. 以樘计量，按设计图示数量计算 2. 以平方米计量，按设计图示洞口尺寸以面积计算	1. 窗安装 2. 五金、玻璃安装
010807002	金属防火窗				
010807003	金属百叶窗				
010807004	金属纱窗	1. 窗代号及洞口尺寸 2. 框材质 3. 窗纱材料品种、规格		1. 以樘计量，按设计图示数量计算 2. 以平方米计量，按框的外围尺寸以面积计算	1. 窗安装 2. 五金安装
010807005	金属格栅窗	1. 窗代号及洞口尺寸 2. 框外围尺寸 3. 框、扇材质		1. 以樘计量，按设计图示数量计算 2. 以平方米计量，按设计图示洞口尺寸以面积计算	1. 窗安装 2. 五金安装
010807006	金属（塑钢、断桥）橱窗	1. 窗代号 2. 框外围展开面积 3. 框、扇材质 4. 玻璃品种、厚度 5. 防护材料种类		1. 以樘计量，按设计图示数量计算 2. 以平方米计量，按设计图示尺寸以框外围展开面积计算	1. 窗制作、运输、安装 2. 五金、玻璃安装 3. 刷防护材料
010807007	金属（塑钢、断桥）飘（凸）窗	1. 窗代号 2. 框外围展开面积 3. 框、扇材质 4. 玻璃品种、厚度			1. 窗安装 2. 五金、玻璃安装
010807008	彩板窗	1. 窗代号及洞口尺寸 2. 框外围尺寸 3. 框、扇材质 4. 玻璃品种、厚度		1. 以樘计量，按设计图示数量计算 2. 以平方米计量，按设计图示洞口尺寸或框外围以面积计算	
010807009	复合材料窗				

（八）门窗套

门窗套工程量清单项目设置、项目特征描述的内容、计量单位及工程量计算规则，应按表 4-67 的规定执行。

表 4 - 67 门窗套（编码：010808）

项目编码	项目名称	项目特征	计量单位	工程量计算规则	工作内容
010808001	木门窗套	1. 窗代号及洞口尺寸 2. 门窗套展开宽度 3. 基层材料种类 4. 面层材料品种、规格 5. 线条品种、规格 6. 防护材料种类			1. 清理基层 2. 立筋制作、安装 3. 基层板安装 4. 面层铺贴 5. 线条安装 6. 刷防护材料
010808002	木筒子板	1. 筒子板宽度 2. 基层材料种类 3. 面层材料品种、规格 4. 线条品种、规格 5. 防护材料种类			
010808003	饰面夹板筒子板	1. 筒子板宽度 2. 基层材料种类 3. 面层材料品种、规格 4. 线条品种、规格 5. 防护材料种类	1. 樘 2. m² 3. m	1. 以樘计量，按设计图示数量计算 2. 以平方米计量，按设计图示尺寸以展开面积计算 3. 以米计量，按设计图示中心以延长米计算	
010808004	金属门窗套	1. 窗代号及洞口尺寸 2. 门窗套展开宽度 3. 基层材料种类 4. 面层材料品种、规格 5. 防护材料种类			1. 清理基层 2. 立筋制作、安装 3. 基层板安装 4. 面层铺贴 5. 刷防护材料
010808005	石材门窗套	1. 窗代号及洞口尺寸 2. 门窗套展开宽度 3. 底层厚度、砂浆配合比 4. 面层材料品种、规格 5. 线条品种、规格			1. 清理基层 2. 立筋制作、安装 3. 基层抹灰 4. 面层铺贴 5. 线条安装
010808006	门窗木贴脸	1. 门窗代号及洞口尺寸 2. 贴脸板宽度 3. 防护材料种类	1. 樘 2. m	1. 以樘计量，按设计图示数量计算 2. 以米计量，按设计图示尺寸以延长米计算	贴脸板安装
010808007	成品木门窗套	1. 窗代号及洞口尺寸 2. 门窗套展开宽度 3. 门窗套材料品种、规格	1. 樘 2. m² 3. m	1. 以樘计量，按设计图示数量计算 2. 以平方米计量，按设计图示尺寸以展开面积计算 3. 以米计量，按设计图示中心以延长米计算	1. 清理基层 2. 立筋制作、安装 3. 板安装

（九）窗台板

窗台板工程量清单项目设置、项目特征描述的内容、计量单位及工程量计算规则，应按表 4-68 的规定执行。

表 4-68　　　　　　　　　　　窗台板（编码：010809）

项目编码	项目名称	项目特征	计量单位	工程量计算规则	工作内容
010809001	木窗台板	1. 基层材料种类 2. 窗台面板材质、规格、颜色 3. 防护材料种类	m^2	按设计图示尺寸以展开面积计算	1. 基层清理 2. 基层制作、安装 3. 窗台板制作、安装 4. 刷防护材料
010809002	铝塑窗台板				
010809003	金属窗台板				
010809004	石材窗台板	1. 黏结层厚度、砂浆配合比 2. 窗台板材质、规格、颜色			1. 基层清理 2. 抹找平层 3. 窗台板制作、安装

（十）窗帘、窗帘盒、轨

窗帘、窗帘盒、轨工程量清单项目设置、项目特征描述的内容、计量单位及工程量计算规则，应按表 4-69 的规定执行。

表 4-69　　　　　　　　　　窗帘、窗帘盒、轨（编码：010810）

项目编码	项目名称	项目特征	计量单位	工程量计算规则	工作内容
010810001	窗帘	1. 窗帘材质 2. 窗帘高度、宽度 3. 窗帘层数 4. 带幔要求	1. m 2. m^2	1. 以米计量，按设计图示尺寸以长度计算 2. 以平方米计量，按图示尺寸以展开面积计算	1. 制作、运输 2. 安装
010810002	木窗帘盒	1. 窗帘盒材质、规格 2. 防护材料种类	m	按设计图示尺寸以长度计算	1. 制作、运输、安装 2. 刷防护材料
010810003	饰面夹板、塑料窗帘盒				
010810004	铝合金窗帘盒				
010810005	窗帘轨	1. 窗帘轨材质、规格 2. 轨的数量 3. 防护材料种类			

二、计量规范应用说明

（一）项目特征描述

（1）木门以樘计量，项目特征必须描述洞口尺寸，以平方米计量，项目特征可不描述洞口尺寸。

（2）金属门以樘计量，项目特征必须描述洞口尺寸，没有洞口尺寸必须描述门框或扇外围尺寸，以平方米计量，项目特征可不描述洞口尺寸及框、扇的外围尺寸。金属门以平方米计量，无设计图示洞口尺寸，按门框、扇外围以面积计算。

（3）金属卷帘（闸）门以樘计量，项目特征必须描述洞口尺寸，以平方米计量，项目特征可不描述洞口尺寸。

（4）厂库房大门、特种门以樘计量，项目特征必须描述洞口尺寸，没有洞口尺寸必须描述门框或扇外围尺寸，以平方米计量，项目特征可不描述洞口尺寸及框、扇的外围尺寸。

（5）《计量规范》其他门表4-64中的门以樘计量，项目特征必须描述洞口尺寸，没有洞口尺寸必须描述门框或扇外围尺寸，以平方米计量，项目特征可不描述洞口尺寸及框、扇的外围尺寸。

（6）木质窗以樘计量，项目特征必须描述洞口尺寸，没有洞口尺寸必须描述窗框外围尺寸，以平方米计量，项目特征可不描述洞口尺寸及框的外围尺寸。

（7）木橱窗、木飘（凸）窗以樘计量，项目特征必须描述框截面及外围展开面积。

（8）金属窗以樘计量，项目特征必须描述洞口尺寸，没有洞口尺寸必须描述窗框外围尺寸，以平方米计量，项目特征可不描述洞口尺寸及框的外围尺寸。金属橱窗、飘（凸）窗以樘计量，项目特征必须描述框外围展开面积。

（9）门窗套以樘计量，项目特征必须描述洞口尺寸、门窗套展开宽度；门窗套以平方米计量，项目特征可不描述洞口尺寸、门窗套展开宽度；门窗套以米计量，项目特征必须描述门窗套展开宽度、筒子板及贴脸宽度。

（10）窗帘若是双层，项目特征必须描述每层材质；窗帘以米计量，项目特征必须描述窗帘高度和宽。

（二）清单项目列项

（1）木质门应区分镶板木门、企口木板门、实木装饰门、胶合板门、夹板装饰门、木纱门、全玻门（带木质扇框）、木质半玻门（带木质扇框）等项目，分别编码列项。单独制作安装木门框按木门框项目编码列项。

（2）金属门应区分金属平开门、金属推拉门、金属地弹门、全玻门（带金属扇框）、金属半玻门（带扇框）等项目，分别编码列项。

（3）特种门应区分冷藏门、冷冻间门、保温门、变电室门、隔音门、防射线门、人防门、金库门等项目，分别编码列项。

（4）木质窗应区分木百叶窗、木组合窗、木天窗、木固定窗、木装饰空花窗等项目，分别编码列项。

（5）金属窗应区分金属组合窗、防盗窗等项目，分别编码列项。

（6）木门窗套适用于单独门窗套的制作、安装。

（三）相关问题及说明

1. 门窗五金

（1）木门五金应包括：折页、插销、门碰珠、弓背拉手、搭机、木螺丝、弹簧折页（自动门）、管子拉手（自由门、地弹门）、地弹簧（地弹门）、角铁、门轧头（地弹门、自由门）等。

（2）铝合金门五金包括：地弹簧、门锁、拉手、门插、门铰、螺丝等。

（3）金属门五金包括：L形执手插锁（双舌）、执手锁（单舌）、门轨头、地锁、防盗门机、门眼（猫眼）、门碰珠、电子锁（磁卡锁）、闭门器、装饰拉手等。

（4）木窗五金包括：折页、插销、风钩、木螺丝、滑楞滑轨（推拉窗）等。

（5）铝合金窗五金应包括：折页、螺丝、执手、卡锁、铰拉、风撑、滑轮、执手、拉把、拉手、角码、牛角制等。

2. 工程量计算规则

（1）木质门表4-60中的门带套计量按洞口尺寸以面积计算，不包括门套的面积。

（2）金属门表4-61中的门以平方米计量，无设计图示洞口尺寸，按门框、扇外围以面积计算。

（3）厂库房大门、特种门表4-63中的门以平方米计量，无设计图示洞口尺寸，按门框、扇外围以面积计算。

3. 门窗编制

门窗（除个别门窗外）工程均以成品编制项目，"个别门窗"详见清单子目工作内容中有"制作"的子目。

4. 刷漆方式

门窗（除个别门窗外）工程均以成品编制项目，对于刷油漆两种方式处理：若成品一是若购置成品价不含油漆，单独按第五章第四节油漆、涂料、裱糊工程相关编码列项。二是若购置成品价含油漆，不再单独计算油漆。

三、工程量清单编制实例

（一）背景资料

某住宅工程3号户型平面图如图4-37所示，该幢楼3号户型共有24户。分户门为成品钢质防盗门，室内门为成品实木门带套。卫生间和厨房为成品塑钢门，框边安装成品门套，展开宽度为360mm；窗为成品塑钢窗，具体尺寸详见表4-70。

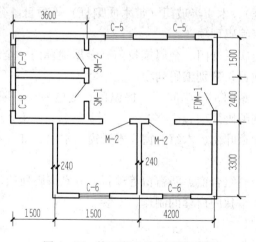

图4-37　某工程3号户型平面图

表 4-70　　　　　　　　　　　门 窗 统 计 表

类型	设计编号	洞口尺寸（mm×mm）	数量	备注
成品钢质防盗门	FDM-1	1100×2100	24	含锁、五金
成品实木门带套	M-2	900×2100	48	含锁、普通五金
成品塑钢门	SM-1	800×2000	24	钢化中空玻璃（5+9A+5），塑钢110系列，含锁、五金
	SM-2	700×2000	24	
成品塑钢窗	C-5	1500×1800	48	夹胶玻璃（6+2.5+6），型材为塑钢90系列，普通五金
	C-6	1500×1500	48	
	C-8	600×1500	24	
	C-9	600×900	24	

（二）问题

根据以上背景资料及国家标准《建设工程工程量清单计价规范》（GB 50500—2013）、《房屋建筑与装饰工程工程量计算规范》（GB 50854—2013），试列出该户型的门窗、门窗套的分部分项工程量清单。

解　门窗的工程量计算如表 4-71 所示。

表 4-71　　　　　　　　　　　清 单 工 程 量 计 算 表

工程名称：某工程

序号	项目编码	清单项目名称	工程量计算式	工程量	计量单位
1	010702004001	成品钢质防盗门	$S=1.1×2.1×24=55.44m^2$	55.44	m^2
2	010801002001	成品实木门带套	$S=0.9×2.1×48=90.72m^2$	90.72	m^2
3	010802001001	成品塑钢门	$S=0.7×2.0×24+0.8×2.0×24=72.00m^2$	72.00	m^2
4	010807001001	成品塑钢窗	$S=1.5×1.5×48+1.5×1.8×48+0.6×1.5×24+0.6×0.9×24=272.16m^2$	272.16	m^2
5	010808007001	成品门套	$S=(0.88+2.18×2)×0.36×24+(0.98+2.18×2)×0.36×24=91.41m^2$	91.41	m^2

根据表 4 - 71 的清单工程量和背景资料的有关信息，分部分项工程量清单如表 4 - 72 所示。

表 4 - 72　　　　　　分部分项工程量清单和单价措施项目清单与计价表

工程名称：某工程

序号	项目编码	项目名称	项目特征	计量单位	工程量	金额	
						综合单价	合价
1	010702004001	成品钢质防盗门	1. 门代号及洞口尺寸：FDM - 1（1100mm×2100mm） 2. 门框、扇材质：钢质	m²	55.44		
2	010801002001	成品实木门带套	门代号及洞口尺寸：M - 2（900mm×2100mm）	m²	90.72		
3	010802001001	成品塑钢门	1. 门代号及洞口尺寸：SM - 1（800mm×2000mm）、SM - 2（700mm×2000mm） 2. 门框、扇材质：塑钢 110 系列 3. 玻璃品种、厚度：5mm 厚钢化中空玻璃（5＋9A＋5）	m²	72.00		
4	010807001001	成品塑钢窗	1. 门代号及洞口尺寸：C - 5、C - 6、C - 8、C - 9，洞口尺寸详《门窗统计表》 2. 门框、扇材质：塑钢 90 系列 3. 玻璃品种、厚度：夹胶玻璃（6＋2.5＋6）	m²	272.16		
5	010808007001	成品门套	1. 门代号及洞口尺寸：SM - 1（800mm×2000mm）、SM - 2（700mm×2000mm） 2. 门套展开宽度：360mm 3. 门套材料品种：成品实木门套	m²	91.41		

第九节　屋面及防水工程

一、清单工程量计算规范

（一）瓦、型材及其他屋面

瓦、型材及其他屋面工程量清单项目设置、项目特征描述的内容、计量单位及工程量计算规则，应按表 4 - 73 的规定执行。

表 4-73 瓦、型材及其他屋面（编码：010901）

项目编码	项目名称	项目特征	计量单位	工程量计算规则	工作内容
010901001	瓦屋面	1. 瓦品种、规格 2. 黏结层砂浆的配合比		按设计图示尺寸以斜面积计算 不扣除房上烟囱、风帽底座、风道、小气窗、斜沟等所占面积。小气窗的出檐部分不增加面积	1. 砂浆制作、运输、摊铺、养护 2. 安瓦、作瓦脊
010901002	型材屋面	1. 型材品种、规格 2. 金属檩条材料品种、规格 3. 接缝、嵌缝材料种类			1. 檩条制作、运输、安装 2. 屋面型材安装 3. 接缝、嵌缝
010901003	阳光板屋面	1. 阳光板品种、规格 2. 骨架材料品种、规格 3. 接缝、嵌缝材料种类 4. 油漆品种、刷漆遍数	m²	按设计图示尺寸以斜面积计算 不扣除屋面面积≤0.3m²孔洞所占面积	1. 骨架制作、运输、安装、刷防护材料、油漆 2. 阳光板安装 3. 接缝、嵌缝
010901004	玻璃钢屋面	1. 玻璃钢品种、规格 2. 骨架材料品种、规格 3. 玻璃钢固定方式 4. 接缝、嵌缝材料种类 5. 油漆品种、刷漆遍数			1. 骨架制作、运输、安装、刷防护材料、油漆 2. 玻璃钢制作、安装 3. 接缝、嵌缝
010901005	膜结构屋面	1. 膜布品种、规格 2. 支柱（网架）钢材品种、规格 3. 钢丝绳品种、规格 4. 锚固基座做法 5. 油漆品种、刷漆遍数		按设计图示尺寸以需要覆盖的水平投影面积计算	1. 膜布热压胶接 2. 支柱（网架）制作、安装 3. 膜布安装 4. 穿钢丝绳、锚头锚固 5. 锚固基座挖土、回填 6. 刷防护材料，油漆

（二）屋面防水及其他

屋面防水及其他工程量清单项目设置、项目特征描述的内容、计量单位及工程量计算规则，应按表 4-74 的规定执行。

表 4 - 74　　　　　　　　　　屋面防水及其他（编码：010902）

项目编码	项目名称	项目特征	计量单位	工程量计算规则	工作内容
010902001	屋面卷材防水	1. 卷材品种、规格、厚度 2. 防水层数 3. 防水层做法	m²	按设计图示尺寸以面积计算 1. 斜屋顶（不包括平屋顶找坡）按斜面积计算，平屋顶按水平投影面积计算 2. 不扣除房上烟囱、风帽底座、风道、屋面小气窗和斜沟所占面积 3. 屋面的女儿墙、伸缩缝和天窗等处的弯起部分，并入屋面工程量内	1. 基层处理 2. 刷底油 3. 铺油毡卷材、接缝
010902002	屋面涂膜防水	1. 防水膜品种 2. 涂膜厚度、遍数 3. 增强材料种类			1. 基层处理 2. 刷基层处理剂 3. 铺布、喷涂防水层
010902003	屋面刚性层	1. 刚性层厚度 2. 混凝土的种类 3. 混凝土强度等级 4. 嵌缝材料种类 5. 钢筋规格、型号		按设计图示尺寸以面积计算。不扣除房上烟囱、风帽底座、风道等所占面积	1. 基层处理 2. 混凝土制作、运输、铺筑、养护 3. 钢筋制安
010902004	屋面排水管	1. 排水管品种、规格 2. 雨水斗、山墙出水口品种、规格 3. 接缝、嵌缝材料种类 4. 油漆品种、刷漆遍数	m	按设计图示尺寸以长度计算。如设计未标注尺寸，以檐口至设计室外散水上表面垂直距离计算	1. 排水管及配件安装、固定 2. 雨水斗、山墙出水口、雨水篦子安装 3. 接缝、嵌缝 4. 刷漆
010902005	屋面排（透）气管	1. 排（透）气管品种、规格 2. 接缝、嵌缝材料种类 3. 油漆品种、刷漆遍数		按设计图示尺寸以长度计算	1. 排（透）气管及配件安装、固定 2. 铁件制作、安装 3. 接缝、嵌缝 4. 刷漆
010902006	屋面（廊、阳台）泄（吐）水管	1. 吐水管品种、规格 2. 接缝、嵌缝材料种类 3. 吐水管长度 4. 油漆品种、刷漆遍数	根（个）	按设计图示数量计算	1. 吐水管及配件安装、固定 2. 接缝、嵌缝 3. 刷漆

续表

项目编码	项目名称	项目特征	计量单位	工程量计算规则	工作内容
010902007	屋面天沟、檐沟	1. 材料品种、规格 2. 接缝、嵌缝材料种类	m²	按设计图示尺寸以展开面积计算	1. 天沟材料铺设 2. 天沟配件安装 3. 接缝、嵌缝 4. 刷防护材料
010902008	屋面变形缝	1. 嵌缝材料种类 2. 止水带材料种类 3. 盖缝材料 4. 防护材料种类	m	按设计图示以长度计算	1. 清缝 2. 填塞防水材料 3. 止水带安装 4. 盖缝制作、安装 5. 刷防护材料

（三）墙面防水、防潮

墙面防水、防潮工程量清单项目设置、项目特征描述的内容、计量单位及工程量计算规则，应按表 4-75 的规定执行。

表 4-75　　　　　　　　　墙面防水、防潮（编码：010903）

项目编码	项目名称	项目特征	计量单位	工程量计算规则	工作内容
010903001	墙面卷材防水	1. 卷材品种、规格、厚度 2. 防水层数 3. 防水层做法	m²	按设计图示尺寸以面积计算	1. 基层处理 2. 刷黏结剂 3. 铺防水卷材 4. 接缝、嵌缝
010903002	墙面涂膜防水	1. 防水膜品种 2. 涂膜厚度、遍数 3. 增强材料种类			1. 基层处理 2. 刷基层处理剂 3. 铺布、喷涂防水层
010903003	墙面砂浆防水（防潮）	1. 防水层做法 2. 砂浆厚度、配合比 3. 钢丝网规格			1. 基层处理 2. 挂钢丝网片 3. 设置分格缝 4. 砂浆制作、运输、摊铺、养护
010903004	墙面变形缝	1. 嵌缝材料种类 2. 止水带材料种类 3. 盖缝材料 4. 防护材料种类	m	按设计图示以长度计算	1. 清缝 2. 填塞防水材料 3. 止水带安装 4. 盖缝制作、安装 5. 刷防护材料

（四）楼（地）面防水、防潮

楼（地）面防水、防潮工程量清单项目设置、项目特征描述的内容、计量单位及工程量计算规则，应按表 4-76 的规定执行。

表 4 - 76 楼（地）面防水、防潮（编码：010904）

项目编码	项目名称	项目特征	计量单位	工程量计算规则	工作内容
010904001	楼（地）面卷材防水	1. 卷材品种、规格、厚度 2. 防水层数 3. 防水层做法 4. 反边高度	m²	按设计图示尺寸以面积计算 1. 楼（地）面防水：按主墙间净空面积计算，扣除凸出地面的构筑物、设备基础等所占面积，不扣除间壁墙及单个面积≤0.3m² 柱、垛、烟囱和孔洞所占面积	1. 基层处理 2. 刷黏结剂 3. 铺防水卷材 4. 接缝、嵌缝
010904002	楼（地）面涂膜防水	1. 防水膜品种 2. 涂膜厚度、遍数 3. 增强材料种类 4. 反边高度			1. 基层处理 2. 刷基层处理剂 3. 铺布、喷涂防水层
010904003	楼（地）面砂浆防水（防潮）	1. 防水层做法 2. 砂浆厚度、配合比 3. 反边高度		2. 楼（地）面防水反边高度≤300mm 算作地面防水，反边高度＞300mm 算作墙面防水计算	1. 基层处理 2. 砂浆制作、运输、摊铺、养护
010904004	楼（地）面变形缝	1. 嵌缝材料种类 2. 止水带材料种类 3. 盖缝材料 4. 防护材料种类	m	按设计图示以长度计算	1. 清缝 2. 填塞防水材料 3. 止水带安装 4. 盖缝制作、安装 5. 刷防护材料

二、计量规范应用说明

（一）项目特征描述

（1）屋面刚性层无钢筋，其钢筋项目特征不必描述。

（2）卷材品种、规格、厚度。

防水卷材是将沥青类或高分子类防水材料浸渍在胎体上，制作成的防水材料产品，以卷材形式提供，称为防水卷材。

1. 卷材品种

根据其组成和生产工艺不同，分为有胎卷材（纸胎、玻璃布胎、麻布胎）和辊压卷材（无胎、可以掺入玻璃纤维）两类。根据其主要防水组成材料可分为沥青防水卷材、高聚合物改性沥青防水卷材和合成高分子防水卷材三类。

改性沥青与传统的氧化沥青相比，其使用温度区间大为扩展，制成的卷材光洁柔软，可制成 3～5mm 厚度，可以单层使用，具有 15～20 年可靠的防水效果。改性沥青防水卷材可分为：弹性体改性沥青防水卷材（SBS 卷材）、塑性体改性沥青防水卷材（APP 卷材）、自粘聚合物改性沥青防水卷材（APF 卷材）、合成高分子防水卷材、SBC 聚乙烯丙纶防水卷材。

SBS 改性沥青油毡按其厚度分为Ⅰ型、Ⅱ型、Ⅲ型三种类型，各类型油毡的宽度均为 1m。SBS 卷材按胎基分为聚酯胎（PY）和玻纤胎（G）两类。按上表面隔离材料分为聚乙烯膜（PE）、细砂（S）与矿物粒（片）料（M）三种。按物理力学性能分为Ⅰ型和Ⅱ型。

卷材按不同胎基、不同上表面材料分为 6 个品种。

2. 规格、厚度

目前所用的防水卷材仍以沥青防水卷材为主，广泛应用在地下、工业及其他建筑和构筑物中，特别是屋面工程中仍被普遍采用。常见的防水卷材规格和厚度见表 4 - 77。

表 4 - 77　　　　　　　　　　　　防水卷材规格型号表

序号	防水材料名称	标准	常见厚度（mm）
1	弹性体改性沥青防水卷材	GB 18242—2008	3、4
2	塑性体改性沥青防水卷材	GB 18243—2008	3、4
3	自粘聚合物改性沥青防水卷材	GB 1823441—2009	1.2、1.5、2、3、4
4	预铺/湿铺防水卷材	GB 1823457—2009	1.5、2
5	高分子（聚乙烯丙纶）防水卷材	GB 18173.1—2012	0.6、0.7、0.8、1、1.2、1.5
6	聚氯乙烯防水卷材	GB 12952—2011	1.2、1.5
7	氯化聚乙烯防水卷材	GB 12953—2003	1.2、1.5、2
8	种植屋面用耐根穿刺防水卷材	JC/T 1075—2008	4、5
9	高分子宽幅自粘防水卷材	GB/T 23260—2009	1、1.5、2
10	热塑性聚烯烃防水卷材	GB 27789—2011	1.2、1.5

3. 防水膜品种

涂膜防水是在自身有一定防水能力的结构层表面涂刷一定厚度的防水涂料，经常温胶联固化后，形成一层具有一定坚韧性的防水涂膜的防水方法。

涂膜防水涂料主要品种有聚氨酯类防水涂料、丙烯酸类防水涂料、橡胶沥青类防水涂料、氯丁橡胶类防水涂料、有机硅类防水涂料以及其他防水涂料等品种，其作用是构成涂膜防水的主要材料．使建筑物表因与水隔绝，对建筑物起到防水与密封作用，同时还起到美化建筑物的装饰作用。常见的涂膜防水涂料品种见表 4 - 78。

表 4 - 78　　　　　　　　　　　　防水卷材规格型号表

序号	涂膜防水材料名称	标准	常见类型
1	聚氨酯防水涂料	GB/T 19250—2003	PU - S - Ⅰ、PU - M - Ⅰ
2	聚合物乳液建筑防水涂料	JC/T 864—2008	丙烯酸酯 - Ⅰ、丙烯酸酯 - Ⅱ
3	聚合物水泥防水涂料	GB/T 23445—2009	JS - Ⅰ、JS - Ⅱ、JS - Ⅲ
4	水泥基渗透结晶型防水涂料	GB 18445—2001	CCCW - C - Ⅰ、CCCW - C - Ⅱ
5	聚合物水泥防水砂浆	JC/T 984—2011	JF - S - Ⅰ、JF - D - Ⅰ
6	无机防水堵漏材料	GB 23440—2009	FD - Ⅰ、FD - Ⅱ
7	喷涂聚脲防水涂料	GB/T 23260—2009	JNJ - Ⅰ、JNC - Ⅰ

4. 加强材料种类

涂膜防水胎体增强材料，主要有玻璃纤维纺织物、合成纤维纺织物、合成纤维非纺织物等，其作用是增加涂膜防水层的强度，当基层发生龟裂时，可防止涂膜破裂或蠕变破裂；同时还可以防止涂膜流坠。

（二）清单项目列项

（1）瓦屋面，若是在木基层上铺瓦，项目特征不必描述黏结层砂浆的配合比，瓦屋面铺防水层，按表 4-74 屋面防水及其他中相关项目编码列项。

（2）型材屋面、阳光板屋面、玻璃钢屋面的柱、梁、屋架，按本章第六节金属结构工程、第七节木结构工程中相关项目编码列项。

（3）屋面找平层按第五章第一节楼地面装饰工程"平面砂浆找平层"项目编码列项。

（4）屋面保温找坡层按本章第十节保温、隔热、防腐工程"保温隔热屋面"项目编码列项。

（5）墙面找平层按第五章第二节墙、柱面装饰与隔断、幕墙工程"立面砂浆找平层"项目编码列项。

（三）相关问题及说明

（1）屋面防水搭接及附加层用量不另行计算，在综合单价中考虑。

（2）墙面防水搭接及附加层用量不另行计算，在综合单价中考虑。

（3）墙面变形缝，若做双面，工程量乘系数 2。

三、工程量清单编制实例

（一）背景资料

某地公厕坡屋面屋顶平面图（图 4-38）、剖面图（图 4-39）、大样图（图 4-40），防水在在山墙檐口的反边高 250mm，建筑油膏嵌缝，屋面瓦采用 440mm×310mm 青灰色筒板瓦，未列项目不考虑。

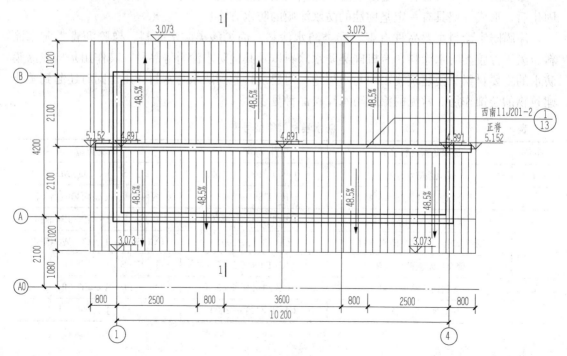

图 4-38　公厕屋顶平面图

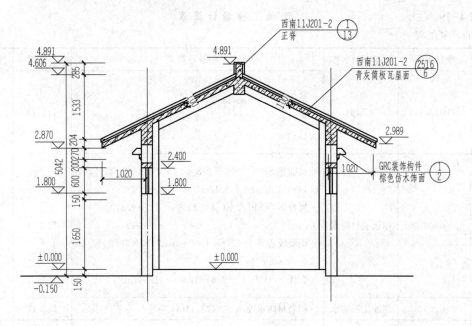

1—1 剖面图　1:50

图 4-39　1-1 剖面图

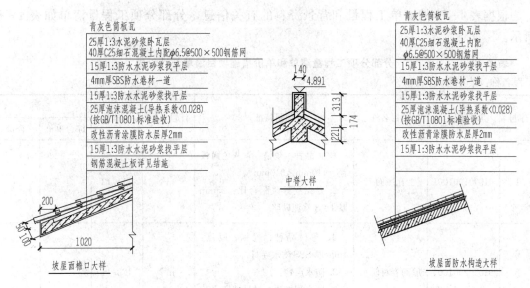

图 4-40　大样图

（二）问题

根据以上背景资料及国家标准《建设工程工程量清单计价规范》（GB 50500—2013）、《房屋建筑与装饰工程工程量计算规范》（GB 50854—2013），试列出该屋面及防水工程的分部分项工程量清单。

解　屋面及防水工程的工程量计算如表 4-79 所示。

表 4 - 79　　　　　　　　　　　　　　清 单 工 程 量 计 算 表

工程名称：某工程

序号	项目编码	清单项目名称	工程量计算式	工程量	计量单位
1	010901001001	瓦屋面	延尺系数 $C=\dfrac{1}{\cos 48.5°}=1.5092$ $S=(10.2+0.8\times2)\times(4.2+1.02\times2)\times1.5092=$ 111.13m^2	111.13	m²
2	010902001001	屋面卷材防水	斜面积 $S_1=(10.2+0.8\times2)\times(4.2+1.02\times2-$ $0.14)\times1.5092=109.47\text{m}^2$ 屋脊 $S_2=(10.2+0.8\times2)\times(0.14+0.313\times2)=$ 9.04m^2 山墙反边 $S_3=(2.1+1.02-0.07)\times1.5092\times0.25$ $\times4=4.60\text{m}^2$ 合计 $S=109.47+9.04+4.60=123.11\text{m}^2$	123.11	m²
3	010902002001	屋面涂膜防水	同卷材防水面积 $S=123.11\text{m}^2$	123.11	m²
4	010902003001	屋面刚性层	$S=(10.2+0.8\times2)\times(4.2+1.02\times2-0.14)\times$ $1.5092=109.47\text{m}^2$	109.47	m²

根据表 4 - 79 的清单工程量和背景资料的有关信息，分部分项工程量清单如表 4 - 80 所示。

表 4 - 80　　　　　　　分部分项工程量清单和单价措施项目清单与计价表

工程名称：某工程

序号	项目编码	项目名称	项目特征	计量单位	工程量	金额	
						综合单价	合价
1	010901001001	瓦屋面	1. 瓦品种、规格：青灰色筒板瓦、440mm×310mm 2. 黏结层砂浆配合比：25mm 厚1：3 水泥砂浆	m²	111.13		
2	010902001001	屋面卷材防水	1. 卷材品种、规格、厚度：4mm 厚 SBS 防水卷材 2. 防水层数：1 层 3. 防水层做法：详见坡屋面防水构造大样	m²	123.11		
3	010902002001	屋面涂膜防水	1. 防水膜品种：改性沥青涂膜防水 2. 涂膜厚度、遍数：2mm 3. 增强材料种类：符合设计和规范要求	m²	123.11		

序号	项目编码	项目名称	项目特征	计量单位	工程量	金额	
						综合单价	合价
4	010902003001	屋面刚性层	1. 刚性层厚度：40mm 2. 混凝土的种类：商品混凝土 3. 混凝土强度等级：C25 4. 嵌缝材料种类：建筑油膏 5. 钢筋规格、型号：HPB235 φ6.5@500mm×500mm	m²	109.47		

第十节　保温、隔热、防腐工程

一、清单工程量计算规范

（一）保温、隔热

保温、隔热工程量清单项目设置、项目特征描述的内容、计量单位及工程量计算规则，应按表4-81的规定执行。

表4-81　　　　　　　　　　保温、隔热（编码：011001）

项目编码	项目名称	项目特征	计量单位	工程量计算规则	工作内容
011001001	保温隔热屋面	1. 保温隔热材料品种、规格、厚度 2. 隔气层材料品种、厚度 3. 黏结材料种类、做法 4. 防护材料种类、做法	m²	按设计图示尺寸以面积计算。扣除面积＞0.3m²孔洞及占位面积	1. 基层清理 2. 刷黏结材料 3. 铺粘保温层 4. 铺、刷（喷）防护材料
011001002	保温隔热天棚	1. 保温隔热面层材料品种、规格、性能 2. 保温隔热材料品种、规格及厚度 3. 黏结材料种类及做法 4. 防护材料种类及做法		按设计图示尺寸以面积计算。扣除面积＞0.3m²上柱、垛、孔洞所占面积。与天棚相连的梁按展开面积，计算并入天棚工程内	

续表

项目编码	项目名称	项目特征	计量单位	工程量计算规则	工作内容
011001003	保温隔热墙面	1. 保温隔热部位 2. 保温隔热方式 3. 踢脚线、勒脚线保温做法 4. 龙骨材料品种、规格	m²	按设计图示尺寸以面积计算。扣除门窗洞口以及面积＞0.3m² 梁、孔洞所占面积；门窗洞口侧壁需作保温时，并入保温墙体工程量内	1. 基层清理 2. 刷界面剂 3. 安装龙骨 4. 填贴保温材料 5. 保温板安装 6. 粘贴面层 7. 铺设增强格网、抹抗裂、防水砂浆面层 8. 嵌缝 9. 铺、刷（喷）防护材料
011001004	保温柱、梁	5. 保温隔热面层材料品种、规格、性能 6. 保温隔热材料品种、规格及厚度 7. 增强网及抗裂防水砂浆种类 8. 黏结材料种类及做法 9. 防护材料种类及做法		按设计图示尺寸以面积计算 1. 柱按设计图示柱断面保温层中心线展开长度乘保温层高度以面积计算，扣除面积＞0.3m² 梁所占面积 2. 梁按设计图示梁断面保温层中心线展开长度乘保温层长度以面积计算	
011001005	保温隔热楼地面	1. 保温隔热部位 2. 保温隔热材料品种、规格、厚度 3. 隔气层材料品种、厚度 4. 黏结材料种类、做法 5. 防护材料种类、做法		按设计图示尺寸以面积计算。扣除面积＞0.3m² 柱、垛、孔洞所占面积，门洞、空圈、暖气包槽、壁龛的开口部分不增加面积	1. 基层清理 2. 刷黏结材料 3. 铺粘保温层 4. 铺、刷（喷）防护材料
011001006	其他保温隔热	1. 保温隔热部位 2. 保温隔热方式 3. 隔气层材料品种、厚度 4. 保温隔热面层材料品种、规格、性能 5. 保温隔热材料品种、规格及厚度 6. 黏结材料种类及做法 7. 增强网及抗裂防水砂浆种类 8. 防护材料种类及做法		按设计图示尺寸以展开面积计算。扣除面积＞0.3m² 孔洞及占位面积	1. 基层清理 2. 刷界面剂 3. 安装龙骨 4. 填贴保温材料 5. 保温板安装 6. 粘贴面层 7. 铺设增强格网、抹抗裂防水砂浆面层 8. 嵌缝 9. 铺、刷（喷）防护材料

（二）防腐面层

防腐面层工程量清单项目设置、项目特征描述的内容、计量单位及工程量计算规则，应按表4-82的规定执行。

表4-82　　　　　　　　　　防腐面层（编码：011002）

项目编码	项目名称	项目特征	计量单位	工程量计算规则	工作内容
011002001	防腐混凝土面层	1. 防腐部位 2. 面层厚度 3. 混凝土种类 4. 胶泥种类、配合比	m²	按设计图示尺寸以面积计算 1. 平面防腐：扣除凸出地面的构筑物、设备基础等以及面积＞0.3m² 孔洞、柱、垛所占面积，门洞、空圈、暖气包槽、壁龛的开口部分不增加面积 2. 立面防腐：扣除门、窗、洞口以及面积＞0.3m² 孔洞、梁所占面积，门、窗、洞口侧壁、垛突出部按展开面积并入墙面积内	1. 基层清理 2. 基层刷稀胶泥 3. 混凝土制作、运输、摊铺、养护
011002002	防腐砂浆面层	1. 防腐部位 2. 面层厚度 3. 砂浆、胶泥种类、配合比			1. 基层清理 2. 基层刷稀胶泥 3. 砂浆制作、运输、摊铺、养护
011002003	防腐胶泥面层	1. 防腐部位 2. 面层厚度 3. 胶泥种类、配合比			1. 基层清理 2. 胶泥调制、摊铺
011002004	玻璃钢防腐面层	1. 防腐部位 2. 玻璃钢种类 3. 贴布材料的种类、层数 4. 面层材料品种			1. 基层清理 2. 刷底漆、刮腻子 3. 胶浆配制、涂刷 4. 粘布、涂刷面层
011002005	聚氯乙烯板面层	1. 防腐部位 2. 面层材料品种、厚度 3. 黏结材料种类			1. 基层清理 2. 配料、涂胶 3. 聚氯乙烯板铺设
011002006	块料防腐面层	1. 防腐部位 2. 块料品种、规格 3. 黏结材料种类 4. 勾缝材料种类			1. 基层清理 2. 铺贴块料 3. 胶泥调制、勾缝
011002007	池、槽块料防腐面层	1. 防腐池、槽名称、代号 2. 块料品种、规格 3. 黏结材料种类 4. 勾缝材料种类	m²	按设计图示尺寸以展开面积计算	1. 基层清理 2. 铺贴块料 3. 胶泥调制、勾缝

（三）其他防腐

其他防腐工程量清单项目设置、项目特征描述的内容、计量单位及工程量计算规则，应按表4-83的规定执行。

表 4-83　　　　　　　　　　　其他防腐（编码：011003）

项目编码	项目名称	项目特征	计量单位	工程量计算规则	工作内容
011003001	隔离层	1. 隔离层部位 2. 隔离层材料品种 3. 隔离层做法 4. 粘贴材料种类	m^2	按设计图示尺寸以面积计算： 1. 平面防腐：扣除凸出地面的构筑物、设备基础等以及面积>0.3m^2孔洞、柱、垛所占面积，门洞、空圈、暖气包槽、壁龛的开口部分不增加面积 2. 立面防腐：扣除门、窗、洞口以及面积>0.3m^2孔洞、梁所占面积，门、窗、洞口侧壁、垛突出部分按展开面积并入墙面积内	1. 基层清理、刷油 2. 煮沥青 3. 胶泥调制 4. 隔离层铺设
011003002	砌筑沥青浸渍砖	1. 砌筑部位 2. 浸渍砖规格 3. 胶泥种类 4. 浸渍砖砌法	m^3	按设计图示尺寸以体积计算	1. 基层清理 2. 胶泥调制 3. 浸渍砖铺砌
011003003	防腐涂料	1. 涂刷部位 2. 基层材料类型 3. 刮腻子的种类、遍数 4. 涂料品种、刷涂遍数	m^2	按设计图示尺寸以面积计算： 1. 平面防腐：扣除凸出地面的构筑物、设备基础等以及面积>0.3m^2孔洞、柱、垛所占面积，门洞、空圈、暖气包槽、壁龛的开口部分不增加面积 2. 立面防腐：扣除门、窗、洞口以及面积>0.3m^2孔洞、梁所占面积，门、窗、洞口侧壁、垛突出部分按展开面积并入墙面积内	1. 基层清理 2. 刮腻子 3. 刷涂料

二、计量规范应用说明

（一）项目特征描述

（1）"保温隔热方式"项目特征指内保温、外保温、夹心保温。

（2）"浸渍砖砌法"项目特征指平砌、立砌。

（二）清单项目列项

（1）保温隔热装饰面层，按第五章房屋装饰工程工程量清单中相关项目编码列项；仅做找平层按第五章第一节中"平面砂浆找平层"或第五章第二节墙、柱面装饰与隔断、幕墙工程"立面砂浆找平层"项目编码列项。

（2）池槽保温隔热应按其他保温隔热项目编码列项。

（3）防腐踢脚线，应按第五章第一节中"踢脚线"项目编码列项。

（4）保温柱、梁适用于不与墙、天棚相连的独立柱、梁。

（三）相关问题及说明

（1）柱帽保温隔热应并入天棚保温隔热工程量内。

（2）防腐工程中需酸化处理时应包括在报价内。

（3）防腐工程中的养护应包括在报价内。

三、工程量清单编制实例

（一）背景资料

某服务中心屋面平面图和屋顶保温构造分别如图 4-41、图 4-42 所示，防水在女儿墙的反边高 250mm，未列项目不考虑。

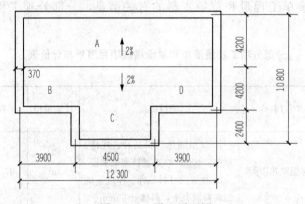

图 4-41　屋面平面图

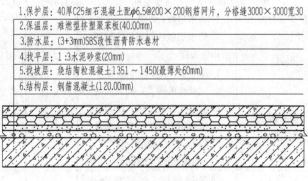

图 4-42　屋顶保温构造

（二）问题

根据以上背景资料及国家标准《建设工程工程量清单计价规范》（GB 50500—2013）、《房屋建筑与装饰工程工程量计算规范》（GB 50854—2013），试列出该屋面找平层、防水工程、保温及隔热工程的分部分项工程量清单。

解 屋面及防水工程的工程量计算如表 4 - 84 所示。

表 4 - 84 清单工程量计算表

工程名称：某工程

序号	项目编码	清单项目名称	工程量计算式	工程量	计量单位
1	011001001001	保温隔热屋面	$S=(12.3-0.37\times2)\times(8.4-2\times0.37)+(4.5-0.37\times2)\times2.4=97.58\text{m}^2$	97.58	m²
2	010902001001	屋面卷材防水	平面面积：$S_1=97.58\text{m}^2$ 反边面积：$S_2=[(12.3-0.37)+(10.8-0.37)]\times2\times0.25=11.18\text{m}^2$ 合计：$S=97.58+11.18=108.76\text{m}^2$	108.76	m²
3	010902003001	屋面刚性层	同保温隔热屋面 $S=97.58\text{m}^2$	97.58	m²
4	011101006001	屋面砂浆找平层	同屋面卷材防水 $S=108.76\text{m}^2$	108.76	m²

根据表 4 - 84 的清单工程量和背景资料的有关信息，分部分项工程量清单如表 4 - 85 所示。

表 4 - 85 分部分项工程量清单和单价措施项目清单与计价表

工程名称：某工程

序号	项目编码	项目名称	项目特征	计量单位	工程量	金额	
						综合单价	合价
1	011001001001	保温隔热屋面	1. 保温隔热材料品种、规格、厚度：40mm 厚难燃挤塑聚苯板 2. 找坡层材料品种、厚度：烧结陶粒混凝土，最薄处 60mm	m²	97.58		
2	010902001001	屋面卷材防水	1. 卷材品种、规格、厚度：3mm 厚 SBS 防水卷材 2. 防水层数：2 层 3. 防水层做法：详见坡屋面防水构造大样	m²	108.76		
3	010902003001	屋面刚性层	1. 刚性层厚度：40mm 2. 混凝土的种类：商品混凝土 3. 混凝土强度等级：C25 4. 嵌缝材料种类：建筑油膏 5. 钢筋规格、型号：HPB235 Φ6.5@200mm×200mm	m²	97.58		
4	011101006001	屋面砂浆找平层	找平层厚度、砂浆配合比：20mm 厚 1：3 水泥砂浆	m²	108.76		

第五章 房屋装饰工程工程量清单

第一节 楼地面装饰工程

一、工程量计算规范

(一)整体面层及找平层

整体面层及找平层工程量清单项目的设置、项目特征描述的内容、计量单位、工程量计算规则应按表5-1执行。

表5-1　　　　　　　　　整体面层及找平层(编码:011101)

项目编码	项目名称	项目特征	计量单位	工程量计算规则	工作内容
011101001	水泥砂浆楼地面	1. 垫层材料种类、厚度 2. 找平层厚度、砂浆配比 3. 素水泥浆遍数 4. 面层厚度、砂浆配合比 5. 面层做法要求	m²	按设计图示尺寸以面积计算。扣除凸出地面构筑物、设备基础、室内管道、地沟等所占面积,不扣除间壁墙及 ≤ 0.3m² 柱、垛、附墙烟囱及孔洞所占面积。门洞、空圈、暖气包槽、壁龛的开口部分不增加面积	1. 基层清理 2. 垫层铺设 3. 抹找平层 4. 抹面层 5. 材料运输
011101002	现浇水磨石楼地面	1. 垫层材料种类、厚度 2. 找平层厚度、砂浆配比 3. 面层厚度、水泥石子浆配合比 4. 嵌条材料种类、规格 5. 石子种类、规格、颜色 6. 颜料种类、颜色 7. 图案要求 8. 磨光、酸洗、打蜡要求			1. 基层清理 2. 垫层铺设 3. 抹找平层 4. 面层铺设 5. 嵌缝条安装 6. 磨光、酸洗打蜡 7. 材料运输
011101003	细石混凝土楼地面	1. 垫层材料种类、厚度 2. 找平层厚度、砂浆配合比 3. 面层厚度、混凝土强度等级			1. 基层清理 2. 垫层铺设 3. 抹找平层 4. 面层铺设 5. 材料运输
011101004	菱苦土楼地面	1. 垫层材料种类、厚度 2. 找平层厚度、砂浆配合比 3. 面层厚度 4. 打蜡要求			1. 基层清理 2. 垫层铺设 3. 抹找平层 4. 面层铺设 5. 打蜡 6. 材料运输
011101005	自流坪楼地面	1. 垫层材料种类、厚度 2. 找平层厚度、砂浆配合比			1. 基层清理 2. 垫层铺设 3. 抹找平层 4. 材料运输

续表

项目编码	项目名称	项目特征	计量单位	工程量计算规则	工作内容
011101006	平面砂浆找平层	1. 找平层砂浆配合比、厚度 2. 界面剂材料种类 3. 中层漆材料种类、厚度 4. 面漆材料种类、厚度 5. 面层材料种类	m²	按设计图示尺寸以面积计算	1. 基层处理 2. 抹找平层 3. 涂界面剂 4. 涂刷中层漆 5. 打磨、吸尘 6. 镘自流平面漆（浆） 7. 拌和自流平浆料 8. 铺面层

（二）块料面层

块料面层工程量清单项目的设置、项目特征描述的内容、计量单位、工程量计算规则应按表5-2执行。

表 5 - 2　　　　　　　　　　块料面层（编码：011102）

项目编码	项目名称	项目特征	计量单位	工程量计算规则	工作内容
011102001	石材楼地面	1. 找平层厚度、砂浆配合比 2. 结合层厚度、砂浆配合比 3. 面层材料品种、规格、颜色 4. 嵌缝材料种类 5. 防护层材料种类 6. 酸洗、打蜡要求	m²	按设计图示尺寸以面积计算。门洞、空圈、暖气包槽、壁龛的开口部分并入相应的工程量内	1. 基层清理、抹平层 2. 面层铺设、磨边 3. 嵌缝 4. 刷防护材料 5. 酸洗、打 6. 材料运输
011102002	碎石材楼地面				
011102003	块料楼地面	1. 垫层材料种类、厚度 2. 找平层厚度、砂浆配合比 3. 结合层厚度、砂浆配合比 4. 面层材料品种、规格、颜色 5. 嵌缝材料种类 6. 防护层材料种类 7. 酸洗、打蜡要求			

（三）橡塑面层

橡塑面层工程量清单项目的设置、项目特征描述的内容、计量单位、工程量计算规则应按表5-3执行。

表 5-3   橡塑面层（编码：011103）

项目编码	项目名称	项目特征	计量单位	工程量计算规则	工作内容
011103001	橡胶板楼地面	1. 黏结层厚度、材料种类 2. 面层材料品种、规格、颜色 3. 压线条种类	m²	按设计图示尺寸以面积计算。门洞、空圈、暖气包槽、壁龛的开口部分并入相应的工程量内	1. 基层清理 2. 面层铺贴 3. 压缝条装钉 4. 材料运输
011103002	橡胶板卷材楼地面				
011103003	塑料板楼地面				
011103004	塑料卷材楼地面				

（四）其他材料面层

其他材料面层工程量清单项目的设置、项目特征描述的内容、计量单位、工程量计算规则应按表 5-4 执行。

表 5-4   其他材料面层（编码 011104）

项目编码	项目名称	项目特征	计量单位	工程量计算规则	工作内容
011104001	地毯楼地面	1. 面层材料品种、规格、颜色 2. 防护材料种类 3. 黏结材料种类 4. 压线条种类	m²	按设计图示尺寸以面积计算。门洞、空圈、暖气包槽、壁龛的开口部分并入相应的工程量内	1. 基层清理 2. 铺贴面层 3. 刷防护材料 4. 装钉压条 5. 材料运输
011104002	竹木地板	1. 龙骨材料种类、规格、铺设间距 2. 基层材料种类、规格 3. 面层材料品种、规格、颜色 4. 防护材料种类			1. 基层清理 2. 龙骨铺设 3. 基层铺设 4. 面层铺贴 5. 刷防护材料 6. 材料运输
011104003	金属复合地板	1. 龙骨材料种类、规格、铺设间距 2. 基层材料种类、规格 3. 面层材料品种、规格、颜色 4. 防护材料种类			
011104004	防静电活动地板	1. 支架高度、材料种类 2. 面层材料品种、规格、颜色 3. 防护材料种类			1. 基层清理 2. 固定支架安装 3. 活动面层安装 4. 刷防护材料 5. 材料运输

（五）踢脚线

踢脚线工程量清单项目的设置、项目特征描述的内容、计量单位、工程量计算规则应按表 5-5 执行。

表 5 - 5　　　　　　　　　　　　踢脚线（编码：011105）

项目编码	项目名称	项目特征	计量单位	工程量计算规则	工作内容
011105001	水泥砂浆踢脚线	1. 踢脚线高度 2. 底层厚度、砂浆配合比 3. 面层厚度、砂浆配合比	1. m² 2. m	1. 按设计图示长度乘高度以面积计算 2. 按延长米计算	1. 基层清理 2. 底层和面层抹灰 3. 材料运输
011105002	石材踢脚线	1. 踢脚线高度 2. 粘贴层厚度、材料种类 3. 面层材料品种、规格、颜色 4. 防护材料种类			1. 基层清理 2. 底层抹灰 3. 面层铺贴、磨边 4. 擦缝 5. 磨光、酸洗、打蜡 6. 刷防护材料 7. 材料运输
011105003	块料踢脚线				
011105004	塑料板踢脚线	1. 踢脚线高度 2. 黏结层厚度、材料种类 3. 面层材料种类、规格、颜色			1. 基层清理 2. 基层铺贴 3. 面层铺贴 4. 材料运输
011105005	木质踢脚线	1. 踢脚线高度 2. 基层材料种类、规格 3. 面层材料品种、规格、颜色			
011105006	金属踢脚线				
011105007	防静电踢脚线				

（六）楼梯面层

楼梯面层工程量清单项目的设置、项目特征描述的内容、计量单位、工程量计算规则应按表 5-6 执行。

表 5 - 6　　　　　　　　　　　　楼梯面层（编码：011106）

项目编码	项目名称	项目特征	计量单位	工程量计算规则	工作内容
011106001	石材楼梯面层	1. 找平层厚度、砂浆配合比 2. 贴结层厚度、材料种类 3. 面层材料品种、规格、颜色 4. 防滑条材料种类、规格 5. 勾缝材料种类 6. 防护层材料种类 7. 酸洗、打蜡要求	m²	按设计图示尺寸以楼梯（包括踏步、休息平台及≤500mm 的楼梯井）水平投影面积计算。楼梯与楼地面相连时，算至梯口梁内侧边沿；无梯口梁者，算至最上一层踏步边沿加 300mm	1. 基层清理 2. 抹找平层 3. 面层铺贴、磨边 4. 贴嵌防滑条 5. 勾缝 6. 刷防护材料 7. 酸洗、打蜡 8. 材料运输
011106002	块料楼梯面层				
011106003	拼碎块料面层				

续表

项目编码	项目名称	项目特征	计量单位	工程量计算规则	工作内容
011106004	水泥砂浆楼梯面层	1. 找平层厚度、砂浆配合比 2. 面层厚度、砂浆配合比 3. 防滑条材料种类、规格			1. 基层清理 2. 抹找平层 3. 抹面层 4. 抹防滑条 5. 材料运输
011106005	现浇水磨石楼梯面层	1. 找平层厚度、砂浆配合比 2. 面层厚度、水泥石子浆配合比 3. 防滑条材料种类、规格 4. 石子种类、规格、颜色 5. 颜料种类、颜色 6. 磨光、酸洗打蜡要求		按设计图示尺寸以楼梯（包括踏步、休息平台及≤500mm 的楼梯井）水平投影面积计算。楼梯与楼地面相连时，算至梯口梁内侧边沿；无梯口梁者，算至最上一层踏步边沿加300mm	1. 基层清理 2. 抹找平层 3. 抹面层 4. 贴嵌防滑条 5. 磨光、酸洗、打蜡 6. 材料运输
011106006	地毯楼梯面层	1. 基层种类 2. 面层材料品种、规格、颜色 3. 防护材料种类 4. 黏结材料种类 5. 固定配件材料种类、规格	m²		1. 基层清理 2. 铺贴面层 3. 固定配件安装 4. 刷防护材料 5. 材料运输
011106007	木板楼梯面层	1. 基层材料种类、规格 2. 面层材料品种、规格、颜色 3. 黏结材料种类 4. 防护材料种类			1. 基层清理 2. 基层铺贴 3. 面层铺贴 4. 刷防护材料 5. 材料运输
011106008	橡胶板楼梯面层	1. 黏结层厚度、材料种类 2. 面层材料品种、规格、颜色 3. 压线条种类			1. 基层清理 2. 面层铺贴 3. 压缝条装钉 4. 材料运输
011106009	塑料板楼梯面层	1. 黏结层厚度、材料种类 2. 面层材料品种、规格、颜色 3. 压线条种类			

（七）台阶装饰

台阶装饰工程量清单项目的设置、项目特征描述的内容、计量单位、工程量计算规则应按表5-7执行。

表 5-7   台阶装饰（编码：011107）

项目编码	项目名称	项目特征	计量单位	工程量计算规则	工作内容
011107001	石材台阶面	1. 找平层厚度、砂浆配合比 2. 黏结层材料种类 3. 面层材料品种、规格、颜色 4. 勾缝材料种类 5. 防滑条材料种类、规格 6. 防护材料种类	m²	按设计图示尺寸以台阶（包括最上层踏步边沿加300mm）水平投影面积计算	1. 基层清理 2. 抹找平层 3. 面层铺贴 4. 贴嵌防滑条 5. 勾缝 6. 刷防护材料 7. 材料运输
011107002	块料台阶面				
011107003	拼碎块料台阶面				
011107004	水泥砂浆台阶面	1. 垫层材料种类、厚度 2. 找平层厚度、砂浆配合比 3. 面层厚度、砂浆配合比 4. 防滑条材料种类			1. 基层清理 2. 铺设垫层 3. 抹找平层 4. 抹面层 5. 抹防滑条 6. 材料运输
011107005	现浇水磨石台阶面	1. 垫层材料种类、厚度 2. 找平层厚度、砂浆配合比 3. 面层厚度、水泥石子浆配合比 4. 防滑条材料种类、规格 5. 石子种类、规格、颜色 6. 颜料种类、颜色 7. 磨光、酸洗、打蜡要求			1. 清理基层 2. 铺设垫层 3. 抹找平层 4. 抹面层 5. 贴嵌防滑条 6. 打磨、酸洗、打蜡 7. 材料运输
011107006	剁假石台阶面	1. 垫层材料种类、厚度 2. 找平层厚度、砂浆配合比 3. 面层厚度、砂浆配合比 4. 剁假石要求			1. 清理基层 2. 抹找平层 3. 抹面层 4. 剁假石 5. 材料运输

（八）零星装饰项目

零星装饰项目工程量清单项目的设置、项目特征描述的内容、计量单位、工程量计算规则应按表5-8执行。

表5-8　　　　　　　　　零星装饰项目（编码：011108）

项目编码	项目名称	项目特征	计量单位	工程量计算规则	工作内容
011108001	石材零星项目	1. 工程部位 2. 找平层厚度、砂浆配合比 3. 贴结合层厚度、材料种类 4. 面层材料品种、规格、颜色 5. 勾缝材料种类 6. 防护材料种类 7. 酸洗、打蜡要求	m²	按设计图示尺寸以面积计算	1. 清理基层 2. 抹找平层 3. 面层铺贴、磨边 4. 勾缝 5. 刷防护材料 6. 酸洗、打蜡 7. 材料运输
011108002	拼碎石材零星项目				
011108003	块料零星项目				
011108004	水泥砂浆零星项目	1. 工程部位 2. 找平层厚度、砂浆配合比 3. 面层厚度、砂浆厚度			1. 清理基层 2. 抹找平层 3. 抹面层 4. 材料运输

二、计量规范应用说明

（一）项目特征描述

（1）水泥砂浆面层处理是拉毛还是提浆压光应在面层做法要求中描述。

（2）在描述碎石材项目的面层材料特征时可不用描述规格、颜色。

（3）石材、块料与黏结材料的结合面刷防渗材料的种类在防护层材料种类中描述。

（二）清单项目列项

（1）平面砂浆找平层只适用于仅做找平层的平面抹灰。

（2）楼地面混凝土垫层另按表4-28中垫层项目编制列项，除混凝土外其他材料垫层按表4-24中垫层项目编码列项。

（3）楼梯、台阶牵边和侧面镶贴块料面层，≤0.5m²的少量分散的楼地面镶贴块料面层，应按零星装饰项目执行。

（三）相关问题及说明

（1）间壁墙指墙厚≤120mm的墙。

（2）块料面层表5-2工作内容中的磨边指施工现场磨边，楼地面装饰工作内容中涉及的磨边含义同此条。

三、清单编制实例

（一）背景资料

某工程装修平面图如图5-1所示，墙厚均为240mm，各房间做法如下所示。

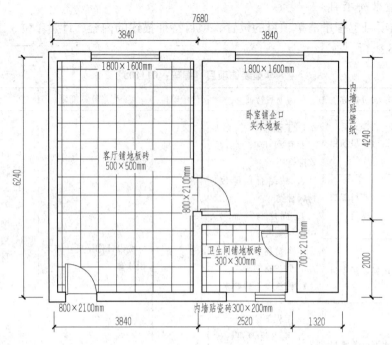

图 5-1　某工程平面图

1. 客厅

（1）地面砖 500mm×500mm×10mm，彩色水泥浆擦缝；

（2）30 厚 1:3 干硬性水泥砂浆结合层；

（3）素水泥浆一道；

（4）现浇钢筋混凝土楼板。

2. 卧室

（1）18 厚长条硬木企口地板；

（2）5 厚泡沫塑料衬垫；

（3）40mm×60mm 木龙骨，中距 400；40mm×60mm 横撑，中距 800mm；

（4）20 厚 1:3 水泥砂浆抹平；

（5）刷素水泥浆一道；

（6）现浇钢筋混凝土楼板。

3. 卫生间

（1）地面砖 500mm×500mm×10mm，彩色水泥浆擦缝；

（2）30 厚 1:3 干硬性水泥砂浆结合层；

（3）1.5 厚合成高分子防水涂料；

（4）刷基层处理剂一道；

（5）30 厚 C20 细石混凝土随打随抹找坡抹平；

（6）素水泥浆一道；

（7）现浇钢筋混凝土楼板。

（二）问题

根据以上背景资料及国家标准《建设工程工程量清单计价规范》（GB 50500—2013）、《房屋建筑与装饰工程工程量计算规范》（GB 50854—2013），试列出该工程楼地面装饰的分部分项工程量清单。

解 该工程楼地面装饰清单工程量计算详见表 5 - 9。

表 5 - 9 　　　　　　　某工程楼地面装饰清单工程量计算表

工程名称：某工程楼地面装饰

序号	项目编码	项目名称	工程量计算式	工程量	计量单位
1	011102003001	块料楼地面（客厅）	$(3.84-0.24)\times(6.24-0.24)$	21.60	m²
2	011102003002	块料楼地面（卫生间）	$(2.52-0.24)\times(2.0-0.24)$	4.01	m²
3	011104002001	竹木地板（卧室）	$(2.52+1.32-0.24)\times(6.24-0.24)-2.52\times2.0$	16.56	m²

根据表 5 - 9 所示的清单工程量和背景资料的有关信息，该工程楼地面装饰分部分项工程量清单如表 5 - 10 所示。

表 5 - 10 　　　　　　某工程楼地面装饰分部分项工程量清单与计价表

工程名称：某工程楼地面装饰

序号	项目编码	项目名称	项目特征	计量单位	工程量	金额 综合单价	金额 合价
1	011102003001	块料楼地面（客厅）	1. 面层材料品种、规格：地面砖 500mm×500mm×10mm 2. 结合层厚度、砂浆配合比：30厚1：3 干硬性水泥砂浆结合层 3. 嵌缝材料种类：彩色水泥浆	m²	21.60		
2	011102003001	块料楼地面（卫生间）	1. 面层材料品种、规格：地面砖 500mm × 500mm × 10mm，彩色水泥浆擦缝 2. 结合层厚度、砂浆配合比：30厚1：3 干硬性水泥砂浆结合层 3. 防水层材料品种：1.5厚合成高分子防水涂料 4. 找平层厚度、材料种类：30厚 C20 细石混凝土	m²	4.01		

序号	项目编码	项目名称	项目特征	计量单位	工程量	金额	
						综合单价	合价
3	011104002001	竹木地板（卧室）	1. 面层材料品种、规格：18厚长条硬木企口地板 2. 龙骨材料种类、规格：40mm×60mm 木龙骨，中距400mm；40mm×60mm 横撑，中距800mm 3. 找平层厚度、砂浆配合比：20厚1：3水泥砂浆抹平	m²	16.56		

第二节　墙、柱面装饰与隔断幕墙工程

一、工程量计算规范

（一）墙面抹灰

墙面抹灰工程量清单项目的设置、项目特征描述的内容、计量单位、工程量计算规则应按表5-11执行。

表5-11　　　　　　　　　　　墙面抹灰（编码：011201）

项目编码	项目名称	项目特征	计量单位	工程量计算规则	工作内容
011201001	墙面一般抹灰	1. 墙体类型 2. 底层厚度、砂浆配合比 3. 面层厚度、砂浆配合比 4. 装饰面材料种类 5. 分格缝宽度、材料种类	m²	按设计图示尺寸以面积计算。扣除墙裙、门窗洞口及单个＞0.3m²的孔洞面积，不扣除踢脚线、挂镜线和墙与构件交接处的面积，门窗洞口和孔洞的侧壁及顶面不增加面积。附墙柱、梁、垛、烟囱侧壁并入相应的墙面面积内 1. 外墙抹灰面积按外墙垂直投影面积计算 2. 外墙裙抹灰面积按其长度乘以高度计算 3. 内墙抹灰面积按主墙间的净长乘以高度计算无墙裙的，高度按室内楼地面至天棚底面计算有墙裙的，高度按墙裙顶至天棚底面计算 4. 内墙裙抹灰面积按内墙净长乘以高度计算	1. 基层清理 2. 砂浆制作、运输 3. 底层抹灰 4. 抹面层 5. 抹装饰面 6. 勾分格缝
011201002	墙面装饰抹灰				
011201003	墙面装饰抹灰	1. 墙体类型 2. 找平的砂浆厚度、配合比			1. 基层清理 2. 砂浆制作、运输 3. 抹灰找平
011201004	立面砂浆找平层	1. 墙体类型 2. 勾缝类型 3. 勾缝材料种类			1. 基层清理 2. 砂浆制作、运输 3. 勾缝

（二）柱（梁）面抹灰

柱（梁）面抹灰工程量清单项目的设置、项目特征描述的内容、计量单位、工程量计算规则应按表5-12执行。

表5-12　　　　　　　　　柱（梁）面抹灰（编码：011202）

项目编码	项目名称	项目特征	计量单位	工程量计算规则	工作内容
011202001	柱、梁面一般抹灰	1. 柱体类型 2. 底层厚度、砂浆配合比 3. 面层厚度、砂浆配合比 4. 装饰面材料种类 5. 分格缝宽度、材料种类	m²	1. 柱面抹灰：按设计图示柱断面周长乘高度以面积计算 2. 梁面抹灰：按设计图示梁断面周长乘长度以面积计算	1. 基层清理 2. 砂浆制作、运输 3. 底层抹灰 4. 抹面层 5. 勾分格缝
011202002	柱、梁面装饰抹灰				
011202003	柱、梁面砂浆找平	1. 柱体类型 2. 找平的砂浆厚度、配合比			1. 基层清理 2. 砂浆制作、运输 3. 抹灰找平
011202004	柱、梁面勾缝	1. 墙体类型 2. 勾缝类型 3. 勾缝材料种类		按设计图示柱断面周长乘高度以面积计算	1. 基层清理 2. 砂浆制作、运输 3. 勾缝

（三）零星抹灰

零星抹灰工程量清单项目的设置、项目特征描述的内容、计量单位、工程量计算规则应按表5-13执行。

表5-13　　　　　　　　　零星抹灰（编码：011203）

项目编码	项目名称	项目特征	计量单位	工程量计算规则	工作内容
011203001	零星项目一般抹灰	1. 墙体类型 2. 底层厚度、砂浆配合比 3. 面层厚度、砂浆配合比 4. 装饰面材料种类 5. 分格缝宽度、材料种类	m²	按设计图示尺寸以面积计算	1. 基层清理 2. 砂浆制作、运输 3. 底层抹灰 4. 抹面层 5. 抹装饰面 6. 勾分格缝
011203002	零星项目装饰抹灰				
011203003	零星项目砂浆找平	1. 基层类型 2. 找平的砂浆厚度、配合比			1. 基层清理 2. 砂浆制作、运输 3. 抹灰找平

（四）墙面块料面层

墙面块料面层工程量清单项目的设置、项目特征描述的内容、计量单位、工程量计算规则应按表 5 - 14 执行。

表 5 - 14 墙面块料面层（编码：011204）

项目编码	项目名称	项目特征	计量单位	工程量计算规则	工作内容
011204001	石材墙面	1. 墙体类型 2. 安装方式 3. 面层材料品种、规格、颜色 4. 缝宽、嵌缝材料种类 5. 防护材料种类 6. 磨光、酸洗、打蜡要求	m²	按镶贴表面积计算	1. 基层清理 2. 砂浆制作、运输 3. 黏结层铺贴 4. 面层安装 5. 嵌缝 6. 刷防护材料 7. 磨光、酸洗、打蜡
011204002	拼碎石材墙面				
011204003	块料墙面				
011204004	干挂石材钢骨架	1. 骨架种类、规格 2. 防锈漆品种遍数	t	按设计图示以质量计算	1. 骨架制作、运输、安装 2. 刷漆

（五）柱（梁）面镶贴块料

柱（梁）面镶贴块料工程量清单项目的设置、项目特征描述的内容、计量单位、工程量计算规则应按表 5 - 15 执行。

表 5 - 15 柱（梁）面镶贴块料（编码：011205）

项目编码	项目名称	项目特征	计量单位	工程量计算规则	工作内容
011205001	石材柱面	1. 柱截面类型、尺寸 2. 安装方式 3. 面层材料品种、规格、颜色 4. 缝宽、嵌缝材料种类 5. 防护材料种类 6. 磨光、酸洗、打蜡要求	m²	按镶贴表面积计算	1. 基层清理 2. 砂浆制作、运输 3. 黏结层铺贴 4. 面层安装 5. 嵌缝 6. 刷防护材料 7. 磨光、酸洗、打蜡
011205002	块料柱面				
011205003	拼碎块柱面				
011205004	石材梁面	1. 安装方式 2. 面层材料品种、规格、颜色 3. 缝宽、嵌缝材料种类 4. 防护材料种类 5. 磨光、酸洗、打蜡要求			
011205005	块料梁面				

（六）镶贴零星块料

镶贴零星块料工程量清单项目的设置、项目特征描述的内容、计量单位、工程量计算规则应按表 5-16 执行。

表 5-16　　　　　　　　　　镶贴零星块料（编码：011206）

项目编码	项目名称	项目特征	计量单位	工程量计算规则	工作内容
011206001	石材零星项目	1. 安装方式 2. 面层材料品种、规格、颜色 3. 缝宽、嵌缝材料种类 4. 防护材料种类 5. 磨光、酸洗、打蜡要求	m²	按镶贴表面积计算	1. 基层清理 2. 砂浆制作、运输 3. 面层安装 4. 嵌缝 5. 刷防护材料 6. 磨光、酸洗、打蜡
011206002	块料零星项目				
011206003	拼碎块零星项目				

（七）墙饰面

墙饰面工程量清单项目的设置、项目特征描述的内容、计量单位、工程量计算规则应按表 5-17 执行。

表 5-17　　　　　　　　　　墙饰面（编码：011207）

项目编码	项目名称	项目特征	计量单位	工程量计算规则	工作内容
011207001	墙面装饰板	1. 龙骨材料种类、规格、中距 2. 隔离层材料种类、规格 3. 基层材料种类、规格 4. 面层材料品种、规格、颜色 5. 压条材料种类、规格	m²	按设计图示墙净长乘净高以面积计算。扣除门窗洞口及单个＞0.3m² 的孔洞所占面积	1. 基层清理 2. 龙骨制作、运输、安装 3. 钉隔离层 4. 基层铺钉 5. 面层铺贴

（八）柱（梁）饰面

柱（梁）饰面工程量清单项目的设置、项目特征描述的内容、计量单位、工程量计算规则应按表 5-18 执行。

表 5 - 18 柱（梁）饰面（编码：011208）

项目编码	项目名称	项目特征	计量单位	工程量计算规则	工作内容
011208001	柱（梁）面装饰	1. 龙骨材料种类、规格、中距 2. 隔离层材料种类 3. 基层材料种类、规格 4. 面层材料品种、规格、颜色 5. 压条材料种类、规格	m²	按设计图示饰面外围尺寸以面积计算。柱帽、柱燉并入相应柱饰面工程量内	1. 清理基层 2. 龙骨制作、运输、安装 3. 钉隔离层 4. 基层铺钉 5. 面层铺贴

（九）幕墙工程

幕墙工程工程量清单项目的设置、项目特征描述的内容、计量单位、工程量计算规则应按表 5 - 19 执行。

表 5 - 19 幕墙工程（编码：011209）

项目编码	项目名称	项目特征	计量单位	工程量计算规则	工作内容
011209001	带骨架幕墙	1. 骨架材料种类、规格、中距 2. 面层材料品种、规格、颜色 3. 面层固定方式 4. 隔离带、框边封闭材料品种、规格 5. 嵌缝、塞口材料种类	m²	按设计图示框外围尺寸以面积计算。与幕墙同种材质的窗所占面积不扣除	1. 骨架制作、运输、安装 2. 面层安装 3. 隔离带、框边封闭 4. 嵌缝、塞口 5. 清洗
011209002	全玻（无框玻璃）幕墙	1. 玻璃品种、规格、颜色 2. 黏结塞口材料种类 3. 固定方式		按设计图示尺寸以面积计算。带肋全玻幕墙按展开面积计算	1. 幕墙安装 2. 嵌缝、塞口 3. 清洗

（十）隔断

隔断工程量清单项目的设置、项目特征描述的内容、计量单位、工程量计算规则应按表 5 - 20 执行。

表 5 - 20 隔断（编码：011210）

项目编码	项目名称	项目特征	计量单位	工程量计算规则	工作内容
011210001	木隔断	1. 骨架、边框材料种类、规格 2. 隔板材料品种、规格、颜色 3. 嵌缝、塞口材料品种 4. 压条材料种类	m²	按设计图示框外围尺寸以面积计算。不扣除单个≤0.3m²的孔洞所占面积；浴厕门的材质与隔断相同时，门的面积并入隔断面积内	1. 骨架及边框制作、运输、安装 2. 隔板制作、运输、安装 3. 嵌缝、塞口 4. 装钉压条
011210002	金属隔断	1. 骨架、边框材料种类、规格 2. 隔板材料品种、规格、颜色 3. 嵌缝、塞口材料品种			1. 骨架及边框制作、运输、安装 2. 隔板制作、运输、安装 3. 嵌缝、塞口
011210003	玻璃隔断	1. 边框材料种类、规格 2. 玻璃品种、规格、颜色 3. 嵌缝、塞口材料品种		按设计图示框外围尺寸以面积计算。不扣除单个≤0.3m²的孔洞所占面积	1. 边框制作、运输、安装 2. 玻璃制作、运输、安装 3. 嵌缝、塞口
011210004	塑料隔断	1. 边框材料种类、规格 2. 隔板材料品种、规格、颜色 3. 嵌缝、塞口材料品种			1. 骨架及边框制作、运输、安装 2. 隔板制作、运输、安装 3. 嵌缝、塞口
011210005	成品隔断	1. 隔断材料品种、规格、颜色 2. 配件品种、规格	1. m² 2. 间	1. 按设计图示框外围尺寸以面积计算 2. 按设计间的数量以间计算	1. 隔断运输、安装 2. 嵌缝、塞口
011210006	其他隔断	1. 骨架、边框材料种类、规格 2. 隔板材料品种、规格、颜色 3. 嵌缝、塞口材料品种	m²	按设计图示框外围尺寸以面积计算。不扣除单个≤0.3m²的孔洞所占面积	1. 骨架及边框安装 2. 隔板安装 3. 嵌缝、塞口

二、计量规范应用说明

（一）项目特征描述

（1）在描述碎块项目的面层材料特征时可不用描述规格、颜色。

（2）石材、块料与粘接材料的结合面刷防渗材料的种类在防护层材料种类中描述。

（3）安装方式可描述为砂浆或黏结剂粘贴、挂贴、干挂等，不论哪种安装方式，都要详细描述与组价相关的内容。

（二）清单项目列项

（1）立面砂浆找平项目适用于仅做找平层的立面抹灰。

（2）墙面抹石灰砂浆、水泥砂浆、混合砂浆、聚合物水泥砂浆、麻刀石灰浆、石膏灰浆等按墙面一般抹灰列项，水刷石、斩假石、干粘石、假面砖等按墙面装饰抹灰列项。

（3）（梁）面抹石灰砂浆、水泥砂浆、混合砂浆、聚合物水泥砂浆、麻刀石灰浆、石膏灰浆等按柱（梁）面一般抹灰编码列项，水刷石、斩假石、干粘石、假面砖等按柱（梁）面装饰抹灰编码列项。

（4）零星抹石灰砂浆、水泥砂浆、混合砂浆、聚合物水泥砂浆、麻刀石灰浆、石膏灰浆等按零星项目一般抹灰编码列项，水刷石、斩假石、干粘石、假面砖等按零星项目装饰抹灰编码列项。

（5）墙、柱（梁）面≤0.5m^2 的少量分散的抹灰按零星抹灰项目编码列项。

（6）柱梁面干挂石材的钢骨架按表 5 - 14 相应项目编码列项。

（7）幕墙钢骨架按表 5 - 14 干挂石材钢骨架编码列项。

（三）相关问题及说明

（1）飘窗凸出外墙面增加的抹灰不计算工程量，在综合单价中考虑。

（2）石材安装方式有：水泥砂浆粘贴、黏结剂粘贴、挂贴、螺栓干挂、金属骨架上干挂。

（3）有吊顶天棚的内墙面抹灰抹灰至吊顶天棚以上部分在综合单价中考虑。

（4）砂浆找平项目适用于仅做找平层的柱（梁）面抹灰。

三、清单编制实例

（一）背景资料

某工程装修平面图如图 5 - 1 所示，墙厚均为 240mm，卫生间墙面贴墙砖，卫生间墙面高度为 2.7m，卫生间有一 500mm×500mm 的窗。装饰做法如下：

（1）面砖 300mm×200mm×5mm，彩色水泥擦缝；

（2）3～4 厚瓷砖胶粘剂，揉挤压实；

（3）1.5 厚聚合物水泥防水涂料；

（4）6 厚 1：2.5 水泥砂浆压实抹平；

（5）9 厚 1：3 水泥砂浆打底扫毛或划出纹道；

（6）砖墙。

（二）问题

根据以上背景资料及国家标准《建设工程工程量清单计价规范》（GB 50500—2013）、《房屋建筑与装饰工程工程量计算规范》（GB 50854—2013），试列出该工程卫生间墙面装饰的分部分项工程量清单。

解　该工程卫生间墙面装饰清单工程量计算详见表 5 - 21。

表 5 - 21　　　　　　　　某工程卫生间墙面装饰清单工程量计算表

工程名称：某工程卫生间墙面装饰

序号	项目编码	项目名称	工程量计算式	工程量	计量单位
1	011204003001	块料墙面（卫生间）	$[(2.52-0.24)+(2.0-0.24)]\times2\times2.7-0.7\times2.1-0.5\times0.5=21.816-1.47-0.25$	20.10	m²

根据表 5 - 21 所示的清单工程量和背景资料的有关信息，该工程卫生间墙面装饰分部分项工程量清单如表 5 - 22 所示。

表 5 - 22　　　　　某工程卫生间墙面装饰分部分项工程量清单与计价表

工程名称：某工程卫生间墙面装饰

序号	项目编码	项目名称	项目特征	计量单位	工程量	金额 综合单价	金额 合价
1	011204003001	块料墙面（卫生间）	1. 墙体类型：砖墙 2. 面层材料品种、规格：面砖 300mm×200mm×5mm 3. 嵌缝材料种类：彩色水泥 4. 粘接材料厚度、种类：3 厚瓷砖胶粘剂 5. 防水层厚度、材料种类：1.5 厚聚合物水泥防水涂料	m²	20.10		

第三节　天　棚　工　程

一、工程量计算规范

（一）天棚抹灰

天棚抹灰工程量清单项目的设置、项目特征描述的内容、计量单位、工程量计算规则应按表 5 - 23 执行。

表 5 - 23　　　　　　　　天棚抹灰（编码：011301）

项目编码	项目名称	项目特征	计量单位	工程量计算规则	工作内容
011301001	天棚抹灰	1. 基层类型 2. 抹灰厚度、材料种类 3. 砂浆配合比		按设计图示尺寸以水平投影面积计算。不扣除间壁墙、垛、柱、附墙烟囱、检查口和管道所占的面积，带梁天棚、梁两侧抹灰面积并入天棚面积内，板式楼梯底面抹灰按斜面积计算，锯齿形楼梯底板抹灰按展开面积计算	1. 基层清理 2. 底层抹灰 3. 抹面层

（二）天棚吊顶

天棚吊顶工程量清单项目的设置、项目特征描述的内容、计量单位、工程量计算规则应按表5-24执行。

表5-24　　　　　　　　　　　　天棚吊顶（编码：011302）

项目编码	项目名称	项目特征	计量单位	工程量计算规则	工作内容
011302001	吊顶天棚	1. 吊顶形式、吊杆规格、高度 2. 龙骨材料种类、规格、中距 3. 基层材料种类、规格 4. 面层材料品种、规格 5. 压条材料种类、规格 6. 嵌缝材料种类 7. 防护材料种类	m²	按设计图示尺寸以水平投影面积计算。天棚面中的灯槽及跌级、锯齿形、吊挂式、藻井式天棚面积不展开计算。不扣除间壁墙、检查口、附墙烟囱、柱垛和管道所占面积，扣除单个>0.3m²的孔洞、独立柱及与天棚相连的窗帘盒所占的面积	1. 基层清理、吊杆安装 2. 龙骨安装 3. 基层板铺贴 4. 面层铺贴 5. 嵌缝 6. 刷防护材料
011302002	格栅吊顶	1. 龙骨材料种类、规格、中距 2. 基层材料种类、规格 3. 面层材料品种、规格、 4. 防护材料种类		按设计图示尺寸以水平投影面积计算	1. 基层清理 2. 安装龙骨 3. 基层板铺贴 4. 面层铺贴 5. 刷防护材料
011302003	吊筒吊顶	1. 吊筒形状、规格 2. 吊筒材料种类 3. 防护材料种类			1. 基层清理 2. 吊筒制作安装 3. 刷防护材料
011302004	藤条造型悬挂吊顶	1. 骨架材料种类、规格 2. 面层材料品种、规格			1. 基层清理 2. 龙骨安装 3. 铺贴面层
011302005	织物软雕吊顶				
011302006	网架装饰吊顶	网架材料品种、规格			1. 基层清理 2. 网架制作安装

（三）采光天棚工程

采光天棚工程工程量清单项目的设置、项目特征描述的内容、计量单位、工程量计算规则应按表5-25执行。

表 5 - 25 采光天棚工程（编码：011303）

项目编码	项目名称	项目特征	计量单位	工程量计算规则	工作内容
011303001	采光天棚	1. 骨架类型 2. 固定类型、固定材料品种、规格 3. 面层材料品种、规格 4. 嵌缝、塞口材料种类	m²	按框外围展开面积计算	1. 清理基层 2. 面层制安 3. 嵌缝、塞口 4. 清洗

（四）天棚其他装饰

天棚其他装饰工程量清单项目的设置、项目特征描述的内容、计量单位、工程量计算规则应按表 5 - 26 执行。

表 5 - 26 天棚其他装饰（编码：011304）

项目编码	项目名称	项目特征	计量单位	工程量计算规则	工作内容
011304001	灯带（槽）	1. 灯带型式、尺寸 2. 格栅片材料品种、规格 3. 安装固定方式	m²	按设计图示尺寸以框外围面积计算	安装、固定
011304002	送风口、回风口	1. 风口材料品种、规格 2. 安装固定方式 3. 防护材料种类	个	按设计图示数量计算	1. 安装、固定 2. 刷防护材料

二、计量规范应用说明

（一）项目特征描述

1. 吊顶形式

吊顶的形式分平面、跌级、悬吊、井格、玻璃等五种形式，项目特征描述时，应区分上人吊顶、不上人吊顶。

2. 龙骨材料种类、中距

常见龙骨材料种类有轻钢龙骨、木龙骨、铝合金龙骨、钢龙骨。龙骨中距指龙骨的中线和相邻龙骨中线之间的距离。

3. 基层材料种类、规格

基层材料指底板或面层背后的加强材料。当吊顶面层为铝塑板、不锈钢或玻璃镜面饰面，一般会有木基层衬板，当面层是石膏板或水泥制品时是不做基层或衬板的。对于衬板如是木质的需做防火处理。基层板一般采用木夹板、胶合板、石膏板等，厚度在 9～12mm 厚即可。

4. 面层材料品种、规格

吊顶面层常采用矿棉板、硅钙板、PVC 板、铝合金板（条板、方板、扣板）、石膏板、埃特板、实木薄板、铝塑板、不锈钢板、镜面玻璃等很多品种，材料规格也很多。

5. 防护材料种类

吊顶的天棚龙骨和基层材料是木质的需做防火处理，金属材料需做防锈和防火处理。项目特征描述时，木质材料参照木结构工程中的项目特征进行描述，金属材料参照金属结构工程中的项目特征进行描述。

（二）清单项目列项

（1）采光天棚骨架不包括在本节中，应单独按第四章第六节金属结构工程中相关项目编码列项。

（2）天棚装饰刷油漆、涂料以及裱糊，按本章第四节油漆、涂料、裱糊工程相应项目编码列项。

三、清单编制实例

（一）背景资料

某工程天棚装修如图 5-2 所示，墙厚均为 240mm，各房间天棚做法如下所示：

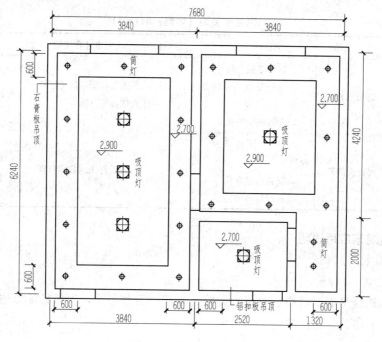

图 5-2　某工程天棚图

1. 客厅、卧室

（1）Φ8 钢筋吊杆，双向中距 1200mm；

（2）T 形轻钢主龙骨 TB24mm×38mm，中距 1200mm；

（3）T 形轻钢次龙骨 TB24mm×28mm，中距 600mm；

（4）12 厚装饰石膏板面层，规格 592mm×592mm。

2. 卫生间

（1）Φ8 钢筋吊杆，中距横向 500mm，纵向 900mm；

（2）U 形轻钢主龙骨 CB50mm×20mm，中距 500mm，用吊件直接吊挂在预留钢筋吊杆下；

（3）U 形轻钢次龙骨 CB50mm×20mm；

（4）0.8 厚铝合金扣板；

（5）钉（粘）铝压条。

（二）问题

根据以上背景资料及国家标准《建设工程工程量清单计价规范》（GB 50500—2013）、《房屋建筑与装饰工程工程量计算规范》（GB 50854—2013），试列出该工程天棚装饰的分部分项工程量清单。

解　该工程天棚装饰清单工程量计算详见表 5 - 27。

表 5 - 27　　　　　　　　　　　**某工程天棚装饰清单工程量计算表**

工程名称：某工程天棚装饰

序号	项目编码	项目名称	工程量计算式	工程量	计量单位
1	011302001001	吊顶天棚（客厅、卧室）	$(3.84-0.24)\times(6.24-0.24)+[(2.52+1.32-0.24)\times(6.24-0.24)-2.52\times2.0]$	38.16	m²
2	011302001002	吊顶天棚（卫生间）	$(2.52-0.24)\times(2.0-0.24)$	4.01	m²

根据表 5 - 27 所示的清单工程量和背景资料的有关信息，该工程天棚装饰分部分项工程量清单如表 5 - 28 所示。

表 5 - 28　　　　　　　　　　**某工程天棚装饰分部分项工程量清单与计价表**

工程名称：某工程天棚装饰

序号	项目编码	项目名称	项目特征	计量单位	工程量	金额	
						综合单价	合价
1	011302001001	吊顶天棚（客厅、卧室）	1. 吊杆形式、规格：Φ8 钢筋吊杆，双向中距 1200mm 2. 龙骨材料种类、规格、中距：T 形轻钢主龙骨 TB24mm×38mm，中距 1200mm；T 形轻钢次龙骨 TB24mm×28mm，中距 600mm 3. 面层材料品种、规格：12 厚装饰石膏板面层，规格 592mm×592mm	m²	38.16		
2	011302001002	吊顶天棚（卫生间）	1. 吊杆形式、规格：Φ8 钢筋吊杆，中距横向 500mm，纵向 900mm 2. 龙骨材料种类、规格、中距：U 形轻钢主龙骨 CB50mm×20mm，中距 500mm；U 形轻钢次龙骨 CB50mm×20mm 3. 面层材料品种、规格：0.8 厚铝合金扣板 4. 压条材料种类：铝压条	m²	4.01		

第四节 油漆、涂料、裱糊工程

一、工程量计算规范

（一）门油漆

门油漆工程量清单项目设置、项目特征描述的内容、计量单位、工程量计算规则应按表 5-29 的规定执行。

表 5-29 门油漆（编号：011401）

项目编码	项目名称	项目特征	计量单位	工程量计算规则	工作内容
011401001	木门油漆	1. 门类型 2. 门代号及洞口尺寸 3. 腻子种类 4. 刮腻子遍数 5. 防护材料种类 6. 油漆品种、刷漆遍数	1. 樘 2. m²	1. 以樘计量，按设计图示数量计算 2. 以平方米计量，按设计图示洞口尺寸以面积计算	1. 基层清理 2. 刮腻子 3. 刷防护材料、油漆
011401002	金属门油漆				1. 除锈、基层清理 2. 刮腻子 3. 刷防护材料、油漆

（二）窗油漆

窗油漆工程量清单项目设置、项目特征描述的内容、计量单位、工程量计算规则应按表 5-30 的规定执行。

表 5-30 窗油漆（编号：011402）

项目编码	项目名称	项目特征	计量单位	工程量计算规则	工作内容
011402001	木窗油漆	1. 窗类型 2. 窗代号及洞口尺寸 3. 腻子种类 4. 刮腻子遍数 5. 防护材料种类 6. 油漆品种、刷漆遍数	1. 樘 2. m²	1. 以樘计量，按设计图示数量计算 2. 以平方米计量，按设计图示洞口尺寸以面积计算	1. 基层清理 2. 刮腻子 3. 刷防护材料、油漆
011402002	金属窗油漆				1. 除锈、基层清理 2. 刮腻子 3. 刷防护材料、油漆

（三）木扶手及其他板条、线条油漆

木扶手及其他板条、线条油漆工程量清单项目设置、项目特征描述的内容、计量单位、工程量计算规则应按表 5-31 的规定执行。

表 5 - 31 　　　　　　木扶手及其他板条、线条油漆（编号：011403）

项目编码	项目名称	项目特征	计量单位	工程量计算规则	工作内容
011403001	木扶手油漆	1. 断面尺寸 2. 腻子种类 3. 刮腻子遍数 4. 防护材料种类 5. 油漆品种、刷漆遍数	m	按设计图示尺寸以长度计算	1. 基层清理 2. 刮腻子 3. 刷防护材料、油漆
011403002	窗帘盒油漆				
011403003	封檐板、顺水板油漆				
011403004	挂衣板、黑板框油漆				
011403005	挂镜线、窗帘棍、单独木线油漆				

（四）木材面油漆

木材面油漆工程量清单项目设置、项目特征描述的内容、计量单位、工程量计算规则应按表 5 - 32 的规定执行。

表 5 - 32 　　　　　　　　木材面油漆（编号：011404）

项目编码	项目名称	项目特征	计量单位	工程量计算规则	工作内容
011404001	木板、纤维板、胶合板油漆	1. 腻子种类 2. 刮腻子遍数 3. 防护材料种类 4. 油漆品种、刷漆遍数	m²	按设计图示尺寸以面积计算	1. 基层清理 2. 刮腻子 3. 刷防护材料、油漆
011404002	木护墙、木墙裙油漆				
011404003	窗台板、筒子板、盖板、门窗套、踢脚线油漆				
011404004	清水板条天棚、檐口油漆				
011404005	木方格吊顶天棚油漆				
011404006	吸音板墙面、天棚面油漆				
011404007	暖气罩油漆				
011404008	木间壁、木隔断油漆			按设计图示尺寸以单面外围面积计算	
011404009	玻璃间壁露明墙筋油漆				
011404010	木栅栏、木栏杆（带扶手）油漆				
011404011	衣柜、壁柜油漆			按设计图示尺寸以油漆部分展开面积计算	
011404012	梁柱饰面油漆				
011404013	零星木装修油漆				
011404014	木地板油漆			按设计图示尺寸以面积计算。空洞、空圈、暖气包槽、壁龛的开口部分并入相应的工程量内	
011404015	木地板烫硬蜡面	1. 硬蜡品种 2. 面层处理要求			1. 基层清理 2. 烫蜡

（五）金属面油漆

金属面油漆工程量清单项目设置、项目特征描述的内容、计量单位、工程量计算规则应按表 5-33 的规定执行。

表 5-33 金属面油漆（编号：011405）

项目编码	项目名称	项目特征	计量单位	工程量计算规则	工作内容
011405001	金属面油漆	1. 构件名称 2. 腻子种类 3. 刮腻子要求 4. 防护材料种类 5. 油漆品种、刷漆遍数	1. t 2. m²	1. 以 t 计量，按设计图示尺寸以质量计算 2. 以 m² 计量，按设计展开面积计算	1. 基层清理 2. 刮腻子 3. 刷防护材料、油漆

（六）抹灰面油漆

抹灰面油漆工程量清单项目设置、项目特征描述的内容、计量单位、工程量计算规则应按表 5-34 的规定执行。

表 5-34 抹灰面油漆（编号：011406）

项目编码	项目名称	项目特征	计量单位	工程量计算规则	工作内容
011406001	抹灰面油漆	1. 基层类型 2. 腻子种类 3. 刮腻子遍数 4. 防护材料种类 5. 油漆品种、刷漆遍数	m²	按设计图示尺寸以面积计算	1. 基层清理 2. 刮腻子 3. 刷防护材料、油漆
011406002	抹灰线条油漆	1. 线条宽度、道数 2. 腻子种类 3. 刮腻子遍数 4. 防护材料种类 5. 油漆品种、刷漆遍数	m	按设计图示尺寸以长度计算	
011406003	满刮腻子	1. 基层类型 2. 腻子种类 3. 刮腻子遍数	m²	按设计图示尺寸以面积计算	1. 基层清理 2. 刮腻子

（七）喷刷涂料

喷刷涂料工程量清单项目设置项目特征描述的内容、计量单位、工程量计算规则应按表 5-35 的规定执行。

表 5 - 35　　　　　　　　　　　　　　喷刷涂料（编号：011407）

项目编码	项目名称	项目特征	计量单位	工程量计算规则	工作内容
011407001	墙面喷刷涂料	1. 基层类型 2. 喷刷涂料部位 3. 腻子种类	m²	按设计图示尺寸以面积计算	1. 基层清理 2. 刮腻子 3. 刷、喷涂料
011407002	天棚喷刷涂料	4. 刮腻子要求 5. 涂料品种、喷刷遍数			
011407003	空花格、栏杆刷涂料	1. 腻子种类 2. 刮腻子遍数 3. 涂料品种、刷喷遍数		按设计图示尺寸以单面外围面积计算	1. 基层清理 2. 刮腻子 3. 刷、喷涂料
011407004	线条刷涂料	1. 基层清理 2. 线条宽度 3. 刮腻子遍数 4. 刷防护材料、油漆	m	按设计图示尺寸以长度计算	
011407005	金属构件刷防火涂料	1. 喷刷防火涂料构件名称 2. 防火等级要求 3. 涂料品种、喷刷遍数	1. t 2. m²	1. 以 t 计量，按设计图示尺寸以质量计算 2. 以 m² 计量，按设计展开面积计算	1. 基层清理 2. 刷防护材料、油漆
011407006	木材构件喷刷防火涂料	1. 喷刷防火涂料构件名称 2. 防火等级要求 3. 涂料品种、喷刷遍数	m²	以 m² 计量，按设计图示尺寸以面积计算	1. 基层清理 2. 刷防火材料

（八）裱糊

裱糊工程量清单项目设置、项目特征描述的内容、计量单位、工程量计算规则应按表 5 - 36 的规定执行。

表 5 - 36　　　　　　　　　　　　　　裱糊（编号：011408）

项目编码	项目名称	项目特征	计量单位	工程量计算规则	工作内容
011408001	墙纸裱糊	1. 基层类型 2. 裱糊部位 3. 腻子种类 4. 刮腻子遍数 5. 黏结材料种类 6. 防护材料种类 7. 面层材料品种、规格、颜色	m²	按设计图示尺寸以面积计算	1. 基层清理 2. 刮腻子 3. 面层铺粘 4. 刷防护材料
011408002	织锦缎裱糊				

二、计量规范应用说明

(一)项目特征描述

(1)以平方米计量,项目特征可不必描述洞口尺寸。

(2)喷刷涂料的部位要注明内墙或外墙。

(二)清单项目列项

(1)木门油漆应区分木大门、单层木门、双层(一玻一纱)木门、双层(单裁口)木门、全玻自由门、半玻自由门、装饰门及有框门或无框门等项目,分别编码列项。

(2)木窗油漆应区分单层木门、双层(一玻一纱)木窗、双层框扇(单裁口)木窗、双层框三层(二玻一纱)木窗、单层组合窗、双层组合窗、木百叶窗、木推拉窗等项目,分别编码列项。

(3)金属门油漆应区分平开门、推拉门、钢质防火门列项。

(4)金属窗油漆应区分平开窗、推拉窗、固定窗、组合窗、金属隔栅窗分别列项。

(5)扶手应区分带托板与不带托板,分别编码列项,若是木栏杆代扶手,木扶手不应单独列项,应包含在木栏杆油漆中。

三、清单编制实例

(一)背景资料

某工程装修平面图如图 5 - 1 所示,墙厚均为 240mm,客厅、卧室墙面高度均为 2.7m。客厅墙面刷乳胶漆,卧室墙面贴壁纸(对花)。装饰做法如下:

1. 客厅

(1)乳胶漆 3 遍;

(2)满刮 2~3 厚柔性耐水腻子分遍找平;

(3)砖墙。

2. 卧室

(1)贴壁纸(对花),在纸背面和墙上均刷专用胶粘剂;

(2)满刮 2~3 厚柔性耐水腻子分遍找平;

(3)7 厚 1:0.3:2.5 水泥石灰膏砂浆压实抹光;

(4)7 厚 1:0.3:3 水泥石灰膏砂浆找平;

(5)7 厚 1:1:6 水泥石灰膏砂浆打底扫毛;

(6)砖墙。

(二)问题

根据以上背景资料及国家标准《建设工程工程量清单计价规范》(GB 50500—2013)、《房屋建筑与装饰工程工程量计算规范》(GB 50854—2013),试列出该工程客厅、卧室墙面装饰的分部分项工程量清单。

解 该工程客厅、卧室墙面装饰清单工程量计算详如表 5 - 37 所示。

表 5 - 37 　　　　　某工程客厅、卧室墙面装饰清单工程量计算表

工程名称：某工程客厅、卧室墙面装饰

序号	项目编码	项目名称	工程量计算式	工程量	计量单位
1	011406001001	抹灰面油漆（客厅）	$[(3.84-0.24)+(6.24-0.24)]\times2\times2.7-1.8\times1.6-0.8\times2.1\times2=51.84-2.88-1.68\times2$	45.6	m²
2	011408001001	墙纸裱糊（卧室）	$[(3.84-0.24)+(6.24-0.24)]\times2\times2.7-1.8\times1.6-0.8\times2.1-0.7\times2.1=51.84-2.88-1.68-1.47$	45.81	m²

根据上表所示的清单工程量和背景资料的有关信息，该工程客厅、卧室墙面装饰分部分项工程量清单如表 5 - 38 所示。

表 5 - 38 　　　　某工程客厅、卧室墙面装饰分部分项工程量清单与计价表

工程名称：某工程客厅、卧室墙面装饰

序号	项目编码	项目名称	项目特征	计量单位	工程量	金额	
						综合单价	合价
1	011406001001	抹灰面油漆（客厅）	1. 基层类型：抹灰面 2. 腻子种类：柔性耐水腻子 3. 刮腻子遍数：2 遍 4. 油漆品种、刷漆遍数：乳胶漆 3 遍	m²	45.6		
2	011408001001	墙纸裱糊（卧室）	1. 基层类型：抹灰面 2. 裱糊部位：墙面 3. 腻子种类：柔性耐水腻子 4. 刮腻子遍数：2 遍 5. 黏结材料种类：专用胶粘剂 6. 面层材料品种、规格：壁纸（有图案）	m²	45.81		

第五节　其他装饰工程

一、工程量计算规范

（一）柜类、货架

柜类、货架工程量清单项目设置、项目特征描述的内容、计量单位、工程量计算规则应按表 5 - 39 的规定执行。

表 5 - 39   柜类、货架（编号：011501）

项目编码	项目名称	项目特征	计量单位	工程量计算规则	工作内容
011501001	柜台	1. 台柜规格 2. 材料种类、规格 3. 五金种类、规格 4. 防护材料种类 5. 油漆品种、刷漆遍数	1. 个 2. m 3. m³	1. 以个计量，按设计图示数量计量 2. 以米计量，按设计图示尺寸以延长米计算 3. 以立方米计量，按设计图示尺寸以体积计算	1. 台柜制作、运输、安装（安放） 2. 刷防护材料、油漆 3. 五金件安装
011501002	酒柜				
011501003	衣柜				
011501004	存包柜				
011501005	鞋柜				
011501006	书柜				
011501007	厨房壁柜				
011501008	木壁柜				
011501009	厨房低柜				
011501010	厨房吊柜				
011501011	矮柜				
011501012	吧台背柜				
011501013	酒吧吊柜				
011501014	酒吧台				
011501015	展台				
011501016	收银台				
011501017	试衣间				
011501018	货架				
011501019	书架				
011501020	服务台				

（二）压条、装饰线

压条、装饰线工程量清单项目设置、项目特征描述的内容、计量单位、工程量计算规则应按表 5 - 40 的规定执行。

表 5 - 40   装饰线（编号：011502）

项目编码	项目名称	项目特征	计量单位	工程量计算规则	工作内容
011502001	金属装饰线	1. 基层类型 2. 线条材料品种、规格、颜色 3. 防护材料种类	m	按设计图示尺寸以长度计算	1. 线条制作、安装 2. 刷防护材料
011502002	木质装饰线				
011502003	石材装饰线				
011502004	石膏装饰线				
011502005	镜面玻璃线	1. 基层类型 2. 线条材料品种、规格、颜色 3. 防护材料种类			
011502006	铝塑装饰线				
011502007	塑料装饰线				

（三）扶手、栏杆、栏板装饰

扶手、栏杆、栏板装饰工程量清单项目的设置、项目特征描述的内容、计量单位、工程量计算规则应按表5-41执行。

表5-41　　　　　　　　　　扶手、栏杆、栏板装饰（编码：011503）

项目编码	项目名称	项目特征	计量单位	工程量计算规则	工作内容
011503001	金属扶手、栏杆、栏板	1. 扶手材料种类、规格 2. 栏杆材料种类、规格 3. 栏板材料种类、规格、颜色 4. 固定配件种类 5. 防护材料种类	m	按设计图示以扶手中心线长度（包括弯头长度）计算	1. 制作 2. 运输 3. 安装 4. 刷防护材料
011503002	硬木扶手、栏杆、栏板				
011503003	塑料扶手、栏杆、栏板				
011503004	GRC栏杆、扶手	1. 基层类型 2. 线条规格 3. 线条安装部位 4. 填充材料种类			
011503005	金属靠墙扶手	1. 扶手材料种类、规格、品牌 2. 固定配件种类 3. 防护材料种类			
011503006	硬木靠墙扶手				
011503007	塑料靠墙扶手				
011503008	玻璃栏板	1. 栏杆玻璃的种类、规格、颜色 2. 固定方式 3. 固定配件种类		按设计图示以扶手中心线长度（包括弯头长度）计算	1. 制作 2. 运输 3. 安装 4. 刷防护材料

（四）暖气罩

暖气罩工程量清单项目设置、项目特征描述的内容、计量单位、工程量计算规则、应按表5-42的规定执行。

表5-42　　　　　　　　　　暖气罩（编号：011504）

项目编码	项目名称	项目特征	计量单位	工程量计算规则	工作内容
011504001	饰面板暖气罩	1. 暖气罩材质 2. 防护材料种类	m^2	按设计图示尺寸以垂直投影面积（不展开）计算	1. 暖气罩制作、运输、安装 2. 刷防护材料、油漆
011504002	塑料板暖气罩				
011504003	金属暖气罩				

（五）浴厕配件

浴厕配件工程量清单项目设置、项目特征描述的内容、计量单位、工程量计算规则应按表 5 - 43 的规定执行。

表 5 - 43　　　　　　　　　　浴厕配件（编号：011504）

项目编码	项目名称	项目特征	计量单位	工程量计算规则	工作内容
011505001	洗漱台	1. 材料品种、规格、颜色 2. 支架、配件品种、规格	1. m² 2. 个	1. 按设计图示尺寸以台面外接矩形面积计算。不扣除孔洞、挖弯、削角所占面积，挡板、吊沿板面积并入台面面积内 2. 按设计图示数量计算	1. 台面及支架、运输、安装 2. 杆、环、盒、配件安装 3. 刷油漆
011505002	晒衣架			按设计图示数量计算	
011505003	帘子杆		个		
011505004	浴缸拉手				
011505005	卫生间扶手				
011505006	毛巾杆（架）	1. 材料品种、规格、颜色 2. 支架、配件品种、规格	套	按设计图示数量计算	1. 台面及支架制作、运输、安装 2. 杆、环、盒、配件安装 3. 刷油漆
011505007	毛巾环		副		
011505008	卫生纸盒		个		
011505009	肥皂盒				
011505010	镜面玻璃	1. 镜面玻璃品种、规格 2. 框材质、断面尺寸 3. 基层材料种类 4. 防护材料种类	m²	按设计图示尺寸以边框外围面积计算	1. 基层安装 2. 玻璃及框制作、运输、安装
011505011	镜箱	1. 箱材质、规格 2. 玻璃品种、规格 3. 基层材料种类 4. 防护材料种类 5. 油漆品种、刷漆遍数	个	按设计图示数量计算	1. 基层安装 2. 箱体制作、运输、安装 3. 玻璃安装 4. 刷防护材料、油漆

（六）雨篷、旗杆

雨篷、旗杆工程量清单项目设置、项目特征描述的内容、计量单位、工程量计算规则应按表 5 - 44 的规定执行。

表 5 - 44   **雨篷、旗杆（编号：011506）**

项目编码	项目名称	项目特征	计量单位	工程量计算规则	工作内容
011506001	雨篷吊挂饰面	1. 基层类型 2. 龙骨材料种类、规格、中距 3. 面层材料品种、规格 4. 吊顶（天棚）材料品种、规格 5. 嵌缝材料种类 6. 防护材料种类	m²	按设计图示尺寸以水平投影面积计算	1. 底层抹灰 2. 龙骨基层安装 3. 面层安装 4. 刷防护材料、油漆
011506002	金属旗杆	1. 旗杆材料、种类、规格 2. 旗杆高度 3. 基础材料种类 4. 基座材料种类 5. 基座面层材料、种类、规格	根	按设计图示数量计算	1. 土石挖、填、运 2. 基础混凝土浇注 3. 旗杆制作、安装 4. 旗杆台座制作、饰面
011506003	玻璃雨篷	1. 玻璃雨篷固定方式 2. 龙骨材料种类、规格、中距 3. 玻璃材料品种、规格 4. 嵌缝材料种类 5. 防护材料种类	m²	按设计图示尺寸以水平投影面积计算	1. 龙骨基层安装 2. 面层安装 3. 刷防护材料、油漆

（七）招牌、灯箱

招牌、灯箱工程量清单项目设置、项目特征描述的内容、计量单位、应按表 5 - 45 的规定执行。

表 5 - 45   **招牌、灯箱（编号：011507）**

项目编码	项目名称	项目特征	计量单位	工程量计算规则	工作内容
011507001	平面、箱式招牌	1. 箱体规格 2. 基层材料种类 3. 面层材料种类 4. 防护材料种类	m²	按设计图示尺寸以正立面边框外围面积计算。复杂形的凸凹造型部分不增加面积	1. 基层安装 2. 箱体及支架制作、运输、安装 3. 面层制作、安装 4. 刷防护材料、油漆
011507002	竖式标箱				
011507003	灯箱				
011507004	信报箱	1. 箱体规格 2. 基层材料种类 3. 面层材料种类 4. 保护材料种类 5. 户数	个	按设计图示数量计算	

（八）美术字

美术字工程量清单项目设置、项目特征描述的内容、计量单位，应按表5-46的规定执行。

表5-46　　　　　　　　美术字（编号：011508）

项目编码	项目名称	项目特征	计量单位	工程量计算规则	工作内容
011508001	泡沫塑料字	1. 基层类型 2. 镌字材料品种、颜色 3. 字体规格 4. 固定方式 5. 油漆品种、刷漆遍数	个	按设计图示数量计算	1. 字制作、运输、安装 2. 刷油漆
011508002	有机玻璃字				
011508003	木质字				
011508004	金属字				
011508005	吸塑字				

二、计量规范应用说明

（一）项目特征描述

（1）"台柜规格"项目特征以能分记的成品单体长、宽、高来描述，例如：一个组合书柜，分为上下两部分，下部为独立的矮柜，上部为敞开式的书柜。

（2）镜面玻璃和灯箱等的基层材料是指玻璃背后的衬垫材料，如胶合板、油毡等。

（3）装饰线和美术字的基层类型是指装饰依托体的材料，如砖墙、木墙、石墙、混凝土墙、墙面抹灰、钢支架等。

（4）美术字的字体规格以字的外接矩形长、宽和字的厚度表示。

（5）美术字的固定方式有粘贴、焊接以及铁钉、螺栓、铆钉固定等方式。

（二）相关问题说明

（1）旗杆高度指旗杆台座上表面至杆顶。

（2）本节其他装饰工程部分清单子目包含刷防护涂料、油漆等项目特征，投标报价时应包含在报价内。

三、清单编制实例

（一）背景资料

某六层学生宿舍楼工程，设计每楼层为双跑楼梯，楼梯不上至屋面，即楼梯只到六层地面，每跑楼梯栏杆的中心线长度为2.52m，楼梯栏杆大样如图5-3所示。

（二）问题

根据以上背景资料及《建设工程工程量清单计价规范》（GB 50500—2013）、《房屋建筑与装饰工程工程量计算规范》（GB 50854—2013），试列出该工程楼梯栏杆的分部分项工程量清单。

解　该工程楼梯栏杆清单工程量计算详见表5-47。

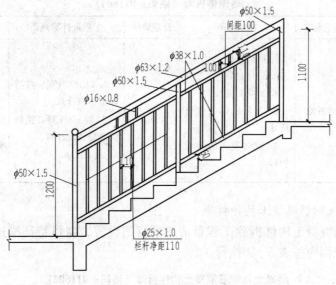

图 5-3　楼梯栏杆大样图

表 5-47　　　　　　　　某学生宿舍楼工程清单工程量计算表

工程名称：某学生宿舍楼工程

序号	项目编码	项目名称	工程量计算式	工程量	计量单位
1	011503001001	楼梯栏杆	2.52×2×5＝25.20	25.20	m

根据表 5-47 的清单工程量和背景资料的有关信息，该工程楼梯栏杆分部分项工程量清单如表 5-48 所示。

表 5-48　　　　　　　　某学生宿舍楼工程分部分项工程量清单与计价表

工程名称：某学生宿舍楼工程

序号	项目编码	项目名称	项目特征	计量单位	工程量	金额	
						综合单价	合价
1	011503001001	楼梯栏杆	1. 扶手材料种类、规格：$\phi63×1.2$ 不锈钢管 2. 栏杆材料种类、规格：不锈钢管、规格和间距详见图 5-3	m	25.20		

第六节　拆　除　工　程

一、工程量计算规范

（一）砖砌体拆除

砖砌体拆除工程量清单项目设置、项目特征描述的内容、计量单位，应按表 5-49 的规定执行。

表 5 - 49 **砖砌体拆除（编码：011601）**

项目编码	项目名称	项目特征	计量单位	工程量计算规则	工作内容
011601001	砖砌体拆除	1. 砌体名称 2. 砌体材质 3. 拆除高度 4. 拆除砌体的截面尺寸 5. 砌体表面的附着物种类	1. m³ 2. m	1. 以 m³ 计量，按拆除的体积计算 2. 以 m 计量，按拆除的延长米计算	1. 拆除 2. 控制扬尘 3. 清理 4. 建渣场内、外运输

（二）混凝土及钢筋混凝土构件拆除

混凝土及钢筋混凝土构件拆除工程量清单项目的设置、项目特征描述的内容、计量单位、工程量计算规则应按表 5 - 50 执行。

表 5 - 50 **混凝土及钢筋混凝土构件拆除（编码：011602）**

项目编码	项目名称	项目特征	计量单位	工程量计算规则	工作内容
011602001	混凝土构件拆除	1. 构件名称 2. 拆除构件的厚度或规格尺寸 3. 构件表面的附着物种类	1. m³ 2. m² 3. m	1. 以 m³ 计量，按拆除构件的混凝土体积计算 2. 以 m² 计量，按拆除部位的面积计算 3. 以 m 计量，按拆除部位的延长米计算	1. 拆除 2. 控制扬尘 3. 清理 4. 建渣场内、外运输
011602002	钢筋混凝土构件拆除				

（三）木构件拆除

木构件拆除工程量清单项目的设置、项目特征描述的内容、计量单位、工程量计算规则应按表 5 - 51 执行。

表 5 - 51 **木构件拆除（编码：011603）**

项目编码	项目名称	项目特征	计量单位	工程量计算规则	工作内容
011603001	木构件拆除	1. 构件名称 2. 拆除构件的厚度或规格尺寸 3. 构件表面的附着物种类	1. m³ 2. m² 3. m	1. 以 m³ 计算，按拆除构件的混凝土体积计算 2. 以 m² 计算，按拆除面积计算 3. 以 m 计算，按拆除延长米计算	1. 拆除 2. 控制扬尘 3. 清理 4. 建渣场内、外运输

（四）抹灰层拆除

抹灰层拆除工程量清单项目的设置、项目特征描述的内容、计量单位、工程量计算规则应按表 5 - 52 执行。

表 5-52　　　　　　　　　　抹灰面拆除（编码：011604）

项目编码	项目名称	项目特征	计量单位	工程量计算规则	工作内容
011604001	平面抹灰层拆除	1. 拆除部位 2. 抹灰层种类	m²	按拆除部位的面积计算	1. 拆除 2. 控制扬尘 3. 清理 4. 建渣场内、外运输
011604002	立面抹灰层拆除				
011604003	天棚抹灰面拆除				

（五）块料面层拆除

块料面层拆除工程量清单项目的设置、项目特征描述的内容、计量单位、工程量计算规则应按表 5-53 执行。

表 5-53　　　　　　　　　　块料面层拆除（编码：011605）

项目编码	项目名称	项目特征	计量单位	工程量计算规则	工作内容
011605001	平面块料拆除	1. 拆除的基层类型 2. 饰面材料种类	m²	按拆除面积计算	1. 拆除 2. 控制扬尘 3. 清理 4. 建渣场内、外运输
011605002	立面块料拆除				

（六）龙骨及饰面拆除

龙骨及饰面拆除工程量清单项目的设置、项目特征描述的内容、计量单位、工程量计算规则应按表 5-54 执行。

表 5-54　　　　　　　　　　龙骨及饰面拆除（编码：011606）

项目编码	项目名称	项目特征	计量单位	工程量计算规则	工作内容
011606001	楼地面龙骨及饰面拆除	1. 拆除的基层类型 2. 龙骨及饰面种类	m²	按拆除面积计算	1. 拆除 2. 控制扬尘 3. 清理 4. 建渣场内、外运输
011606002	墙柱面龙骨及饰面拆除				
011606003	天棚面龙骨及饰面拆除				

（七）屋面拆除

屋面拆除工程量清单项目的设置、项目特征描述的内容、计量单位、工程量计算规则应按表 5-55 执行。

表 5 - 55 **屋面拆除（编码：011607）**

项目编码	项目名称	项目特征	计量单位	工程量计算规则	工作内容
011607001	刚性层拆除	刚性层厚度	m²	按铲除部位的面积计算	1. 铲除 2. 控制扬尘 3. 清理 4. 建渣场内、外运输
011607002	防水层拆除	防水层种类			

（八）铲除油漆涂料裱糊面

铲除油漆涂料裱糊面工程量清单项目的设置、项目特征描述的内容、计量单位、工程量计算规则应按表 5 - 56 执行。

表 5 - 56 **铲除油漆涂料裱糊面（编码：011608）**

项目编码	项目名称	项目特征	计量单位	工程量计算规则	工作内容
011608001	铲除油漆面	1. 铲除部位名称 2. 铲除部位的截面尺寸	1. m² 2. m	1. 以 m² 计算，按铲除部位的面积计算 2. 以 m 计算，按铲除部位的延长米计算	1. 铲除 2. 控制扬尘 3. 清理 4. 建渣场内、外运输
011608002	铲除涂料面				
011608003	铲除裱糊面				

（九）栏杆栏板、轻质隔断隔墙拆除

栏杆栏板、轻质隔断隔墙拆除工程量清单项目的设置、项目特征描述的内容、计量单位、工程量计算规则应按表 5 - 57 执行。

表 5 - 57 **栏杆、轻质隔断隔墙拆除（编码 011609）**

项目编码	项目名称	项目特征	计量单位	工程量计算规则	工作内容
011609001	栏杆、栏板拆除	1. 栏杆（板）的高度 2. 栏杆、栏板种类	1. m² 2. m	1. 以 m² 计量，按拆除部位的面积计算 2. 以 m 计量，按拆除的延长米计算	1. 拆除 2. 控制扬尘 3. 清理 4. 建渣场内、外运输
011609002	隔断隔墙拆除	1. 拆除隔墙的骨架种类 2. 拆除隔墙的饰面种类	m²	按拆除部位的面积计算	

（十）门窗拆除

门窗拆除工程量清单项目的设置、项目特征描述的内容、计量单位、工程量计算规则应按表 5 - 58 执行。

表 5 - 58　　　　　　　　　　门窗拆除（编码：011610）

项目编码	项目名称	项目特征	计量单位	工程量计算规则	工作内容
011610001	木门窗拆除	1. 室内高度 2. 门窗洞口尺寸	1. m² 2. 樘	1. 以 m² 计算，按拆除面积计算 2. 以樘计量，按拆除樘数计算	1. 拆除 2. 控制扬尘 3. 清理 4. 建渣场内、外运输
011610002	金属门窗拆除				

（十一）金属构件拆除

金属构件拆除工程量清单项目的设置、项目特征描述的内容、计量单位、工程量计算规则应按表 5 - 59 执行。

表 5 - 59　　　　　　　　　　金属构件拆除（编码：011611）

项目编码	项目名称	项目特征	计量单位	工程量计算规则	工作内容
011611001	钢梁拆除	1. 构件名称 2. 拆除构件的规格尺寸	1. t 2. m	1. 以 t 计算，按拆除构件的质量计算 2. 以 m 计算，拆除延长米计算	1. 拆除 2. 控制扬尘 3. 清理 4. 建渣场内、外运输
011611002	钢柱拆除				
011611003	钢网架拆除		t	按拆除构件的质量计算	
011611004	钢支撑、钢墙架拆除		1. t 2. m	1. 以 t 计算，按拆除构件的质量计算 2. 以 m 计算，按拆除延长米计算	
011611005	其他金属构件拆除				

（十二）管道及卫生洁具拆除

管道及卫生洁具拆除工程量清单项目的设置、项目特征描述的内容、计量单位、工程量计算规则应按表 5 - 60 执行。

表 5 - 60　　　　　　　　　　管道及卫生洁具拆除（编码：011612）

项目编码	项目名称	项目特征	计量单位	工程量计算规则	工作内容
011612001	管道拆除	1. 管道种类、材质 2. 管道上的附着物种类	m	按拆除管道的延长米计算	1. 拆除 2. 控制扬尘 3. 清理 4. 建渣场内、外运输
011612002	卫生洁具拆除	卫生洁具种类	1. 套 2. 个	按拆除的数量计算	

（十三）灯具、玻璃拆除

灯具、玻璃拆除工程量清单项目的设置、项目特征描述的内容、计量单位、工程量计算规则应按表5-61执行。

表5-61 灯具、玻璃拆除（编码：011613）

项目编码	项目名称	项目特征	计量单位	工程量计算规则	工作内容
011613001	灯具拆除	1. 拆除灯具高度 2. 灯具种类	套	按拆除的数量计算	1. 拆除 2. 控制扬尘 3. 清理 4. 建渣场内、外运输
011613002	玻璃拆除	1. 玻璃厚度 2. 拆除部位	m²	按拆除的面积计算	

（十四）其他构件拆除

其他构件拆除工程量清单项目的设置、项目特征描述的内容、计量单位、工程量计算规则按表5-62执行。

表5-62 其他构件拆除（编码：011614）

项目编码	项目名称	项目特征	计量单位	工程量计算规则	工作内容
011614001	暖气罩拆除	暖气罩材质	1. 个 2. m	1. 以个为单位计量，按拆除个数计算 2. 以m为单位计量，按拆除的延长米计算	1. 拆除 2. 控制扬尘 3. 清理 4. 建渣场内、外运输
011614002	柜体拆除	1. 柜体材质 2. 柜体尺寸：长、宽、高			
011614003	窗台板拆除	窗台板平面尺寸	1. 块 2. m	1. 以块计量，按拆除数量计算 2. 以m计量，按拆除的延长米计算	
011614004	筒子板拆除	筒子板的平面尺寸			
011614005	窗帘盒拆除	窗帘盒的平面尺寸	m	按拆除的延长米计算	
011614006	窗帘轨拆除	窗帘轨的材质			

（十五）开孔（打洞）

开孔（打洞）工程量清单项目的设置、项目特征描述的内容、计量单位、工程量计算规则应按表5-63执行。

表5-63 开孔（打洞）（编码：011615）

项目编码	项目名称	项目特征	计量单位	工程量计算规则	工作内容
011615001	开孔（打洞）	1. 部位 2. 打洞部位材质 3. 洞尺寸	个	按数量计算	1. 拆除 2. 控制扬尘 3. 清理 4. 建渣场内、外运输

二、计量规范应用说明

（一）项目特征描述

（1）以米计量，如砖地沟、砖明沟等必须描述拆除部位的截面尺寸；以立方米计量，截面尺寸则不必描述。

（2）以立方米作为计量单位时，可不描述构件的规格尺寸，以平方米作为计量单位时，则应描述构件的厚度，以米作为计量单位时，则必须描述构件的规格尺寸。

（3）拆除木构件应按木梁、木柱、木楼梯、木屋架、承重木楼板等分别在构件名称中描述。

（4）抹灰层种类可描述为一般抹灰或装饰抹灰。

（5）如仅拆除块料层，拆除的基层类型不用描述。

（6）拆除的基层类型的描述指砂浆层、防水层、干挂或挂贴所采用的钢骨架层等。

（7）基层类型的描述指砂浆层、防水层等。

（8）如仅拆除龙骨及饰面，拆除的基层类型不用描述。

（9）如只拆除饰面，不用描述龙骨材料种类。

（10）铲除部位名称的描述指墙面、柱面、天棚、门窗等。

（11）按米计量，必须描述铲除部位的截面尺寸，以平方米计量时，则不用描述铲除部位的截面尺寸。

（12）以 m^2 计量，不用描述栏杆（板）的高度。

（13）门窗拆除以 m^2 计量。不用描述门窗的洞口尺寸。室内高度指室内楼地面至门窗的上边框。

（14）拆除部位的描述指门窗玻璃、隔断玻璃、墙玻璃、家具玻璃等。

（15）开孔（打洞）部位可描述为墙面或楼板。

（16）打洞部位材质可描述为页岩砖或空心砖或钢筋混凝土等。

（二）清单项目列项

（1）单独拆除抹灰层应按表 5-52 项目编码列项。

（2）单独铲除油漆涂料裱糊面的工程按表 5-56 编码列项。

（3）拆除金属栏杆、栏板按表 5-57 相应清单编码执行。

（三）相关问题及说明

（1）砌体名称指墙、柱、水池等。

（2）砌体表面的附着物种类指抹灰层、块料层、龙骨及装饰面层等。

（3）双轨窗帘轨拆除按双轨长度分别计算工程量。

三、清单编制实例

（一）背景资料

某老年公寓维修改造工程，拟增加一台电梯，需拆除 200mm 厚空心砖墙一道，砖砌体仅做了抹灰层。拆除部位如图 5-4 所示。

（二）问题

根据以上背景资料及《建设工程工程量清单计价规范》（GB 50500—2013）、《房屋建筑与装饰工程工程量计算规范》（GB 50854—2013），试列出该工程砖砌体拆除的分部分项工程量清单。

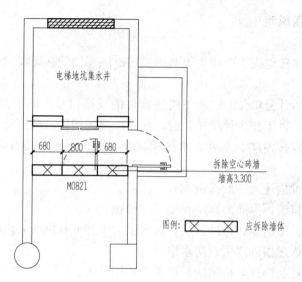

图 5-4　拆除墙体示意图

解　该工程砖砌体拆除清单工程量计算详见表 5-64。

表 5-64　　　　　　　　某老年公寓维修改造工程清单工程量计算表

工程名称：某老年公寓维修改造工程

序号	项目编码	项目名称	工程量计算式	工程量	计量单位
1	011601001001	砖砌体拆除	$0.2 \times (0.68 + 0.8 + 0.68) \times 3.30 = 1.43$	1.43	m³

根据表 5-64 的清单工程量和背景资料的有关信息，该工程砖砌体拆除的分部分项工程量清单如表 5-65 所示。

表 5-65　　　　　　　某老年公寓维修改造工程分部分项工程量清单与计价表

工程名称：某工程砖砌体拆除

序号	项目编码	项目名称	项目特征	计量单位	工程量	金额	
						综合单价	合价
1	011601001001	砖砌体拆除	1. 砌体名称：墙 2. 砌体材质：空心砖 3. 拆除高度：3.3m 4. 砌体表面的附着物种类：抹灰层	m³	1.43		

第五章　房屋装饰工
程工程量清单

第六章 措 施 项 目

第一节 脚 手 架 工 程

一、清单工程量计算规范

脚手架工程量清单项目设置、项目特征描述的内容、计量单位及工程量计算规则，应按表 6-1 的规定执行。

表 6-1　　　　　　　　　　　　脚手架工程（011701）

项目编码	项目名称	项目特征	计量单位	工程量计算规则	工作内容
011701001	综合脚手架	1. 建筑结构形式 2. 檐口高度	m²	按建筑面积计算	1. 场内、场外材料搬运 2. 搭、拆脚手架、斜道、上料平台 3. 安全网的铺设 4. 选择附墙点与主体连接 5. 测试电动装置、安全锁等 6. 拆除脚手架后材料的堆放
011701002	外脚手架	1. 搭设方式 2. 搭设高度 3. 脚手架材质		按所服务对象的垂直投影面积计算	1. 场内、场外材料搬运 2. 搭、拆脚手架、斜道、上料平台 3. 安全网的铺设 4. 拆除脚手架后材料的堆放
011701003	里脚手架				
011701004	悬空脚手架	1. 搭设方式 2. 悬挑宽度 3. 脚手架材质		按搭设的水平投影面积计算	
011701005	挑脚手架		m	按搭设长度乘以搭设层数以延长米计算	
011701006	满堂脚手架	1. 搭设方式 2. 搭设高度 3. 脚手架材质		按搭设的水平投影面积计算	
011701007	整体提升架	1. 搭设方式及启动装置 2. 搭设高度	m²	按所服务对象的垂直投影面积计算	1. 场内、场外材料搬运 2. 搭、拆脚手架、斜道、上料平台 3. 安全网的铺设 4. 选择附墙点与主体连接 5. 测试电动装置、安全锁等 6. 拆除脚手架后材料的堆放
011701008	外装饰吊篮	1. 升降方式及启动装置 2. 搭设高度及吊篮型号			1. 场内、场外材料搬运 2. 吊篮的安装 3. 测试电动装置、安全锁、平衡控制器等 4. 吊篮的拆卸

二、计量规范应用说明

（一）《计量规范》使用说明

（1）使用综合脚手架时，不再使用外脚手架、里脚手架等单项脚手架；综合脚手架适用于能够按"建筑面积计算规则"计算建筑面积的建筑工程脚手架，不适用于房屋夹层、构筑物及附属工程脚手架。

（2）同一建筑物有不同檐高时，按建筑物竖向切面分别按不同檐高编列清单项目。

（3）整体提升架已包括 2 米高的防护架体设施。

（4）建筑面积计算按《建筑面积计算规范》（GB/T 50353—2013）。

（5）脚手架材质可以不描述，但应注明由投标人根据工程实际情况按照《建筑施工扣件式钢管脚手架安全技术规范》、《建筑施工附着升降脚手架管理规定》等规范自行确定。

（二）重庆地区定额说明

1. 综合脚手架

（1）凡能够按"建筑面积计算规则"计算建筑面积的建筑工程均按综合脚手架定额计算脚手架摊销费。

（2）综合脚手架已综合考虑了砌筑、浇筑、吊装、抹灰、油漆涂料等脚手架费用。综合脚手架应分单层、多层和不同檐高。按不同檐高的建筑面积分别计算工程量，套用相应综合脚手架项目，如图 6-1 所示。①～②轴间按 12m 以内计算脚手架，②～③轴间按 48m 以内计算脚手架，③～④轴间按 24m 以内计算脚手架。

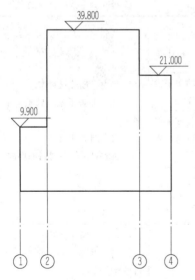

图 6-1　不同檐高综合脚手架
计算示意图

（3）檐口高度系指檐口滴水高度，平屋顶系指屋面板底高度，凸出屋面的电梯间、水箱间不计算檐高。

（4）重庆定额中檐口高度在 48m 以上的综合脚手架中，外墙脚手架是按提升架综合编制的，实际施工不同时，不作调整。

2. 外脚手架

（1）砌砖工程高度在 3.6m 以上者按外脚手架计算，不扣除门窗洞口和空圈等所占面积。

（2）独立砖柱高度在 3.6m 以上者，按柱外围周长加 3.6m 乘实砌高度按单排脚手架计算。

（3）独立混凝土柱按柱外围周长加 3.6m 乘以浇筑高度按单排脚手架计算。

（4）砌石工程（包括砌块）高度超过 1m 时，按外脚手架计算。

（5）独立石柱高度在 3.6m 以上者，按柱外围周长加 3.6m 乘实砌高度按外脚手架工程量计算。

（6）凡高度超过 1.2m 的室外混凝土贮水（油）池、贮仓、设备基础均以构筑物的外围周长乘高度按外脚手架计算。

（7）浇筑设备基础脚手架的高度从基础垫层上表面开始计算。

（8）围墙在 3.6m 以上者按外脚手架计算。高度从自然地坪至围墙顶计算，长度按墙中心线计算，不扣除门所占面积，但门柱和独立门柱的砌筑脚手架不增加。

3. 里脚手架

(1) 砌砖工程高度在 1.35～3.6m 以内者，按里脚手架计算，扣除门窗洞口和空圈等所占面积。

(2) 独立砖柱高度在 3.6m 以内，则按柱外围周长乘实砌高度按里脚手架计算。

4. 满堂脚手架

满堂基础计算脚手架对满堂基础的深度无限制。

(1) 满堂基础脚手架工程量按其底板面积计算。满堂基础按满堂脚手架基本层子目的 50％计算脚手架摊销费，人工不变。

(2) 高度在 3.6m 以上的天棚装饰，按满堂脚手架项目乘以系数 0.3 计算脚手架摊销费，人工不变。

(3) 满堂式钢管支架工程量按支撑现浇项目的水平投影面积乘以支撑高度以立方米计算，不扣除垛、柱所占的体积。

三、工程量清单编制实例

1. 综合脚手架

【例 6-1】　某综合楼 12 层，框架剪力墙结构，高度不同。底层层高为 6.0m，其余层数层高为 3.3m，如图 6-2 所示，计算综合脚手架工程量，并编制措施项目清单。

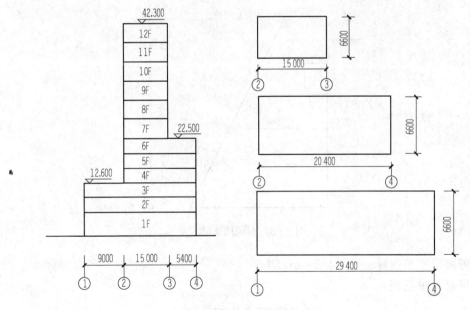

图 6-2　综合楼

解　综合脚手架工程量根据层高应分三段计算：

(1) ①～②轴线间

　　　　檐高 18m 以内综合脚手架工程量＝9.0×6.6×3＝178.20m²

(2) ②～③轴线间

　　　　檐高 48m 以内综合脚手架工程量＝15×6.6×12＝1188.00m²

(3) ③～④轴线间

　　　　檐高 24m 以内综合脚手架工程量＝5.4×6.6×6＝213.84m²

措施项目清单见表 6 - 2。

表 6 - 2　　　　　　　　　　　　**单价措施项目清单与计价表**

工程名称：某综合楼　　　　　　　　　标段：　　　　　　　　　　第　页　共　页

序号	项目编码	项目名称	项目特征	计量单位	工程量
1	011701001001	综合脚手架	1. 建筑结构形式：框架剪力墙结构 2. 檐口高度：18m 以内	m²	178.20
2	011701001002	综合脚手架	1. 建筑结构形式：框架剪力墙结构 2. 檐口高度：24m 以内	m²	213.84
3	011701001003	综合脚手架	1. 建筑结构形式：框架剪力墙结构 2. 檐口高度：48m 以内	m²	1188.00

2. 外脚手架

【例 6 - 2】　某河道整治工程石砌挡土墙长 15m，断面如图 6 - 3 所示，求石砌挡土墙脚手架工程量，并编制措施项目清单。

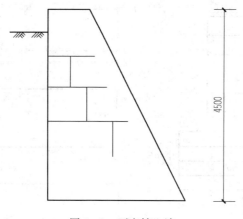

图 6 - 3　石砌挡土墙

解　外脚手架工程量＝15×4.5＝67.50m²

措施项目清单见表 6 - 3。

表 6 - 3　　　　　　　　　　　　**单价措施项目清单与计价表**

工程名称：某河道整治工程　　　　　　标段：　　　　　　　　　　第　页　共　页

序号	项目编码	项目名称	项目特征	计量单位	工程量
1	011701002001	外脚手架	1. 搭设方式：双排脚手架 2. 搭设高度：12m 以内 3. 脚手架材质：钢管	m²	67.50

3. 里脚手架

【例6-3】 某工程砖围墙，如图6-4所示，求砖围墙脚手架工程量，并编制措施项目清单。

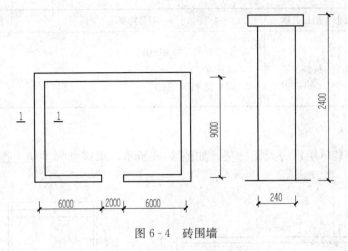

图6-4 砖围墙

解 砖围墙脚手架工程＝[(6.0＋2.0＋6.0－0.24)×2]×2.4＋[(9.0－0.24)×2]×2.4
＝108.10m²

措施项目清单见表6-4。

表6-4　　　　　　　　　　　单价措施项目清单与计价表

工程名称：某工程　　　　　　　　　　　　标段：　　　　　　　　　　　　　第　页　共　页

序号	项目编码	项目名称	项目特征	计量单位	工程量
1	011701003001	里脚手架	1. 搭设方式：单排脚手架 2. 搭设高度：3.6m以内 3. 脚手架材质：钢管	m²	108.10

4. 挑脚手架

【例6-4】 某综合楼工程四层，如图6-5所示，搭设脚手架进行正立面二次装饰，每层挑脚手架搭设长度为18m，悬挑宽度为1.5m。求挑脚手架工程量，并编制措施项目清单。

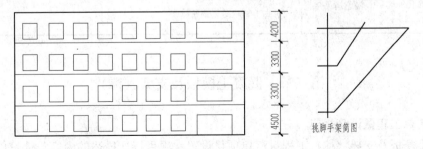

图6-5 挑脚手架

解 挑脚手架工程量＝18×4＝72.00m

措施项目清单见表6-5。

表6-5 **单价措施项目清单与计价表**

工程名称：某综合楼工程　　　　　　　　　标段：　　　　　　　　　　第　页　共　页

序号	项目编码	项目名称	项目特征	计量单位	工程量
1	011701005001	挑脚手架	1. 搭设方式：同层挑出 2. 悬挑宽度：1.5m 3. 脚手架材质：钢管	m	72.00

5. 满堂脚手架

【例6-5】 某单层厂房天棚抹灰，如图6-6所示，求满堂脚手架工程量，并编制措施项目清单。

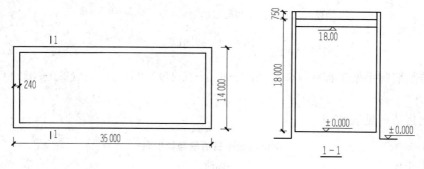

图6-6 满堂脚手架

解 基本层满堂脚手架工程量＝(35.0－0.24×2)×(14.0－0.24×2)＝466.71(m²)

增加层满堂脚手架数量＝(18.0－5.2)÷1.2＝10.66层，（按11个增加层计算）。

措施项目清单见表6-6。

表6-6 **单价措施项目清单与计价表**

工程名称：某单层厂房　　　　　　　　　标段：　　　　　　　　　　第　页　共　页

序号	项目编码	项目名称	项目特征	计量单位	工程量
1	011701006001	满堂脚手架	1. 搭设高度：18m 2. 脚手架材质：钢管	m²	466.71

第二节　混凝土模板及支架（撑）

一、清单工程量计算规范

混凝土模板及支架（撑）工程量清单项目设置、项目特征描述的内容、计量单位及工程量计算规则，应按表6-7的规定执行。

表 6 - 7 　　　　　　　　　混凝土模板及支架（撑）（编码：011702）

项目编码	项目名称	项目特征	计量单位	工程量计算规则	工作内容
011702001	基础	基础类型	m²	按模板与现浇混凝土构件的接触面积计算 1. 现浇钢筋混凝土墙、板单孔面积≤0.3m²的孔洞不予扣除，洞侧壁模板亦不增加；单孔面积>0.3m²时应予扣除，洞侧壁模板面积并入墙、板工程量内计算 2. 现浇框架分别按梁、板、柱有关规定计算；附墙柱、暗梁、暗柱并入墙内工程量内计算 3. 柱、梁、墙、板相互连接的重叠部分，均不计算模板面积 4. 构造柱按图示外露部分计算模板面积	1. 模板制作 2. 模板安装、拆除、整理堆放及场外运输 3. 清理模板黏结物及模板内杂物、刷隔离剂等
011702002	矩形柱	柱截面尺寸			
011702003	构造柱				
011702004	异形柱	柱截面形状			
011702005	基础梁	梁截面形状			
011702006	矩形梁	支撑高度			
011702007	异形梁	1. 梁截面形状 2. 支撑高度			
011702008	圈梁	梁截面形状			
011702009	过梁				
011702010	弧形、拱形梁	1. 梁截面形状 2. 支撑高度			
011702011	直形墙			按模板与现浇混凝土构件的接触面积计算 1. 现浇钢筋混凝土墙、板单孔面积≤0.3m²的孔洞不予扣除，洞侧壁模板亦不增加；单孔面积>0.3m²时应予扣除，洞侧壁模板面积并入墙、板工程量内计算 2. 现浇框架分别按梁、板、柱有关规定计算；附墙柱、暗梁、暗柱并入墙内工程量内计算 3. 柱、梁、墙、板相互连接的重叠部分，均不计算模板面积 4. 构造柱按图示外露部分计算模板面积	
011702012	弧形墙				
011702013	短肢剪力墙 电梯井壁				
011702014	有梁板				
011702015	无梁板				
011702016	平板	支撑高度			
011702017	拱板				
011702018	薄壳板				
011702019	空心板				
011702020	其他板				
011702021	栏板				
011702022	天沟、檐沟	构件类型		按模板与现浇构件的接触面积计算	
011702023	雨篷、悬挑板、阳台板	1. 构件类型 2. 板厚度		按图示外挑部分尺寸的水平投影面积计算，挑出墙外的悬臂梁及板边不另计算	

续表

项目编码	项目名称	项目特征	计量单位	工程量计算规则	工作内容
011702024	楼梯	类型	m²	按楼梯（包括休息平台、平台梁、斜梁和楼层板的连接梁）的水平投影面积计算，不扣除宽度≤500mm的楼梯井所占面积，楼梯踏步、踏步板、平台梁等侧面模板不另计算，伸入墙内部分亦不增加	1. 模板制作 2. 模板安装、拆除、整理堆放及场外运输 3. 清理模板黏结物及模板内杂物、刷隔离剂等
011702025	其他构件现浇	构件类型		按模板与现浇混凝土构件的接触面积计算	
011702026	电缆沟、地沟	1. 沟类型 2. 沟截面		按模板与电缆沟、地沟接触面积计算	
011702027	台阶	台阶踏步宽		按图示台阶水平投影面积计算、台阶端头两头不另计算模板面积。架空式混凝土台阶，按现浇楼梯计算	
011702028	扶手	扶手断面尺寸		按模板与扶手的基础面积	
011702029	散水			按模板与散水的接触面积计算	
011702030	后浇带	后浇带部位		按模板与后浇带的接触面积计算	
011702031	化粪池	1. 化粪池部位 2. 化粪池规格		按模板与混凝土接触面积计算	
011702032	检查井	1. 检查井的部位 2. 检查井的规格			

注 重庆地区在工作内容中增加了一条：对拉螺栓（片）。

二、计量规范应用说明

（一）《计量规范》使用说明

（1）原槽浇灌的混凝土基础、垫层，不计算模板。重庆地区规定原槽浇灌的混凝土需要计算混凝土充盈系数，与土壤或岩石接触面（即支模板面）宽度方向每边加20mm计算。

（2）混凝土模板及支撑（架）项目，只适用于以平方米计量，按模板与混凝土构件的接触面积计算，以"立方米"计量，模板及支撑（支架）不再单列，按混凝土及钢筋混凝土实体项目执行，综合单价中应包含模板及支架。

（3）采用清水模板时，应在项目特征中注明。

（4）若现浇混凝土梁、板支撑高度超过 3.6m 时，项目特征应描述支撑高度。

（二）项目特征描述说明

1. 基础类型

基础（011702001）项目特征"基础类型"指的是：垫层、带形基础、独立基础、满堂基础、桩承台基础、设备基础、杯形基础等。

2. 柱截面形状

异形柱（011702004）项目特征"柱截面形状"根据地区计价定额特点进行描述，例如重庆地区可以描述为：圆形柱、多边形柱。

3. 梁截面形状

基础梁（011702005）、弧形梁或拱形梁（011702010）中的项目特征"梁截面形状"根据设计图纸可描述为：矩形、T 形、L 形、十字形、其他形状等；异形梁（011702007）T形、L 形、十字形、其他形状等。

4. 支撑高度

梁和板的支撑高度在 3.6m 以内时可以不描述，或者描述为"3.6m 以内"；支撑超过3.6m 时，可以根据设计图纸采用具体的高度数值进行描述。建议把混凝土超高支撑单独列为清单子目，这时项目特征可以描述为"3.6m 以上每增加 1m"。

5. 楼梯类型

楼梯（011702024）项目特征"类型"指的是直形楼梯、弧形楼梯、螺旋楼梯等。

6. 构件的类型

其他现浇构件（011702025）中的"构件的类型"项目特征是指压顶、扶手、垫块、隔热板、花格等零星现浇混凝土构件名称。

7. 后浇带部位

后浇带（011702030）项目特征"后浇带部位"指的是梁、板（包括基础底板）、墙等部位。

8. 化粪池部位

化粪池（011702031）项目特征"化粪池部位"指的是池底、池壁、池顶（盖）。

9. 检查井部位

检查井（011702032）项目特征"检查井部位"指的是井底、井壁、井顶（盖）。

三、工程量清单编制实例

【例 6-6】 根据第四章第五节《附录 E 混凝土及钢筋混凝土工程》的某工程结施图纸：柱施工图（图 4-25）、地梁施工图（图 4-26）、屋面层梁配筋图（图 4-27）、屋面层板配筋图（图 4-28）、结施大样图（图 4-29）的背景材料，根据以上背景资料及国家标准《建设工程工程量清单计价规范》（GB 50500—2013）、《房屋建筑与装饰工程工程量计算规范》（GB 50854—2013），模板以平方米为计量单位，试列出混凝土模板及支架（撑）的措施项目工程量清单。

解 清单工程量计算详见表 6-8。

表 6 - 8　　　　　　　　**清单工程量计算表**

工程名称：某工程

序号	项目编码	清单项目名称	工程量计算式	工程量合计	计量单位
1	011702001001	垫层	DL_1：$L_1=(15.38-0.5-0.8-0.5)\times2=27.16m$ DL_2：$L_2=(5.7-0.5-0.5)\times3=14.10m$ DL_3：$L_3=(5.7-0.225-0.225)\times2=10.50m$ 扣重叠接头：$0.1\times0.45\times4=0.18m^2$ $S=0.1\times2\times(27.16+14.1+10.5)-0.18=10.17m^2$	10.17	m^2
2	011702001002	基础梁	$DL1$：$L_1=27.16m$ $DL2$：$L_2=14.10m$ $DL3$：$L_3=(5.7-0.125-0.125)\times2=10.90m$ 扣重叠接头：$0.1\times0.25\times4=0.10m^2$ $S=0.6\times2\times(27.16+14.1)+0.4\times2\times10.9-0.1=58.14m^2$	58.14	m^2
3	011702002001	矩形柱	KZ_1：$0.4\times4\times(3.6+0.75)\times4=27.84m^2$ KZ_2：$0.4\times4\times(3.6+0.75)\times2=13.92m^2$ 扣梁重叠接头：$0.2\times0.6\times12+0.2\times0.5\times2=1.64m^2$ $S=27.84+13.92-1.64=40.12m^2$	40.12	m^2
4	011702014001	有梁板	板：$S_1=(15.38+0.2)\times(5.7+0.2)-0.4\times0.4\times6=91.00m^2$ WKL_1：$L_1=(15.38-0.3-0.4-0.3)\times2=28.76m$ WKL_2：$L_2=(5.7-0.3-0.3)\times2=10.20m$ WKL_3：$L_3=(5.7-0.3-0.3)=5.10m$ L_1：$L_4=(5.7-0.1-0.1)\times2=11.00m$ 梁：$S_2=[(0.6-0.12)+(0.6-0.15)]\times(28.76+10.2)+(0.5-0.12)\times2\times(5.1+11)=44.58m^2$ 扣梁重叠接头：$0.2\times0.5\times4=0.40m^2$ 合计：$S=91+44.58-0.4=135.18m^2$	135.18	m^2
5	011702025001	其他构件	①大样：$L=(15.38+0.2+0.15\times2)\times2+(5.7+0.2)\times2=43.56m$ $S=0.15\times3\times43.56=19.60m^2$	19.60	m^2
6	011702023001	雨篷	②大样：$S=[1.2\times2.24+0.3\times(2.24+1.05\times2)+0.18\times(2.24+1.05\times2-0.12\times4)]\times2=9.37m^2$	9.37	m^2
7	011702028001	压顶	①大样：$L=(15.38+0.2+0.15\times2)\times2+(5.7-0.2)\times2=42.76m$ $S=0.45\times42.76=19.24m^2$	19.24	m^2

根据表6-8的清单工程量和背景资料的有关信息，分部分项工程量清单如表6-9所示。

表6-9　　　　　　　　　　　　　单价措施项目清单与计价表

工程名称：某工程

序号	项目编码	项目名称	项目特征	计量单位	工程量	金额	
						综合单价	合价
1	010501001001	垫层	部位：地梁	m²	10.17		
2	010503001001	基础梁	梁截面形状：矩形	m²	58.14		
3	010502001001	矩形柱	周长：2m以内	m²	40.12		
4	010505001001	有梁板	支撑高度：3.6m以内	m²	135.18		
5	010507007001	其他构件	构件类型：混凝土线条	m²	19.60		
6	010505008001	雨篷	1. 构件类型：悬挑构件 2. 板厚度：120mm	m²	9.37		
7	010507005001	压顶	断面尺寸：150mm×350mm	m²	19.24		

第三节　垂直运输及超高施工增加

一、清单工程量计算规范

（1）垂直运输工程量清单项目设置、项目特征描述的内容、计量单位及工程量计算规则，应按表6-10的规定执行。

表6-10　　　　　　　　　　　　　垂直运输（编码：011703）

项目编码	项目名称	项目特征	计量单位	工程量计算规则	工作内容
011703001001	垂直运输	1. 建筑物建筑类型及结构形式 2. 地下室建筑面积 3. 建筑物檐口高度层数	1. m² 2. 天	1. 按建筑面积计算 2. 按施工工期日历天数	1. 垂直运输机械的固定装置、基础制作、安装 2. 行走式垂直运输机械轨道的铺设、拆除、摊销

注　重庆地区在工程内容修改为：

1. 在施工工期内完成全部工程项目所需要的垂直运输机械台班。

2. 合同工期期间垂直运输机械的修理与保养。

（2）超高施工增加工程量清单项目设置、项目特征描述的内容、计量单位及工程量计算规则，应按表6-11的规定执行。

表 6-11 **超高施工增加（编码：011704）**

项目编码	项目名称	项目特征	计量单位	工程量计算规则	工作内容
011704001001	超高施工增加	1. 建筑物建筑类型及结构形式 2. 建筑物檐口高度、层数 3. 单层建筑物檐口高度超过 20m，多层建筑物超过 6 层部分的建筑面积	m²	按建筑物超高部分的建筑面积	1. 建筑物超高引起的人工工效降低以及由于人工工效降低引起的机械降效 2. 高层施工用水加压水的安装、拆除及工作台班 3. 通讯联络设备的使用及摊销

重庆地区补注：在编审招标控制价时，超高施工增加费应按重庆市现行超高降效费计算规则计算。投标报价可参照执行。

二、计量规范应用说明

（一）《计量规范》使用说明

1. 垂直运输

（1）建筑物的檐口高度是指设计室外地坪至檐口滴水的高度（平屋顶系指屋面板底高度），突出主体建筑物屋顶的电梯机房、楼梯出口间、水箱间、瞭望塔、排烟机房等不计入檐口高度。

（2）垂直运输机械指施工工程在合理工期内所需垂直运输机械。

（3）同一建筑物有不同檐高时，按建筑物的不同檐高做纵向分割，分别计算建筑面积，以不同檐高分别编码列项。

2. 超高施工增加

（1）单层建筑物檐口高度超过 20m，多层建筑物超过 6 层时，可按超高部分的建筑面积计算超高施工增加。计算层数时，地下室不计入层数。

（2）同一建筑物有不同檐高时，可按不同高度的建筑面积分别计算建筑面积，以不同檐高分别编码列项。

（二）重庆地区定额说明

（1）垂直运输及超高人工、机械降效包括单位工程在合理工期内完成全部工程项目所需的垂直运输机械台班和建筑物檐口高度 20m 以上的人工、机械降效及加压水泵的增加台班。不包括机械的场外运输、一次安拆及路基铺垫和轨道铺拆等的台班。

（2）建筑物的檐高，指设计室外地坪至檐口的高度，不包括突出建筑物屋顶的电梯间、楼梯间等的高度，但突出主体建筑物顶计算建筑面积的电梯间、水箱间等应分别计入不同檐口高度总面积内。构筑物的高度，指从设计室外地坪至构筑物顶面的高度，顶面非水平的以结构的最高点为准。

（3）凡建筑物檐口高度超过 20m 以上者都应计算建筑物超高人工、机械降效费。建筑物垂直运输及超高人工、机械降效的面积按照脚手架工程章节综合脚手架面积执行。地下室工程的垂直运输按"建筑面积计算规则"确定的面积计算，并入上层工程量内套用相应定额。若垂直运输机械布置于地下室底层时，高度应以布置点的地下室底板顶标高至檐口的高度计算，执行相应檐口高度的垂直运输子目。

（4）同一建筑物有几个不同室外地坪和檐口标高时，应按相应的设计室外地坪标高至檐口高度分别计算工程量，执行不同檐高子目，如图6-7所示。①～②轴间按50m以内计算檐口高度，②～③轴间按80m以内计算檐口高度，③～④轴间按90m以内计算檐口高度。

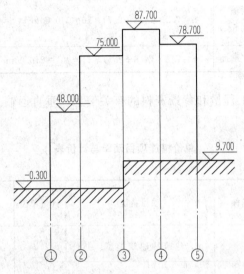

图6-7 不同檐高垂直运输计算示意图

（5）檐高3.6m以内的单层建筑，不计算垂直运输机械。

三、工程量清单编制实例

【**例6-7**】 某办公楼如图6-8所示，设计为框架结构。施工组织设计中垂直运输采用塔式起重机400kN·m，设计室外地坪−0.60m，10层主楼屋面板顶标高+36.00m，4层辅楼屋面板顶标高+12.00m。根据以上背景资料及《建设工程工程量清单计价规范》（GB 50500—2013）、《房屋建筑与装饰工程工程量计算规范》（GB 50854—2013），试列出垂直运输及超高施工增加的措施项目工程量清单。

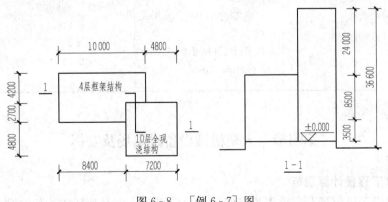

图6-8 〔例6-7〕图

解 清单工程量计算详见表6-12。

表 6 - 12 清 单 工 程 量 计 算 表

序号	项目编码	清单项目名称	工程量计算式	工程量	计量单位
1	011703001001	垂直运输 (檐高 12.6m)	$S=10\times(4.8+2.7)\times4-2.7\times(10.8-8.4)\times4=274.08m^2$	274.08	m^2
2	011703001002	垂直运输 (檐高 36.6m)	$S=7.2\times(4.8+2.7)\times10=540.00m^2$	540.00	m^2
3	011703001001	超高施工增加	$S=7.2\times(4.8+2.7)\times(10-6)=216.00m^2$	216.00	m^2

根据表 6 - 12 的清单工程量和背景资料的有关信息,垂直运输及超高施工增加的措施项目清单见表 6 - 13。

表 6 - 13 单价措施项目清单与计价表

工程名称:某工程

序号	项目编码	项目名称	项目特征	计量单位	工程量	金额	
						综合单价	合价
1	011703001001	垂直运输 (檐高 12.6m)	1. 建筑物建筑类型:办公楼、框架结构 2. 建筑物檐口高度:20m 以内、4 层	m^2	274.08		
2	011703001002	垂直运输 (檐高 36.6m)	1. 建筑物建筑类型:办公楼、框架结构 2. 建筑物檐口高度:36.6m 以内、10 层	m^2	540.00		
3	011703001001	超高施工增加	1. 建筑物建筑类型:办公楼、框架结构 2. 建筑物檐口高度:36.60m、10 层 3. 多层建筑物超过 6 层部分的建筑面积:216m²	m^2	216.00		

第四节 大型机械设备进出场及安拆

一、清单工程量计算规范

大型机械设备进出场及安拆工程量清单项目的设置、项目特征描述的内容、计量单位及工程量计算规则应按表 6 - 14 执行。

表 6-14　　　　　　　　　　大型机械设备进出场及安拆（编码：011705）

项目编码	项目名称	项目特征	计量单位	工程量计算规则	工作内容
011705001	大型机械设备进出场及安拆	1. 机械设备名称 2. 机械设备规格型号	台次	按使用机械设备的数量计算	1. 安拆费包括施工机械、设备在施工现场进行安装、拆卸所需的人工、材料、机械、试运转费用以及机械辅助设施的折旧、搭设、拆除等费用 2. 进出场费包括施工机械、设备整体或分体自停放场地运至施工现场或由一个施工地点运至另一个施工地点所发生的运输、装卸、辅助材料等费用

注　重庆地区在工作内容中增加了两条：

1. 垂直运输机械的固定装置、基础制作、安装。

2. 行走式垂直运输机械轨道的铺设、拆除、摊销。

二、计量规范使用说明

（一）项目特征释义

1. 机械设备名称

根据原建设部 2001 年《全国统一施工机械台班费用编制规则》中关于施工机械分类及机型规格划分以下十二类：

（1）土石方及筑路机械。例如推土机、挖掘机、压路机等。

（2）桩工机械。例如拔桩机、压桩机、打桩机等。

（3）起重机械。例如履带式起重机、轮胎式起重机、汽车式起重机等。

（4）水平运输机械。例如自卸汽车、平板拖车、载货汽车等。

（5）垂直运输机械。例如塔式起重机、自升式塔式起重机等。

（6）混凝土及砂浆机械。例如混凝土搅拌机、灰浆搅拌机等。

（7）加工机械。例如钢筋调直机、钢筋弯曲机、木工刨床、卷板机等。

（8）泵类机械。例如混凝土输送泵、灰浆输送泵、潜水泵、泥浆泵等。

（9）焊接机械。例如交流弧焊机、直流弧焊机、对焊机等。

（10）动力机械。例如柴油发电机、汽油发电机、电动空气压缩机等。

（11）地下工程机械。例如掘进机、成槽机等。

（12）其他机械。例如探伤机、除尘机等。

施工机械的机型按其性能及价值可分为特型、大型、中型、小型四类。

2. 机械设备规格型号

施工机械的机型按其性能及价值可分为特型、大型、中型、小型四类。各类机械具体规格型号可查阅 2012 年《全国统一施工机械台班费用定额》。例如自升式塔式起重机的规格型号摘录如表 6-15 所示。

表 6 - 15　　　　　　　　　**机械设备规格型号（摘录）**

编号	机械名称	机型	规格型号	
3 - 69	自升式塔式起重机	大	起重力矩（t·m）	100
3 - 70	自升式塔式起重机	大	起重力矩（t·m）	125
3 - 71	自升式塔式起重机	大	起重力矩（t·m）	145
3 - 72	自升式塔式起重机	大	起重力矩（t·m）	200
3 - 73	自升式塔式起重机	特	起重力矩（t·m）	300
3 - 74	自升式塔式起重机	特	起重力矩（t·m）	450

（二）重庆地区定额说明

1. 起重机基础及轨道铺拆

（1）起重机固定式基础按座计算，轨道式基础（双轨）按延长米计算。

（2）轨道是按直线双轨（轨重 43kg/m）编制的。如铺设弧线型时，人工、机械乘以系数 1.15。

（3）起重机基础混凝土体积是按 10m³ 以内综合编制的，实际施工塔机基础混凝土体积超过 10m³ 时，超过部分执行混凝土及钢筋混凝土工程章节中相应项目。基础的土石方开挖已含在消耗量中，不另计算。

（4）自升式塔式起重机是按固定式基础、带配重确定的。基础如需增设桩基础时，其桩基础项目另执行基础工程章节中相应子目。不带配重的自升式塔式起重机固定式基础，按施工组织设计或方案另行计算。

（5）起重机轨道式基础铺拆项目未包括钢轨与枕木间增加其他型钢和钢板的用量，发生时另行计算。

（6）起重机轨道式基础项目不适用于自升式塔式起重机行走轨道，自升式塔式起重机行走轨道按施工组织设计或方案另行计算。

（7）施工电梯和混凝土搅拌站的基础按基础工程章节相应项目另行计算。

2. 特、大型机械安装及拆卸

（1）特、大型机械安拆及场外运输按台次计算。

（2）自升式塔机是以塔高 45m 确定的，如塔高超过 45m 时，每增高 10m，安拆项目增加 20%。

（3）塔机安拆高度按建筑物塔机布置点地面至建筑物结构最高点加 3m 计算。

（4）安拆台班中已包括机械安装完毕后的试运转台班，不另计算。

3. 特、大型机械场外运输

（1）机械场外运输是按运距 25km 考虑的。工程施工的周转性材料（脚手架、模板等）、中小型机械 25 公里以上的超运距费用发生时按实计算。

（2）机械场外运输综合考虑了机械施工完毕后回程的台班，不另计算。

（3）自升式塔机是以塔高 45m 确定的，如塔高超过 45m 时，每增高 10m，场外运输项目增加 10%。

（4）被背行的机械不计场外运输费，被拖行的机械按台班单价的 50% 计算场外运输费，上、下自行的机械只计上、下车的台班费，运、拖以上机械的机械按实计算场外运输费。机械施工完毕的回程费按以上规定计算。

（5）因地形所限或其他原因，大型机械安装、拆卸必需使用特种机械，如何计算费用？

答：发生时，按特种机械使用台班数量和台班单价计算。

三、工程量清单编制实例

【**例6-8**】 《某酒店塔吊基础施工方案》部分内容摘录如下。

1. 工程概况

某酒店为一栋15层商业酒店，其中群楼4层，塔楼11层，下设3层地下室（局部1层），建筑面积约21448.02m²，其中地下室部分7921.92m²，地上部分13526.1m²，地下室深度13.7m，地面建筑总高度65m。

2. 塔吊概况

塔吊基础施工方案中规定该工程施工计划设置塔吊1台，采用广州五羊建设机械有限公司生产的QTZ80（6010）型塔吊，该塔吊独立式起升高度为45m，附着式起升高度达150m（本工程实际使用搭设高度约95m），工作臂长60m（本工程由于周边建筑物限制，实际使用工作臂长约42m），最大起重量6t，公称起重力矩为800kN·m。

综合该工程地质条件及现场实际情况，参照《某酒店岩土工程勘察报告》及工程设计图纸，本塔吊基础采用天然地基基础。

3. 塔吊生产厂家提供的说明书中对塔吊基础的部分要求

（1）地基基础的土质应均匀夯实，要求承载能力大于20t/m²；底面为6000mm×6000mm的正方形，塔吊基础大样图如图6-9所示。

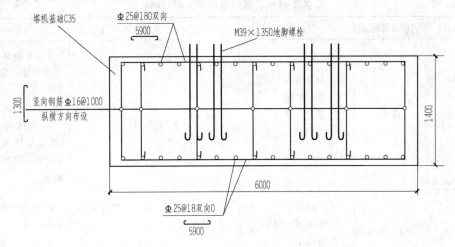

图6-9 塔吊基础大样图

（2）基础混凝土强度不低于C35，在基础内预埋地脚螺栓，分布钢筋和受力钢筋。

（3）基础表面应平整，并校水平。基础与基础节下面四块连接板连接处应保证水平，其水平度不大于1/1000。

（4）基础必须做好接地措施，接地电阻不大于4Ω。

（5）基础必须做好排水措施，保证基础面及地脚螺栓不受水浸，同时做好基础保护措施，防止基础受雨水冲洗，淘空基础周边泥土。

根据以上背景资料及《建设工程工程量清单计价规范》（GB 50500—2013）、《房屋建筑与装饰工程工程量计算规范》（GB 50854—2013），试列出该塔吊的大型机械设备进出场及安拆的措施项目工程量清单。

解　根据背景资料的有关信息，垂直运输及超高施工增加的措施项目清单见表6-16。

表6-16　　　　　　　　　　　单价措施项目清单与计价表

工程名称：某工程

序号	项目编码	项目名称	项目特征	计量单位	工程量	金额	
						综合单价	合价
1	011705001001	大型机械设备进出场及安拆	1. 机械设备名称：QTZ80（6010）型塔吊 2. 机械设备规格型号：800kN·m	台次	1		

第五节　施工排水、降水

一、清单工程量计算规范

施工排水、降水工程量清单项目的设置、项目特征描述的内容、计量单位及工程量计算规则应按表6-17执行。

表6-17　　　　　　　　　　施工排水、降水（编码：011706）

项目编码	项目名称	项目特征	计量单位	工程量计算规则	工作内容
011706001	成井	1. 成井方式 2. 地层情况 3. 成井直径 4. 井（滤）管类型、直径	m	按设计图示尺寸以钻孔深度计算	1. 准备钻孔机械、埋设护筒、钻机就位；泥浆制作、固壁；成孔、出渣、清孔等 2. 对接上、下井管（滤管），焊接，安放，下滤料，洗井，连接试抽等
011706002	排水、降水	1. 机械规格型号 2. 降排水管规格	1. 昼夜 2. 台班	1. 按排、降水日历天数计算 2. 以台班计量，按机械台班数量计算	1. 管道安装、拆除、场内搬运等 2. 抽水、值班、降水设备维修等

注　1. 相应专项设计不具备时，可按暂估量计算。
　　2. 台班计量单位是重庆地区做出的补充规定。

二、重庆地区定额说明

（1）挖孔桩挖土石方项目未考虑边排水边施工的工效损失，如遇边排水边施工时，抽水机台班和排水用工按实签证，挖孔人工按相应挖孔桩土方子目人工乘以系数1.3，石方子目人工乘以系数1.2。

（2）施工排水、降水抽水机械是间断进行运转，重庆市规定按实签证机械台班数量确定确定方法是：同一工作日签证机械累计工作四小时以内为半个台班，八小时以内为一个台班。

三、工程量清单编制实例

【例6-9】 《某工程基坑井点降水施工方案》部分内容摘录如下：

（1）场地含水层划分及特征：场区地下水主要为地表层水，粉土、粉砂土，透水性强，含水层。

（2）降水施工方案采用轻型井点，轻型井点降水平面布置如图6-10所示，降水30天。

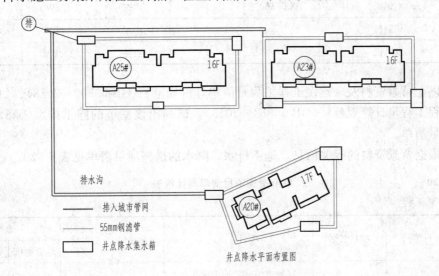

图6-10 轻型井点降水平面布置图

（3）料供应计划表如表6-18所示。

表6-18 主要材料供应计划表

序号	材料名称	单位	数量	备注
1	φ48井点管	m	416	壁厚3mm镀锌管
2	连接管	m	100	
3	φ89总管	m	105	壁厚4mm镀锌管
4	铅丝	捆	3	8#
5	砂砾	m³	3	粗砂与砾石
6	柴油	L	500	

（4）主要施工机械设备如表6-19所示。

表6-19 主要施工机械设备表

序号	设备、机具名称	规格型号	数量	产地	功率	备注
1	高压水泵	100TSW-7	1			
2	凿孔冲击管	Φ219×8mm	2			7m长

续表

序号	设备、机具名称	规格型号	数量	产地	功率	备注
3	水枪	$\phi50\times5$mm	2			
4	滤管	$\phi48$	53	广东	23kW	壁厚3mm
5	离心水泵	QJD-60	6	柳州	7.5kW	
6	拔管机	SH-30	1	广东		
7	拔管器	ZSB-60	2	成都	7.5kW	
8	电焊机	BX3-500	1	广东	15kW	
9	切割机		1	广东	7.5kW	
10	发电机		2	韶关	120kW	备用

根据以上背景资料及《建设工程工程量清单计价规范》（GB 50500—2013）、《房屋建筑与装饰工程工程量计算规范》（GB 50854—2013），试列出该基坑的施工排水、降水的措施项目工程量清单。

解　根据背景资料的有关信息，施工排水、降水的措施项目清单见表 6-20。

表 6-20　　　　　　　　　　　　单价措施项目清单与计价表

工程名称：某工程

序号	项目编码	项目名称	项目特征	计量单位	工程量	金额	
						综合单价	合价
1	011706001001	成井	1. 成井方式：冲击成孔 2. 地层情况：一、二类土 3. 成井直径：200mm 4. 井（滤）管类型、直径：井管厚3mm镀锌管、滤管厚4mm镀锌管	m	416		
2	01170600201	排水、降水	1. 机械规格型号：100TSW-7高压水泵 2. 降排水管规格：100mm	昼夜	30		
3	01170600202	排水、降水	1. 机械规格型号：QJD-60离心水泵 2. 降排水管规格：60mm	昼夜	30		

第六节　安全文明施工及其他措施项目

一、清单工程量计算规范

安全文明施工及其他措施项目工程量清单项目的设置、项目特征描述的内容、计量单位及工程量计算规则应按表 6-21 执行。

表 6 - 21　　　　　　　安全文明施工及其他措施项目（编码：011707）

项目编码	项目名称	工作内容及包含范围
011707001	安全文明施工	1. 环境保护：现场施工机械设备降低噪声、防扰民措施；水泥和其他易飞扬细颗粒建筑材料密闭存放或采取覆盖措施等；工程防扬尘洒水；土石方、建渣外运车辆防护措施等；现场污染源的控制、生活垃圾清理外运、场地排水排污措施；其他环境保护措施 2. 文明施工："五牌一图"；现场围挡的墙面美化（包括内外粉刷、刷白、标语等）、压顶装饰；现场厕所便槽刷白、贴面砖，水泥砂浆地面或地砖，建筑物内临时便溺设施；其他施工现场临时设施的装饰装修、美化措施；现场生活卫生设施；符合卫生要求的饮水设备、淋浴、消毒等设施；生活用洁净燃料；防煤气中毒、防蚊虫叮咬等措施；施工现场操作场地的硬化；现场绿化、治安综合治理；现场配备医药保健器材、物品和急救人员培训；用于现场工人的防暑降温、电风扇、空调等设备及用电；其他文明施工措施 3. 安全施工：安全资料、特殊作业专项方案的编制，安全施工标志的购置及安全宣传；"三宝"（安全帽、安全带、安全网）、"四口"（楼梯口、电梯井口、通道口、预留洞口），"五临边"（阳台围边、楼板围边、屋面围边、槽坑围边、卸料平台两侧），水平防护架、垂直防护架、外架封闭等防护；施工安全用电，包括配电箱三级配电、两级保护装置要求、外电防护措施；起重机、塔吊等起重设备（含井架、门架）及外用电梯的安全防护措施（含警示标志）及卸料平台的临边防护、层间安全门、防护棚等设施；建筑工地起重机械的检验检测；施工机具防护棚及其围栏的安全保护设施；施工安全防护通道；工人的安全防护用品、用具购置；消防设施与消防器材的配置；电气保护、安全照明设；其他安全防护措施 4. 临时设施：施工现场采用彩色、定型钢板，砖、混凝土砌块等围挡的安砌、维修、拆除；施工现场临时建筑物、构筑物的搭设、维修、拆除，如临时宿舍、办公室、食堂、厨房、厕所、诊疗所、临时文化福利用房、临时仓库、加工场、搅拌台、临时简易水塔、水池等；施工现场临时设施的搭设、维修、拆除，如临时供水管道、临时供电管线、小型临时设施等；施工现场规定范围内临时简易道路铺设，临时排水沟、排水设施安砌、维修、拆除；其他临时设施搭设、维修、拆除
011707002	夜间施工	1. 夜间固定照明灯具和临时可移动照明灯具的设置、拆除 2. 夜间施工时，施工现场交通标志、安全标牌、警示灯等的设置、移动、拆除 3. 包括夜间照明设备摊销及照明用电、施工人员夜班补助、夜间施工劳动效率降低等
011707003	非夜间施工照明	为保证工程施工正常进行，在如地下室等特殊施工部位施工时所采用的照明设备的安拆、维护、摊销及照明用电等
011707004	二次搬运	由于施工场地条件限制而发生的材料、成品、半成品等一次运输不能到达堆放地点，必须进行二次或多次搬运

续表

项目编码	项目名称	工作内容及包含范围
011707005	冬雨季施工	1. 冬雨（风）季施工时增加的临时设施（防寒保温、防雨、防风设施）的搭设、拆除 2. 冬雨（风）季施工时，对砌体、混凝土等采用的特殊加温、保温和养护措施 3. 冬雨（风）季施工时，施工现场的防滑处理、对影响施工的雨雪的清除 4. 包括冬雨（风）季施工时增加的临时设施的摊销、施工人员的劳动保护用品、冬雨（风）季施工劳动效率降低等
011707006	地上、地下设施、建筑物的临时保护设施	在工程施工过程中，对已建成的地上、地下设施和建筑物进行的遮盖、封闭、隔离等必要保护措施
011707007	已完工程及设备保护	对已完工程及设备采取的覆盖、包裹、封闭、隔离等必要保护措施

注 本表所列项目应根据工程实际情况计算措施项目费用，需分摊的应合理计算摊销费用。

二、重庆地区安全文明施工措施项目

重庆地区把安全文明施工措施项目清单分成安全文明施工专项费项目（见表 6-22）和安全文明施工按实计算项目（见表 6-23）。

表 6-22　　　　　　　　　安全文明施工专项费项目（编码：011707）

项目编码	项目名称	工作内容及包含范围
011707001	安全文明施工专项费用	一、安全施工 1. 安全施工专项方案及安全资料的编制费用 2. 安全施工标志及标牌的购置、安装费用 3. "四口"（楼梯口、电梯井口、通道口、预留洞口）、"五临边"（阳台边、楼板边、屋面周边、槽坑周边、卸料平台两侧）的安全防护费用 4. 施工安全用电的三级配电箱、两级保护装置、外电保护措施费 5. 起重机、塔吊及施工升降机的安全防护措施费用 6. 建筑工地起重机械的特种检测检验费用 7. 现场施工机具操作区安全保护设施费用 8. 其他安全防护措施费用 二、文明施工 1. "六牌二图"费用 2. 临时围挡墙面的美化（内外抹灰、刷白、标语、彩绘等）、维护、保洁费用 3. 现场临时办公及生活设施包括办公、宿舍、食堂、厕所、淋浴房、盥洗处、医疗保健室、学习娱乐活动室等墙地面贴砖、地面硬化等装饰装修费用，以及符合安全、卫生、通风、采光、防火要求的设施费用 4. 现场出入口及施工操作场地硬化费用 5. 车辆冲洗设施及冲洗保洁费用、现场卫生保洁费用 6. 现场临时绿化费用 7. 控制扬尘、噪声、废气费用 8. 临时设施的保温隔热措施费用 9. 临时占道施工协助交通管理费用 10. 其他文明施工费用

表 6 - 23　　　　　　　　　　安全文明施工按实计算项目（编码：011707）

项目编码	项目名称	项目特征	计量单位	工程量计算规则	工作内容
011707B01	建筑物垂直封闭	1. 封闭材料品种 2. 垂直封闭部位	m²	按建筑物封闭面的垂直投影面积以平方米计算	1. 封闭材料搭拆 2. 材料运输
011707B02	垂直防护架	1. 架料品种 2. 防护材料品种		按垂直防护架高度（从自然地坪算至最上层横杆）乘两边立杆之间距离以平方米计算	1. 防护架料的搭拆 2. 材料运输
011707B03	水平防护架	1. 架料品种 2. 防护材料品种		按防护板的水平投影面积以平方米计算	1. 防护架料的搭拆 2. 材料运输
011707B04	安全防护通道	1. 架料品种 2. 防护材料品种		按安全防护通道防护顶板的水平投影面积以平方米计算	1. 防护架料的搭拆 2. 材料运输
011707B05	现场临时道路硬化	1. 垫层材料品种、厚度 2. 面层材料品种、厚度		按道路硬化面积以平方米计算	1. 路基整理 2. 垫层铺设 3. 面层铺设
011707B06	远程监控设备安装、使用及设施摊销费	1. 监控点数 2. 监控面积	项	按单位工程以项计算	远程监控设备安装、使用
011707B07	建筑垃圾清运费用	运输距离	m³	按建筑垃圾体积以立方米计算	1. 运输 2. 弃渣
011707B08	易洒漏物质密闭运输	运输材料种类		按运输材料体积以立方米计算	密闭运输

三、重庆地区其他措施项目

重庆地区其他措施项目见表 6 - 24。

表 6 - 24　　　　　　　　　　其他措施项目（编码：011707）

项目编码	项目名称	工作内容及包含范围
011707002	夜间施工	因夜间施工所发生的夜班补助费、夜间施工降效、夜间施工照明设备摊销及照明用电等费用
011707003	非夜间施工照明	为保证工程施工正常进行，在地下室等特殊施工部位施工时所采用的照明设备的安拆、维护、摊销及照明用电等费用
011707004	二次搬运	因施工场地材料、成品、半成品必须发生的二次、多次搬运费用

续表

项目编码	项目名称	工作内容及包含范围
011707005	冬雨季施工	冬雨季施工增加的设施、劳保用品、防滑、排除雨雪的人工及劳动效率降低等费用
011707006	地上、地下设施、建筑物的临时保护措施	在工程施工过程中,对已建成的地上、地下、周边建筑物、构筑物、文物、园林绿化和电力、通信、给排水、油、天然气管线等城市基础设施进行覆盖、封闭、隔离等必要保护措施所发生的安全防护费用
011707007	已完工程及设备保护	竣工验收前,对已完工程及设备进行保护所需费用
011707B09	临时设施	包括临时办公、宿舍、食堂、厕所、淋浴房、盥洗处、医疗保健室、学习娱乐活动室、材料仓库、加工厂、施工围墙、人行便道、构筑物以及施工现场范围内建筑物(构筑物)沿外边起50m以内的供(排)水管道(沟)、供电管线等设施的搭设、维修、拆除和摊销等费用
011707B10	环境保护	施工现场为达到环保等有关部门要求所需要的各项费用
011707B11	工程定位复测、点交及场地清理	工程开工前的定位、施工过程中的复测及竣工时的点交,施工现场范围内的障碍物清理费用(但不包括建筑垃圾的场外运输)
011707B12	材料检验试验	对建筑材料、构件和建筑安装物进行一般鉴定、检查所发生的费用
011707B13	特殊检验试验	工程施工中对新结构、新材料的检验试验费和建设单位对具有出厂合格证明的材料进行检验,对构件做破坏性试验及其他特殊要求检验试验的费用
011707B14	住宅工程质量分户验收	分户验收工作所需组织管理、人工、材料、检测工具、档案资料等全部费用

四、工程量清单编制实例

【例 6-10】　某建筑物临街改造,工期 10 个月,钢管架、竹脚手架板搭设防护架如图 6-11 所示,求防护架工程量,并编制措施项目清单。

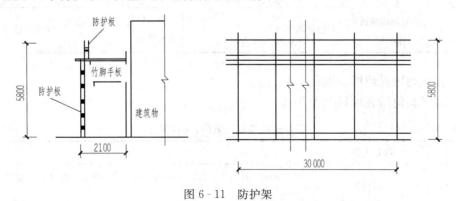

图 6-11　防护架

解　水平防护架工程量＝2.1×30.0＝63.00m²

垂直防护架工程量＝5.8×30.0＝174.00m²

措施项目清单见表 6-25。

表6-25　　　　　　　　　　　　单价措施项目清单与计价表

工程名称：某建筑物

序号	项目编码	项目名称	项目特征	计量单位	工程量	金额（元）		
						综合单价	合价	其中：暂估价
1	011707B02001	垂直防护架	1. 架料品种：钢管 2. 防护材料品种：竹脚手板	m²	174.00			
2	011707B03001	水平防护架	1. 架料品种：钢管 2. 防护材料品种：竹脚手板	m²	63.00			

【例6-11】　重庆某商业楼7层，采用封闭式施工8个月，在外脚手架挂密目安全网遮蔽，如图6-12所示。根据重庆地区清单计算规则计算商业楼垂直封闭工程量，并编制措施项目清单。

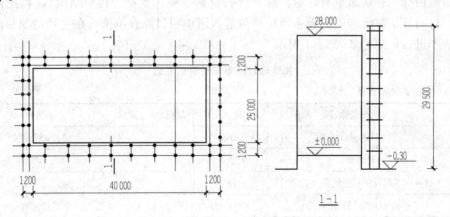

图6-12　垂直封闭

解　重庆地区清单计算规则是按封闭对象即商业楼的外墙面进行计算，其他地区可能是按脚手架搭设的外立面面积计算。

商业楼垂直封闭工程量＝（40.0＋25.0）×2×28.0＝3640.00m²

措施项目清单见表6-26。

第六章　措施项目清单

表6-26　　　　　　　　　　　　单价措施项目清单与计价表

工程名称：某商业楼

序号	项目编码	项目名称	项目特征	计量单位	工程量	金额（元）		
						综合单价	合价	其中：暂估价
1	011707B01001	垂直封闭	1. 封闭材料品种：密目安全网 2. 垂直封闭部位：外墙	m²	3640.00			

第七章　其他项目、规费和税金清单编制

第一节　其他项目清单编制

一、《计价规范》编制要求

1.《计价规范》编制内容

《计价规范》第4.4.1条规定其他项目清单编制内容包括：暂列金额、暂估价（包括材料暂估单价、工程设备暂估单价、专业工程暂估价）、计日工、总承包服务费。同时第4.4.6条也规定：出现《计价规范》第4.4.1条未列的项目，应根据工程实际情况补充。如在《计价规范》第11章竣工结算中，就将索赔、现场签证列入了其他项目中。

2. 其他项目清单与计价汇总表编制

在编制招标工程量清单时，应汇总"暂列金额"和"专业工程暂估价"，以提供给投标人报价。材料暂估单价和工程设备暂估单价进入清单项目综合单价，在《其他项目清单与计价表》中不进行汇总，如表7-1所示。

表7-1　　　　　　　　　　其他项目清单与计价汇总表

工程名称：某大学学生食堂工程　　　　　　标段：　　　　　　　　第1页　共1页

序号	项目名称	金额（元）	结算金额（元）	备注
1	暂列金额	450000		格式详见表7-2
2	暂估价	300000		
2.1	材料（工程设备）暂估价/结算价	—		格式详见表7-3
2.2	专业工程暂估价/结算价	200000		格式详见表7-4
3	计日工			格式详见表7-5
4	总承包服务费			格式详见表7-6
5	索赔与现场签证	—		
	合　　计	950000		

二、其他项目清单细目编制

1. 暂列金额

《计价规范》第4.4.2条规定：暂列金额应根据工程特点按有关计价规定估算。为保证工程施工建设的顺利实施，应针对施工过程中可能出现的各种不确定因素对工程造价的影响，在招标控制价中估算一笔暂列金额。暂列金额可根据工程的复杂程度、设计深度、工程环境条件（包括地质、水文、气候条件等）进行估算，一般可按分部分项工程费和措施项目费的10%～15%为参考。

招标人能将暂列金额与拟用细目列出明细，如表7-2所示，但如确实不能详列也可只列暂定金额，投标人应将上述暂列金额计入投标总价中。

表 7 - 2 　　　　　　　　　　　**暂 列 金 额 明 细 表**

工程名称：某大学学生食堂工程　　　　　　　标段：　　　　　　　　第 1 页　共 1 页

序号	项目名称	计量单位	暂定金额（元）	备注
1	电动车棚工程	项	50000	
2	工程量偏差	项	100000	
3	设计变更	项	100000	
4	人工、材料价格波动	项	100000	
5	政策性调整	项	50000	
6	其他	项	50000	
	合　　计		450000	

2. 材料（工程设备）暂估单价

《计价规范》第 4.4.3 条规定：暂估价中的材料、工程设备暂估单价应列出明细表。暂估单价是一种临时性计价方式。一般而言，招标工程量清单中列明的材料、工程设备的暂估价仅指施工现场内的内工地地面价，不包括这些材料、工程设备的安装以及安装所需的辅助材料以及发生现场的验收、存储、保管、开箱、二次搬运、从存放地点运至安装地点以及其他任何必要的辅助工作（简称暂估价项目的安装及辅助工作）所发生的费用。

《材料（工程设备）暂估单价及调整表》在招标时由招标人填写，并在备注栏说明暂估价的材料拟用在哪些清单项目上，一般在分部分项工程量清单中的项目特征中可以对应找到材料（工程设备）名称、规格和型号，如表 7 - 3 所示，投标人应将上述材料暂估单价计入工程量清单综合单价报价中。

表 7 - 3 　　　　　　　　**材料（工程设备）暂估单价及调整表**

工程名称：某大学学生食堂工程　　　　　　　标段：　　　　　　　　第 1 页　共 1 页

序号	材料（工程设备）名称、规格、型号	计量单位	数量		单价（元）		合价（元）		差额 ±（元）		备注
			暂估	确认	暂估	确认	暂估	确认	单价	合价	
1	内墙面砖 300mm×600mm	m²	2000		60		120000				
2	FDM1121	樘	128		1000		128000				
3	4mm 厚 SBS 卷材	m²	1200		30		36000				
4	断桥铝合金窗	m²	2000		400		800000				
	合　　计						1084000				

注　材料（工程设备）名称、规格、型号对应"项目特征"描述项目。

3. 专业工程暂估价

《计价规范》第 4.4.3 条规定：专业工程暂估价应分不同专业，按有关规定估算，列出明细表。专业工程暂估价项目及其表中列明的暂估价金额，是指分包人实施专业工程的含税金后的完整价（即包含了该专业工程中的所有供应、安装、完工、调试、修复缺陷等全部工作），除了合同约定的承包人应承担的总包管理、协调、配合和服务责任所对应的总承包服务费用以外，承包人为履行其总包管理、配合、协调和服务等所需发生的费用应该包括在投标价格中。编制时填写如表 7 - 4 所示。

表 7 - 4   **专业工程暂估价及结算价表**

工程名称：某大学学生食堂工程   标段：   第 1 页 共 1 页

序号	项目名称	工程内容	暂估金额（元）	结算金额（元）	差额±（元）	备注
1	消防工程	合同图纸中标明的以及工程规范和技术说明中规定的各系统中的设备、管道、阀门、线缆等的供应、安装和调试工作	200000			
2						
合　计			200000			

4. 计日工

《计价规范》第 4.4.4 条规定：计日工应列出项目名称、计量单位和暂估数量。因此编制招标工程量清单时，"项目名称"、"计量单位"和"暂估数量"由招标人填写，如表 7 - 5 所示。

表 7 - 5   **计 日 工 表**

工程名称：某大学学生食堂工程   标段：   第 1 页 共 1 页

序号	项目名称	单位	暂定数量	实际数量	综合单价（元）	合价（元）	
						暂定	实际
一	人工						
1	普工	工日	80				
2	技工	工日	50				
3							
	人工小计						
二	材料						
1	钢筋（规格见施工图）	t	1				
2	水泥 42.5 级	t	3				
3	特细砂	t	5				
4	碎石（5～60mm）	t	5				
5	标准砖 240mm×115mm×53mm	千匹	1				
6							
	材料小计						

续表

序号	项目名称	单位	暂定数量	实际数量	综合单价（元）	合价（元）	
						暂定	实际
三	施工机械						
1	自升式塔吊起重机 400kN·m	台班	5				
2	灰浆搅拌机（200L）	台班	2				
3							
	施工机械小计						
	企业管理费和利润						
	合　　计						

5. 总承包服务费

《计价规范》第 4.4.5 条规定：总承包服务费应列出服务项目及其内容。因此编制招标工程量清单时，招标人应将拟定进行专业分包的专业工程、自行采购的材料设备等考虑清楚，填写项目名称、服务内容，以便投标人决定报价。如表 7-6 所示。

表 7-6　　　　　　　　总承包服务费计价表

工程名称：某大学学生食堂工程　　　　　　标段：　　　　　　　第 1 页　共 1 页

序号	项目名称	项目价值（元）	服务内容	计算基础	费率（%）	金额（元）
1	发包人分包专业工程	200000	1. 按专业工程承包人的要求提供施工工作面并对施工现场进行统一管理，对竣工资料进行统一汇总 2. 为专业工程承包人提供垂直运输和电源接入点，并承担垂直运输费和电费			
2	发包人供应材料	8550000	对发包人供应的材料进行验收及保管和使用发放			
合计		—				

第二节　规费和税金清单编制

一、规费和税金清单编制内容

1. 规费清单的编制内容

《计价规范》第 4.5.1 条规定，规费项目清单应包括下列内容：

（1）社会保险费：包括养老保险费、失业保险费、医疗保险费、工商保险费、生育保险费；

（2）住房公积金；

（3）工程排污费。

2. 税金清单的编制内容

《计价规范》4.6.1 条和财税〔2016〕36 号文件规定税金项目清单应包括下列内容：

(1) 营业税（改为增值税）；

(2) 城市维护建设税（移入企业管理费，即措施项目清单）；

(3) 教育费附加（移入企业管理费，即措施项目清单）；

(4) 地方教育附加（移入企业管理费，即措施项目清单）。

二、规费和税金清单编制原则

1. 规费项目清单的列项原则

《计价规范》第 4.5.2 条规定，出现《计价规范》第 4.5.1 条未列的项目，应根据省级政府或省级有关部门的规定列项。

根据住建部、财政部"关于印发《建筑安装工程费用项目组成》的通知"（建标〔2013〕44 号）的规定，规费包括工程排污费、社会保险费（含养老保险、失业保险、医疗保险、工伤保险、生育保险）、住房公积金。规费作为政府和有关部门规定必须缴纳的费用，政府和有关权力部门可根据形势发展的需要，对规费项目进行调整。因此，对《建筑安装工程费用项目组成》未包括的规费项目，在计算规费时应根据省级政府和省级有关部门的规定进行补充。

2. 税金项目清单的列项原则

《计价规范》4.6.2 条规定出现 4.6.1 条未列的项目，应根据税务部门规定列项，如国家税法发生变化或地方政府及税务部门依据职权对税种进行了调整，应对税金项目清单进行相应调整。根据财税〔2016〕36 号文件规定，营业税改为增值税。

三、规费和税金清单编制实例

在施工实践中，有的规费项目，如工程排污费，并非每一个工程所在地都要征收，实践中可作为按实计算的费用处理。某地区的规费、税金项目清单如表 7-7 所示。

表 7-7　　　　　　　　　　　规费、税金项目计价表

工程名称：某大学学生食堂工程　　　　　　标段：　　　　　　　　第 1 页　共 1 页

序号	项目名称	计算基础	计算基数	费率（%）	金额（元）
1	规费				
1.1	社会保障费				
(1)	养老保险费				
(2)	失业保险费	定额直接工程费或定额基价人工费	分部分项工程清单＋技术措施项目清单		
(3)	医疗保险费				
(4)	工伤保险费				
(5)	生育保险费				
1.2	住房公积金				
1.3	工程排污费	根据所在地环境保护部门收取标准，按实计入			
2	税金				

第七章　其他项目、规费、

税金清单编制

第三篇　工程量清单计价实例

第八章　某法院招标工程量清单编制实例

第一节　工程量清单封面与总说明编制

一、工程量清单封面（见图8-1）

封-1

某人民法院第一人民法庭工程

招标工程量清单

招　标　人：＿＿＿＿＿＿＿＿＿＿　　　工程造价咨询人：＿＿＿＿＿＿＿＿＿＿
　　　　　（单位盖章）　　　　　　　　　　　　　（单位资质专用章）

法定代表人　　　　　　　　　　　　　　法定代表人
或其授权人：＿＿＿＿＿＿＿＿　　　　或其授权人：＿＿＿＿＿＿＿＿
　　　　（签字或盖章）　　　　　　　　　　　　（签字或盖章）

编　制　人：＿＿＿＿＿＿＿＿　　　　审　核　人：＿＿＿＿＿＿＿＿
　　（造价人员签字盖专用章）　　　　　（造价工程师签字盖专用章）

时间：××××年××月××日

图8-1　工程量清单封面

二、总说明编制（见图 8 - 2）

工 程 计 价 总 说 明

工程名称：某人民法院第一人民法庭   第 1 页   共 1 页

1. 工程概况：本工程为框架结构，采用人工挖孔混凝土灌注桩，建筑层数为三层，建筑面积约为 912.65m²，计划工期为 240 日历天。

2. 招标范围：为本次招标的某人民法院第一法庭工程施工图范围内的建筑工程和装饰工程。

3. 招标工程量清单编制依据：

（1）某人民法院第一法庭工程施工图；

（2）《建设工程工程量清单计价规范》（GB 50500—2013）；

（3）《房屋建筑与装饰工程工程量计算规范》（GB 50584—2013）；

（4）《重庆市建设工程工程量清单计价规则》（CQJJGZ—2013）；

（5）《重庆市建设工程工程量清单计算规则》（CQJLGZ—2013）；

（6）招标文件、补充通知。

图 8 - 2 工程计价总说明

第二节 分部分项工程量清单编制

分部分项工程项目清单计价表见表 8-1。

表 8-1   **分部分项工程项目清单计价表**

工程名称：某人民法院第一人民法庭   第 1 页　共 15 页

序号	项目编码	项目名称	项目特征	计量单位	工程量	金额（元）		
						综合单价	合价	其中：暂估价
	A		建筑工程					
	A.1		土石方工程					
1	010101001001	平整场地	1. 土壤类别：综合 2. 弃土运距：投标人自行考虑 3. 取土运距：投标人自行考虑	m²	311.63			
2	010101003001	挖沟槽土方	1. 土壤类别：综合 2. 开挖方式：人工开挖 3. 挖土深度：2m 以内 4. 场内运距：投标人自行考虑	m³	123.96			
3	010103001001	沟槽回填	1. 密实度要求：满足设计和规范要求 2. 填方材料品种：符合设计和规范要求 3. 填方运距：场内运输自行考虑	m³	101.64			
4	010103001002	房心回填	1. 密实度要求：满足设计和规范要求 2. 填方材料品种：符合设计和规范要求 3. 填方运距：场内运输自行考虑	m³	110.34			
5	010103002001	余方弃置	1. 废弃料品种：石渣 2. 运距：1km 以内	m³	28.49			
	A.3		桩基工程					
1	010302004001	人工挖孔桩土方	1. 地层情况：土方 2. 挖孔深度：6m 以内 3. 场内运距：投标人自行考虑	m³	61.21			

序号	项目编码	项目名称	项目特征	计量单位	工程量	金额（元）		
						综合单价	合价	其中：暂估价
2	010302004002	人工挖孔桩石方	1. 地层情况：软质岩 2. 挖孔深度：8m 以内 3. 场内运距：投标人自行考虑	m³	51.19			
3	010302B03001	人工挖孔灌注桩护壁混凝土	1. 混凝土种类：自拌混凝土 2. 混凝土强度等级：C25	m³	24.60			
4	010302B04001	人工挖孔灌注桩桩芯混凝土	1. 混凝土种类：商品混凝土 2. 混凝土强度等级：C30	m³	12.20			
5	010302B04002	人工挖孔灌注桩桩芯混凝土	1. 混凝土种类：商品混凝土 2. 混凝土强度等级：C25	m³	72.58			
	A.4		砌筑工程					
1	010401012001	砖井圈	1. 零星砌砖名称、部位：人工挖孔桩 2. 砖品种、规格、强度等级：页岩标准砖 240mm×115mm×53mm 3. 砂浆强度等级、配合比：M5 水泥砂浆	m³	4.20			
2	010401001001	页岩实心砖基础	1. 砖品种、规格、强度等级：页岩配砖 200mm×95mm×53mm 2. 砂浆强度等级：M5 水泥砂浆 3. 防潮层材料种类：30mm 厚 1：2 水泥砂浆加 5％防水剂	m³	19.16			
3	010401005001	200 厚页岩空心砖墙（内墙）	1. 砖品种、规格、强度等级：MU5.0 页岩空心砖（≥800kg/m³） 2. 砂浆强度等级、配合比：M5 混合砂浆	m³	107.38			

序号	项目编码	项目名称	项目特征	计量单位	工程量	金额（元）		
						综合单价	合价	其中：暂估价
4	010401005002	100 厚页岩空心砖墙（内墙）	1. 砖品种、规格、强度等级：MU5.0 页岩空心砖（≥800kg/m³） 2. 砂浆强度等级、配合比：M5 混合砂浆	m³	2.82			
5	010401005003	200 厚页岩空心砖墙（外墙）	1. 砖品种、规格、强度等级：页岩空心砖，壁厚≥25mm，容重不大于 900kg/m³ 2. 墙体类型：外框架填充墙 3. 砂浆强度等级、配合比：M5 混合砂浆	m³	75.79			
6	010401005004	100 厚页岩空心砖墙（外墙）	1. 砖品种、规格、强度等级：页岩空心砖，壁厚≥25mm，容重不大于 900kg/m³ 2. 墙体类型：外框架填充墙 3. 砂浆强度等级、配合比：M5 混合砂浆	m³	2.62			
7	010401003001	实心砖墙	1. 砖品种、规格、强度等级：标准砖 200×95×53 2. 砂浆强度等级、配合比：M5 混合砂浆	m³	25.36			
8	010402001001	轻质墙体	1. 砌块品种、规格、强度等级：加砌混凝土块 2. 墙体类型：轻质隔墙 3. 砂浆强度等级：M5 混合砂浆	m³	4.18			
9	010404001001	卫生间垫层	垫层材料种类、配合比、厚度：1：6 水泥炉渣找坡 1‰	m³	7.87			

续表

序号	项目编码	项目名称	项目特征	计量单位	工程量	金额（元）		
						综合单价	合价	其中：暂估价
	A.5		混凝土及钢筋混凝土工程					
1	010501001001	基础垫层	1. 混凝土种类：自拌混凝土 2. 混凝土强度等级：C15	m³	6.26			
2	010501001002	地面垫层	1. 混凝土种类：自拌混凝土 2. 混凝土强度等级：C15	m³	36.23			
3	010503001001	地梁	1. 混凝土种类：商品混凝土 2. 混凝土强度等级：C30	m³	16.06			
4	010502001001	矩形柱	1. 混凝土种类：商品混凝土 2. 混凝土强度等级：C30	m³	28.27			
5	010502003001	圆形柱	1. 柱形状：圆形 2. 混凝土种类：商品混凝土 3. 混凝土强度等级：C30	m³	8.83			
6	010504001001	直形墙	1. 混凝土种类：商品混凝土 2. 混凝土强度等级：C30	m³	16.63			
7	010505001001	有梁板	1. 混凝土种类：商品混凝土 2. 混凝土强度等级：C30	m³	153.76			
8	010503002001	矩形梁	1. 混凝土种类：商品混凝土 2. 混凝土强度等级：C30	m³	2.16			
9	010503003001	异形梁	1. 混凝土种类：商品混凝土 2. 混凝土强度等级：C30	m³	45.99			
10	010505008001	悬挑板	1. 混凝土种类：商品混凝土 2. 混凝土强度等级：C30	m³	12.32			

续表

序号	项目编码	项目名称	项目特征	计量单位	工程量	金额（元）		
						综合单价	合价	其中：暂估价
11	010506001001	直形楼梯	1. 混凝土种类：商品混凝土 2. 混凝土强度等级：C30 3. 折算厚度：210mm	m²	27.05			
12	010503005001	现浇过梁	1. 混凝土种类：自拌混凝土 2. 混凝土强度等级：C30	m³	1.96			
13	010510003001	预制过梁	1. 混凝土强度等级：C30 2. 混凝土种类：自拌混凝土	m³	1.57			
14	010502002001	构造柱	1. 混凝土种类：自拌混凝土 2. 混凝土强度等级：C30	m³	11.17			
15	010515001001	现浇构件钢筋	1. 钢筋种类：综合 2. 钢筋规格：综合	t	38.88			
16	010515002001	预制构件钢筋	钢筋种类、规格：综合	t	0.44			
17	010515004001	钢筋笼	1. 钢筋种类：HPB235、HRB335 2. 钢筋规格：综合	t	3.24			
18	010515003001	砌体加筋	1. 钢筋种类：HPB235 2. 钢筋规格：Φ6.5	t	0.93			
19	010516002001	预埋铁件	1. 钢材种类：综合 2. 规格：综合	t	0.05			
20	010516003001	机械连接	规格：直径25mm以内	个	62			
21	010516B01001	植筋连接（墙体拉结筋）	1. 部位：墙体拉结筋 2. 钢筋直径：6.5mm	个	1765			
22	010516B01002	植筋连接（现浇过梁）	1. 植筋部位：现浇过梁 2. 植筋直径：8mm	个	28			
23	010516B01003	植筋连接（构造柱）	1. 植筋部位：构造柱 2. 植筋直径：12mm	个	544			
24	010516B02001	电渣压力焊	钢筋规格：≤25mm	个	464			

续表

序号	项目编码	项目名称	项目特征	计量单位	工程量	金额（元）		
						综合单价	合价	其中：暂估价
25	010507001001	散水	1. 垫层材料种类、厚度：100 厚碎石 2. 面层厚度：60mm 3. 混凝土强度等级：C15 4. 填塞材料种类：沥青油灌缝 5. 混凝土种类：自拌混凝土	m²	60.57			
26	010507001002	坡道	1. 垫层材料种类、厚度：100 厚碎石＋80 厚 C15 混凝土 2. 找平层厚度、砂浆配合比：20 厚 1∶3 水泥砂浆 3. 结合层厚度、砂浆配合比：20 厚 1∶1.5 水泥砂浆加 5％建筑胶 4. 面层材料品种、规格、品牌、颜色：3mm 厚花岗石	m²	14.48			
27	010507004001	台阶	1. 垫层材料种类、厚度：100 厚碎石＋80 厚 C15 混凝土 2. 找平层厚度、砂浆配合比：20 厚 1∶3 水泥砂浆 3. 黏结层材料种类：20 厚 1∶1.5 水泥砂浆加 5％建筑胶 4. 面层材料品种、规格、品牌、颜色：3mm 厚花岗石	m²	10.35			
	A.6		金属结构工程					
1	010607005001	砌块墙钢丝网加固	1. 材料品种、规格：丝径 0.9mm 镀锌钢丝网（网孔 10mm×10mm） 2. 加固方式：采用 $\phi 2.5 \times 28$mm 镀锌水泥钉固定 3. 部位：不同材质交接处	m²	446.18			

续表

序号	项目编码	项目名称	项目特征	计量单位	工程量	金额（元）		
						综合单价	合价	其中：暂估价
	A. 8		门窗工程					
1	010802004001	防盗门	1. 门代号及洞口尺寸：M1821（1800mm×2100mm） 2. 门框、扇材质：钢质	m²	3.78			
2	010805001001	电子感应门	1. 门代号：M3027 2. 洞口尺寸：3000mm×2700mm	樘	1.00			
3	010801002001	成品套装工艺门带套	门代号及洞口尺寸：M1021（1000mm×2100mm）、M1021（1000mm×2100mm）	m²	63.42			
4	010802001001	成品塑钢门	1. 门代号及洞口尺寸：M0821（800mm×2100mm） 2. 门框、扇材质：塑钢90系列 3. 玻璃品种、厚度：中空钢化玻璃（6＋9A＋6）	m²	10.08			
5	010802001002	不锈钢栏杆门	1. 门代号及洞口尺寸：见装饰平面图一层法庭 2. 门框、扇材质：不锈钢	m²	1.26			
6	010807001001	成品塑钢窗	1. 窗代号及洞口尺寸：PC0915（900mm×1500mm） 2. 框、扇材质：多腔塑料2.8mm厚 3. 玻璃品种、厚度：中空玻璃（6透明＋9A＋6透明）	m²	32.40			
7	010807001002	成品塑钢窗	1. 窗代号及洞口尺寸：C1（900mm×1200mm） 2. 框、扇材质：多腔塑料厚2.8mm 3. 玻璃品种、厚度：中空玻璃（6透明＋9A＋6透明）	m²	32.40			

序号	项目编码	项目名称	项目特征	计量单位	工程量	金额（元）		
						综合单价	合价	其中：暂估价
8	010807003001	金属百叶窗	1. 窗代号及洞口尺寸：见建筑立面图尺寸 2. 框、扇材质：铝合金	m²	132.40			
9	010809004001	石材窗台板	1. 黏结层厚度、砂浆配合比：25 厚 1：2.5 水泥砂浆 2. 窗台板材质、规格、颜色：白色天然大理石	m²	17.28			
	A.9		屋面及防水工程					
1	010902001001	屋面卷材防水	1. 卷材品种、规格、厚度：4 厚 SBS 改性沥青防水卷材 2. 防水层数：一层	m²	354.56			
2	010902003001	屋面刚性层	1. 刚性层厚度：40mm 2. 混凝土种类：自拌混凝土 3. 混凝土强度等级：C25 4. 嵌缝材料种类：塑料油膏 5. 钢筋规格、型号：Φ7@500mm×500mm 钢筋网	m²	321.31			
3	010904001001	楼（地）面卷材防水	1. 卷材品种、规格、厚度：4 厚 SBS 改性沥青防水卷材 2. 防水层数：一层 3. 防水层做法：一布四涂	m²	61.50			
4	010903001001	墙面卷材防水	1. 卷材品种、规格、厚度：4 厚 SBS 改性沥青防水卷材 2. 防水层数：一层做法 3. 防水层做法：一布四涂	m²	101.79			
5	010902004001	屋面排水管	排水管品种、规格：DN100PVC	m	74.40			

续表

序号	项目编码	项目名称	项目特征	计量单位	工程量	金额（元）		
						综合单价	合价	其中：暂估价
	A. 10		保温、隔热、防腐工程					
1	011001001001	保温隔热屋面	1. 保温隔热材料品种、规格、厚度：35厚挤塑聚苯板 2. 黏结材料种类、做法：3厚石油沥青	m²	321.31			
2	011001001002	保温隔热屋面	保温隔热材料品种、规格、厚度：40厚黏土陶粒混凝土（找坡，最薄处30）	m²	321.31			
3	011001003001	保温隔热墙面	1. 保温隔热部位：墙面 2. 保温隔热方式：外保温 3. 保温隔热材料品种、规格及厚度：35厚建筑无机保温砂浆 4. 增强网及抗裂防水砂浆种类：热镀锌钢丝网及5厚抗裂砂浆 5. 黏结材料种类：5厚界面砂浆	m²	647.46			
	A. 11		楼地面装饰工程					
1	011101006001	平面砂浆找平层（屋面）	1. 找平层厚度：15厚 2. 砂浆种类及配合比：1：2.5水泥砂浆	m²	321.31			
2	011101006002	平面砂浆找平层（卫生间）	1. 找平层厚度：20厚 2. 砂浆种类及配合比：1：2.5水泥砂浆	m²	62.60			
3	011102003001	玻化砖地面	1. 找平层混凝土厚度、强度等级：30厚C15细石混凝土 2. 结合层厚度、砂浆配合比：20厚1：2水泥砂浆 3. 面层材料品种、规格、颜色：800mm×800mm玻化砖 4. 嵌缝材料种类：水泥砂浆擦缝	m²	708.46			

序号	项目编码	项目名称	项目特征	计量单位	工程量	金额（元）		
						综合单价	合价	其中：暂估价
4	011102003002	防滑地砖楼地面	1. 找平层混凝土厚度、强度等级：30 厚 C15 细石混凝土 2. 结合层厚度、砂浆配合比：20 厚 1∶2 水泥砂浆 3. 面层材料品种、规格、颜色：300mm×300mm 防滑地砖 4. 嵌缝材料种类：水泥砂浆擦缝	m²	45.33			
5	011108001001	黑色花岗石门槛石	1. 工程部位：门槛 2. 找平层厚度、砂浆配合比 20 厚 1∶3 水泥砂浆 3. 结合层厚度、材料种类 20 厚 1∶2.5 水泥砂浆 4. 面层材料品种、规格、颜色：黑色花岗石	m²	7.48			
6	011106002001	楼梯地面砖	1. 找平层厚度、砂浆配合比：20 厚 1∶3 水泥砂浆 2. 黏结层厚度、材料种类：20 厚 1∶2 水泥砂浆 3. 面层材料品种、规格、颜色：300mm×600mm 踢步砖	m²	17.91			
7	011102003003	楼梯休息平台地面砖	1. 找平层混凝土厚度、强度等级：30 厚 C15 细石混凝土 2. 结合层厚度、砂浆配合比：20 厚 1∶2 水泥砂浆 3. 面层材料品种、规格、颜色：600mm×600mm 地面砖 4. 嵌缝材料种类：水泥砂浆擦缝	m²	8.23			

序号	项目编码	项目名称	项目特征	计量单位	工程量	金额（元）		
						综合单价	合价	其中：暂估价
8	011105003001	玻化砖踢脚线	1. 踢脚线高度：120mm 2. 粘贴层厚度、材料种类：25 厚 1：2.5 水泥砂浆 3. 面层材料品种、规格、颜色：800mm×120mm 黑色玻化砖	m	620.15			
		A. 12	墙、柱面装饰与隔断、幕墙工程					
1	011204003001	青灰色外墙砖	1. 墙体类型：外墙 2. 安装方式：20mm 厚水泥砂浆粘贴 3. 面层材料品种、规格、颜色：50mm×100mm×5mm 青色外墙砖 4. 缝宽、嵌缝材料种类：5mm 水泥砂浆擦缝	m²	607.22			
2	011204003002	象牙白外墙砖	1. 墙体类型：混凝土墙 2. 安装方式：20 厚水泥砂浆粘贴 3. 面层材料品种、规格、颜色：50mm×100mm×5mm 象牙白外墙砖 4. 缝宽、嵌缝材料种类：5mm 水泥砂浆擦缝	m²	9.60			
3	011204003003	黑色外墙砖	1. 墙体类型：外墙 2. 安装方式：20 厚水泥砂浆粘贴 3. 面层材料品种、规格、颜色：黑色外墙砖 4. 缝宽、嵌缝材料种类：5mm 水泥砂浆擦缝	m²	4.14			
4	011204003008	内墙砖	1. 墙体类型：砖墙 2. 安装方式：20 厚水泥砂浆粘贴 3. 面层材料品种、规格、颜色：300mm×450mm 瓷片 4. 缝宽、嵌缝材料种类：密缝，同色勾缝剂擦缝	m²	176.85			

续表

序号	项目编码	项目名称	项目特征	计量单位	工程量	金额（元）		
						综合单价	合价	其中：暂估价
5	011206002001	外墙砖零星贴砖	1. 基层类型、部位：外墙 2. 安装方式：20 厚水泥砂浆粘贴 3. 面层材料品种、规格、颜色：50mm × 100mm × 5mm 青色外墙砖 4. 缝宽、嵌缝材料种类：5mm 水泥砂浆擦缝	m²	12.60			
6	011206002002	楼梯间零星贴砖	1. 基层类型、部位：楼梯间 2. 安装方式：20 厚水泥砂浆粘贴 3. 面层材料品种、规格、颜色：黑色玻化砖 4. 缝宽、嵌缝材料种类：水泥砂浆擦缝	m²	1.00			
7	011204001001	蘑菇石外墙砖	1. 墙体类型：外墙 2. 安装方式：20 厚水泥砂浆粘贴 3. 面层材料品种、规格、颜色：浅灰色蘑菇石	m²	60.10			
8	011201001001	墙面一般抹灰	1. 墙体类型：砖墙 2. 底层厚度、砂浆配合比：参西南 04J515 - 4 - N04 3. 面层厚度、砂浆配合比：参西南 04J515 - 4 - N04	m²	1757.42			
9	011201001002	墙面一般抹灰	1. 墙体类型：混凝土墙 2. 底层厚度、砂浆配合比：参西南 04J515 - 4 - N04 3. 面层厚度、砂浆配合比：参西南 04J515 - 4 - N04	m²	81.48			
10	011201001003	砖井圈抹灰	1. 墙体类型：砖墙面 2. 底层厚度、砂浆配合比：20 厚 1：2.5 水泥砂浆	m²	55.46			

序号	项目编码	项目名称	项目特征	计量单位	工程量	金额（元）		
						综合单价	合价	其中：暂估价
11	011207001001	红樱桃饰面板	1. 龙骨材料种类、规格、中距：轻钢龙骨 2. 基层材料种类、规格：10mm厚木工板基层（涂刷三遍防火漆） 3. 面层材料品种、规格、颜色：红樱桃饰面板 4. 压条材料种类、规格：5mm黑色勾缝剂	m²	8.00			
12	011207001002	白枫木饰面板	1. 龙骨材料种类、规格、中距：轻钢龙骨 2. 基层材料种类、规格：木工板基层（涂刷三遍防火漆） 3. 面层材料品种、规格、颜色：白枫木饰面板 4. 压条材料种类、规格：5mm黑色勾缝剂	m²	8.64			
13	011210005001	卫生间成品隔断	1. 隔断材料品种、规格、颜色：按设计要求 2. 配件品种、规格：按设计要求	间	15			
	A. 13		天棚工程					
1	011301001001	天棚抹灰	1. 基层类型：混凝土面 2. 抹灰厚度、材料种类：参西南04J515-12-P05 3. 砂浆配合比：参西南04J515-12-P05	m²	47.64			
2	011302001001	轻钢龙骨石膏板（平级）	1. 吊顶形式、吊杆规格、高度：平级不上人型 2. 龙骨材料种类、规格、中距：轻钢龙骨 3. 面层材料品种、规格：9.5mm厚石膏板	m²	117.35			

续表

序号	项目编码	项目名称	项目特征	计量单位	工程量	金额（元）		
						综合单价	合价	其中：暂估价
3	011302001002	轻钢龙骨石膏板（跌级）	1. 吊顶形式、吊杆规格、高度：跌级不上人型 2. 龙骨材料类、规格、中距：轻钢龙骨 3. 面层材料品种、规格：9.5mm 石膏板	m²	129.72			
4	011302001003	硅钙板吊顶天棚	1. 吊顶形式、吊杆规格、高度：装配式不上人型 2. 龙骨材料种类、规格、中距：烤漆龙骨 3. 面层材料品种、规格：600mm×600mm 复合硅钙板	m²	463.33			
5	011302001004	铝扣板天棚	1. 吊顶形式、吊杆规格、高度：嵌入式不上人型 2. 龙骨材料种类、规格、中距：轻钢龙骨 3. 面层材料品种、规格：300mm×300mm 铝扣板	m²	46.73			
	A.14		油漆、涂料、裱糊工程					
1	011406001001	抹灰面油漆（墙面）	1. 基层类型：抹灰面 2. 腻子种类：成品腻子粉 3. 刮腻子遍数：二遍 4. 油漆品种、刷漆遍数：二遍乳胶漆（一底一面） 5. 部位：墙面	m²	1757.42			
2	011406001002	抹灰面油漆（天棚）	1. 基层类型：抹灰面 2. 腻子种类：成品腻子粉 3. 刮腻子遍数：二遍 4. 油漆品种、刷漆遍数：二遍乳胶漆（一底一面） 5. 部位：天棚	m²	47.64			
3	011406001003	抹灰面油漆（石膏板）	1. 基层类型：石膏板 2. 腻子种类：成品腻子 3. 刮腻子遍数：二遍 4. 油漆品种、刷漆遍数：二遍乳胶漆（一底一面） 5. 部位：天棚	m²	261.20			

序号	项目编码	项目名称	项目特征	计量单位	工程量	金额（元）		
						综合单价	合价	其中：暂估价
	A.15		其他装饰工程					
1	011502001001	金属装饰线	1. 基层类型：木基层 2. 线条材料品种、规格、颜色：1.2mm 厚压光不锈钢	m	8.50			
2	011502001002	卫生间阴角线	1. 基层类型：墙面砖基层 2. 线条材料品种、规格、颜色：铝合金阴角线	m	55.90			
3	011502004001	石膏装饰线	1. 基层类型：木基层 2. 线条材料品种、规格、颜色：石膏顶角线	m	104.88			
4	011503001001	成品护窗栏杆	1. 扶手材料种类、规格：木质、规格按设计 2. 栏杆材料种类、规格：型钢、规格按设计	m	20.40			
5	011503001002	成品不锈钢栏杆	1. 扶手材料种类、规格：不锈钢、规格按设计 2. 栏杆材料种类、规格：不锈钢、规格按设计	m	25.96			
6	011503001003	楼梯栏杆	1. 扶手材料种类、规格：详西南 04J412 - 42 - 6 2. 栏杆材料种类、规格：详西南 04J412 - 42 - 6	m	14.13			
7	011505001001	成品洗手台	材料品种、规格、颜色：黑色花岗石	个	2.00			
8	011505010001	镜面玻璃（成品）	镜面玻璃品种、规格：6mm 厚的镜面玻璃	m²	3.59			
			本页小计					
			合　计					

第三节 措施项目清单编制

一、施工组织措施项目清单（见表8-2）

表8-2 施工组织措施项目清单计价表

工程名称：某人民法院第一人民法庭　　　　　　标段：　　　　　　　　　　第1页　共1页

序号	项目编码	项目名称	计算基础	费率（%）	金额（元）	调整费率（%）	调整后金额（元）	备注
1	011707001001	安全文明施工费						
2	011707002001	夜间施工						
3	011707005001	冬雨季施工						
4	011707007001	已完工程及设备保护						
5	011707B11001	工程定位复测、点交及场地清理费						
6	011707B12001	材料检验试验						
7	011707B15001	建设工程竣工档案编制费						
		合　　计						

注　1. 计算基础和费用标准按本市有关费用定额或文件执行。
　　2. 按施工方案计算的措施费，可不填写"计算基础"和"费率"的数值，只填写"金额"数值，但应在备注栏说明施工方案出处或计算方法。
　　3. 特殊检验试验费用编制招标控制价时按估算金额列入结算时按实调整。

二、施工技术措施项目清单（见表8-3）

表8-3 施工技术措施项目清单计价表

工程名称：某人民法院第一人民法庭　　　　　　　　　　　　　　第1页　共1页

序号	项目编码	项目名称	项目特征	计量单位	工程量	金额（元）		
						综合单价	合价	其中：暂估价
一			施工技术措施项目					
1	011701001001	综合脚手架	1. 建筑结构形式：框架结构（3层） 2. 檐口高度：12m以内	m²	912.65			
2	011703001001	垂直运输	1. 建筑物建筑类型及结构形式：框架结构 2. 建筑物檐口高度、层数：20m以内、3层	m²	912.65			

序号	项目编码	项目名称	项目特征	计量单位	工程量	金额（元）		
						综合单价	合价	其中：暂估价
3	011705001001	大型机械设备进出场及安拆	1. 机械设备名称：自升式塔式起重机 2. 机械设备规格型号：400kN·m	台次	1			
			本页小计					
			合　计					

注　施工技术措施项目包含安全文明施工按实计算项目。

第四节　其他项目清单编制

一、其他项目清单计价汇总表（见表8-4）

表8-4　　　　　　　　　　　　其他项目清单计价汇总表

工程名称：某人民法院第一人民法庭　　　　　　　标段：　　　　　　　第1页　共1页

序号	项目名称	计量单位	金额（元）	备注
1	暂列金额	项	50000	格式和内容详见表8-5
2	暂估价	项	200547	
2.1	材料（工程设备）暂估价	项		格式和内容详见表8-6
2.2	专业工程暂估价	项	200547	格式和内容详见表8-7
3	计日工	项		格式和内容详见表8-8
4	总承包服务费	项		格式和内容详见表8-9
	合　计			—

注　材料、设备暂估单价进入清单项目综合单价，此处不汇总。

二、暂列金额明细表（见表8-5）

表8-5　　　　　　　　　　　　暂列金额明细表

工程名称：某人民法院第一人民法庭　　　　　　　标段：　　　　　　　第1页　共1页

序号	项目名称	计量单位	暂定金额（元）	备注
1	图纸中已经标明可能位置，但未最终确定是否需要的主入口处的钢结构雨篷工程的安装工作	项	20000	此部分的设计图纸有待进一步完善
2	其他	项	30000	
	合　计		50000	—

注　此表由招标人填写，如不能详列，也可只列暂列金额总额，投标人应将上述暂列金额计入投标总价中。

三、材料（工程设备）暂估单价及调整表（见表 8-6）

表 8-6   **材料（工程设备）暂估单价及调整表**

工程名称：某人民法院第一人民法庭   标段：   第1页　共1页

序号	材料（工程设备）名称、规格、型号	计量单位	数量		暂估价（元）		调整价（元）		差额±（元）		备注
			暂估	确认	单价	合价	单价	合价	单价	合价	
1	防盗门	m²	3.78		350	1323					
2	电子感应自动门	樘	1.00		10000	10000					
3	成品套装工艺门	m²	62.1516		570	35426.41					
4	塑钢门	m²	9.8784		200	1975.68					
5	塑钢窗	m²	63.504		360	22861.44					
6	金属百叶窗	m²	129.752		80	10380.16					
7	成品洗手台	个	2		1500	3000					
	合　　计					84966.69					

注　1. 此表由招标人填写"暂估单价"，并在备注栏说明暂估价的材料、工程设备拟用在那些清单项目上，投标人应将上述材料、工程设备暂估单价计入工程量清单综合单价报价中。

2. 材料包括原材料燃料构配件以及按规定应计入建筑安装工程造价的设备。

四、专业工程暂估价表（见表 8-7）

表 8-7   **专业工程暂估价及结算价表**

工程名称：某人民法院第一人民法庭   标段：   第1页　共1页

序号	工程名称	工程内容	暂估金额（元）	结算金额（元）	差额±（元）	备注
1	玻璃幕墙	玻璃幕墙工程的安装工作	155685			
2	消防工程	合同图纸中标明的以及工程规范和技术说明中规定的各系统，包括消火栓系统、消防水池供水系统、水喷淋系统、火灾自动报警系统及消防联动系统中的设备、管道、阀门、线缆等的供应、安装和调试工作	44862			
	合　　计		200547		—	

注　此表"暂估金额"由招标人填写，投标人应将"暂估金额"计入投标总价中。结算时按合同约定结算金额填写。

五、计日工表（见表 8-8）

表 8-8   **计 日 工 表**

工程名称：某人民法院第一人民法庭   标段：   第1页　共1页

编号	项目名称	单位	暂定数量	实际数量	综合单价（元）	合价	
						暂定	实际
1	人工						
1.1	普工	工日	100				

编号	项目名称	单位	暂定数量	实际数量	综合单价（元）	合价	
						暂定	实际
1.2	技工（综合）	工日	50				
	小计		—		—		
2	材料						
2.1	钢筋（规格、型号综合）	t	1				
2.2	水泥 42.5 级	t	2				
2.3	特细砂	t	10				
2.4	碎石（5～40mm）	m³	5				
2.5	页岩砖（240mm×115mm×53mm）	千匹	1				
	小计		—		—		
3	机械						
3.1	自升式塔式起重机（起重力矩 400kN·m）	台班	5				
3.2	灰浆搅拌机（400L）	台班	2				
	小计		—		—		
	合　计						

注　此表项目名称、暂定数量由招标人填写，编制招标控制价时，单价由招标人按有关计价规定确定；投标时，单价由投标人自助报价，按暂定数量计算核价计入投标总价中。结算时，按发承包双方确认的实际数量计算合价。

六、总承包服务费计价表（见表 8 - 9）

表 8 - 9　　　　　　　　总承包服务费计价表

工程名称：某人民法院第一人民法庭　　　　　标段：　　　　　　第 1 页　共 1 页

序号	项目名称	项目价值（元）	服务内容	计算基础	费率（%）	金额（元）
1	发包人发包专业工程	100000	1. 按专业工程承包人的要求提供施工工作面并对施工现场进行统一管理，对竣工资料进行统一整理汇总　2. 为专业工程承包人提供垂直运输机械和焊接电源接入点，并承担垂直运输费和电费			
2	发包人供应材料	100000	对发包人供应的材料进行验收及保管和使用发放			
	合　计					

注　此表项目名称、服务内容由招标人填写，编制招标控制价时，费率及金额由招标人按有关计价规定确定；投标时，费率及金额由投标人自主报价，计入投标总价中。

第五节　规费和税金工程量清单编制

规费、税金项目计价表见表 8 - 10。

表 8 - 10　　　　　　　　　　　规费、税金项目计价表

工程名称：某人民法院第一人民法庭　　　　　标段：　　　　　　　第 1 页　共 1 页

序号	项目名称	计算基础	费率（%）	金额（元）
1	规费			
1.1	社会保险费及住房公积金			
1.2	工程排污费			
2	税金			
	合　　计			

第八章　某法院招标
工程量清单编制实例

第九章　某法院招标工程量与组价工程量计算

本章工程量依据附录某人民法院施工图纸（见附录）计算。

第一节　清单工程量计算

清单工程量计算见表9-1。

表9-1　　　　　　　　　　清单工程量计算表

工程名称：某人民法院第一人民法庭　　　　　　　　　　　　　第1页　共30页

序号	项目编码	项目名称	单位	工程量	工程量计算式
				附录A　土石方工程	
1	010101001001	平整场地	m^2	311.63	以首层建筑面积计算，注意的是外墙保温层45mm厚，应计算建筑面积。 $S=(25.8+0.2+0.09)\times(11.1+0.2+0.09)+(6.6+0.2+0.09)\times(1.4+0.7)=311.63m^2$
2	010101003001	挖沟槽土方	m^3	123.96	由设计图可知：标高±0.000的绝对标高为383.50m，地梁顶标高为−0.75m，垫层100mm。假设本工程施工前已进行平基，施工交付标高为383.00m（−0.5m），即沟槽开挖的起点标高为−0.5m。 ①轴线沟槽$DL_1=(0.25+0.1\times2+0.3\times2)\times(0.75+0.45+0.1-0.5)\times(11.1-0.8-0.5\times2)=7.81m^3$ ③轴线沟槽$DL_1=(0.25+0.1\times2+0.3\times2)\times(0.75+0.45+0.1-0.5)\times(11.1-0.8-0.5-0.4)=7.90m^3$ ⑤轴线沟槽$DL_2=(0.25+0.1\times2+0.3\times2)\times(0.75+0.4+0.1-0.5)\times(13.2-0.8\times2-0.4-0.475)=8.45m^3$ ⑧轴线沟槽$DL_3=(0.25+0.1\times2+0.3\times2)\times(0.75+0.5+0.1-0.5)\times(11.1-0.8-0.5-0.4)+(0.25+0.1\times2+0.3\times2)\times(0.75+0.4+0.1-0.5)\times(2.1-0.3-0.475)=9.43m^3$ ⑨轴线沟槽$DL_4=(0.25+0.1\times2+0.3\times2)\times(0.75+0.5+0.1-0.5)\times(11.1-0.8-0.5-0.4)=8.39m^3$ ⑩轴线沟槽$DL_5=(0.25+0.1\times2+0.3\times2)\times(0.75+0.4+0.1-0.5)\times(11.1-1.05-0.55\times2)=7.05m^3$ D轴线沟槽 $DL_6(X)=(0.25+0.1\times2+0.3\times2)\times(0.75+0.4+0.1-0.5)\times(3.3-0.525-0.55)=1.75m^3$

序号	项目编码	项目名称	单位	工程量	工程量计算式
2	010101003001	挖沟槽土方	m^3	123.96	⑩、⑬轴线之间沟槽 $DL6(Y)=(0.25+0.1\times2+0.3\times2)\times(0.75+0.4+0.1-0.5)\times(2.4-0.55-0.525)=1.04m^3$ ⑬轴线沟槽 $DL_7=(0.25+0.1\times2+0.3\times2)\times(0.75+0.5+0.1-0.5)\times(11.1-0.8-0.5\times2)=8.30m^3$ Ⓐ轴线沟槽 $DL_8=(0.25+0.1\times2+0.3\times2)\times(0.75+0.45+0.1-0.5)\times(25.8-0.8\times4-0.5\times2)=18.14m^3$ Ⓑ轴线沟槽 $DL_9=(0.25+0.1\times2+0.3\times2)\times(0.75+0.4+0.1-0.5)\times(3.3\times2-1.05-0.55\times2)=3.50m^3$ Ⓒ轴线沟槽 $DL_{10}=(0.25+0.1\times2+0.3\times2)\times(0.75+0.45+0.1-0.5)\times(25.8-6.6-0.8\times3-0.5-0.3)+(0.25+0.1\times2+0.3\times2)\times(0.75+0.7+0.1-0.5)\times(6.6-0.5\times2)=19.61m^3$ Ⓔ轴线沟槽 $DL_{11}=(0.25+0.1\times2+0.3\times2)\times(0.75+0.45+0.1-0.5)\times(25.8-0.8\times4-0.5\times2)=18.14m^3$ Ⓕ轴线沟槽 $DL_{12}=(0.25+0.1\times2+0.3\times2)\times(0.75+0.4+0.1-0.5)\times(6.6-0.475\times2)=4.45m^3$ 合计：$V=7.81+7.9+8.45+9.43+8.39+7.05+1.75+1.04+8.3+18.14+3.5+19.61+18.14+4.45=123.96m^3$
3	010103001001	沟槽回填	m^3	101.64	沟槽计算公式：$V_{回填}=$沟槽土方量$-$垫层混凝土量$-$标高在383以下地梁混凝土量 采用已经计算后的结果：挖沟槽土方量：$119.84m^3$，垫层混凝土量：$6.26m^3$，地梁土方量：$16.05m^3$。 沟槽回填：$V_{回填}=123.96-6.26-16.06=101.64m^3$
4	010103001002	房心回填	m^3	110.34	首层主墙之间的净面积：$S=(3.6+3-0.2)\times(11.1-0.2)+(3-0.2)\times(4.8-0.2)+(6.6-0.2)\times(6.9-0.2)+(3-0.2)\times(4.8-0.1)+(3.3-0.2)\times(4.8-0.2)+(3.3-0.2)\times(2.4-0.15)+(1.5-0.15)\times(2.4-0.05)+(2.4-0.15)\times(1.8-0.15)+(6.6-0.1)\times(1.8-0.2)+(4.5-0.2)\times(6.6-0.4)+(7.2+4.8-0.2)\times(6.3-0.2)=275.84m^2$ 回填体积：$V_{回填}=275.84\times(383.50-383.00-0.1【垫层厚】)=110.34m^3$

续表

序号	项目编码	项目名称	单位	工程量	工程量计算式
5	010103002001	余方弃置	m³	28.49	挖土方： $V_{土}=123.96$【挖沟槽土方】$+61.21$【挖桩基土方】$=$ 185.17m³ 挖石方： 挖桩基石方：51.19m³ 回填土方量： $V_{填}=101.64$【沟槽回填】$+110.34$【房心回填】$=$ 211.98m³ 回填土方为：185.17m³ 回填石方为：$207.87-185.17=22.70$m³ 余方弃置石方为：$V=51.19-22.70=28.49$m³
附录 C 桩基工程					
6	010302B01001	人工挖孔桩土方	m³	61.21	假设：本工程挖孔深度统一孔深：$H=8$m，根据地勘报告显示土方深度3m，软质岩深度5m；护壁长3m（同土方深度）。 由沟槽假设：开挖起点标高为施工交付地面标高为383.00m（-0.5m），根据孔深$H=8$m推算，孔底标高：375.0m（-8.50m）。 由设计图可知：桩直径均为800mm，护壁厚170mm，WKZ₁ 有14根，WKZ2 有6根。 WKZ₁：$V_1=3.14\times(0.4+0.17)^2\times3\times14=42.85$m³ WKZ₂：$V_2=3.14\times(0.4+0.17)^2\times3\times6=18.36$m³ 合计：$V=42.85+18.36=61.21$m³
7	010302B01002	人工挖孔桩石方	m³	51.19	WKZ₁：平直段石方$V_1=3.14\times0.4^2\times(5-0.2)\times14=$ $2.41\times14=33.76$m³ WKZ₂：平直段石方$V_2=3.14\times0.4^2\times(5-1.0-0.3-0.2)\times6=1.76\times6=10.55$m³ WKZ₂：扩大头斜段$V_3=3.14/3\times1\times(0.4^2+0.5^2+0.4\times0.5)\times6=0.64\times6=3.84$m³ WKZ₂：扩大头直段$V_4=3.14\times0.5^2\times0.3\times6=0.24\times6=1.44$m³ 锅底石方量$V_5=3.14/6\times0.2\times(3\times0.5^2+0.2^2)\times(14+6)=0.08\times20=1.60$m³ 合计：$V=33.76+10.55+3.84+1.44+1.60=$ 51.19m³
8	010302B03001	护壁混凝土（C25）	m³	24.60	每一节（长度1m）护壁混凝土：$V_{护壁}=V_{圆柱}-V_{圆台}=$ $3.14\times(0.4+0.17)^2\times1-3.14/3\times(0.4^2+0.48^2+0.4\times0.48)\times1=0.41$m³ 总护壁混凝土体积：$V_{总}=0.41\times3\times(14+6)=$ 24.60m³

续表

序号	项目编码	项目名称	单位	工程量	工程量计算式
9	010302B04001	桩芯混凝土（C30）	m³	12.20	由桩身大样图可知：与地梁相连部位向下不小于1m的距离与地梁混凝土标号一致。 WKZ_1：$V_1=3.14/3\times(0.4^2+0.48^2+0.4\times0.48)\times14$ $=0.61\times14=8.54m^3$ WKZ_2：$V_2=3.14/3\times(0.4^2+0.48^2+0.4\times0.48)\times14$ $=0.61\times6=3.66m^3$ 合计：$V=8.54+3.66=12.20m^3$
10	010302B04002	人孔挖孔桩桩芯混凝土（C25）	m³	72.58	由孔底标高：375.00m（−8.50m）和设计桩顶标高382.75（−0.75m）可计算出：桩长$H=8.50-0.75=7.75m$ 单根WKZ_1工程量：$V_1=V_{1-1}+V_{1-2}+V_{1-3}=1.07+2.41+0.08=3.56m^3$ WKZ_1：有护壁段（382.75~380.00）桩芯混凝土V_{1-1} $=3.14/3\times(0.4^2+0.48^2+0.4\times0.48)\times(2.75-1$【C30高度】$)=1.07m^3$ WKZ_1：无护壁段（383.00~375.00）桩芯混凝土V_{1-2} $=3.14\times0.4^2\times(5-0.2$【锅底高度】$)=2.41m^3$ WKZ_1：锅底混凝土$V_{1-3}=3.14/6\times0.2\times(3\times0.5^2+0.2^2)=0.08m^3$ 单根WKZ_2工程量：$V_2=V_{2-1}+V_{2-2}+V_{2-3}+V_{2-4}+V_{2-5}=1.07+1.76+0.64+0.24+0.08=3.79m^3$ WKZ_2：有护壁段（382.75~380.00）桩芯混凝土V_{2-1} $=V_{1-1}=1.07m^3$ WKZ_2：无护壁段（383.00~375.00）桩芯混凝土V_{2-2} $=3.14\times0.4^2\times(5-1$【扩斜段】$)-0.3$【扩直段】$-0.2$【锅底】$)=1.76m^3$ WKZ_2：扩大头斜段$V_{2-3}=3.14/3\times1\times(0.4^2+0.5^2+0.4\times0.5)=0.64m^3$ WKZ_2：扩大头直段混凝土$V_{2-4}=3.14\times0.5^2\times0.3=0.24m^3$ WKZ_2：锅底混凝土$V_{2-5}=V_{1-3}=0.08m^3$ 总桩芯混凝土体积：$V_总=3.56\times14+3.79\times6=72.58m^3$
				附录D 砌筑工程	
11	010401002001	砖砌挖孔桩砖井圈	m³	4.20	根据常规施工方案，挖孔前采用240mm×115mm×53mm砌砖井圈，高度一般三线砖200mm高；井圈砌在混凝土护壁外边沿。 直径800mm单个井圈砖体积$V_单=3.14\times[(0.57+0.24)^2-0.57^2]\times0.2=0.21m^3$ 总砖井圈体积：$V_总=0.21\times14+0.21\times6=4.20m^3$

序号	项目编码	项目名称	单位	工程量	工程量计算式
12	010401001001	页岩实心砖基础	m^3	19.16	砖基础：首层各主墙下−0.750~0.000m。 200厚砖基础长：$L=L_1+L_2=72.8+56.45=129.25$ 外墙 $L_1=(25.8-0.5\times4-0.3\times2)+(25.8-0.4\times2-0.3\times2-0.2\times2-0.25\times2)+(11.8-0.4\times2-0.3)\times2+(2.8-0.1-0.35)\times2=72.8$ 内墙：$(4.8-0.3-0.4)\times4+(4.8-0.2)+(6.3-0.35)+(4.5-0.35)+(4.5-0.2)+6.6+(6.6-0.3\times2)+(9.6-0.5-0.4-0.25)=56.45m$ 卫生间100厚砖基础长：$L_2=(3.3-0.2)+(2.4-0.1-0.05)=5.35m$ 砖基础体积：$V_1=129.25\times0.2\times0.75+5.35\times0.095\times0.75=19.77m^3$ 扣200厚砖基础构造柱体积：$V_2=0.75\times0.2\times0.2\times15$【构造柱根数】$+0.03\times0.2\times0.75\times33$【马牙槎个数】$=0.60m^3$ 扣100厚砖基础构造柱体积：$V_3=0.75\times0.095\times0.095\times1$【构造柱根数】$+0.03\times0.095\times0.75\times6$【马牙槎个数】$=0.02m^3$ 砖基础体积：$V_{砖基}=19.77-0.60-0.01=19.16m^3$ 防潮层包含在砖基础内，防潮层做法见建施说明4.1.2条。 防潮层面积：$S=L_1\times$墙厚$=129.25\times0.2+5.35\times0.095=26.36m^2$
13	010401005001	200厚页岩空心砖墙（内墙）	m^3	107.38	按图示尺寸以体积计算，扣除门窗、洞口及嵌入墙内的钢筋混凝土圈梁、过梁及构造柱的体积。 一层：$V_1=V_{1-1}-V_{1-2}-V_{1-3}-V_{1-4}=37.4-3.36-0.25-1.30=32.49m^3$ 内墙净长：$L_{1-1}=[6.6+(3-0.5+6.6-0.65+6.6-0.7-1.5+0.15)]$【$X$向】$+[(13.2-2.1-1.05)+(4.8-0.7)\times2+(4.8-0.7+4.5-0.35)+(4.8-0.2+4.5-0.2)]$【$Y$向】$=55.00m$ 内墙体积：$V_{1-1}=55\times0.2\times(3.9-0.5)$【平均高度】$=37.4m^3$ 扣门窗洞口：$V_{1-2}=(1\times2.1\times5+1.2\times2.1+1.8\times2.1)\times0.2=3.36m^3$ 扣过梁体积：$V_{1-3}=(1+0.25\times2)\times0.09\times0.2\times5+(1+0.25)\times0.09\times0.2$【靠柱边】$+0.09\times0.2\times(1.2+0.25\times2)+0.19\times0.2\times(1.8+0.25\times2)=0.25m^3$

序号	项目编码	项目名称	单位	工程量	工程量计算式
13	010401005001	200 厚 页岩空心砖墙 （内墙）	m^3	107.38	扣构造柱体积：$V_{1-4}=(3.9-0.5)$【平均高度】$\times 0.2\times 0.2\times 7+(3.9-0.5)$【平均高度】$\times 0.03\times 0.2\times 17=1.30m^3$ 二层：$V_2=V_{2-1}-V_{2-2}-V_{2-3}-V_{2-4}=52.78-5.04-0.31-2.37=45.06m^3$ 内墙净长：$L_{2-1}=[(25.8-0.2)+(25.8-3-0.3\times 4-0.4\times 2-1.2+0.15)]$【$X$ 向】$+[(4.5-0.2)\times 5+(4.5-0.35)+(4.8-0.2)\times 3+(4.8-0.3\times 2)\times 2]$【$Y$ 向】$=93.2m$ 墙体积：$V_{2-1}=93.2\times 0.2\times (3.3-0.5)$【平均高度】$=52.19m^3$ 扣门窗洞口：$V_{2-2}=1\times 2.1\times 0.2\times 12=5.04m^3$ 扣过梁体积：$V_{2-3}=(1+0.25\times 2)\times 0.09\times 0.2\times 9+(1+0.25)\times 0.09\times 0.2\times 3$【靠柱边】$=0.31m^3$ 扣构造柱体积：$V_{2-4}=(3.3-0.5)$【平均高度】$\times 0.2\times 0.2\times 15+0.03\times 0.2\times (3.3-0.5)$【平均高度】$\times 41=2.37m^3$ 三层：$V_3=V_{3-1}-V_{3-2}-V_{3-3}-V_{3-4}=52.19-5.04-0.31-2.37=44.47m^3$ 内墙净长：$L_{2-1}=[(25.8-0.2)+(25.8-3-0.3\times 4-0.4\times 2)]$【$X$ 向】$+[(4.5-0.2)\times 5+(4.5-0.35)+(4.8-0.2)\times 3+(4.8-0.3\times 2)\times 2]$【$Y$ 向】$=94.25m$ 墙体积：$V_{2-1}=94.25\times 0.2\times (3.3-0.5)$【平均高度】$=52.78m^3$ 扣门窗洞口：$V_{2-2}=1\times 2.1\times 0.2\times 12=5.04m^3$ 扣过梁体积：$V_{2-3}=(1+0.25\times 2)\times 0.09\times 0.2\times 9+(1+0.25)\times 0.09\times 0.2\times 3$【靠柱边】$=0.31m^3$ 扣构造柱体积：$V_{2-4}=(3.3-0.5)$【平均高度】$\times 0.2\times 0.2\times 15+0.03\times 0.2\times (3.3-0.5)$【平均高度】$\times 41=2.37m^3$ 200 厚内墙砖工程量汇总：$V=V_1+V_2+V_3=32.49+45.06+44.47=122.02m^3$ 取墙底墙顶三线实心砖比例 12% 得 100 厚厚页岩空心砖墙工程量：$122.02\times 88\%=107.38m^3$

序号	项目编码	项目名称	单位	工程量	工程量计算式
14	010401005002	100厚 页岩空心砖墙 （内墙）	m³	2.82	按图示尺寸以体积计算，扣除门窗、洞口及嵌入墙内的钢筋混凝土圈梁、过梁及构造柱的体积。 一层：$V_1=V_{1-1}-V_{1-2}-V_{1-3}-V_{1-4}=1.73-0.32-0.02-0.1=1.29m^3$ 内墙净长：$L_{1-1}=3.3-0.2+2.4-0.15=5.35$ 内墙体积：$V_{1-1}=5.35\times0.095\times(3.9-0.5)$【平均高度】$=1.73m^3$ 扣门窗洞口：$V_{1-2}=0.8\times2.1\times0.095\times2=0.32m^3$ 扣过梁体积：$V_{1-3}=0.09\times0.1\times(0.8+0.25\times2)\times2=0.02$ 扣构造柱体积：$V_{1-4}=0.1\times0.1\times(3.9-0.5)$【平均高度】$+0.03\times0.1\times(3.9-0.5)$【平均高度】$\times6=0.1m^3$ 二层：$V_2=V_{2-1}-V_{2-2}-V_{2-3}-V_{2-4}=1.34-0.32-0.02-0.08=0.92m^3$ 内墙净长：$L_{2-1}=3-0.2+2.4-0.15=5.05m$ 内墙体积：$V_{2-1}=5.05\times0.095\times(3.3-0.5)$【平均高度】$=1.34m^3$ 扣门窗洞口：$V_{2-2}=0.8\times2.1\times0.095\times2=0.32m^3$ 扣过梁体积：$V_{2-3}=0.09\times0.1\times(0.8+0.25\times2)\times2=0.02m^3$ 扣构造柱体积：$V_{2-4}=0.1\times0.1\times(3.3-0.5)$【平均高度】$+0.03\times0.1\times(3.3-0.5)$【平均高度】$\times6=0.08m^3$ 三层：$V_3=V_{3-1}-V_{3-2}-V_{3-3}-V_{3-4}=1.42-0.32-0.02-0.08=1.00m^3$ 内墙净长：$L_{3-1}=3.3-0.2+2.4-0.15=5.35$ 内墙体积：$V_{3-1}=5.35\times0.095\times(3.3-0.5)$【平均高度】$=1.42m^3$ 扣门窗洞口：$V_{3-2}=0.8\times2.1\times0.095\times2=0.32m^3$ 扣过梁体积：$V_{3-3}=0.09\times0.1\times(0.8+0.25\times2)\times2=0.02$ 扣构造柱体积：$V_{3-4}=0.1\times0.1\times(3.3-0.5)$【平均高度】$+0.03\times0.1\times(3.3-0.5)$【平均高度】$\times6=0.08m^3$ 100厚内墙砖工程量汇总：$V=V_1+V_2+V_3=1.29+0.92+1=3.21m^3$ 取墙底墙顶三线实心砖比例12%得100厚厚页岩空心砖墙工程量：$3.21\times88\%=2.82m^3$

序号	项目编码	项目名称	单位	工程量	工程量计算式
15	010401005003	200 厚 页岩空心砖墙 （外墙）	m³	75.79	按图示尺寸以体积计算，扣除门窗、洞口及嵌入墙内的钢筋混凝土圈梁、过梁及构造柱的体积。 一层：$V_1 = V_{1-1} - V_{1-2} - V_{1-3} - V_{1-4} = 41.96 - 4.32 - 0.86 - 1.73 = 35.05\text{m}^3$ 外墙中心线长：$L_{1-1} = (6.6 - 0.55) \times 2 + (13.2 - 1.4 + 0.1 - 0.4 \times 3) \times 2 + (9.6 - 0.3 - 0.4 - 0.2) \times 2 + (2.1 + 0.7 - 0.45) \times 2 + (6.6 - 0.5) = 61.7\text{m}$ 外墙墙体积：$V_{1-1} = 61.7 \times 0.2 \times (3.9 - 0.5)$【平均高度】$= 41.96\text{m}^3$ 扣门窗洞口：$V_{1-2} = 0.9 \times 1.5 \times 0.2 \times 8 + 0.9 \times 1.2 \times 0.2 \times 10 = 4.32\text{m}^3$ 扣过梁体积：$V_{1-3} = 0.09 \times 0.2 \times (0.9 + 0.25 \times 2) \times (8 + 10) + 0.18 \times 0.2 \times (0.9 + 0.25 \times 2) \times 8$【飘窗下口】$= 0.86\text{m}^3$ 扣构造柱体积：$V_{1-4} = (3.9 - 0.5)$【平均高度】$\times 0.2 \times 0.2 \times 8 + (3.9 - 0.5)$【平均高度】$\times 16 \times 0.03 \times 0.2 = 1.73\text{m}^3$ 二层：$V_2 = V_{2-1} - V_{2-2} - V_{2-3} - V_{2-4} = 31.98 - 4.32 - 0.86 - 1.31 = 25.59\text{m}^3$ 外墙中心线长：$L_{2-1} = (6.6 - 0.55) \times 2 + (13.2 - 1.4 + 0.1 - 0.4 \times 3) \times 2 + (26 - 0.4 \times 6) = 57.1\text{m}$ 外墙墙体积：$V_{2-1} = 57.1 \times 0.2 \times (3.3 - 0.5) = 31.98\text{m}^3$ 扣门窗洞口：$V_{2-2} = 0.9 \times 1.5 \times 0.2 \times 8 + 0.9 \times 1.2 \times 0.2 \times 10 = 4.32\text{m}^3$ 扣过梁体积：$V_{2-3} = 0.09 \times 0.2 \times (0.9 + 0.25 \times 2) \times (10 + 8) + 0.18 \times 0.2 \times (0.9 + 0.25 \times 2) \times 8$【飘窗下口】$= 0.86\text{m}^3$ 扣构造柱体积：$V_{2-4} = (3.3 - 0.5)$【平均高度】$\times 0.2 \times 0.2 \times 9 + 0.03 \times 0.2 \times (3.3 - 0.5)$【平均高度】$\times 18 = 1.31\text{m}^3$ 三层：$V_3 = V_{3-1} - V_{3-2} - V_{3-3} - V_{3-4} = 31.98 - 4.32 - 0.86 - 1.31 = 25.49\text{m}^3$ 外墙中心线长：$L_{3-1} = (6.6 - 0.55) \times 2 + (13.2 - 1.4 + 0.1 - 0.4 \times 3) \times 2 + (26 - 0.4 \times 6) = 57.1\text{m}$ 外墙墙体积：$V_{3-1} = 57.1 \times 0.2 \times (3.3 - 0.5) = 31.98\text{m}^3$ 扣门窗洞口：$V_{3-2} = 0.9 \times 1.5 \times 0.2 \times 8 + 0.9 \times 1.2 \times 0.2 \times 10 = 4.32\text{m}^3$

续表

序号	项目编码	项目名称	单位	工程量	工程量计算式
15	010401005003	200厚页岩空心砖墙（外墙）	m³	75.79	扣过梁体积：$V_{3-3}=0.09\times0.2\times(0.9+0.25\times2)\times(10+8)+0.18\times0.2\times(0.9+0.25\times2)\times8$【飘窗下口】$=0.86\text{m}^3$ 扣构造柱体积：$V_{3-4}=(3.3-0.5)$【平均高度】$\times0.2\times0.2\times9+0.03\times0.2\times(3.3-0.5)$【平均高度】$\times18=1.31\text{m}^3$ 200厚外墙砖工程量汇总：$V=V_1+V_2+V_3=35.05+25.59+25.49=86.13\text{m}^3$ 取墙底墙顶三线实心砖比例12％得100厚厚页岩空心砖墙工程量：$86.13\times88％=75.79\text{m}^3$
16	010401005004	100厚页岩空心砖墙（外墙）	m³	4.11	按图示尺寸以体积计算，扣除门窗、洞口及嵌入墙内的钢筋混凝土圈梁、过梁及构造柱的体积。 $V=V_1+V_2+V_3=1.37+1.37+1.37=4.11\text{m}^3$ 一层：$V_1=0.6\times1.5\times0.095\times16=1.37\text{m}^3$ 二层：$V_2=0.6\times1.5\times0.095\times16=1.37\text{m}^3$ 三层：$V_3=0.6\times1.5\times0.095\times16=1.37\text{m}^3$
17	010401003001	实心砖墙	m³	25.36	取页岩空心砖工程量的12％ $(122.02+3.21+86.13)\times12％=25.36\text{m}^3$
18	010401005005	轻质墙体	m³	4.18	按图示尺寸以体积计算，扣除门窗、洞口及嵌入墙内的钢筋混凝土圈梁、过梁及构造柱的体积。 $V_1=(0.9\times10.3-0.9\times1.5\times3)\times0.1\times6=3.13\text{m}^3$ $V_2=(3.7\times0.9-0.9\times1.5)\times0.1\times2=0.40\text{m}^3$ $V_3=(6.6\times0.9-0.9\times1.5\times2)\times0.1\times2=0.65\text{m}^3$ $V=V_1+V_2+V_3=3.13+0.40+0.65=4.18\text{m}^3$
19	010404001001	卫生间垫层	m³	7.87	按图示尺寸以立方米计算 面积： 一层：$S_1=(3.3-0.2)\times(2.4-0.15)+(2.4-0.15)\times(1.8-0.15)=10.69$ 二层：$S_2=(3-0.2)\times(2.4-0.15)+(1.8-0.15)\times(2.4-0.15)=10.01$ 三层：$S_3=(3.3-0.2)\times(2.4-0.15)+(2.4-0.15)\times(1.8-0.15)=10.69$ $S_总=10.69+10.01+10.69=31.39$ 卫生间垫层工程量：$V_1=31.39\times0.17=5.34\text{m}^3$ 洗手垫层工程量：$V_2=(3.04+2.36+3.04)\times0.3=2.53\text{m}^3$ 卫生间垫层工程量汇总：$V=V_1+V_2=5.34+2.53=7.87\text{m}^3$

序号	项目编码	项目名称	单位	工程量	工程量计算式
					附录 E　混凝土及钢筋混凝土工程
20	010501001001	基础垫层 (C15)	m^3	6.26	⑩轴线 $DL_5=(0.25+0.2)\times0.1\times(11.1-0.45\times2-0.25\times2)=0.44m^3$ ①轴系 $DL_6(X)=(0.25+0.2)\times0.1\times(3.3-0.15-0.225-0.25)=0.12m^3$ ⑩~⑬轴线 $DL_6(Y)=(0.25+0.2)\times0.1\times(2.4-0.225-0.25)=0.09m^3$ ⑬轴线 $DL_7=(0.25+0.2)\times0.1\times(11.1-1.14-0.67\times2)=0.39m^3$ Ⓐ轴线 $DL_8=(0.25+0.2)\times0.1\times(25.8-0.67\times2-1.14\times4)=0.90m^3$ Ⓑ轴线 $DL_9=(0.25+0.2)\times0.1\times2\times(3.3-0.25-0.2)=0.26m^3$ Ⓒ轴线 $DL_{10}=(0.25+0.2)\times0.1\times(25.8-1.14\times4-0.67\times2)=0.90m^3$ Ⓔ轴线 $DL_{11}=(0.25+0.2)\times0.1\times(25.8-1.14\times4-0.67\times2)=0.90m^3$ Ⓕ轴线 $DL_{12}=(0.25+0.2)\times(6.6-0.645\times2)\times0.1=0.24m^3$ 基础垫层工程量汇总：$V=0.39+0.39+0.44+0.44+0.39+0.44+0.12+0.09+0.39+0.90+0.26+0.9+0.9+0.24=6.26$
21	010501001002	地面垫层 (C15)	m^3	36.23	按图示尺寸以体积计算（详图见装饰装修图地面详图） 大法庭：$(6.6-0.2)\times(11.1-0.2)\times0.1+(6.6-0.2)\times3.86\times0.15$【150mm 地台】$+(6.6-0.2)\times(0.64+2.45)\times0.3$【300mm 地台】$=16.61m^3$ 合议室：$(3-0.2)\times(4.8-0.2)\times0.1=1.29m^3$ 法庭：$(6.6-0.2)\times(6.9-0.2)\times0.1=4.29m^3$ 大厅：$(12.6-0.2)\times(6.3-0.2)\times0.1=7.56m^3$ 走道：$[6.6\times(1.8-0.2)+(2.4+0.1-0.05)\times(1.5-0.15)]\times0.1=1.39m^3$ 律师室：$(3.3-0.2)\times(4.8-0.2)\times0.1=1.43m^3$ 立案室：$(3.3-0.2)\times(4.5-0.2)\times0.1=1.33m^3$ 调解室：$(3.3-0.2)\times(4.5-0.2)\times0.1=1.33m^3$ 卫生间：$[(3.3-0.2)\times(2.4-0.15)+(2.4-0.15)\times(1.8-0.15)]\times0.1=1.07m^3$ 地面垫层汇总：$V=16.61+1.29+4.29+7.56+1.39+1.43+1.33+1.33+1.07=36.23m^3$

续表

序号	项目编码	项目名称	单位	工程量	工程量计算式
22	010503001001	地梁（C30）	m³	16.06	以图示尺寸以体积计算 ①轴线 $DL_1=0.25\times0.45\times(11.1-1.14-0.67\times2)=0.97m^3$ ③轴线 $DL_1=0.25\times0.45\times(11.1-1.14-0.67-0.57)=0.98m^3$ $DL_2=0.25\times0.4\times(13.2-1.14\times2-0.645-0.57)=0.97m^3$ $DL_3=0.25\times0.5\times(11.1-1.14-0.57-0.67)+0.25\times0.4\times(2.1-0.47-0.645)=1.19m^3$ $DL_4=0.25\times0.5\times(11.1-1.14-0.57-0.67)=1.09m^3$ $DL_5=0.25\times0.5\times(11.1-0.3-0.25\times2)=1.29m^3$ $DL_6(X)=0.25\times0.4\times(3.3-0.15-0.125)=0.30m^3$ $DL_6(Y)=0.25\times0.4\times(2.4-0.1-0.15)=0.22m^3$ $DL_7=0.25\times0.5\times(11.1-1.14-0.67\times2)=1.08m^3$ $DL_8=0.25\times0.45\times(25.8-1.14\times4-0.67\times2)=2.24m^3$ $DL_9=0.25\times0.4\times(3.3\times2-0.3-0.25)=0.61m^3$ $DL_{10}=0.25\times0.45\times(19.2-1.14\times3-0.67-0.42)+0.25\times0.7\times(6.6-1.14-0.72-0.67)=2.36m^3$ $DL_{11}=0.25\times0.45\times(25.8-4\times1.14-0.67\times2)=2.24m^3$ $DL_{12}=0.25\times0.4\times(6.6-0.645\times2)=0.53m^3$ 地梁工程量汇总：$V=0.97+0.98+0.97+1.19+1.09+1.29+0.30+0.22+1.08+2.24+0.61+2.36+2.24+0.53=16.06m^3$
23	010502001001	矩形柱	m³	28.27	按图示尺寸以体积计算 $KZ_1=[0.4\times0.4\times(10.5+0.75)]\times4=7.2m^3$ $KZ_2=[0.4\times0.4\times(10.5+0.75)]\times4=7.2m^3$ $KZ_3=[0.4\times0.4\times(10.5+0.75)]\times2=3.6m^3$ $KZ_4=[0.5\times0.5\times(3.9+0.75)]\times4+[0.4\times0.4\times(10.5-3.9)]\times4=8.87m^3$ $KZ_6=[0.35\times0.35\times(3.9+0.75)]\times2=1.14m^3$ $TZ=0.2\times0.3\times(1.95+0.75+1.65)=0.26m^3$ 矩形柱工程量汇总：$V=7.2+7.2+3.6+8.87+1.14+0.26=28.27m^3$
24	010502003001	圆形柱	m³	8.83	按设计图示尺寸以体积计算 $V=[3.14\times0.25\times0.25\times(10.5+0.75)]\times4=8.83m^3$
25	010504001001	直形墙	m³	16.63	按设计图示尺寸以体积计算，扣除单个面积>0.3m² 的柱、垛以及孔洞所占体积 $V=0.2\times(13.8+6)\times2\times2.1=16.63m^3$

续表

序号	项目编码	项目名称	单位	工程量	工程量计算式
26	010505001001	有梁板	m³	153.76	按设计图示尺寸以体积计算，扣除单个面积$>0.3m^2$的柱、垛以及孔洞所占体积 二层梁板体积： $KL_1=0.25\times0.5\times(11.1-0.4-0.3\times2)=1.26m^3$ $KL_2=0.25\times0.5\times(11.1-0.5-0.3-0.25)=1.26m^3$ $KL_3=[0.25\times0.5\times(11.1-0.25-0.5-0.3-0.25)+0.25\times0.4\times(2.1-0.35)]\times2=2.80m^3$ $KL_4=0.25\times0.5\times(4.5+1.8-0.1-0.25)+0.225\times0.5\times(4.8-0.3-0.4)=1.21m^3$ $KL_5=0.25\times0.5\times(11.1-0.4-0.3\times2)=1.26m^3$ $KL_6=0.25\times0.5\times(25.8-4\times0.5-0.3\times2)=2.90m^3$ $KL_7=0.25\times0.5\times(25.8-3\times0.5-0.55-0.3\times2)=2.89m^3$ $KL_8=0.25\times0.5\times(3.6+3+3+6.6-0.4\times2-0.3-0.2)1.86m^3$ $KL_9=0.25\times0.5\times(3.6+3-0.2-0.3)=0.76m^3$ $L_1=0.25\times0.4\times(11.1-0.25\times2-0.15\times2)=1.03m^3$ $L_2=0.25\times0.4\times(11.1-0.25\times2-0.15-0.21)=1.02m^3$ $L_3=[0.25\times0.4\times(4.5+1.8-0.25-2.1-0.1)]\times2=0.77m^3$ $L_4=0.25\times0.4\times(4.8+2.1-0.25-0.15\times2)=0.64m^3$ $L_5=0.25\times0.4\times(11.1-0.25\times2-0.15\times2)=1.03m^3$ $L_6=0.2\times0.3\times(2.4-0.1-0.15)=0.13m^3$ $L_7=0.25\times0.4\times(25.8-0.25\times4-0.15\times2)=2.45m^3$ $L_8=0.2\times0.35\times(3-0.15-0.125)=0.19m^3$ $WKL_1=0.25\times0.5\times(6.6-0.25\times2)=0.76m^3$ $B_1=[3.6+3-0.25\times2)\times(11.1-0.25\times2-0.15\times2)]\times0.1=6.28m^3$ $B_2=(11.1-0.25\times2-0.15\times2)\times(3-0.25\times2)\times0.1=2.58m^3$ $B_3=(2.1-0.25\times2)\times(6.6-0.25-0.15\times2)\times0.12=1.16m^3$ $B_4=(4.8-0.15\times2)\times(6.6-0.25\times2)\times0.1=2.75m^3$ $B_5=(4.5+1.8-0.25\times2)\times(4.8+1.2+0.6-0.25\times3)\times0.1=3.39m^3$ $B_6=(4.5+1.8-0.25\times2)\times(3-0.25)\times0.1=1.60m^3$ $B_7=(3.6+3-0.125-0.15-0.25)\times(4.5+1.8-0.25\times2)\times0.1=3.52m^3$

序号	项目编码	项目名称	单位	工程量	工程量计算式
26	010505001001	有梁板	m^3	153.76	$B_8=(2.4\times2-0.15\times2)\times(3.6-0.25)\times0.1=1.51m^3$ $B_9=[(2.4\times2-0.15\times2-0.2)\times(3-0.15-0.125)-0.2\times(2.4-0.25)]\times0.1=1.13m^3$ 二层有梁板工程量汇总：$V_1=1.26+1.26+2.80+1.21+1.26+2.9+2.89+1.86+0.76+1.03+1.02+0.77+0.64+1.03+0.13+2.45+0.19+0.76+6.28+2.58+1.16+2.75+3.39+1.60+3.52+1.51+1.13=48.14m^3$ 三层梁板混凝土： $KL_1=0.25\times0.5\times(11.1-0.4-0.3\times2)=1.26m^3$ $KL_2=[0.25\times0.5\times(11.1-0.4-0.3-0.25-0.25)]\times2=2.48m^3$ $KL_3=[0.25\times0.5\times(11.1-0.4-0.3-0.25)]\times2=2.54m^3$ $KL_4=0.25\times0.5\times(11.1-0.4-0.3\times2)=1.26m^3$ $KL_5=0.25\times0.5\times(25.8-0.5\times4-0.3\times2)=2.9m^3$ $KL_6=0.25\times0.6\times(25.8-0.4\times4-0.3\times2)=3.54m^3$ $KL_7=0.25\times0.5\times(3.6+3\times2+6.6-0.3\times2-0.4\times2)=1.85m^3$ $KL_{10}=0.25\times0.5\times(3.3\times2-0.3-0.2)=0.76m^3$ $L_1=0.25\times0.4\times(11.1-0.25\times2-0.15\times2)=1.03m^3$ $L_2=0.25\times0.4\times(11.1-0.25\times2-0.15-0.21)=1.02m^3$ $L_3=[0.25\times0.4\times(4.5+1.8-0.25-0.21-0.1)]\times2=1.15m^3$ $L_4=0.25\times0.4\times(4.8-1.5\times2)=0.18m^3$ $L_2=[0.25\times0.4\times(4.5+1.8-0.25\times2)]\times2=1.16m^3$ $L_3=0.25\times0.4\times(11.1-0.15\times2-0.25\times2)=1.03m^3$ $L_5=0.25\times0.4\times(25.8-0.25\times4-0.15\times2)=2.45m^3$ $B_1=(4.8-0.15\times2)\times(25.8-0.15\times2-0.25\times7)\times0.12=12.83m^3$ $B_2=(4.5+1.8-0.25\times2)\times(25.8-0.15\times2-0.25\times9)\times0.12=16.18m^3$ $B_3=(12.6-0.2-3\times0.25)\times(6-0.2)\times0.12=8.11m^3$ 屋面层工程量汇总：$V_3=2.53+2.54+2.54+4.18+3.41+2.95+2.06+1.16+1.03+12.83+16.18+8.11=59.52m^3$ 有梁板工程量汇总：$V=V_1+V_2+V_3=48.14+46.10+59.52=153.76m^3$

序号	项目编码	项目名称	单位	工程量	工程量计算式
27	010503002001	矩形梁	m^3	2.16	按图示尺寸以体积计算 二层：$V_1 = L_9 = 0.2 \times 0.4 \times (3 - 0.2 \times 2) = 0.21 m^3$ 三层：$V_2 = KL_8 = 0.2 \times 0.4 \times (3 - 0.2 \times 2) = 0.21 m^3$ 顶层：$V_3 = L_1 = [0.25 \times 0.4 \times (6 - 0.2)] \times 3 = 1.74 m^3$ 矩形梁工程量汇总：$V = 0.21 + 0.21 + 1.74 = 2.16 m^3$
28	010503003001	异形梁	m^3	45.99	按图示尺寸以体积计算 一层： 异形梁截面面积：$S_1 = 0.3 \times 0.6 + 0.3 \times 0.3 + 0.1 \times 0.2 + 0.1 \times 0.1 + 0.25 \times 0.6 = 0.45 m^2$ 异形梁中心线长度：$L_1 = (2.7 - 0.1 - 0.15 + 0.28) \times 2 + 6.6 - 0.3 + 0.56 = 12.32 m$ 异形梁体积：$V_1 = 0.45 \times 12.32 = 5.54 m^3$ 屋面层： 异形梁面积：$S_2 = 0.25 \times 0.6 + 0.3 \times 0.6 + 0.3 \times 0.3 + 0.1 \times 0.2 + 0.1 \times 0.1 = 0.45 m^2$ 异形梁中心线长度：$L_2 = 25.8 - 0.3 + 0.56 + (11.7 - 0.3 + 0.56) \times 2 + (6 - 0.3 + 0.28) \times 2 = 61.94 m$ 异形梁体积：$V_2 = 0.45 \times 61.94 = 27.87 m^3$ 直行墙顶： 异形梁面积：$S_3 = 0.3 \times 0.6 + 0.3 \times 0.3 + 0.1 \times 0.2 + 0.1 \times 0.1 = 0.3 m^2$ 异形梁中心线长度：$L_3 = (12.6 + 0.6 \times 2 + 0.2 + 0.375 + 6 + 0.2 + 0.375) \times 2 = 41.9 m$ 异形梁体积：$V_3 = 0.3 \times 41.9 = 12.57 m^3$ 异形梁工程量汇总：$V_总 = 5.54 + 27.87 + 12.57 = 45.99 m^3$
29	010505008001	悬挑板	m^3	12.32	按设计图示尺寸以体积计算 二层： L_{10}：$V_{1-1} = 0.25 \times 0.4 \times (6.6 + 0.2) = 0.68 m^3$ KL_3、L_4 悬挑端：$V_{1-3} = 0.25 \times 0.4 \times (0.6 - 0.25) \times 3 = 0.11 m^3$ 悬挑板体积：$V_{1-3} = (0.6 - 0.25) \times (6.6 - 0.15 \times 2 - 0.25) \times 0.12 = 0.25 m^3$ 二层悬挑板工程量汇总：$V_1 = V_{1-1} + V_{1-2} + V_{1-3} = 0.68 + 0.11 + 0.21 = 1.04 m^3$ 屋顶层： L_6：$V_{2-1} = 0.25 \times 0.4 \times (25.8 + 0.1 \times 2) = 2.6 m^3$ WKL_1、WKL_2、WKL_3、L_1、L_3 悬挑端 $V_{2-2} := [0.25 \times 0.4 \times (0.6 - 0.1 - 0.15)] \times 9 = 0.32 m^3$

序号	项目编码	项目名称	单位	工程量	工程量计算式
29	010505008001	悬挑板	m^3	12.32	Ⓔ轴板体积：$V_{2-3}=(25.8-0.25\times7-0.15\times2)\times(0.6-0.25)\times0.12=1.00m^3$ L_4：$V_{2-4}=0.25\times0.5\times(3\times2+6.6+0.6\times2+0.25)=1.76m^3$ WKL_3、L_2、L_3 悬挑端：$V_{2-5}=0.25\times0.4\times(1.5-0.25)\times3+0.25\times0.6\times(1.5-0.25)\times4=1.13m^3$ Ⓐ轴板体积：$V_{2-6}=(6.6+3\times2+0.6\times2-0.25\times6)\times(1.5-0.1-0.125)\times0.12=1.88m^3$ 屋顶层悬挑板工程量汇总：$V_2=V_{2-1}+V_{2-2}+V_{2-3}+V_{2-4}+V_{2-5}+V_{2-6}=2.6+0.32+1.00+1.76+1.13+1.88=8.69m^3$ 现浇窗台板：$V_3=0.9\times0.1\times0.6\times24\times2=2.59m^3$ 悬挑板工程量汇总：$V=V_1+V_2+V_3=1.04+8.69+2.59=12.32m^3$
30	010506001001	直形楼梯	m^2	27.05	按图示尺寸以水平投影面积计算 水平投影面积：$(3-0.2)\times(1.47+3.08+0.28)\times2=27.05m^2$
31	010503005001	现浇过梁	m^3	1.96	按图示尺寸以体积计算 M1021：$V_1=0.09\times(1+0.25)\times0.2\times7=0.16m^3$ PC0915：$V_{2-1}=0.09\times(0.9+0.25\times2)\times0.2\times8\times3=0.60m^3$ $V_{2-2}=0.18\times(0.9+0.25\times2)\times0.2\times8\times3=1.20m^3$ 现浇过梁工程量汇总：$V_2=V_{2-1}+V_{2-2}=0.16+0.60+1.20=1.96m^3$
32	010510003001	预制过梁	m^3	1.57	按图示尺寸以体积计算： M0821：$V_1=0.09\times0.1\times(0.8+0.25\times2)\times6=0.07m^3$ M1021：$V_2=(1+0.25\times2)\times0.09\times0.2\times23=0.62m^3$ M1221：$V_3=0.09\times0.2\times(1.2+0.25\times2)=0.03m^3$ M1821：$V_4=0.19\times0.2\times(1.8+0.25\times2)=0.09m^3$ C1：$V_5=0.09\times0.2\times(0.9+0.25\times2)\times30=0.76m^3$ 预制过梁工程量汇总：$V=V_1+V_2+V_3+V_4+V_5=0.07+0.62+0.03+0.09+0.76=1.57m^3$

续表

序号	项目编码	项目名称	单位	工程量	工程量计算式
33	010502002001	构造柱	m^3	11.13	按图示尺寸以体积计算，构造柱按全高计算，伸入墙内马牙槎并入柱身体积计算。 一层： 100 厚墙构造柱体积：$V_{1-1}=0.1\times0.1\times(3.9-0.5+0.75)\times1$【构造柱根数】$+0.03\times0.1\times(3.9-0.5+0.75)\times3$【马牙槎个数】$=0.08m^3$ 200 厚墙构造柱体积：$V_{1-2}=0.2\times0.2\times(3.9-0.5+0.75)\times15$【构造柱根数】$+0.03\times0.2\times(3.9-0.5+0.75)\times33$【马牙槎个数】$+0.03\times0.1\times(3.9-0.5+0.75)\times3$【马牙槎个数】$=3.35m^3$ 一层构造柱体积：$V_1=V_{1-1}+V_{1-2}=3.35+0.08=3.43$ 二层： 100 厚墙构造柱体积：$V_{2-1}=0.1\times0.1\times(3.3-0.5)\times1$【构造柱根数】$+0.03\times0.1\times(3.3-0.5)\times3$【马牙槎个数】$=0.05m^3$ 200 厚墙构造柱体积：$V_{2-2}=0.2\times0.2\times(3.3-0.5)\times25$【构造柱根数】$+0.03\times0.2\times(3.3-0.5)\times59$【马牙槎个数】$+0.03\times0.1\times(3.3-0.5)\times3$【马牙槎个数】$=3.82m^3$ 二层构造柱体积：$V_2=V_{2-1}+V_{2-2}=0.05+3.82=3.87m^3$ 三层： 三层构造柱工程量同二层 $V_3=3.87m^3$ 构造柱工程量汇总：$V=V_1+V_2+V_3=3.43+3.87+3.87=11.17m^3$
34	010515001001	现浇构件钢筋	t	38.88	钢筋计算汇总：38.88t HPB300 级钢筋 13.70t；按直径分别统计为：$\phi6=0.34t$；$\phi6.5=1.30t$；$\phi8=10.18t$；$\phi10=3.81t$ HRB335 级钢筋 19.59t；按直径分别统计为：$\phi12=1.16t$；$\phi14=0.90t$；$\phi16=3.70t$；$\phi18=5.65t$；$\phi20=5.33t$；$\phi22=2.12t$；$\phi25=0.73t$ CRB550 级钢筋（冷轧带肋钢筋）：5.59t；按直径分别统计为：$\phi7=5.59t$ 说明：设计图上 HPB300 级 $\phi6$ 钢筋在计算时，因为钢材市场只有 $\phi6.5$ 的钢筋，无 $\phi6$ 的钢筋
35	010515002001	预制构件钢筋	t	0.44	按图示钢筋长度乘以单位理论质量计算： 按图示预制过梁钢筋求得预制钢筋重量：0.44t

序号	项目编码	项目名称	单位	工程量	工程量计算式
36	010515004001	钢筋笼	t	3.24	桩主筋：$(7.75-0.04\times2)\times10\times14^2\times0.00617\times20=1855.1$kg 加密区螺旋箍长度：$(1.5/0.1)\times\{[(0.8-2\times0.04+0.01)\times3.14]^2+0.1^2\}^{0.5}+1.5\times3.14\times(0.8-0.04\times2+0.01)+11.9\times0.01=37.97$ 非加密区螺旋箍长度：$(7.75-1.5)/0.2\times\{[(0.8-2\times0.04+0.008)\times3.14]^2+0.2^2\}^{0.5}+1.5\times3.14\times(0.8-0.04\times2+0.008)+11.9\times0.008=75.23$m 螺旋箍工程量：$37.97\times20\times10^2\times0.00617+75.23\times20\times8^2\times0.00617=1062.69$kg 加劲箍长度：$(0.8-2\times0.04)\times3.14+0.3+6.25\times0.012=2.64$ 加劲箍根数：$7.75/2+1=5$ 加劲箍工程量：$(2.64\times5\times14^2\times0.00617)\times20=319.26$kg 钢筋笼工程量汇总：$1855.1+1062.69+319.26=3.24$t
37	010515003001	砌体加筋	t	0.93	按规范布置砌体加筋得：0.93t
38	010516002001	预埋铁件	t	0.05	按图示尺寸以质量计算楼梯栏杆预埋铁件：$(0.15+0.055\times2)\times2\times48\times0.00617\times8\times8*0.001=0.01$ 护窗栏杆预埋铁件：$(0.06+0.08\times2)\times2\times[(3600/110+1)\times2+4800/110+1]\times2\times0.00617\times8\times8\times0.001=0.04$ 预埋铁件汇总：$0.01+0.04=0.05$t
39	010516003001	机械连接	个	62	按设计数量计算，梁筋中直径≥22mm计算机械连接，6m为单根长度。从图中得机械连接为62个
40	010516B01001	植筋连接（墙体拉结筋）	个	1765	按设计数量计算： 从图中砌体加筋钢筋植筋计算得：1765个
41	010516B01002	植筋连接（现浇过梁）	个	28	从图中现浇过梁钢筋植筋计算得：28个
42	010516B01003	植筋连接（构造柱）	个	544	按设计数量计算： 从图中构造柱钢筋植筋计算得：544个
43	010516B02001	电渣压力焊	个	464	设计未明确，其工程量为暂估，其计算电渣压力焊为：464个

序号	项目编码	项目名称	单位	工程量	工程量计算式
44	010507001001	散水	m²	60.57	按图示尺寸以水平投影面积计算不扣除单个≤0.3m²的孔洞面积 $S=[2.1\times2+(13.2+0.7\times2)\times2+25.8]\times0.9+0.9\times4.5\times0.5\times2+0.9\times0.9\times4【四周】=60.57m²$
45	010507001002	坡道	m²	14.48	按图示尺寸以水平投影面积计算不扣除单个≤0.3m²的孔洞面积 $S=14.48【单个坡道面积】\times2$
46	010507004001	台阶	m²	10.35	以平方米计量，按设计图示尺寸水平投影面积计算 $S=0.3\times3\times11.5=10.35m²$
				附录F　金属结构工程	
47	010607005001	砌块墙钢丝网加固	m²	446.18	按图示尺寸以面积计算 按规范计算得到砌块钢丝网加固工程量：446.18m²
				附录H　门窗工程	
48	010802004001	防盗门	m²	3.78	以平方米计量，按设计图示洞口尺寸以面积计算 防盗门工程量：$1.8\times2.1=3.78m²$
49	010805001001	电子感应门	樘	1	以樘计量，按设计图示数量计算 电子感应门M3027工程量：1樘
50	010801002001	成品套装工艺门带套	m²	63.42	以平方米计量，按设计图示洞口尺寸以面积计算 成品套装工艺门工程量： M1021：$S_1=1\times2.1\times29=60.90m²$ M1221：$S_2=1.2\times2.1\times1=2.52m²$ 成品套装门工程量汇总：$S_总=S_1+S_2=60.9+2.52=63.42m²$
51	010802001001	成品塑钢门	m²	10.08	以平方米计量，按设计图示洞口尺寸以面积计算 成品塑钢门工程量：M0821：$S=0.8\times2.1\times6=10.08m²$
52	010802001002	不锈钢栏杆门	m²	1.26	以平方米计量，按设计图示洞口尺寸以面积计算 成品塑钢门工程量：大法庭栏杆处：$S=0.7\times0.9\times2=1.26m²$
53	010807001001	成品塑钢窗（飘窗）	m²	32.40	以平方米计量，按设计图示尺寸以框外围展开面积计算 PC0915：$S=0.9\times1.5\times24=32.40m²$
54	010807001002	成品塑钢窗（C1）	m²	32.40	以平方米计量，按设计图示洞口尺寸以面积计算 C1：$S=0.9\times1.2\times30=32.40m²$

序号	项目编码	项目名称	单位	工程量	工程量计算式
55	010807003001	金属百叶窗	m²	132.40	以平方米计量，按设计图示洞口尺寸以面积计算 ⑬～①轴立面：$S_1=2.3\times(1.15+2.5+1.6+2.05+2.2+2.05\times2+2.2+1)=38.64\text{m}^2$ $S_2=3.1\times(1.15+2.5+1.6+2.05+2.2+2.05\times2+2.2+1)=52.08\text{m}^2$ $S_3=2.9\times(1.15+2.5+1.6+0.85\times2+2.05+2.2+1)=35.38\text{m}^2$ $S_4=1.5\times(1+2.2+1)=6.30\text{m}^2$ $S_总=S_1+S_2+S_3+S_4=38.64+52.08+35.3+6.308=132.40\text{m}^2$
56	010809004001	石材窗台板	m²	17.28	按图示尺寸以展开面积计算： $S=0.9\times0.8\times24=17.28\text{m}^2$

附录 J　屋面及防水工程

序号	项目编码	项目名称	单位	工程量	工程量计算式
57	010902001001	屋面卷材防水	m²	354.56	按设计图示尺寸以面积计算：平屋顶为平面面积加反边高度面积 屋面平面面积同平面砂浆找平层：$S_1=321.31\text{m}^2$ 卷边长度： 二层：$L_1=(2.7-0.25)\times2+(6.6-0.15\times2)\times2=11.20\text{m}$ 屋面：$L_2=[(25.8-0.2)+(6-0.2)\times2+(11.7-0.2)\times2+4.5\times2+13.8+(6-0.2+13.8-0.2)\times2]=121.80\text{m}$ $L=L_1+L_2=11.20+121.80=133\text{m}$ 卷边高度：$H=0.25\text{m}$ 卷边面积：$S_2=L\times H=133\times0.25=33.25\text{m}^2$ 卷材防水工程量：$S=S_1+S_2=321.31+33.25=354.56\text{m}^2$
58	010902003001	刚性屋面	m²	321.31	按图示尺寸以面积计算 屋面刚性层工程量为屋面平面面积：321.31m²

序号	项目编码	项目名称	单位	工程量	工程量计算式
59	010904001001	楼地面卷材防水	m²	61.50	按设计图示尺寸以面积计算，楼地面防水反边高度≤300mm 的算作地面防水，反边高度＞300 按墙面防水计算。 一层 卫生间+洗手间：$S_{1-1}=(4.8-0.2)\times(3.3-0.2)=14.26\text{m}^2$ 洗手间反边工程量：$S_{1-2}=[(1.5-0.15)\times2+2.4-0.15]\times0.25$【反边高度】$=1.24\text{m}^2$ 一层防水工程量汇总：$S_1=14.26+1.24=15.50\text{m}^2$ 二层 卫生间+洗手间：$S_{2-1}=(4.8-0.2)\times(3-0.2)=12.88\text{m}^2$ 洗手间反边工程量：$S_{2-3}=[(1.2-0.15)\times2+2.4-0.15]\times0.25$【反边高度】$=1.09\text{m}^2$ 二层防水工程量：$S_2=12.88+1.09=13.97\text{m}^2$ 三层 卫生间+洗手间：$S_{3-1}=(4.8-0.2)\times(3.3-0.2)=14.26\text{m}^2$ 厨房：$S_{3-2}=(3.3-0.2)\times(4.8-0.2)-0.2\times0.2\times2=14.18\text{m}^2$ 洗手间反边工程量：$S_{3-3}=[(1.5-0.15)\times2+2.4-0.15]\times0.25$【反边高度】$=1.24\text{m}^2$ 厨房反边工程量：$S_{3-4}=(3.3-0.2+1.8-0.2)\times2\times0.25$【反边高度】$=2.35\text{m}^2$ $S_3=S_{3-1}+S_{3-2}+S_{3-3}+S_{3-4}=14.26+14.18+1.24+2.35=32.03\text{m}^2$ 楼地面卷材防水工程量汇总：$S=S_1+S_2+S_3=15.50+13.97+32.03=61.50\text{m}^2$
60	010903002001	墙面防水	m²	101.79	按图示尺寸以面积计算。 卫生间墙净长： 一层：$L_{1-1}=(3.3-0.2+2.4-0.15)\times2+(1.8-0.15+2.4-0.15)\times2=18.5\text{m}$ 二层：$L_{1-2}=(3-0.2+2.4-0.15)\times2+(1.8-0.15+2.4-0.15)\times2=17.9\text{m}$ 三层：$L_{1-3}=(3.3-0.2+2.4-0.15)\times2+(1.8-0.15+2.4-0.15)\times2=18.5\text{m}$ 卫生间墙净长：$L_1=L_{1-1}+L_{1-2}+L_{1-3}=18.5+17.9+18.5=54.9\text{m}$ 防水高度：卫生间 2.1m $S_1=54.9\times2.1-0.8\times1.8\times6$【M0821】$-0.9\times0.9\times6$【C1+PC0915】$=101.79\text{m}^2$

续表

序号	项目编码	项目名称	单位	工程量	工程量计算式
61	010902005001	屋面排水管	m	74.40	按设计图示尺寸以长度计算。如设计未标注尺寸，以檐口至设计室外散水上表面垂直距离计算 单根长度（以檐口至设计室外散水上表面垂直距离计算）：18.6m 总长：$18.6×4＝74.4$m

附录 K 保温、隔热、防腐工程

序号	项目编码	项目名称	单位	工程量	工程量计算式
62	011001001001	保温隔热屋面（挤塑板）	m²	321.31	按设计图示尺寸以面积计算，扣除面积在$>0.3m^2$孔洞及所占面积 屋面保温工程量同屋面面积：$S＝321.31m^2$
63	011001001002	保温隔热屋面（陶粒混凝土）	m²	321.31	按设计图示尺寸以面积计算，扣除面积在$>0.3m^2$孔洞及所占面积 屋面保温工程量同屋面面积：$S＝321.31m^2$
64	011001003001	保温隔热墙面	m²	647.46	按图示尺寸以面积计算，扣除门窗洞口及面积$>0.3m^2$梁、孔洞面积；门窗洞口侧壁以及与墙相连的柱，并入保温墙体工程量 一层：$S_1＝[(6.6+11.1+0.2+2.1)×2+25.8]×3.9－0.9×1.5×8【PC0915】－0.9×1.2×10【C1】＝226.92m^2$ 二层：$S_2＝[25.8+(6.6+11.1+0.2)×2]×3.3－0.9×1.5×8【PC0915】－0.9×1.2×10【C1】＝169.68m^2$ 三层工程量同二层：$S_3＝169.68m^2$ PC0915 侧壁及上下板：$S_4＝(0.6×1.5×2+0.6×1.1×2)×24＝74.88m^2$ C1 侧壁：$S_5＝(0.9+1.2)×2×0.05×30＝6.3m^2$ 保温墙体工程量：$S＝S_1+S_2+S_3＝226.92+169.68+169.68+74.88+6.3＝647.46m^2$

附录 L 楼地面装饰工程

序号	项目编码	项目名称	单位	工程量	工程量计算式
65	011101006001	平面砂浆找平层（屋面）	m²	321.31	按设计图示尺寸以面积计算：平屋顶为平面面积加反边高度面积 二层屋面：$S_1＝(2.7-0.25)×(6.6-0.15×2)＝15.44m^2$ 顶层屋面：$S_2＝(25.8-0.3)×(11.7-0.35)+(13.8-0.25)×(1.5+0.05)-(4.5×2+13.8)×0.2＝305.87m^2$ 屋面平面面积 $S＝S_1+S_2＝15.44+305.87＝321.31m^2$
66	011101006002	平面砂浆找平层（卫生间）	m³	31.30	按设计尺寸以面积计算 $S_1＝10.69+10.01+10.6＝31.3m^2$

序号	项目编码	项目名称	单位	工程量	工程量计算式
67	011102003001	玻化砖地面	m²	708.46	按图示尺寸以面积计算，门洞、空圈、壁龛的开口部分并入相应工程量内 一层： ①～③、Ⓐ～Ⓔ轴线大法庭：$S_{1-1}=(6.6-0.2)\times(11.1-0.2)=69.76\text{m}^2$ ②～⑤、Ⓒ～Ⓔ轴线合议室：$S_{1-2}=(3-0.2)\times(4.8-0.2)=12.88\text{m}^2$ ⑤～⑧、Ⓒ～Ⓕ轴线法庭：$S_{1-3}=(6.6-0.2)\times(6.9-0.2)=42.88\text{m}^2$ ⑨～⑩、Ⓒ～Ⓔ轴线律师室：$S_{1-4}=(3.3-0.2)\times(4.8-0.2)=14.26\text{m}^2$ ⑨～⑩、Ⓐ～Ⓑ轴线立案室：$S_{1-5}=(3.3-0.2)\times(4.5-0.2)=13.33\text{m}^2$ ⑩～⑬、Ⓐ～Ⓑ轴线调解室：$S_{1-6}=(3.3-0.2)\times(4.5-0.2)=13.33\text{m}^2$ ③～⑨、Ⓐ～Ⓒ轴线大厅：$S_{1-7}=(12.6-0.2)\times(6.3-0.2)=75.64\text{m}^2$ ⑨～⑬、Ⓑ～Ⓒ轴线走道：$S_{1-8}=6.6\times(1.8-0.2)+(2.4+0.1-0.05)\times(1.5-0.15)=13.87\text{m}^2$ 一层各房间面积汇总：$S\text{一层}=S_1-1+S_{1-2}+S_{1-3}+S_{1-4}+S_{1-5}+S_{1-6}+S_{1-7}+S_{1-8}=69.76+12.88+42.88+14.26+13.33+13.33+75.64+13.87=255.95\text{m}^2$ 一层玻化砖工程量：$S_1=255.95-(0.2\times0.2\times4+0.2\times0.4+0.15\times0.5+0.1\times0.2\times6+0.1\times0.2\times2+0.15\times0.3\times3+0.3\times0.3+0.15\times0.15\times2)$【突出墙柱垛】$=255.21\text{m}^2$ 二层： ①～⑬、Ⓐ～Ⓑ轴线办公室面积：$S_{2-1}=(4.5-0.2)\times(25.8-0.2)-(4.5-0.2)\times0.2\times6=104.92\text{m}^2$ ①～③、Ⓒ～Ⓔ轴线办公室面积：$S_{2-2}=(7.2-0.2)\times(4.8-0.2)-4.8\times0.2=31.24\text{m}^2$ ⑨～⑩、Ⓒ～Ⓔ轴线办公室面积：$S_{2-3}=(3.3-0.2)\times(4.5-0.2)=13.33\text{m}^2$ ④～⑧、Ⓒ～Ⓔ轴线会议室面积：$S_{2-4}=(9-0.2)\times(4.8-0.2)=40.48\text{m}^2$ ①～⑬、Ⓑ～Ⓒ轴线过道：$S_{2-5}=(1.8-0.2)\times(25.8-0.2)+(1.2-0.15)\times(2.4+0.1-0.05)=43.53\text{m}^2$ 二层各房间面积：$S\text{二层}=S_{2-1}+S_{2-2}+S_{2-3}+S_{2-4}+S_{2-5}=104.92+31.24+13.33+40.48+43.53=233.50\text{m}^2$ 二层玻化砖工程量：$S_2=233.50-(0.2\times0.2\times6+0.1\times0.2\times4+0.2\times0.4\times4)$【突出墙柱垛】$=232.86\text{m}^2$

续表

序号	项目编码	项目名称	单位	工程量	工程量计算式
67	011102003001	玻化砖地面	m²	708.46	三层： ①～⑬、Ⓐ～Ⓑ轴线办公室面积：$S_{3-1}=(4.5-0.2)\times(25.8-0.2)-(4.5-0.2)\times0.2\times6=104.92m^2$ ①～②、Ⓒ～Ⓔ轴线案卷存放室：$S_{3-2}=(3.6-0.2)\times(4.8-0.2)=15.64m^2$ ②～④、Ⓒ～Ⓔ轴线执行物保管室：$S_{3-3}=(3.6-0.2)\times(4.8-0.2)=15.64m^2$ ④～⑧、Ⓒ～Ⓔ轴线会议室：$S_{3-4}=(9-0.2)\times(4.8-0.2)=40.48m^2$ ①～⑬、Ⓑ～Ⓒ轴线过道：$S_{3-5}=(1.8-0.2)\times(25.8-0.2)+(1.5-0.15)\times4(2.4+0.1-0.05)=44.27m^2$ 三层各房间面积：S 三层 $=S_{3-1}+S_{3-2}+S_{3-3}+S_{3-4}+S_{3-5}=104.92+15.64+15.64+40.48+44.27=220.95m^2$ 三层玻化砖工程量：$S_3=220.95-(0.2\times0.2\times4+0.1\times0.2\times4+0.2\times0.4\times4)$【突出墙柱垛】$=220.39m^2$ 玻化砖楼地面工程量汇总：$S_{总}=255.21+232.86+220.39=708.46m^2$
68	011102003002	防滑地砖楼地面	m²	45.33	按设计图示尺寸以面积计算： 卫生间：$S_1=10.69+10.01+10.69-0.2\times0.2\times6$【突出墙柱垛】$=31.15m^2$ 三层厨房：$S_2=(3.3-0.2)\times(4.8-0.2)-0.2\times0.2\times2=14.18m^2$ $S=S_1+S_2=31.15+14.18=45.33m^2$
69	011108001001	黑色花岗石门槛石	m²	7.48	按设计图示尺寸以面积计算： 一层：$S_1=(1\times5+1.8+1.2+3)\times0.2+0.8\times0.1\times2=2.36m^2$ 二层：$S_2=1\times0.2\times12+0.8\times0.1\times2=2.56m^2$ 三层：$S_3=1\times0.2\times12+0.8\times0.1\times2=2.56m^2$ $S_{总}=S_1+S_2+S_3=2.36+2.56+2.56=7.48m^2$
70	011106002001	楼梯地面砖	m²	17.91	按设计图示尺寸以楼梯（包括踏步、休息平台及≤500mm的梯井）的水平投影面积计算楼梯与楼地面相连时，算至梯口梁内侧边沿，无梯口梁算至上一层踏步边沿加300mm $S=(3.08\times2.8+1.325\times0.25)\times2=17.91m^2$
71	011106002003	楼梯休息平台地面砖	m²	8.23	按设计图示尺寸以楼梯（包括踏步、休息平台及≤500mm的梯井）的水平投影面积计算楼梯与楼地面相连时，算至梯口梁内侧边沿，无梯口梁算至上一层踏步边沿加300mm $S=1.47\times2.8\times2=8.23m^2$

序号	项目编码	项目名称	单位	工程量	工程量计算式
72	011105003001	玻化砖踢脚线	m	620.15	以米计量，按延长米计算 一层： ①～③、④～⑤轴线大法庭：$L_{1-1}=(6.6-0.2+11.1-0.2)\times2+0.2\times2+0.15\times2=35.30$m ③～⑤、⑥～⑥轴线合议室：$L_{1-2}=(3-0.2+4.8-0.2)\times2=14.80$m ⑤～⑧、⑥～⑥轴线法庭：$L_{1-3}=(6.6-0.2+6.9-0.2)\times2+0.1\times4=26.60$m ⑨～⑩、⑥～⑥轴线律师室：$L_{1-4}=(3.3-0.2+4.8-0.2)\times2=15.40$m ⑨～⑩、④～⑥轴线立案室：$L_{1-5}=(3.3-0.2+4.5-0.2)\times2=14.80$m ⑩～⑬、④～⑥轴线调解室：$L_{1-6}=(3.3-0.2+4.5-0.2)\times2=14.80$m ③～⑨、④～⑥轴线大厅：$L_{1-7}=4.5+12.6-0.2+6.3-0.2+9.6-0.2=32.40$m ⑨～⑬、⑥～⑥轴线走道：$L_{1-8}=1.8-0.2+6.6\times2+(2.4+0.01-0.05)\times2+(1.5-0.15)=20.87$m ⑧～⑨、⑥～⑥轴线楼梯间：$L_{1-9}=(4.8-0.2)\times2+3-0.2=12.00$m $L_1=L_{1-1}+L_{1-2}+L_{1-3}+L_{1-4}+L_{1-5}+L_{1-6}+L_{1-7}+L_{1-8}+L_{1-9}=35.30+14.80+26.60+15.40+14.80+14.80+32.40+20.87+12.00=186.97$m 二层： ①～⑬、④～⑥轴线办公室墙净长线：$L_{2-1}=(25.8-0.2\times6)\times2+(4.5-0.2)\times14=109.40$m ①～④、⑥～⑥轴线办公室墙净长线：$L_{2-2}=(7.2-0.2\times2)\times2+(4.8-0.2)\times4+0.2\times4=32.80$m ⑨～⑩、⑥～⑥轴线办公室墙净长线：$L_{2-3}=(3.3-0.2+4.8-0.2)\times2=15.40$m ④～⑧、⑥～⑥轴线会议室墙净长线：$L_{2-4}=(9-0.2+4.8-0.2)\times2+0.2\times4=27.60$m ⑧～⑨、⑥～⑥轴线楼梯间：$L_{2-6}=(3.082+1.952)0.5\times2+0.28+1.47\times2+2.8=13.31$m ①～⑬、⑥～⑥轴线过道墙净长线：$L_{2-5}=(1.8-0.2+25.8-0.2)\times2-(3-0.2)+(2.4+0.1-0.05)\times2+(1.2-0.15)=57.55$m $L_2=L_{2-1}+L_{2-2}+L_{2-3}+L_{2-4}+L_{2-5}=109.40+32.80+15.40+27.60+13.31+57.55=256.01$m 三层： ①～⑬、④～⑥轴线办公室墙净长线：$L_{3-1}=(25.8-0.2\times6)\times2+(4.5-0.2)\times14=109.40$m

序号	项目编码	项目名称	单位	工程量	工程量计算式
72	011105003001	玻化砖踢脚线	m	620.15	①～②、ⓒ～Ⓔ轴线案卷存放室墙净长线：$L_{3-2}=$ (3.6−0.2+4.8−0.2)×2=16m ②～④、ⓒ～Ⓔ轴线执行物保管室墙净长线：$L_{3-3}=$ (3.6−0.2+4.8−0.2)×2+0.2×2=16.40m ④～⑧、ⓒ～Ⓔ轴线会议室墙净长线：$L_{3-4}=$(9−0.2 +4.8−0.2)×2+0.2×2=27.20m ⑧～⑨、ⓒ～Ⓔ轴线楼梯间墙净长线：$L_{3-6}=$(2.82+ 1.652)0.5+(3.082+1.652)0.5+1.47×2+2.8+0.28× 3=13.32m ①～⑬、Ⓑ～ⓒ轴线过道：$L_{3-7}=$(1.8−0.2+25.8− 0.2)×2−(3−0.2)+(2.4+0.1−0.05)×2+(1.5− 0.15)=57.85m $L_3=L_{3-1}+L_{3-2}+L_{3-3}+L_{3-4}+L_{3-5}+L_{3-6}+L_{3-7}=$ 109.40×+16+16.40+27.20+13.32+57.85=240.17m $L=L_1+L_2+L_3=186.97+256.01+240.17=683.15m$ 门洞：1×(28×2+1)+(1.2+1.8)×2=60m 踢脚线工程量汇总：683.15−63=620.15m

附录 M　墙、柱面装饰与隔断、幕墙工程

序号	项目编码	项目名称	单位	工程量	工程量计算式
73	011204003001	青灰色外墙砖	m²	607.22	按镶贴表面积计算： 外墙面： ⑬～①轴面：$S_1=9.6×(10.3−0.3)×2+(6.6+0.2)$ ×(10.3−3.9)+(6.6+0.2)×(3.7−0.3)−132.4【百叶 窗】−0.6×1.5×8【象牙白外墙砖】−0.9×1.5×8×3 【PC0915】=86.64m² ①～⑬轴面：$S_2=[(6.6+0.1)×(10.3−0.3)+0.2×$ 1.5×2−0.9×1.2×6【C1】]×2=122.24m² 侧面：$S_3=[11.9×(10.3−0.3)+2.8×(3.9−0.3)+$ 0.2×1.5×3−0.9×1.2×9【C1】]×2=240.52m² 基层为砖墙的青灰色外墙砖工程量汇总：$S=S_1+S_2+$ $S_3=86.64+122.24+240.52=449.40m²$ 屋顶混凝土墙 $S_1=[(13.8+0.2)+(6−0.2)×2]×$ (2.1−0.8)+(13.8+0.2)×(2.1−0.8+0.5)=59.98m² 异形梁： 二层：$S_{2-1}=0.8×[(2.8+0.1)×2+6.6+0.2]+(0.3$ ×0.6+0.3×0.3+0.1×0.2+0.1×0.1)×4=11.28m² 屋面：$S_{2-2}=0.8×[6×2+(11.7+0.2)×2+25.8+$ 0.2]+(0.3×0.6+0.3×0.3+0.1×0.2+0.1×0.1)×8 =51.84m² 直行墙墙顶：$S_{2-3}=(13.8+0.2+6+0.2)×2×0.8+$ (0.3×0.6+0.3×0.3+0.1×0.2+0.1×0.1)×8= 34.72m²

序号	项目编码	项目名称	单位	工程量	工程量计算式
73	011204003001	青灰色外墙砖	m²	607.22	$S_2=S_{2-1}+S_{2-2}+S_{2-3}=11.28+51.84+34.72=97.84m^2$ 基层为：$S=S_1+S_2=59.98+97.84=157.82m^2$ 青灰色外墙砖汇总：$449.40+157.82=607.22m^2$
74	011204003002	象牙白外墙砖	m²	9.60	按镶贴表面积计算： $S=0.8\times1.5\times8=9.60m^2$
75	011204003003	黑色外墙砖	m²	4.14	按镶贴表面积计算： $S=3.14\times0.55\times0.6\times4=4.14m$
76	011204003004	内墙砖	m²	176.85	按镶贴表面积计算： 卫生间墙净长线尺寸： 一层：$L_1=(2.4-0.15)\times4+(3.3-0.2)\times2+(1.8-0.15)\times2=18.50m$ 二层：$L_2=(2.4-0.15)\times4+(3-0.2)\times2+(1.8-0.15)\times2=17.90m$ 三层：$L_3=(2.4-0.15)\times4+(3.3-0.2)\times2+(1.8-0.15)\times2=18.50m$ $L_总=L_1+L_2+L_3=19.50+17.90+18.50=55.90$ $S_1=55.90\times2.7-0.8\times2.1\times6$【M0821】$-0.9\times1.5\times6$【PC0915】$=132.75m^2$ 厨房：$S_2=15.40\times3-1\times2.1=44.10m^2$ 内墙砖工程量汇总：$S=S_1+S_2=132.75+44.10=176.85m^2$
77	011206002001	外墙砖零星贴砖	m²	12.60	按镶贴表面积表计算 C1 侧壁青灰色块料：$S=(0.9+1.2)\times2\times0.1\times30=12.6m^2$
78	011206002002	楼梯间零星贴砖	m²	1.00	按镶贴表面积表计算 楼梯梯段侧壁块料：$S=0.28\times0.162\times0.5\times24+0.28\times0.15\times0.5\times22=1.00m^2$
79	011204001001	蘑菇石外墙砖	m²	60.10	按镶贴表面积表计算 $S=[25.8+0.2+(11.8+0.2+2.8+6.6)\times2]\times0.9+(12.6-1.1\times0.3\times2)\times0.3-0.2\times1.5\times18=60.10m^2$

序号	项目编码	项目名称	单位	工程量	工程量计算式
80	011201001001	砖墙墙面一般抹灰	m^2	1757.42	按设计图示尺寸以面积计算，扣除墙裙、门窗洞口及单个$>0.3m^2$的洞口面积，不扣除踢脚线、挂镜线和墙与构件交接处的面积，门窗洞口侧壁及顶面不增加面积，附墙柱、梁、垛、烟囱侧壁并入相应墙面面积内，有吊顶天棚算至吊顶天棚底。 墙面尺寸同踢脚线 一层： 大法庭：$S_{1-1}=(6.6-0.2)\times3.05+(3.95\times3.05+3.86\times2.9+3.09\times2.6)\times2=82.07m^2$ 大厅、走道：$S_{1-2}=(32.40+20.87-12.6)\times3+13.87\times2.8+(1.05+0.43)\times3\times2$【圆柱】$=169.72m^2$ 合议室、法庭、律师室、立案室、调解室：$S_{1-3}=(186.97-35.30-32.40-20.87-12.00)\times3=259.2m^2$ 楼梯间：$S_{1-4}=12\times3.9=46.80m^2$ 需扣除的门窗面积：$S_{1-5}=0.9\times1.2\times10+0.9\times1.5\times8+1.8\times2.1\times2+1.0\times2.1\times10+1.2\times2.1\times2=55.20m^2$ 需扣除的镜面玻璃面积：$S_{1-6}=1.20m^2$ $S_1=S_{1-1}+S_{1-2}+S_{1-3}+S_{1-4}-S_{1-5}-S_{1-6}=82.07+169.72+259.20+46.80-55.20-1.20=501.39m^2$ 二层： 办公室、会议室：$S_{2-1}=(256.01-13.31-57.55-12.6)\times3+(1.05+0.43)\times3\times2$【圆柱】$=526.53m^2$ 走道：$S_{2-2}=57.55\times2.8=161.14m^2$ 楼梯间：$S_{2-3}=12\times3.3=39.60m^2$ 需扣除的门窗面积：$S_{2-4}=0.8\times2.1\times2+1\times2.1\times24+0.9\times1.5\times8+0.9\times1.2\times10=75.36m^2$ 需扣除的镜面玻璃面积：$S_{2-5}=1.20m^2$ $S_2=S_{2-1}+S_{2-2}+S_{2-3}-S_{2-4}-S_{2-5}=526.53+161.14+39.6-75.36-1.20=650.71m^2$ 三层： 办公室、会议室：$S_{3-1}=(256.01-13.32-57.55-12.60-15.40)\times3+(1.05+0.43)\times3\times2$【圆柱】$=480.30m^2$ 走道：$S_{3-2}=57.85\times2.8=161.98m^2$ 楼梯间：$S_{3-3}=12\times3.3=39.60m^2$ 需扣除的门窗面积：$S_{3-4}=0.8\times2.1\times2+1\times2.1\times24+0.9\times1.5\times8+0.9\times1.2\times10=75.36m^2$ 需扣除的镜面玻璃面积：$S_{3-5}=1.20m^2$ $S_3=S_{3-1}+S_{3-2}+S_{3-3}-S_{3-4}-S_{3-5}=480.30+161.98+39.6-75.36-1.20=605.32m^2$ $S_总=S_1+S_2+S_3=501.39+650.71+605.32=1757.42m^2$

序号	项目编码	项目名称	单位	工程量	工程量计算式
81	011201001002	混凝土墙一般抹灰	m²	81.48	按设计图示尺寸以面积计算，扣除墙裙、门窗洞口及单个>0.3m²的洞口面积，不扣除踢脚线、挂镜线和墙与构件交接处的面积，门窗洞口侧壁及顶面不增加面积，附墙柱、梁、垛、烟囱侧壁并入相应墙面面积内，有吊顶天棚算至吊顶天棚底。 墙面尺寸同踢脚线 $S=(13.8-0.2+6-0.2)\times2\times2.1=81.48m^2$
82	011201001003	砖井圈抹灰	m²	55.46	按抹灰面积及计算 $S=3.14\times(0.81\times0.81-0.57\times0.57)+0.2\times3.14\times0.57\times2+0.2\times3.14\times0.81\times2)\times20=55.46m^2$
83	011207001001	红樱桃饰面板	m²	8.00	按设计墙净长乘以净高计算，扣除门窗洞口及单个>0.3m²的孔洞所占面积 $S=2.6\times6.4-3.6\times2.4=8.00m^2$
84	011207001002	白枫木饰面板	m²	8.64	按设计墙净长乘以净高计算，扣除门窗洞口及单个>0.3m²的孔洞所占面积 $S=3.6\times2.4=8.64m^2$
85	011210005001	卫生间成品隔断	间	15	以间计量，按设计间的数量计算 按设计图中得卫生间成品隔断数量为15间

附录N 天棚工程

序号	项目编码	项目名称	单位	工程量	工程量计算式
86	011301001001	天棚抹灰	m²	47.64	按设计图示尺寸以水平投影面积计算，不扣除间壁墙、垛、柱、附墙烟囱、检查口和管道所占面积，带梁天棚的梁两侧抹灰面积并入天棚工程内，板式楼梯底面积底面积按斜面积计算 楼梯间： 梯板：$S_1=(1.325\times3.08\times2+1.325\times2.8+1.325\times3.08)\times1.3+0.28\times1.325=21.11m^2$ 休息平台：$S_2=(1.47\times2.8)\times2+(0.25\times2.8\times5+0.3\times2.8\times2+0.4\times2.8+1.2\times2.5\times4)【梁侧面面积】=26.53m^2$ 基层为混凝土的天棚抹灰工程量为：$S_总=S_1+S_2=21.11+26.53=47.64m^2$
87	011302001001	轻钢龙骨石膏板（平级不上人）	m²	117.35	按设计尺寸以水平投影面积计算，天棚中的灯槽及跌级、锯齿形、吊挂式、藻井式天棚面积不展开计算，不扣除间壁墙检查口、附墙烟囱、柱垛所占面积，扣除单个面积>0.3m²的孔洞、独立柱及天棚相连的窗帘盒所占面积 根据玻化砖地面所求房间面积得： 平级轻质龙骨石膏板工程量：$S=13.87+43.53+44.27+(2.4+0.15-0.1)\times(3.6+3-0.2)=117.35m^2$

序号	项目编码	项目名称	单位	工程量	工程量计算式
88	011302001002	轻钢龙骨石膏板（跌级不上人）	m²	129.72	按设计尺寸以水平投影面积计算，天棚中的灯槽及跌级、锯齿形、吊挂式、藻井式天棚面积不展开计算，不扣除间壁墙检查口、附墙烟囱、柱垛所占面积，扣除单个面积>0.3m²的孔洞、独立柱及天棚相连的窗帘盒所占面积 根据玻化砖地面所求房间面积得： 跌级轻质龙骨石膏板工程量：$S=69.76+75.64-(2.4+0.15-0.1)\times(3.6+3-0.2)=129.72m²$
89	011302001003	硅钙板吊顶天棚	m²	463.33	按设计尺寸以水平投影面积计算，天棚中的灯槽及跌级、锯齿形、吊挂式、藻井式天棚面积不展开计算，不扣除间壁墙检查口、附墙烟囱、柱垛所占面积，扣除单个面积>0.3m²的孔洞、独立柱及天棚相连的窗帘盒所占面积 根据玻化砖地面所求房间面积得： 一层：$S_1=12.88+42.88+14.26+13.33+13.33=96.68m²$ 二层：$S_2=233.50-43.53=189.97m²$ 三层：$S_3=220.95-44.27=176.68m²$ 硅钙板吊顶天棚：$S=S_1+S_2+S_3=96.68+189.97+176.68=463.33m²$
90	011302001004	铝扣板天棚	m²	46.73	按设计尺寸以水平投影面积计算，天棚中的灯槽及跌级、锯齿形、吊挂式、藻井式天棚面积不展开计算，不扣除间壁墙检查口、附墙烟囱、柱垛所占面积，扣除单个面积>0.3m²的孔洞、独立柱及天棚相连的窗帘盒所占面积 一层卫生间：$S_1=(2.4-0.15)\times(3.3-0.15)+(1.8-0.15)\times2.4=11.05m²$ 二层卫生间：$S_2=(2.4-0.15)\times(3.3-0.15)+(1.8-0.15)\times2.4=10.37m²$ 三层卫生间：$S_3=(2.4-0.15)\times(3.3-0.15)+(1.8-0.15)\times2.4=11.05m²$ 三层厨房：$S_4=(3.3-0.2)\times(4.8-0.2)=14.26m²$ 铝扣板吊顶工程量：$S_总=S_1+S_2+S_3=11.05+10.37+11.05+14.26=46.73m²$
				附录P 油漆 涂料 裱糊工程	
91	011406001001	抹灰面油漆（墙面）	m²	1757.42	按图示尺寸以面积计算： 工程量同砖墙面一般抹灰工程量：1757.42m²
92	011406001002	抹灰面油漆（天棚）	m²	47.64	按图示尺寸以面积计算 工程量同天棚抹灰工程量：47.64m²
93	011406001003	抹灰面油漆（石膏板）	m²	247.07	按图示尺寸以面积计算 工程量为跌级轻钢龙骨工程量加平级轻质龙骨工程量：$S=145.40+101.67=247.07m²$

续表

序号	项目编码	项目名称	单位	工程量	工程量计算式
附录 Q 　其他装饰工程					
94	011502001001	金属装饰线	m	8.5	按图示尺寸以长度计算： $L=2.4\times2+3.7=8.5m$
95	011502001002	卫生间阴角线	m	55.90	按图示尺寸以长度计算： $L=55.90m$
96	011502004001	石膏装饰线	m	104.88	按图示尺寸以长度计算： $L=(2.04+4.84)\times6+(11.5+4.6)\times2+(11.3+4.4)$ $\times2=104.88m$
97	011503001001	成品护窗栏杆	m	20.40	按图示尺寸以扶手中心线长度（包括弯头长度）计算： $L=[(3.6-0.2)\times2+(4.8-0.2)-0.4\times3【圆柱长度】]\times2=20.40m$
98	011503001002	成品不锈钢栏杆	m	25.96	按图示尺寸以扶手中心线长度（包括弯头长度）计算： $L=6.93\times2+6.05\times2=25.96m$
99	011503001003	楼梯栏杆	m	14.13	按图示尺寸以扶手中心线长度（包括弯头长度）计算： $L=3.56+0.17+3.56+3.49+0.17+3.18=14.13m$
100	011505001001	成品洗手台	个	2	按设计图示数量计算 成品洗手台数量：2个
101	011505010001	镜面玻璃	m²	3.59	按图示尺寸以边框外围面积计算： $S=1.26\times0.95\times3=3.59m^2$
附录 S 　措施项目					
102	011701001001	综合脚手架	m²	912.65	按建筑面积计算： $S_1=311.63m^2$ $S_2=300.51m^2$ $S_3=300.51m^2$ $S=S_1+S_2+S_3=912.65m^2$
103	011703001001	垂直运输	m²	912.65	按建筑面积计算： 工程量同综合脚手架：$S=897.24m^2$

注　表中"【 】"是对前面数字或计算式的进一步说明。

第二节　组价工程量计算

组价工程量应根据地区定额工程量计算规则计算，本工程按重庆市现行2008年定额计算规则计算组价工程量，本书"组价工程量计算表（表9-2）"只列出了清单与定额工程量计算规则不一致的组价工程量，其余组价工程量与清单工程量相同，计价时直接按第一节"清单工程量计算表"中对应的清单工程量组价。

表 9-2　　　　　　　　　　**组价工程量计算表**

工程名称：某人民法院第一人民法庭　　　　　　　　　　　　　　　　　　　　第 1 页　共 7 页

序号	项目编码	项目名称	单位	工程量	工程量计算式
				附录 A　土石方工程	
1	010101001001	平整场地	m^2	485.95	以首层建筑面积计算，注意的是外墙保温层 45mm 厚，应计算建筑面积。 $S=(25.8+0.2+0.09+4)\times(11.1+0.2+0.09+4)+(6.6+0.2+0.09+4)\times(1.4+0.7)=485.95m^2$
2	010103001002	房心回填	m^3	110.34	首层主墙之间的净面积：$S=(3.6+3-0.2)\times(11.1-0.2)+(3-0.2)\times(4.8-0.2)+(6.6-0.2)\times(6.9-0.2)+(3-0.2)\times(4.8-0.1)+(3.3-0.2)\times(4.8-0.2)+(3.3-0.2)\times(2.4-0.15)+(1.5-0.15)\times(2.4-0.05)+(2.4-0.15)\times(1.8-0.15)+(6.6-0.1)\times(1.8-0.2)+(4.5-0.2)\times(6.6-0.4)+(7.2+4.8-0.2)\times(6.3-0.2)=275.84m^2$ 回填体积：$V_{回填}=275.84\times(383.50-383.00-0.1$【垫层厚】$)=110.34m^3$ 回填土方：$78.64m^3$ 回填石方：$22.70m^3$
				附录 C　桩基工程	
3	010302B03001	护壁混凝土（C25）	m^3	28.80	每一节（长度 1m）护壁混凝土：$V_{护壁}=V_{圆柱}-V_{圆台}=3.14\times(0.4+0.17+0.02)^2\times1-3.14/3\times(0.4^2+0.48^2+0.4\times0.48)\times1=0.48m^3$ 总护壁混凝土体积：$V_{总}=0.48\times3$【土方深度】$\times(14+6)=28.80m^3$
4	010302B04002	人孔挖孔桩桩芯混凝土（C25）	m^3	77.78	由孔底标高：375.00m（-8.50m）和设计桩顶标高 382.75（-0.75m）可计算出：桩长 $H=8.50-0.75=7.75m$ 单根 WKZ_1 工程量：$V_1=V_{1-1}+V_{1-2}+V_{1-3}=1.07+2.66+0.09=3.82m^3$ WKZ_1：有护壁段（382.75～380.00）桩芯混凝土 $V_{1-1}=3.14/3\times(0.4^2+0.48^2+0.4\times0.48)\times(2.75-1$【C30 高度】$)=1.07m^3$ WKZ_1：无护壁段（383.00～375.00）桩芯混凝土 $V_{1-2}=3.14\times(0.4+0.02)^2\times(5-0.2$【锅底高度】$)=2.66m^3$ WKZ_1：锅底混凝土 $V_{1-3}=3.14/6\times0.2\times[3\times(0.5+0.02)^2+0.2^2]=0.09m^3$ 单根 WKZ_2 工程量：$V_2=V_{2-1}+V_{2-2}+V_{2-3}+V_{2-4}+V_{2-5}=1.07+1.94+0.70+0.25+0.09=4.05m^3$ WKZ_2：有护壁段（382.75～380.00）桩芯混凝土 $V_{2-1}=V_{1-1}=1.07m^3$

序号	项目编码	项目名称	单位	工程量	工程量计算式
4	010302B04002	人孔挖孔桩桩芯混凝土（C25）	m^3	77.78	WKZ_2：无护壁段（383.00～375.00）桩芯混凝土 $V_{2-2}=3.14\times(0.4+0.02)^2\times(5-1$【扩斜段】$-0.3$【扩直段】$-0.2$【锅底】$)=1.94m^3$ WKZ_2：扩大头斜段 $V_{2-3}=3.14/3\times1\times[(0.4+0.02)^2+(0.5+0.02)^2+(0.4+0.02)\times(0.5+0.02)]=0.70m^3$ WKZ_2：扩大头直段混凝土 $V_{2-4}=3.14\times(0.5+0.02)^2\times0.3=0.25m^3$ WKZ_2：锅底混凝土 $V_{2-5}=V_{1-3}=0.09m^3$ 总桩芯混凝土体积：$V_总=3.82\times14+4.05\times6=77.78m^3$
				附录 E　混凝土及钢筋混凝土工程	
5	010506001001	直形楼梯	m^2	28.55	按图示折算面积计算 PTB：$V_1=1.22\times0.1\times(2.8+2.76)=0.68m^3$ TL1：$V_2=0.25\times0.4\times(2.8\times2+2.76)=0.84m^3$ PTL：$V_3=0.2\times0.35\times(2.8+2.76+1.22\times4)=0.73m^3$ TB1：$V_4=[(3.08^2+1.787^2)^{0.5}\times1.325\times0.12+0.163\times0.28\times1.325\times11/2]\times2=1.8m^3$ TB2：$V_5=(2.8^2+1.5^2)^{0.5}\times1.305\times0.12+0.15\times0.28\times1.305\times10/2+0.28\times0.12\times1.305=0.82m^3$ TB3：$V_6=(3.08^2+1.65^2)^{0.5}\times1.305\times0.12+0.15\times0.28\times1.305\times11/2=0.85m^3$ $V=V_1+V_2+V_3+V_4+V_5+V_6=0.68+0.84+0.73+1.8+0.82+0.85=5.71m^3$ 折算面积：$5.71/0.2=28.55m^2$
6	010505008001	悬挑板	m^2	66.68	悬挑板面积：$S=0.6\times(6.6+0.1\times2)+0.6\times(25.8+0.1\times2)+1.5\times(6.6+6+0.6\times2+0.25)+0.6\times0.9\times2\times24=66.68m^2$
7	010507001001	散水	m^2	60.57	1. 楼地面垫层：$V=60.57\times0.1=6.06m^3$ 2. 混凝土排水坡：同清单量 $S=60.57m^2$
8	010507001002	坡道	m^2	14.48	1. 楼地面垫层：$V=14.48\times0.1=1.448m^3$ 2. 防滑坡道：$S=14.48m^2$ 3. 装饰石材：$S=14.48m^2$
9	010507004001	台阶	m^2	10.35	1. 楼地面垫层：$V=10.35\times0.1=1.035m^3$ 2. 装饰石材：$S=10.35m^2$ 3. 台阶：$V=[\sqrt{(0.3\times4)^2+0.6^2}\times0.08+1/2\times0.15\times0.3\times4]\times11=2.17m^3$ 4. 其他构件模板台阶：$S=0.15\times11\times4+[1/2\times0.15\times0.3\times4+0.08\times\sqrt{(0.3\times4)^2+0.6^2}]\times2=6.96m^2$

序号	项目编码	项目名称	单位	工程量	工程量计算式
				附录 J　屋面及防水工程	
10	010902003001	屋面刚性层	m²	321.31	1. 屋面分格缝：$L=11.46\times2+6.36\times5=54.72$m 2. 刚性屋面：$S=321.31$m² 3. 现浇钢筋：$T=393.513$kg 长度：$[(11.7-0.15-0.2)/0.5+1]\times(25.8-0.1\times2)$ $+[(25.8-0.1\times2)/0.5+1]\times(11.7-0.15-0.2)+$ $[(1.5+0.2-0.1)/0.5+1]\times(6.6+3\times2+0.6\times2-$ $0.25)+[(6.6+3\times2+0.6\times2-0.25)/0.5+1]\times(1.5+$ $0.2-0.1)=1301.06$m 重量：$1301.6\times0.00617\times7\times7=393.513$kg
				附录 K　保温、隔热、防腐工程	
11	011001003001	保温隔热墙面	m²	647.46	1. 外墙面保温层　保温砂浆：$S=647.46$m² 2. 外墙保温层　抗裂砂浆：$S=647.46$m² 3. 外墙面保温层　界面砂浆：$S=647.46$m² 4. 外墙保温层　热镀锌钢丝网：$S=647.46$m²
				附录 L　楼地面装饰工程	
12	011102003001	玻化砖地面	m²	708.46	1. 地面砖　楼地面：$S=708.46$m² 2. 找平层　细石混凝土：$S=708.46$m²
13	011102003002	防滑地砖楼地面	m²	45.33	1. 找平层　细石混凝土：$S=45.33$m² 2. 地面砖　楼地面：$S=45.33$m²
14	011108001001	黑色花岗石门槛石	m²	7.48	1. 装饰石材：$S=7.48$m² 2. 水泥砂浆找平层：$S=7.48$m²
15	011106002001	楼梯地面砖	m²	17.91	1. 找平层　水泥砂浆：$S=17.91$m² 2. 地面砖　楼梯：$S=17.91$m²
16	011102003003	楼梯楼层平台地面砖	m²	8.23	1. 找平层　细石混凝土：$S=8.23$m² 2. 地面砖　楼地面：$S=8.23$m²
17	011105003001	玻化砖踢脚线	m	683.15	以米计量，按延长米计算 一层 ①～③、Ⓐ～Ⓔ轴线大法庭：$L_{1-1}=(6.6-0.2+11.1$ $-0.2)\times2+0.2\times2+0.15\times2=35.30$m ③～⑤、Ⓒ～Ⓔ轴线合议室：$L_{1-2}=(3-0.2+4.8-$ $0.2)\times2=14.80$m ⑤～⑧、Ⓒ～Ⓕ轴线法庭：$L_{1-3}=(6.6-0.2+6.9-$ $0.2)\times2+0.1\times4=26.60$m ⑨～⑩、Ⓒ～Ⓔ轴线律师室：$L_{1-4}=(3.3-0.2+4.8$ $-0.2)\times2=15.40$m ⑨～⑩、Ⓐ～Ⓑ轴线立案室：$L_{1-5}=(3.3-0.2+4.5$ $-0.2)\times2=14.80$m ⑩～⑬、Ⓐ～Ⓑ轴线调解室：$L_{1-6}=(3.3-0.2+4.5$ $-0.2)\times2=14.80$m

序号	项目编码	项目名称	单位	工程量	工程量计算式
17	011105003001	玻化砖踢脚线	m	683.15	③～⑨、Ⓐ～Ⓒ轴线大厅：$L_{1-7}=4.5+12.6-0.2+6.3-0.2+9.6-0.2=32.40$m ⑨～⑬、Ⓑ～Ⓒ轴线走道：$L_{1-8}=1.8-0.2+6.6\times2+(2.4+0.01-0.05)\times2+(1.5-0.15)=20.87$m ⑧～⑨、Ⓒ～Ⓔ轴线楼梯间：$L_{1-9}=(4.8-0.2)\times2+3-0.2=12.00$ $L_1=L_{1-1}+L_{1-2}+L_{1-3}+L_{1-4}+L_{1-5}+L_{1-6}+L_{1-7}+L_{1-8}+L_{1-9}=35.30+14.80+26.60+15.40+14.80+14.80+32.40+20.87+12.00=186.97$ 二层： ①～⑬、Ⓐ～Ⓑ轴线办公室墙净长线：$L_{2-1}=(25.8-0.2\times6)\times2+(4.5-0.2)\times14=109.40$m ①～④、Ⓒ～Ⓔ轴线办公室墙净长线：$L_{2-2}=(7.2-0.2\times2)\times2+(4.8-0.2)\times4+0.2\times4=32.80$m ⑨～⑩、Ⓒ～Ⓔ轴线办公室墙净长线：$L_{2-3}=(3.3-0.2+4.8-0.2)\times2=15.40$m ④～⑧、Ⓒ～Ⓔ轴线会议室墙净长线：$L_{2-4}=(9-0.2+4.8-0.2)\times2+0.2\times4=27.60$m ⑧～⑨、Ⓒ～Ⓔ轴线楼梯间：$L_{2-6}=(3.08^2+1.95^2)^{0.5}\times2+0.28+1.47\times2+2.8=13.31$m ①～⑬、Ⓑ～Ⓒ轴线过道墙净长线：$L_{2-5}=(1.8-0.2+25.8-0.2)\times2-(3-0.2)+(2.4+0.1-0.05)\times2+(1.2-0.15)=57.55$m $L_2=L_{2-1}+L_{2-2}+L_{2-3}+L_{2-4}+L_{2-5}=109.40+32.80+15.40+27.60+13.31+57.55=256.01$m 三层： ①～⑬、Ⓐ～Ⓑ轴线办公室墙净长线：$L_{3-1}=(25.8-0.2\times6)\times2+(4.5-0.2)\times14=109.40$m ①～②、Ⓒ～Ⓔ轴线案卷存放室墙净长线：$L_{3-2}=(3.6-0.2+4.8-0.2)\times2=16$m ②～④、Ⓒ～Ⓔ轴线执行物保管室墙净长线：$L_{3-3}=(3.6-0.2+4.8-0.2)\times2+0.2\times2=16.40$m ④～⑧、Ⓒ～Ⓔ轴线会议室墙净长线：$L_{3-4}=(9-0.2+4.8-0.2)\times2+0.2\times2=27.20$m ⑧～⑨、Ⓒ～Ⓔ轴线楼梯间墙净长线：$L_{3-6}=(2.8^2+1.65^2)^{0.5}+(3.08^2+1.65^2)^{0.5}+1.47\times2+2.8+0.28\times3=13.32$m ①～⑬、Ⓑ～Ⓒ轴线过道：$L_{3-7}=(1.8-0.2+25.8-0.2)\times2-(3-0.2)+(2.4+0.1-0.05)\times2+(1.5-0.15)=57.85$m $L_3=L_{3-1}+L_{3-2}+L_{3-3}+L_{3-4}+L_{3-5}+L_{3-6}+L_{3-7}=109.40\times16+16.40+27.20+13.32+57.85=240.17$m 踢脚线工程量汇总：$L=L_1+L_2+L_3=186.97+256.01+240.17=683.15$m

续表

序号	项目编码	项目名称	单位	工程量	工程量计算式
					附录 M　墙、柱面装饰与隔断、幕墙工程
18	011201001001	砖墙墙面一般抹灰	m²	1819.75	按设计图示尺寸以面积计算，扣除墙裙、门窗洞口及单个＞0.3m²的洞口面积，不扣除踢脚线、挂镜线和墙与构件交接处的面积，门窗洞口侧壁及顶面不增加面积，附墙柱、梁、垛、烟囱侧壁并入相应墙面面积内，有吊顶天棚算至吊顶天棚底。 墙面尺寸同踢脚线 一层： 大法庭：$S_{1-1}=(6.6-0.2)\times3.15+(3.95\times3.15+3.86\times3+3.09\times2.7)\times2=84.89m²$ 大厅、走道：$S_{1-2}=(32.40+20.87-12.6)\times3.1+13.87\times2.9+(1.05+0.43)\times3.1\times2$【圆柱】$=175.48$ 合议室、法庭、律师室、立案室、调解室：$S_{1-3}=(186.97-35.30-32.40-20.87-12.00)\times3.1=267.84m²$ 楼梯间：$S_{1-4}=12\times3.9=46.80m²$ 需扣除的门窗面积：$S_{1-5}=0.9\times1.2\times10+0.9\times1.5\times8+1.8\times2.1\times2+1.0\times2.1\times10+1.2\times2.1\times2=55.20m²$ 需扣除的镜面玻璃面积：$S_{1-6}=1.20m²$ $S_1=S_{1-1}+S_{1-2}+S_{1-3}+S_{1-4}-S_{1-5}-S_{1-6}=84.89+175.48+267.84+46.80-55.20-1.20=518.61m²$ 二层： 办公室、会议室：$S_{2-1}=(256.01-13.31-57.55-12.6)\times3.1+(1.05+0.43)\times3.1\times2$【圆柱】$=544.08m²$ 走道：$S_{2-2}=57.55\times2.9=166.90m²$ 楼梯间：$S_{2-3}=12\times3.3=39.60m²$ 需扣除的门窗面积：$S_{2-4}=0.8\times2.1\times2+1\times2.1\times24+0.9\times1.5\times8+0.9\times1.2\times10=75.36m²$ 需扣除的镜面玻璃面积：$S_{2-5}=1.20m²$ $S_2=S_{2-1}+S_{2-2}+S_{2-3}-S_{2-4}-S_{2-5}=544.08+166.90+39.6-75.36-1.20=674.02m²$ 三层： 办公室、会议室：$S_{3-1}=(256.01-13.32-57.55-12.60-15.40)\times3.1+(1.05+0.43)\times3.1\times2$【圆柱】$=496.31m²$ 走道：$S_{3-2}=57.85\times2.9=167.77m²$ 楼梯间：$S_{3-3}=12\times3.3=39.60m²$ 需扣除的门窗面积：$S_{3-4}=0.8\times2.1\times2+1\times2.1\times24+0.9\times1.5\times8+0.9\times1.2\times10=75.36m²$ 需扣除的镜面玻璃面积：$S_{3-5}=1.20m²$ $S_3=S_{3-1}+S_{3-2}+S_{3-3}-S_{3-4}-S_{3-5}=496.31+167.77+39.6-75.36-1.20=627.12m²$ $S_{总}=S_1+S_2+S_3=518.61+674.02+627.12=1819.75m²$

续表

序号	项目编码	项目名称	单位	工程量	工程量计算式
19	011207001001	红樱桃饰面板	m²	8.00	1. 轻钢龙骨：$S=8.00\text{m}^2$ 2. 勾缝：$S=8.00\text{m}^2$ 3. 防火涂料二遍　基层板面：$S=8.00\text{m}^2$ 4. 木夹板基层　墙面：$S=8.00\text{m}^2$ 5. 粘木饰面胶合板　墙面、墙裙：$S=8.00\text{m}^2$
20	011207001002	白枫木饰面板	m²	8.64	1. 轻钢龙骨：$S=8.64\text{m}^2$ 2. 勾缝：$S=8.64\text{m}^2$ 3. 防火涂料：$S=8.64\text{m}^2$ 4. 木夹板基层　墙面：$S=8.64\text{m}^2$ 5. 粘木饰面胶合板　墙面、墙裙：$S=8.64\text{m}^2$
				附录 N　天棚工程	
	011302001001	轻钢龙骨石膏板（平级）	m²	117.35	1. 石膏板：$S=117.35\text{m}^2$ 2. 装配式 U 形轻钢天棚龙骨（不上人型）：$S=117.35\text{m}^2$
21	011302001003	轻钢龙骨石膏板（跌级）	m²	143.85	按设计尺寸以水平投影面积计算，天棚中的灯槽及跌级、锯齿形、吊挂式、藻井式天棚面积不展开计算，不扣除间壁墙检查口、附墙烟囱、柱垛所占面积，扣除单个面积＞0.3m² 的孔洞、独立柱及天棚相连的窗帘盒所占面积 根据玻化砖地面所求房间面积得： $S=69.76+75.64-(2.4+0.15-0.1)\times(3.6+3-0.2)=129.72\text{m}^2$ 侧面展开面积：$S_4=(2.04+6.8-0.4-0.78\times2)\times2\times0.15\times3+(12.82-0.4-0.9+6.5-0.4-0.6-0.9)\times2\times0.1+(12.82-0.4-0.9+6.5-0.4-0.6-0.9-0.4)\times2\times0.15=14.13\text{m}^2$ 工程量为 $129.72+14.13=143.85\text{m}^2$ 1. 石膏板：$S=143.85\text{m}^2$ 2. 装配式 U 形轻钢天棚龙骨（不上人型）：$S=143.85\text{m}^2$
22	011302001003	硅钙板吊顶天棚	m²	523.33	1. 装配式 T 形铝合金（烤漆）天棚龙骨（不上人型）：$S=523.33\text{m}^2$ 2. 天棚面层 $S=523.33\text{m}^2$
23	011302001004	铝扣板天棚	m²	46.73	1. 铝扣板：$S=46.73\text{m}^2$ 2. 装配式 U 形轻钢天棚龙骨（不上人型）：$S=46.73\text{m}^2$
				附录 P　油漆　涂料　裱糊工程	
24	011406001001	抹灰面油漆（墙面）	m²	1757.42	1. 内墙面乳胶漆：$S=1757.42\text{m}^2$ 2. 抹灰面刮成品腻子粉：$S=1757.42\text{m}^2$

续表

序号	项目编码	项目名称	单位	工程量	工程量计算式
25	011406001002	抹灰面油漆（天棚）	m²	47.64	1. 内墙面乳胶漆：$S=47.64m^2$ 2. 抹灰面刮成品腻子粉：$S=47.64m^2$
26	011406001003	抹灰面油漆（石膏板）	m²	261.20	按图示尺寸以面积计算： 侧面展开面积：$S_4=(2.04+6.8-0.4-0.78×2)×2×0.15×3+(12.82-0.4-0.9+6.5-0.4-0.6-0.9)×2×0.1+(12.82-0.4-0.9+6.5-0.4-0.6-0.9-0.4)×2×0.15=14.13$ 1. 工程量为跌级轻质龙骨工程量加平级轻质龙骨工程量加展开面积：$S=145.40+101.67+14.13=261.20m^2$ 2. 板面缝贴自粘胶带：$S=261.20m^2$ 3. 内墙面乳胶漆：$S=261.20m^2$ 4. 抹灰面刮成品腻子粉：$S=261.20m^2$
附录 Q　其他装饰工程					
27	011503001001	成品护窗栏杆	m²	22.44	按图示尺寸以面积计算： $S=20.4×1.1=22.44m^2$
28	011503001002	成品不锈钢栏杆	m²	23.36	按图示尺寸以面积计算： $S=25.96×0.9=23.36m^2$
29	011503001003	楼梯栏杆	m²	16.96	按图示尺寸以面积计算： $S=14.13×1.2=16.96m^2$

注　表中"【】"是对前面数字或计算式的进一步说明。

第九章　某法院招标
工程量与组价工程量计算

第十章　某法院投标报价编制实例

第一节　投标报价封面与总说明编制

一、投标报价封面（见图 10 - 1）

某人民法院第一人民法庭工程

投标总价

招　标　人：某人民法院

投标总价（小写）：1，832，054.06 元

　　　　（大写）：壹佰捌拾叁万贰仟零伍拾肆元零陆分

投　标　人：_____×××_____

　　　　　　　　　　　（单位盖章）

法定代表人

或其授权人：_____×××_____

　　　　　　　　　　　（签字或盖章）

编　制　人：_____×××_____

　　　　　　　　（造价人员签字盖专用章）

编制时间：××××年××月××日

图 10 - 1　报表报价封面

二、总说明编制（见图 10 - 2）

工程计价总说明

工程名称：某人民法院第一人民法庭　　　　　　　　　　　　第 1 页　共 1 页

　　1. 工程概况：本工程为框架结构，采用人工挖孔混凝土灌注桩，建筑层数为三层，建筑面积约为 912.65m²，计划工期为 240 日历天。

　　2. 投标报价范围：为本次招标的某人民法院第一法庭工程施工图范围内的建筑工程和装饰工程。

　　3. 投标报价编制依据：

　　（1）招标文件及其所提供的工程量清单和有关报价的要求，招标文件的补充通知和答疑纪要。

　　（2）施工图及投标施工组织设计。

　　（3）有关的技术标准、规范和安全管理管理规定等。

　　（4）某市建设主管部门颁发的计价定额和计价管理办法及相关计价文件。

　　（5）材料价格根据本公司掌握的价格情况并参照工程所在地工程造价管理机构××××年××月工程造价信息发布的价格。

图 10 - 2　总说明编制

第二节 投标报价汇总表的编制

一、单位工程投标报价汇总表 (见表 10 - 1)

表 10 - 1   单位工程投标报价汇总表

工程名称：某人民法院第一人民法庭

序号	汇总内容	金额（元）	其中：暂估价（元）
1	分部分项工程	1205404.10	84966.69
1.1	A建筑工程	1205404.10	84966.69
2	措施项目	132952.84	
2.1	其中：安全文明施工费	62518.79	
2.2	其中：建设工程竣工档案编制费	1663.29	
3	其他项目	284992	200547
4	规费	27150.21	—
5	税金	181554.91	—
	投标报价合计＝1＋2＋3＋4＋5	1832054.06	285513.69

注 1. 本表适用于单位工程招标控制价或投标报价的汇总，如无单位工程划分，单项工程也使用本表汇总。

2. 分部分项工程、措施项目中暂估价中应填写材料、工程设备暂估价，其他项目中暂估价应填写专业工程暂估价。

二、单位项目汇总表 (见表 10 - 2)

表 10 - 2   措 施 项 目 汇 总 表

工程名称：某人民法院第一人民法庭   第 1 页 共 1 页

序号	项目名称	金额（元）	
		合价	其中：暂估价
1	施工技术措施项目	57424.76	
2	施工组织措施项目	75528.08	
2.1	其中：安全文明施工费	62518.79	
2.2	其中：建设工程竣工档案编制费	1663.29	
	措施项目费合计＝1＋2	132952.84	

第三节 分部分项工程量清单投标报价编制

分部分项工程项目清单计价表见表10-3。

表 10-3 分部分项工程项目清单计价表

工程名称：某人民法院第一人民法庭 第1页 共15页

序号	项目编码	项目名称	项目特征	计量单位	工程量	综合单价	合价	其中：暂估价
	A		建筑工程					
	A.1		土石方工程					
1	010101001001	平整场地	1. 土壤类别：综合 2. 弃土运距：投标人自行考虑 3. 取土运距：投标人自行考虑	m²	311.63	6.07	1891.59	
2	010101003001	挖沟槽土方	1. 土壤类别：综合 2. 开挖方式：人工开挖 3. 挖土深度：2m以内 4. 场内运距：投标人自行考虑	m³	123.96	41.39	5130.70	
3	010103001001	沟槽回填	1. 密实度要求：满足设计和规范要求 2. 填方材料品种：符合设计和规范要求 3. 填方运距：场内运输自行考虑	m³	101.64	26.00	2642.64	
4	010103001002	房心回填	1. 密实度要求：满足设计和规范要求 2. 填方材料品种：符合设计和规范要求 3. 填方运距：场内运输自行考虑	m³	110.34	14.17	1563.52	
5	010103002001	余方弃置	1. 废弃料品种：石渣 2. 运距：1km以内	m³	28.49	18.83	536.47	
	A.3		桩基工程					
1	010302004001	人工挖孔桩土方	1. 地层情况：土方 2. 挖孔深度：6m以内 3. 场内运距：投标人自行考虑	m³	61.21	109.10	6678.01	
		本页小计					18442.93	

续表

序号	项目编码	项目名称	项目特征	计量单位	工程量	金额（元）		
						综合单价	合价	其中：暂估价
2	010302004002	人工挖孔桩石方	1. 地层情况：软质岩 2. 挖孔深度：8m 以内 3. 场内运距：投标人自行考虑	m³	51.19	178.26	9125.13	
3	010302B03001	人工挖孔灌注桩护壁混凝土	1. 混凝土种类：自拌混凝土 2. 混凝土强度等级：C25	m³	24.60	924.55	22743.93	
4	010302B04001	人工挖孔灌注桩桩芯混凝土	1. 混凝土种类：商品混凝土 2. 混凝土强度等级：C30	m³	12.20	420.86	5134.49	
5	010302B04002	人工挖孔灌注桩桩芯混凝土	1. 混凝土种类：商品混凝土 2. 混凝土强度等级：C25	m³	72.58	408.62	29657.64	
A.4			砌筑工程					
1	010401012001	砖井圈	1. 零星砌砖名称、部位：人工挖孔桩 2. 砖品种、规格、强度等级：页岩标准砖 240mm×115mm×53mm 3. 砂浆强度等级、配合比：M5 水泥砂浆	m³	4.20	407.81	1712.80	
2	010401001001	页岩实心砖基础	1. 砖品种、规格、强度等级：页岩配砖 200mm×95mm×53mm 2. 砂浆强度等级：M5 水泥砂浆 3. 防潮层材料种类：30mm 厚 1：2 水泥砂浆加 5%防水剂	m³	19.16	404.75	7755.01	
3	010401005001	200 厚页岩空心砖墙（内墙）	1. 砖品种、规格、强度等级：MU5.0 页岩空心砖（≥800kg/m³） 2. 砂浆强度等级、配合比：M5 混合砂浆	m³	107.38	357.13	38348.62	
		本页小计					114477.62	

续表

序号	项目编码	项目名称	项目特征	计量单位	工程量	金额（元）		
						综合单价	合价	其中：暂估价
4	010401005002	100厚页岩空心砖墙（内墙）	1. 砖品种、规格、强度等级：MU5.0 页岩空心砖（≥800kg/m³） 2. 砂浆强度等级、配合比：M5混合砂浆	m³	2.82	357.13	1007.11	
5	010401005003	200厚页岩空心砖墙（外墙）	1. 砖品种、规格、强度等级：页岩空心砖，壁厚≥25mm，容重不大于900kg/m³ 2. 墙体类型：外框架填充墙 3. 砂浆强度等级、配合比：M5混合砂浆	m³	75.79	370.09	28049.12	
6	010401005004	100厚页岩空心砖墙（外墙）	1. 砖品种、规格、强度等级：页岩空心砖，壁厚≥25mm，容重不大于900kg/m³ 2. 墙体类型：外框架填充墙 3. 砂浆强度等级、配合比：M5混合砂浆	m³	2.62	370.09	969.64	
7	010401003001	实心砖墙	1. 砖品种、规格、强度等级：标准砖 200mm×95mm×53mm 2. 砂浆强度等级、配合比：M5混合砂浆	m³	25.36	454.37	11522.82	
8	010402001001	轻质墙体	1. 砌块品种、规格、强度等级：加砌混凝土块 2. 墙体类型：轻质隔墙 3. 砂浆强度等级：M5混合砂浆	m³	4.18	363.14	1517.93	
9	010404001001	卫生间垫层	垫层材料种类、配合比、厚度：1：6水泥炉渣找坡1%	m³	7.87	179.12	1409.67	
		本页小计					44476.29	

续表

序号	项目编码	项目名称	项目特征	计量单位	工程量	金额（元）		
						综合单价	合价	其中：暂估价
	A.5		混凝土及钢筋混凝土工程					
1	010501001001	基础垫层	1. 混凝土种类：自拌混凝土 2. 混凝土强度等级：C15	m³	6.26	407.32	2549.82	
2	010501001002	地面垫层	1. 混凝土种类：自拌混凝土 2. 混凝土强度等级：C15	m³	36.23	340.07	12320.74	
3	010503001001	地梁	1. 混凝土种类：商品混凝土 2. 混凝土强度等级：C30	m³	16.06	727.88	11689.75	
4	010502001001	矩形柱	1. 混凝土种类：商品混凝土 2. 混凝土强度等级：C30	m³	28.27	930.59	26307.78	
5	010502003001	圆形柱	1. 柱形状：圆形 2. 混凝土种类：商品混凝土 3. 混凝土强度等级：C30	m³	8.83	1162.16	10261.87	
6	010504001001	直形墙	1. 混凝土种类：商品混凝土 2. 混凝土强度等级：C30	m³	16.63	787.43	13094.96	
7	010505001001	有梁板	1. 混凝土种类：商品混凝土 2. 混凝土强度等级：C30	m³	153.76	757.82	116522.40	
8	010503002001	矩形梁	1. 混凝土种类：商品混凝土 2. 混凝土强度等级：C30	m³	2.16	843.92	1822.87	
9	010503003001	异形梁	1. 混凝土种类：商品混凝土 2. 混凝土强度等级：C30	m³	45.99	923.92	42491.08	
10	010505008001	悬挑板	1. 混凝土种类：商品混凝土 2. 混凝土强度等级：C30	m³	12.32	891.14	10978.84	
		本页小计					248040.11	

序号	项目编码	项目名称	项目特征	计量单位	工程量	金额（元）		
						综合单价	合价	其中：暂估价
11	010506001001	直形楼梯	1. 混凝土种类：商品混凝土 2. 混凝土强度等级：C30 3. 折算厚度：210mm	m²	27.05	210.38	5690.78	
12	010503005001	现浇过梁	1. 混凝土种类：自拌混凝土 2. 混凝土强度等级：C30	m³	1.96	885.23	1735.05	
13	010510003001	预制过梁	1. 混凝土强度等级：C30 2. 混凝土种类：自拌混凝土	m³	1.57	646.46	1014.94	
14	010502002001	构造柱	1. 混凝土种类：自拌混凝土 2. 混凝土强度等级：C30	m³	11.17	885.2	9887.68	
15	010515001001	现浇构件钢筋	1. 钢筋种类：综合 2. 钢筋规格：综合	t	38.88	4894.13	190283.77	
16	010515002001	预制构件钢筋	钢筋种类、规格：综合	t	0.44	4604.71	2026.07	
17	010515004001	钢筋笼	1. 钢筋种类：HPB300、HRB335 2. 钢筋规格：综合	t	3.24	4568.37	14801.52	
18	010515003001	砌体加筋	1. 钢筋种类：HPB300 2. 钢筋规格：Φ6.5	t	0.93	5196.91	4833.13	
19	010516002001	预埋铁件	1. 钢材种类：综合 2. 规格：综合	t	0.05	8424.23	421.21	
20	010516003001	机械连接	规格：直径25mm以内	个	62	17.85	1106.70	
21	010516B01001	植筋连接（墙体拉结筋）	1. 部位：墙体拉结筋 2. 钢筋直径：6.5mm	个	1765	2.34	4130.10	
22	010516B01002	植筋连接（现浇过梁）	1. 植筋部位：现浇过梁 2. 植筋直径：8mm	个	28	2.70	75.60	
23	010516B01003	植筋连接（构造柱）	1. 植筋部位：构造柱 2. 植筋直径：12mm	个	544	8.65	4705.60	
24	010516B02001	电渣压力焊	钢筋规格：≤25mm	个	464	8.47	3930.08	
		本页小计					244642.23	

续表

序号	项目编码	项目名称	项目特征	计量单位	工程量	金额（元）		
						综合单价	合价	其中：暂估价
25	010507001001	散水	1. 垫层材料种类、厚度：100 厚碎石 2. 面层厚度：60mm 3. 混凝土强度等级：C15 4. 填塞材料种类：沥青油灌缝 5. 混凝土种类：自拌混凝土	m²	60.57	55.31	3350.13	
26	010507001002	坡道	1. 垫层材料种类、厚度：100 厚碎石＋80 厚 C15 混凝土 2. 找平层厚度、砂浆配合比：20 厚 1：3 水泥砂浆 3. 结合层厚度、砂浆配合比：20 厚 1：1.5 水泥砂浆加 5% 建筑胶 4. 面层材料品种、规格、品牌、颜色：3mm 厚花岗石	m²	14.48	177.89	2575.85	
27	010507004001	台阶	1. 垫层材料种类、厚度：100 厚碎石＋80 厚 C15 混凝土 2. 找平层厚度、砂浆配合比：20 厚 1：3 水泥砂浆 3. 黏结层材料种类：20 厚 1：1.5 水泥砂浆加 5% 建筑胶 4. 面层材料品种、规格、品牌、颜色：3mm 厚花岗石	m²	10.35	359.57	3721.55	
	A.6		金属结构工程					
1	010607005001	砌块墙钢丝网加固	1. 材料品种、规格：丝径 0.9mm 镀锌钢丝网（网孔 10mm×10mm） 2. 加固方式：采用 φ2.5mm×28mm 镀锌水泥钉固定 3. 部位：不同材质交接处	m²	446.18	10.65	4751.82	
		本页小计					14399.35	

续表

序号	项目编码	项目名称	项目特征	计量单位	工程量	金额（元）		
						综合单价	合价	其中：暂估价
	A.8		门窗工程					
1	010802004001	防盗门	1. 门代号及洞口尺寸：M1821（1800mm×2100mm） 2. 门框、扇材质：钢质	m²	3.78	391.54	1480.02	1323
2	010805001001	电子感应门	1. 门代号：M3027 2. 洞口尺寸：3000mm×2700mm	樘	1.00	11335.76	11335.76	10000
3	010801002001	成品套装工艺门带套	门代号及洞口尺寸：M1021（1000mm×2100mm）、M1021（1000mm×2100mm）	m²	63.42	637.66	40440.40	35426.41
4	010802001001	成品塑钢门	1. 门代号及洞口尺寸：M0821（800mm×2100mm） 2. 门框、扇材质：塑钢90系列 3. 玻璃品种、厚度：中空钢化玻璃（6+9A+6）	m²	10.08	250.48	2524.84	1975.68
5	010802001002	不锈钢栏杆门	1. 门代号及洞口尺寸：见装饰平面图一层法庭 2. 门框、扇材质：不锈钢	m²	1.26	124.48	156.84	
6	010807001001	成品塑钢窗	1. 窗代号及洞口尺寸：PC0915（900mm×1500mm） 2. 框、扇材质：多腔塑料2.8mm厚 3. 玻璃品种、厚度：中空玻璃（6透明+9A+6透明）	m²	32.40	404.21	13096.40	11430.72
7	010807001002	成品塑钢窗	1. 窗代号及洞口尺寸：C1（900mm×1200mm） 2. 框、扇材质：多腔塑料厚2.8mm 3. 玻璃品种、厚度：中空玻璃（6透明+9A+6透明）	m²	32.40	404.21	13096.40	11430.72
		本页小计					82130.66	71586.53

续表

序号	项目编码	项目名称	项目特征	计量单位	工程量	金额（元）		
						综合单价	合价	其中：暂估价
8	010807003001	金属百叶窗	1. 窗代号及洞口尺寸：见建筑立面图尺寸 2. 框、扇材质：铝合金	m²	132.40	112.98	14958.55	10380.16
9	010809004001	石材窗台板	1. 黏结层厚度、砂浆配合比：25厚1：2.5水泥砂浆 2. 窗台板材质、规格、颜色：白色天然大理石	m²	17.28	336.29	5811.09	
	A.9		屋面及防水工程					
1	010902001001	屋面卷材防水	1. 卷材品种、规格、厚度：4厚SBS改性沥青防水卷材 2. 防水层数：一层	m²	354.56	46.34	16430.31	
2	010902003001	屋面刚性层	1. 刚性层厚度：40mm 2. 混凝土种类：自拌混凝土 3. 混凝土强度等级：C25 4. 嵌缝材料种类：塑料油膏 5. 钢筋规格、型号：Φ7@500mm×500mm钢筋网	m²	321.31	45.09	14487.87	
3	010904001001	楼（地）面卷材防水	1. 卷材品种、规格、厚度：4厚SBS改性沥青防水卷材 2. 防水层数：一层 3. 防水层做法：一布四涂	m²	61.50	64.86	3988.89	
4	010903001001	墙面卷材防水	1. 卷材品种、规格、厚度：4厚SBS改性沥青防水卷材 2. 防水层数：一层做法 3. 防水层做法：一布四涂	m²	101.79	69.10	7033.69	
5	010902004001	屋面排水管	排水管品种、规格：DN100PVC	m	74.40	31.57	2348.81	
		本页小计					65059.21	10380.16

序号	项目编码	项目名称	项目特征	计量单位	工程量	金额（元）		
						综合单价	合价	其中：暂估价
	A.10		保温、隔热、防腐工程					
1	011001001001	保温隔热屋面	1. 保温隔热材料品种、规格、厚度：35厚挤塑聚苯板 2. 黏结材料种类、做法：3厚石油沥青	m²	321.31	51.40	16515.33	
2	011001001002	保温隔热屋面	保温隔热材料品种、规格、厚度：40厚黏土陶粒混凝土（找坡，最薄处30）	m²	321.31	16.13	5182.73	
3	011001003001	保温隔热墙面	1. 保温隔热部位：墙面 2. 保温隔热方式：外保温 3. 保温隔热材料品种、规格及厚度：35厚建筑无机保温砂浆 4. 增强网及抗裂防水砂浆种类：热镀锌钢丝网及5厚抗裂砂浆 5. 黏结材料种类：5厚界面砂浆	m²	647.46	62.46	40440.35	
	A.11		楼地面装饰工程					
1	011101006001	平面砂浆找平层（屋面）	1. 找平层厚度：15厚 2. 砂浆种类及配合比：1：2.5水泥砂浆	m²	321.31	10.84	3483.00	
2	011101006002	平面砂浆找平层（卫生间）	1. 找平层厚度：20厚 2. 砂浆种类及配合比：1：2.5水泥砂浆	m²	62.60	13.41	841.88	
3	011102003001	玻化砖地面	1. 找平层混凝土厚度、强度等级：30厚C15细石混凝土 2. 结合层厚度、砂浆配合比：20厚1：2水泥砂浆 3. 面层材料品种、规格、颜色：800mm×800mm玻化砖 4. 嵌缝材料种类：水泥砂浆擦缝	m²	708.46	125.13	88649.60	
		本页小计					155112.89	

续表

序号	项目编码	项目名称	项目特征	计量单位	工程量	金额（元）		
						综合单价	合价	其中：暂估价
4	011102003002	防滑地砖楼地面	1. 找平层混凝土厚度、强度等级：30 厚 C15 细石混凝土 2. 结合层厚度、砂浆配合比：20 厚 1：2 水泥砂浆 3. 面层材料品种、规格、颜色：300mm×300mm 防滑地砖 4. 嵌缝材料种类：水泥砂浆擦缝	m²	45.33	86.71	3930.56	
5	011108001001	黑色花岗石门槛石	1. 工程部位：门槛 2. 找平层厚度、砂浆配合比 20 厚 1：3 水泥砂浆 3. 贴结合层厚度、材料种类 20 厚 1：2.5 水泥砂浆 4. 面层材料品种、规格、颜色：黑色花岗石	m²	7.48	334.51	2502.13	
6	011106002001	楼梯地面砖	1. 找平层厚度、砂浆配合比：20 厚 1：3 水泥砂浆 2. 黏结层厚度、材料种类：20 厚 1：2 水泥砂浆 3. 面层材料品种、规格、颜色：300mm×600mm 踢步砖	m²	17.91	143.35	2567.40	
7	011102003003	楼梯休息平台地面砖	1. 找平层混凝土厚度、强度等级：30 厚 C15 细石混凝土 2. 结合层厚度、砂浆配合比：20 厚 1：2 水泥砂浆 3. 面层材料品种、规格、颜色：600mm×600mm 地面砖 4. 嵌缝材料种类：水泥砂浆擦缝	m²	8.23	86.71	713.62	
		本页小计					9713.71	

序号	项目编码	项目名称	项目特征	计量单位	工程量	金额（元）		
						综合单价	合价	其中：暂估价
8	011105003001	玻化砖踢脚线	1. 踢脚线高度：120mm 2. 粘贴层厚度、材料种类：25 厚 1：2.5 水泥砂浆 3. 面层材料品种、规格、颜色：800mm×120mm 黑色玻化砖	m	620.15	15.09	9358.06	
	A. 12	墙、柱面装饰与隔断、幕墙工程						
1	011204003001	青灰色外墙砖	1. 墙体类型：外墙 2. 安装方式：20mm 厚水泥砂浆粘贴 3. 面层材料品种、规格、颜色：50mm×100mm×5mm 青色外墙砖 4. 缝宽、嵌缝材料种类：5mm. 水泥砂浆擦缝	m²	607.22	78.10	47423.88	
2	011204003002	象牙白外墙砖	1. 墙体类型：混凝土墙 2. 安装方式：20 厚水泥砂浆粘贴 3. 面层材料品种、规格、颜色：50mm×100mm×5mm 象牙白外墙砖 4. 缝宽、嵌缝材料种类：5mm. 水泥砂浆擦缝	m²	9.60	78.10	749.76	
3	011204003003	黑色外墙砖	1. 墙体类型：外墙 2. 安装方式：20 厚水泥砂浆粘贴 3. 面层材料品种、规格、颜色：黑色外墙砖 4. 缝宽、嵌缝材料种类：5mm. 水泥砂浆擦缝	m²	4.14	78.10	323.33	
4	011204003004	内墙砖	1. 墙体类型：砖墙 2. 安装方式：20 厚水泥砂浆粘贴 3. 面层材料品种、规格、颜色：300mm×450mm 瓷片 4. 缝宽、嵌缝材料种类：密缝，同色勾缝剂擦缝	m²	176.85	77.78	13755.39	
		本页小计					71610.42	

续表

序号	项目编码	项目名称	项目特征	计量单位	工程量	金额（元）		
						综合单价	合价	其中：暂估价
5	011206002001	外墙砖零星贴砖	1. 基层类型、部位：外墙 2. 安装方式：20 厚水泥砂浆粘贴 3. 面层材料品种、规格、颜色：50mm × 100mm × 5mm 青色外墙砖 4. 缝宽、嵌缝材料种类：5mm. 水泥砂浆擦缝	m²	12.60	98.47	1240.72	
6	011206002002	楼梯间零星贴砖	1. 基层类型、部位：楼梯间 2. 安装方式：20 厚水泥砂浆粘贴 3. 面层材料品种、规格、颜色：黑色玻化砖 4. 缝宽、嵌缝材料种类：水泥砂浆擦缝	m²	1.00	145.17	145.17	
7	011204001001	蘑菇石外墙砖	1. 墙体类型：外墙 2. 安装方式：20 厚水泥砂浆粘贴 3. 面层材料品种、规格、颜色：浅灰色蘑菇石	m²	60.10	61.60	3702.16	
8	011201001001	墙面一般抹灰	1. 墙体类型：砖墙 2. 底层厚度、砂浆配合比：参西南 04J515 - 4 - N04 3. 面层厚度、砂浆配合比：参西南 04J515 - 4 - N04	m²	1757.42	17.34	30473.66	
9	011201001002	墙面一般抹灰	1. 墙体类型：混凝土墙 2. 底层厚度、砂浆配合比：参西南 04J515 - 4 - N04 3. 面层厚度、砂浆配合比：参西南 04J515 - 4 - N04	m²	81.48	19.57	1594.56	
10	011201001003	砖井圈抹灰	1. 墙体类型：砖墙面 2. 底层厚度、砂浆配合比：20 厚 1：2.5 水泥砂浆	m²	55.46	16.74	928.40	
		本页小计					38084.67	

续表

序号	项目编码	项目名称	项目特征	计量单位	工程量	金额（元）		
						综合单价	合价	其中：暂估价
11	011207001001	红樱桃饰面板	1. 龙骨材料种类、规格、中距：轻钢龙骨 2. 基层材料种类、规格：10mm厚木工板基层（涂刷三遍防火漆） 3. 面层材料品种、规格、颜色：红樱桃饰面板 4. 压条材料种类、规格：5mm黑色勾缝剂	m²	8.00	188.76	1510.08	
12	011207001002	白枫木饰面板	1. 龙骨材料种类、规格、中距：轻钢龙骨 2. 基层材料种类、规格：木工板基层（涂刷三遍防火漆） 3. 面层材料品种、规格、颜色：白枫木饰面板 4. 压条材料种类、规格：5mm黑色勾缝剂	m²	8.64	188.76	1630.89	
13	011210005001	卫生间成品隔断	1. 隔断材料品种、规格、颜色：按设计要求 2. 配件品种、规格：按设计要求	间	15	71.78	1076.70	
	A.13		天棚工程					
1	011301001001	天棚抹灰	1. 基层类型：混凝土面 2. 抹灰厚度、材料种类：参西南04J515-12-P05 3. 砂浆配合比：参西南04J515-12-P05	m²	47.64	14.48	689.83	
2	011302001001	轻钢龙骨石膏板（平级）	1. 吊顶形式、吊杆规格、高度：平级不上人型 2. 龙骨材料种类、规格、中距：轻钢龙骨 3. 面层材料品种、规格：9.5mm厚石膏板	m²	117.35	49.59	5819.39	
		本页小计					10726.89	

续表

序号	项目编码	项目名称	项目特征	计量单位	工程量	综合单价	合价	其中：暂估价
3	011302001002	轻钢龙骨石膏板（跌级）	1. 吊顶形式、吊杆规格、高度：跌级不上人型 2. 龙骨材料种类、规格、中距：轻钢龙骨 3. 面层材料品种、规格：9.5mm石膏板	m²	129.72	59.11	7667.75	
4	011302001003	硅钙板吊顶天棚	1. 吊顶形式、吊杆规格、高度：装配式不上人型 2. 龙骨材料种类、规格、中距：烤漆龙骨 3. 面层材料品种、规格：600mm×600mm复合硅钙板	m²	463.33	64.38	29829.19	
5	011302001004	铝扣板天棚	1. 吊顶形式、吊杆规格、高度：嵌入式不上人型 2. 龙骨材料种类、规格、中距：轻钢龙骨 3. 面层材料品种、规格：300mm×300mm铝扣板	m²	46.73	159.1	7434.74	
	A. 14		油漆、涂料、裱糊工程					
1	011406001001	抹灰面油漆（墙面）	1. 基层类型：抹灰面 2. 腻子种类：成品腻子粉 3. 刮腻子遍数：二遍 4. 油漆品种、刷漆遍数：二遍乳胶漆（一底一面） 5. 部位：墙面	m²	1757.42	15.54	27310.31	
2	011406001002	抹灰面油漆（天棚）	1. 基层类型：抹灰面 2. 腻子种类：成品腻子粉 3. 刮腻子遍数：二遍 4. 油漆品种、刷漆遍数：二遍乳胶漆（一底一面） 5. 部位：天棚	m²	47.64	18.83	897.06	
3	011406001003	抹灰面油漆（石膏板）	1. 基层类型：石膏板 2. 腻子种类：成品腻子 3. 刮腻子遍数：二遍 4. 油漆品种、刷漆遍数：二遍乳胶漆（一底一面） 5. 部位：天棚	m²	247.07	23.98	5924.74	
		本页小计					79063.79	

序号	项目编码	项目名称	项目特征	计量单位	工程量	金额（元）		
						综合单价	合价	其中：暂估价
	A.15		其他装饰工程					
1	011502001001	金属装饰线	1. 基层类型：木基层 2. 线条材料品种、规格、颜色：1.2mm 厚压光不锈钢	m	8.50	4.17	35.45	
2	011502001002	卫生间阴角线	1. 基层类型：墙面砖基层 2. 线条材料品种、规格、颜色：铝合金阴角线	m	55.90	4.17	233.10	
3	011502004001	石膏装饰线	1. 基层类型：木基层 2. 线条材料品种、规格、颜色：石膏顶角线	m	104.88	11.79	1236.54	
4	011503001001	成品护窗栏杆	1. 扶手材料种类、规格：木质、规格按设计 2. 栏杆材料种类、规格：型钢、规格按设计	m	20.40	71.12	1450.85	
5	011503001002	成品不锈钢栏杆	1. 扶手材料种类、规格：不锈钢、规格按设计 2. 栏杆材料种类、规格：不锈钢、规格按设计	m	25.96	58.18	1510.35	
6	011503001003	楼梯栏杆	1. 扶手材料种类、规格：详西南 04J412-42-6 2. 栏杆材料种类、规格：详西南 04J412-42-6	m	14.13	77.61	1096.63	
7	011505001001	成品洗手台	材料品种、规格、颜色：黑色花岗石	个	2	1743.90	3487.80	3000
8	011505010001	镜面玻璃（成品）	镜面玻璃品种、规格：6mm 厚的镜面玻璃	m²	3.59	103.79	372.61	
		本页小计					9423.33	3000
		合　计					1205404.10	84966.69

第四节　措施项目清单投标报价编制

一、施工组织措施项目清单（见表 10 - 4）

表 10 - 4　　　　　　　　　　　　　施工组织措施项目清单计价表

工程名称：某人民法院第一人民法庭　　　　　　标段：　　　　　　　　　　第 1 页　共 1 页

序号	项目编码	项目名称	计算基础	费率（%）	金额（元）	调整费率（%）	调整后金额（元）	备注
1	011707001001	安全文明施工费	税前合计	3.937	62518.79			
2	011707002001	夜间施工	分部分项直接费＋技术措施直接费	0.77	4574.04			
3	011707005001	冬雨季施工	分部分项直接费＋技术措施直接费	0.6	3564.19			
4	011707007001	已完工程及设备保护	分部分项直接费＋技术措施直接费	0.2	1188.06			
5	011707B11001	工程定位复测、点交及场地清理费	分部分项直接费＋技术措施直接费	0.18	1069.26			
6	011707B12001	材料检验试验	分部分项直接费＋技术措施直接费	0.16	950.45			
7	011707B15001	建设工程竣工档案编制费	分部分项直接费＋技术措施直接费	0.28	1663.29			
		合　　计			75528.08			

注　1. 计算基础和费用标准按本市有关费用定额或文件执行。

　　2. 按施工方案计算的措施费，可不填写"计算基础"和"费率"的数值，只填写"金额"数值，但应在备注栏说明施工方案出处或计算方法。

　　3. 特殊检验试验费用编制招标控制价时按估算金额列入结算时按实调整。

二、施工技术措施项目清单（见表 10 - 5）

表 10 - 5　　　　　　　　　　　　　施工技术措施项目清单计价表

工程名称：某人民法院第一人民法庭　　　　　　　　　　　　　　　第 1 页　共 1 页

序号	项目编码	项目名称	项目特征	计量单位	工程量	金额（元）		
						综合单价	合价	其中：暂估价
	一		施工技术措施项目				57424.76	
1	011701001001	综合脚手架	1. 建筑结构形式：框架结构（3 层）2. 檐口高度：12m 以内	m²	912.65	14.51	13242.55	

续表

序号	项目编码	项目名称	项目特征	计量单位	工程量	金额（元）		
						综合单价	合价	其中：暂估价
2	011703001001	垂直运输	1. 建筑物建筑类型及结构形式：框架结构 2. 建筑物檐口高度、层数：20m 以内、3 层	m²	912.65	16.43	14994.84	
3	011705001001	大型机械设备进出场及安拆	1. 机械设备名称：自升式塔式起重机 2. 机械设备规格型号：400kN·m	台次	1	29187.37	29187.37	
		本页小计					57424.76	
		合　　计					57424.76	

注　施工技术措施项目包含安全文明施工按实计算项目。

第五节　其他项目工程量清单投标报价编制

一、其他项目清单计价汇总表（见表 10-6）

表 10-6　　　　　　　　其他项目清单计价汇总表

工程名称：某人民法院第一人民法庭　　　　　　　标段：　　　　　　　　第 1 页　共 1 页

序号	项目名称	计量单位	金额（元）	备注
1	暂列金额	项	50000	明细详见表 10-7
2	暂估价	项	200547	
2.1	材料（工程设备）暂估价	项		明细详见表 10-8
2.2	专业工程暂估价	项	200547	明细详见表 10-9
3	计日工	项	28445	明细详见表 10-10
4	总承包服务费	项	6000	明细详见表 10-11
	合　　计		284992	—

注　材料、设备暂估单价进入清单项目综合单价，此处不汇总。

二、暂列金额明细表（见表 10-7）

表 10-7　　　　　　　　暂 列 金 额 明 细 表

工程名称：某人民法院第一人民法庭　　　　　　　标段：　　　　　　　　第 1 页　共 1 页

序号	项目名称	计量单位	暂定金额（元）	备注
1	图纸中已经标明可能位置，但未最终确定是否需要的主入口处的钢结构雨篷工程的安装工作	项	20000	此部分的设计图纸有待进一步完善

序号	项目名称	计量单位	暂定金额（元）	备注
2	其他	项	30000	
	合　计		50000	—

注　此表由招标人填写，如不能详列，也可只列暂列金额总额，投标人应将上述暂列金额计入投标总价中。

三、材料（工程设备）暂估单价及调整表（见表 10-8）

表 10-8　　　　　　　　　　　材料（工程设备）暂估单价及调整表

工程名称：某人民法院第一人民法庭　　　　　　　标段：　　　　　　　第 1 页　共 1 页

序号	材料（工程设备）名称、规格、型号	计量单位	数量		暂估价（元）		调整价（元）		差额±（元）		备注
			暂估	确认	单价	合价	单价	合价	单价	合价	
1	防盗门	m²	3.78		350	1323					
2	电子感应自动门	樘	1.00		10000	10000					
3	成品套装工艺门	m²	62.1516		570	35426.41					
4	塑钢门	m²	9.8784		200	1975.68					
5	塑钢窗	m²	63.504		360	22861.44					
6	金属百叶窗	m²	129.752		80	10380.16					
7	成品洗手台	个	2		1500	3000					
	合　　计					84966.69					

注　1. 此表由招标人填写"暂估单价"，并在备注栏说明暂估价的材料、工程设备拟用在那些清单项目上，投标人应将上述材料、工程设备暂估单价计入工程量清单综合单价报价中。

2. 材料包括原材料燃料构配件以及按规定应计入建筑安装工程造价的设备。

四、专业工程暂估价表（见表 10-9）

表 10-9　　　　　　　　　　专业工程暂估价表

专业工程暂估价及结算价表

工程名称：某人民法院第一人民法庭　　　　　　　标段：　　　　　　　第 1 页　共 1 页

序号	工程名称	工程内容	暂估金额（元）	结算金额（元）	差额±（元）	备注
1	玻璃幕墙	玻璃幕墙工程的安装工作	155685			
2	消防工程	合同图纸中标明的以及工程规范和技术说明中规定的各系统，包括消火栓系统、消防水池供水系统、水喷淋系统、火灾自动报警系统及消防联动系统中的设备、管道、阀门、线缆等的供应、安装和调试工作	44862			
	合　　计		200547			—

注　此表"暂估金额"由招标人填写，投标人应将"暂估金额"计入投标总价中。结算时按合同约定结算金额填写。

五、计日工表（见表 10 - 10）

表 10 - 10　　　　　　　　　　计 日 工 表

工程名称：某人民法院第一人民法庭　　　　　　　　　　　　　　　第 1 页　共 1 页

编号	项目名称	单位	暂定数量	实际数量	综合单价（元）	合价	
						暂定	实际
1	人工						
1.1	普工	工日	100		120	12000	
1.2	技工（综合）	工日	50		150	7500	
	小计		—		—	19500	
2	材料						
2.1	钢筋（规格、型号综合）	t	1		3500	3500	
2.2	水泥 42.5 级	t	2		320	640	
2.3	特细砂	t	10		82	820	
2.4	碎石（5mm～40mm）	m³	5		55	275	
2.5	页岩砖（240mm×115mm×53mm）	千匹	1		310	310	
	小计		—		—	5545	
3	机械						
3.1	自升式塔式起重机（起重力矩 400kN·m）	台班	5		600	3000	
3.2	灰浆搅拌机（400L）	台班	2		200	400	
	小计		—		—	3400	
	合　计					28445	

注　此表项目名称、暂定数量由招标人填写，编制招标控制价时，单价由招标人按有关计价规定确定；投标时，单价由投标人自助报价，按暂定数量计算核价计入投标总价中。结算时，按发承包双方确认的实际数量计算合价。

六、总承包服务费计价表（见表 10 - 11）

表 10 - 11　　　　　　　　　　**总承包服务费计价表**

工程名称：某人民法院第一人民法庭　　　　　　　标段：　　　　　　　　第 1 页　共 1 页

序号	项目名称	项目价值（元）	服务内容	计算基础	费率（%）	金额（元）
1	发包人发包专业工程	100000	1. 按专业工程承包人的要求提供施工工作面并对施工现场进行统一管理，对竣工资料进行统一整理汇总 2. 为专业工程承包人提供垂直运输机械和焊接电源接入点，并承担垂直运输费和电费		3	3000

续表

序号	项目名称	项目价值（元）	服务内容	计算基础	费率（%）	金额（元）
2	发包人供应材料	100000	对发包人供应的材料进行验收及保管和使用发放	项目价值	3	3000
			合　计			6000

注 此表项目名称、服务内容由招标人填写，编制招标控制价时，费率及金额由招标人按有关计价规定确定；投标时，费率及金额由投标人自主报价，计入投标总价中。

第六节　规费和税金工程量清单投标报价编制

规费、税金项目计价表见表 10 - 12。

表 10 - 12　　　　　　　　　**规费、税金项目计价表**

工程名称：某人民法院第一人民法庭　　　　　标段：　　　　　　　第 1 页　共 1 页

序号	项目名称	计算基础	费率（%）	金额（元）
1	规费	社会保险费及住房公积金＋工程排污费		27150.21
1.1	社会保险费及住房公积金	分部分项工程量清单中的基价直接工程费＋施工技术措施项目清单中的基价直接工程费	4.87	27150.21
1.2	工程排污费			
2	税金	分部分项工程＋措施项目＋其他项目＋规费	11	181554.91
		合　计		208705.12

第十章　某法院投标
报价编制实例

参 考 文 献

[1] 沈中友. 建筑工程工程量清单编制与实例. 北京：机械工业出版社，2014.

[2] 沈中友. 房屋建筑与装饰工程工程量清单项目特征描述指南. 北京：中国建筑工业出版社，2015.

[3] 袁建新. 工程量清单计价. 4版. 北京：中国建筑工业出版社，2015.

[4] 周慧珍. 建筑与装饰工程工程量清单计价. 北京：中国建筑工业出版社，2014.

[5] 黄伟典. 建设工程工程量清单计价实务（建筑工程部分）. 北京：中国建筑工业出版社，2013.

[6] 田永复. 《房屋建筑与装饰工程工程量计算规范》（GB 50584—2013）解读与应用示例. 北京：中国建筑工业出版社，2013.

[7] 沈中友. 工程招投标与合同管理. 2版. 武汉：武汉理工大学出版社，2013.

09 3.900～顶框架柱平面布置图

10 三层梁配筋图

11 三层板配筋图

12 屋面梁配筋图

13 屋面板配筋图

14 楼梯大样图

15 剪力墙、梁配筋图/TC09151 大样图

16 一层构造柱布置图

17 二层构造柱布置图

18 三层构造柱布置图

附录3 装饰施工图

01 装饰施工说明

02 一层平面布置图

03 一层地面材质图

04 一层天棚图

05 二层平面布置图

06 二层地面材质图

07 二层天棚图

08 三层平面布置图

09 三层地面材质图

10 三层天棚图

11 大法庭平面布置图/大法庭天棚图

12 大法庭立面详图

13 大厅平面布置图/大厅天棚图

14 大厅立面详图

15 卫生间平面图/卫生间天棚图/卫生间立面详图

16 过道平面布置图/过道天棚图/过道立面详图

17 楼梯间平面图/楼梯间立面详图

18 节点详图一/节点详图二/节点详图三

附录 1　建筑施工图

建施 - 01　建筑设计总说明

建施 - 02　节能设计说明（一）

建施 - 03　节能设计说明（二）

建施 - 04　总平面图

建施 - 05　一层平面图

建施 - 06　二层平面图

建施 - 07　三层平面图

建施 - 08　屋顶层平面图

建施 - 09　①～⑬立面图

建施 - 10　⑬～①立面图

建施 - 11　Ⓐ～Ⓕ立面图

建施 - 12　Ⓕ～Ⓐ立面图

建施 - 13　1 - 1 剖面图

建施 - 14　楼梯和节点大样图/卫生间做法详图/飘窗节点详图

建施 - 15　门窗大样图

建施 - 16　一层节能范围线图

建施 - 17　二、三层节能范围线图

建施 - 18　屋面层节能范围线图

附录 2　结构施工图

结施 - 01　结构设计总说明（一）

结施 - 02　结构设计总说明（二）

结施 - 03　桩基础设计说明

结施 - 04　桩基平面布置图

结施 - 05　地梁配筋图

结施 - 06　基顶 - 3.900 框架柱平面布置图

结施 - 07　二层梁配筋图

结施 - 08　二层板配筋图

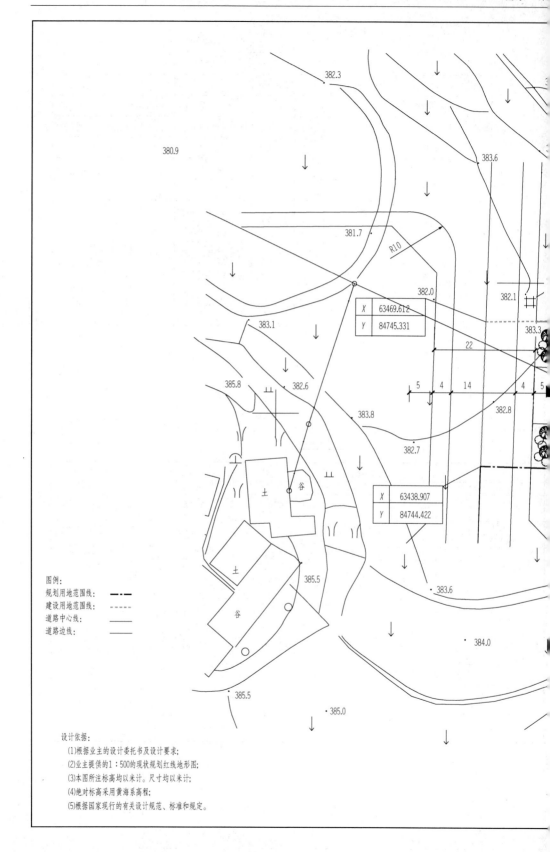

图例:
规划用地范围线: —·—·—
建设用地范围线: -------
道路中心线: ————
道路边线: ————

设计依据:
(1)根据业主的设计委托书及设计要求;
(2)业主提供的1:500的现状规划红线地形图;
(3)本图所注标高均以米计。尺寸均以米计;
(4)绝对标高采用黄海系高程;
(5)根据国家现行的有关设计规范、标准和规定。

表》。

门窗表

类型	设计编号	洞口尺寸(mm)	数量	图集名称	选用型号	备注
门	M0821	800X2100	6	专业厂家制作安装		
	M0921	900X2100	0		用户自理	
	M1021	1000X2100	29		用户自理	
	M1821	1800X2100	1		防盗门	防盗门经公安等部门批准的合格产品
	M3027	3000X2700	1		用户自理	
窗	C1	900X1500	25		多腔塑料型材窗框	多腔塑料厚2.8mm 空气层9mm
	C2	1500X1500	50		多腔塑料型材窗框	
	PC1518	1500X1800	25		多腔塑料型材窗框	
	C1215	1200X1500	25		多腔塑料型材窗框	
带形窗						

注 1.本表应与实际情况核对无误后方可进行门窗制作。
　　2.宽度大于3m的窗台设现浇压顶。

建筑工程做法表

施工做法	其余房间	卫生间	阳台	厨房	楼梯间	名称	施工做法	备注
西南04J312-19-3182	○	○	×	×	×	护窗栏杆	西南04J412-53-1a	所有护窗栏杆
西南04J312-19-3183	×	×	×	×	○	楼梯转换处	西南04J412-62-3	所有楼梯转换处
西南04J312-19-3184	×	×	×	×	○	室外散水	西南04J812-4-1	所有室外散水
西南04J312-19-3183	○	○	×	×	×	室外坡道	西南04J812-6-D2	所有室外坡道
西南04J515-12-P04	○	○	×	×	×	室外踏步	西南04J812-7-4	所有室外踏步
西南04J515-4-N04	○	×	×	×	×	室外排水沟	西南04J812-3-2a	所有室外排水沟
西南04J515-5-N11	×	○	×	×	×	室外道路	西南04J812-13-4	所有室外道路
西南04J312-20-3187	○	×	×	×	○	室外道路路牙	西南04J812-15-1.D	所有室外道路路牙
西南04J312-20-3188	×	○	×	×	×	滴水	西南04J516-8-J	所有滴水
西南04J517-34-4.5	×	○	×	×	×	排气道	国标J916-1~2	选用PQW-10
详见外墙保温构造布置图	所有外墙					管道出瓦屋面	西南03J201-2-37-3	×
西南04J516-63-5310	所有外墙面					出屋面泛水[排烟(气)]	西南03J201-2-21-2	×
详见屋面保温防水构造布置图	所有屋面					瓦屋面排水管斗	西南03J201-2-38-1	×
西南03J201-1-13-3	分格缝设置详见屋顶平面图					油漆1	西南04J312-41-3279	所有木门
西南03J201-1-46-2	所有屋面雨水口					油漆2	西南04J312-43-3290	所有金属
西南03J201-1-49-1、2	所有雨水斗及雨水管							
西南03J201-1-13-2	所有屋面泛水							
西南04J412-42-6	所有楼梯栏杆							
西南04J412-60-4	所有楼梯踏步防滑条							

卷材采用高聚物改性沥青防水卷材，4mm厚。

本工程为外墙外保温系统，以下为计算依据及指标结果。

1.地理气候条件

重庆市XX区属于亚热带湿润季风气候。夏季气温高、湿度大、风速小、潮湿闷热；冬季气温低、湿度大、日照率低、阴冷潮湿。气象参数见下表。

年平均温度	18.0℃	最冷月平均温度	7.3℃
极端最低温度	-2.9℃	最热月平均温度	28.3℃
极端最高温度	40.8℃	冬季平均相对湿度	82%
夏季平均相对湿度	76%	全年日照率	28%
冬季日照率	16%	冬、夏季主导风向	C
主导风向频率	26%~37%	夏季平均风速	1.8m/s

2.设计性依据文件、规范、标准

(1)《重庆市工程建设标准-公共建筑节能设计标准》（DBJ 50-052-2006）；

(2)《民用建筑热工设计规范》（GB 50176-93）；

(3)《建筑外门窗气密、水密、抗风压性能分级及检测方法》（GB/T 7106-2008）；

(4)建设主管部门有关建筑节能设计的相关文件、规定。

3.主要节能技术措施

3.1 窗墙面积比

朝向（或建筑不同立面）	窗墙面积比
东	0.14
南	0.12
西	0.17
北	0.12

注 窗墙面积比按以下公式计算

$$窗墙面积比 = \frac{各朝向（或建筑不同立面）外窗面积}{各朝向外墙面积（包括外窗的面积）}$$

3.2 根据各朝向窗墙面积比确定外窗

朝向（或建筑不同立面）	传热系数k [W/(m²·K)]	外窗的技术要求
东	2.80	多腔塑料型材窗框
南	—	中空玻璃
西	2.80	6透明+9A+6透明
北	—	

注 外窗的气密性满足《重庆市工程建设标准-公共建筑节能设计标准》第4.2.10条的标准要求，本工程不采用遮阳设计。

3.3 屋面保温隔...

屋面构造措施...

序号	
1	碎石、
2	水泥砂
3	SBS改
4	水泥砂
5	挤塑聚
6	石油沥
7	水泥砂
8	黏土陶
9	钢筋混
10	水泥砂
	屋顶各

屋面的总传热...

屋面传热系数...

满足《重庆市...

3.4 外墙的保温隔...

外墙构造措施与...

序号	材
1	饰面层
2	水泥砂
3	热镀锌钢
4	抗裂砂
5	建筑无机
6	烧结页
7	水泥砂

外墙构造的总传热...

外墙的总传热阻=...

外墙传热系数K=...

构造详图

1—20厚水泥砂浆;

2—200烧结页岩空心砖;

3—5厚界面砂浆;

4—45厚建筑无机保温砂浆(A级燃烧性能);

5—5厚抗裂砂浆;

6—热镀锌钢丝网用塑料膨胀锚栓(直径6长90mm,双向500锚固);

7—20厚水泥砂浆;

8—饰面层。

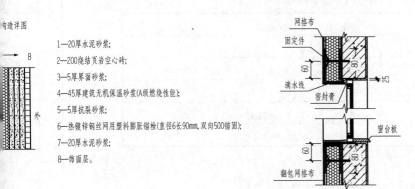

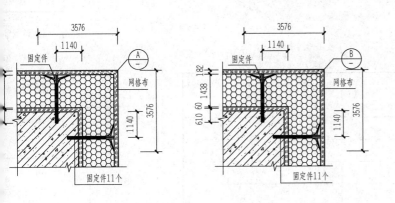

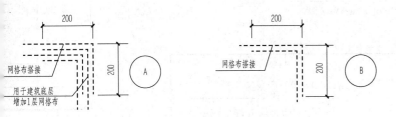

注：外墙保温隔热构造参照重庆地标04J006《外墙保温隔热建筑构造图集(一)》。

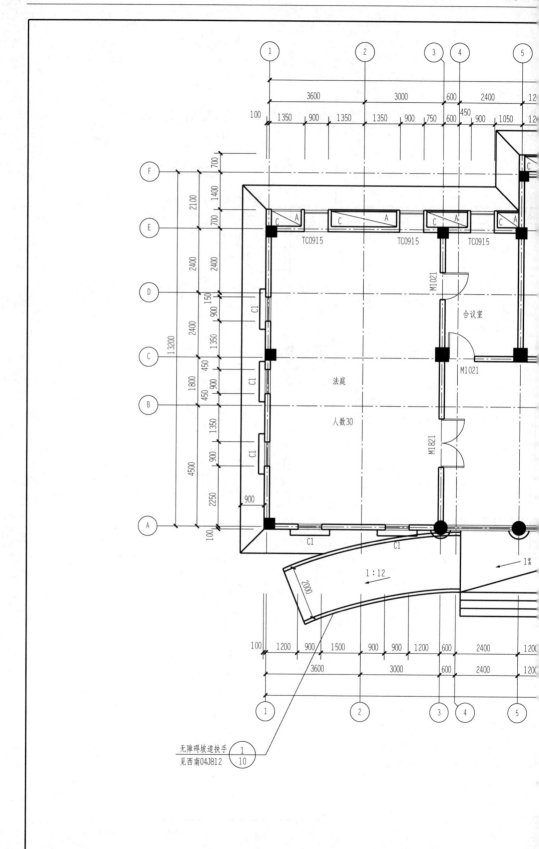

无障碍坡道扶手
见西南04J812

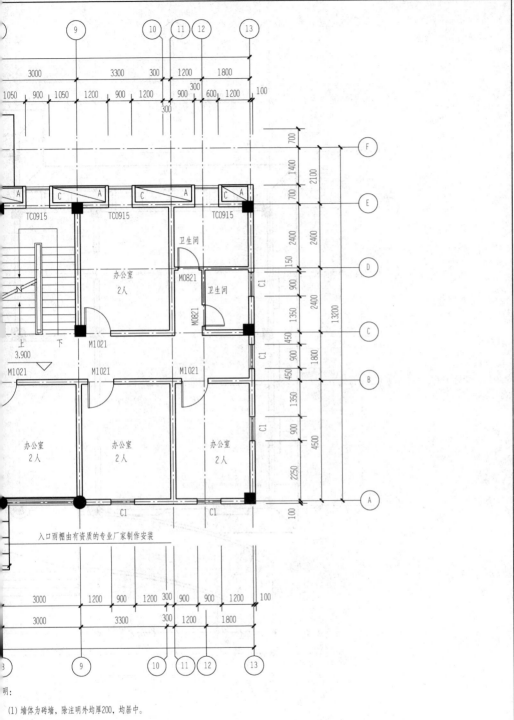

明：

(1) 墙体为砖墙，除注明外均厚200，均居中。

(2)门除注明外，均100或靠墙柱。

(3)隐框玻璃幕墙由有资质的专业厂家制作安装,施工确保质量安全。

(4)有玻璃幕墙的地方的楼板外沿设置耐火极限不低于1.00h、高度0.8m的不燃烧实体裙墙。

(5)幕墙与每层楼板、隔墙处的缝隙应采用防火封堵材料封堵。

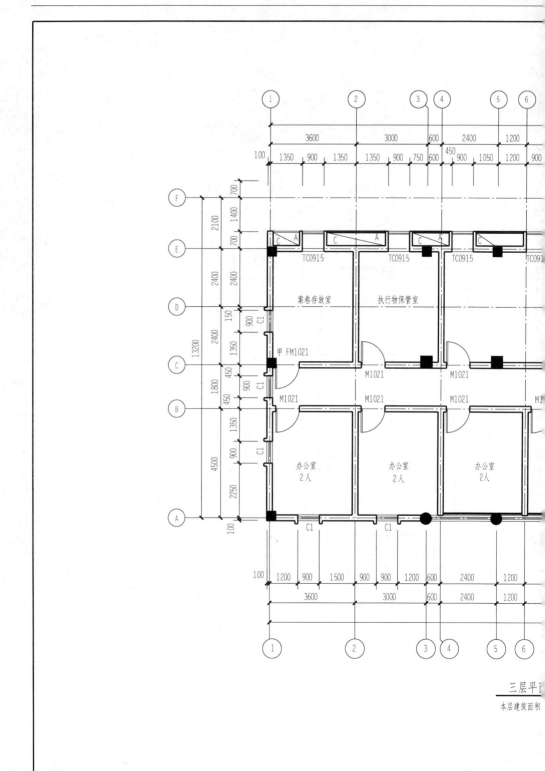

三层平面

本层建筑面积

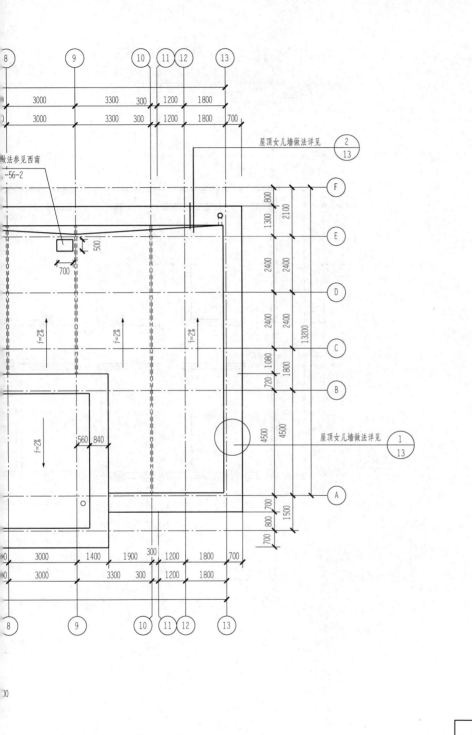

屋顶女儿墙做法详见 $\dfrac{2}{13}$

屋顶女儿墙做法详见 $\dfrac{1}{13}$

做法参见西南
-56-2

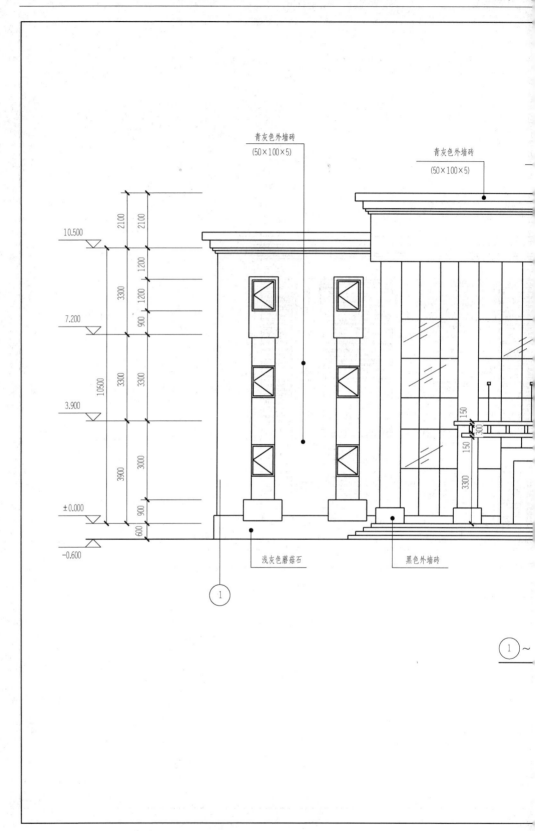

青灰色外墙砖
(50×100×5)

青灰色外墙砖
(50×100×5)

10.500

7.200

3.900

±0.000

−0.600

2100
2100
1200
1200
3300
900
3300
3300
10500
3900
3000
900
600
150
300
150
3300

浅灰色蘑菇石

黑色外墙砖

1

1 ~

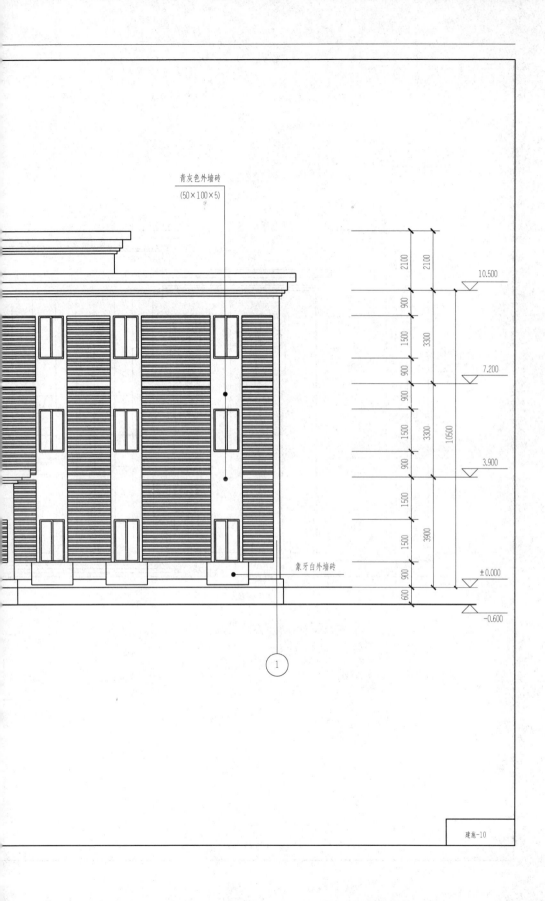

青灰色外墙砖
(50×100×5)

象牙白外墙砖

2100
2100
10.500
900
1500
3300
900
7.200
900
1500
3300
10500
900
3.900
1500
1500
3900
900
±0.000
600
−0.600

1

建施-10

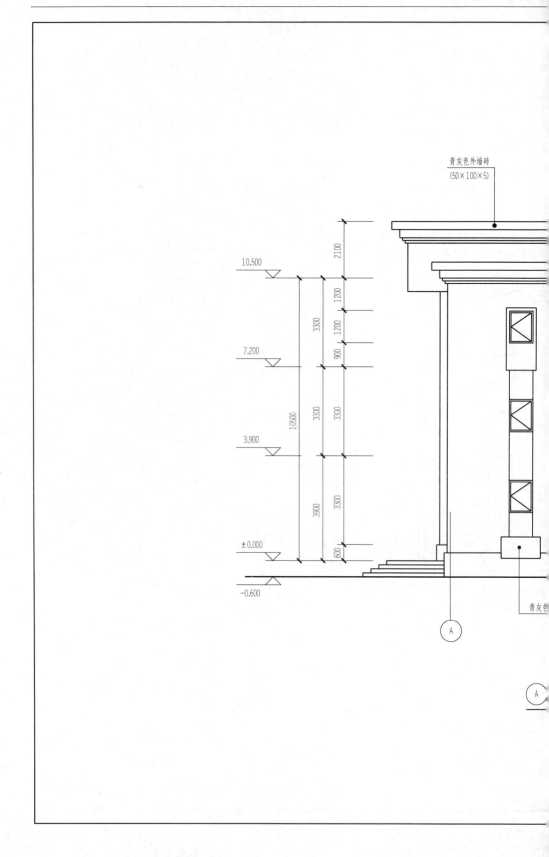

青灰色外墙砖
(50×100×5)

10.500

7.200

3.900

± 0.000

−0.600

2100

1200

1200

900

3300

3300

3300

600

3300

3900

10500

青灰色

Ⓐ

Ⓐ

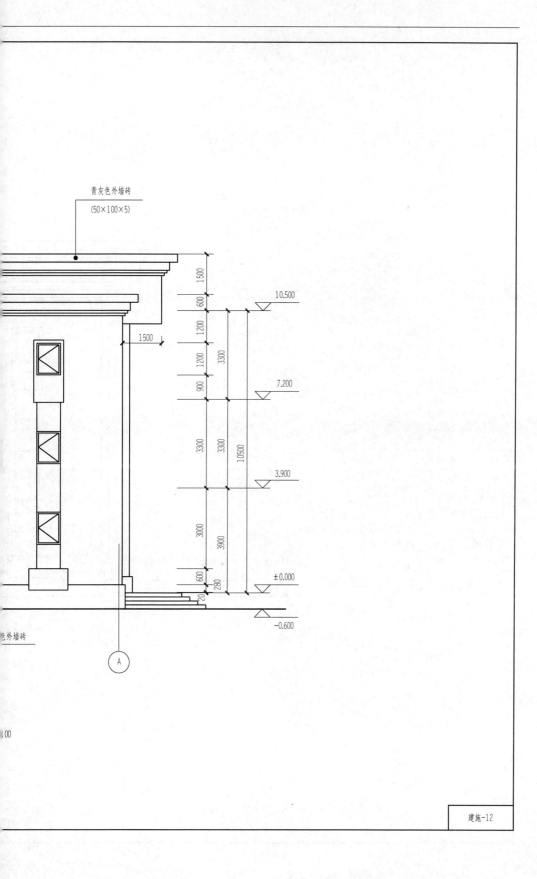

青灰色外墙砖
(50×100×5)

1500

10.500

600

1200

1200

3300

900

7.200

3300

3300

10500

3.900

3000

3900

±0.000

600

280

−0.600

1500

色外墙砖

A

00

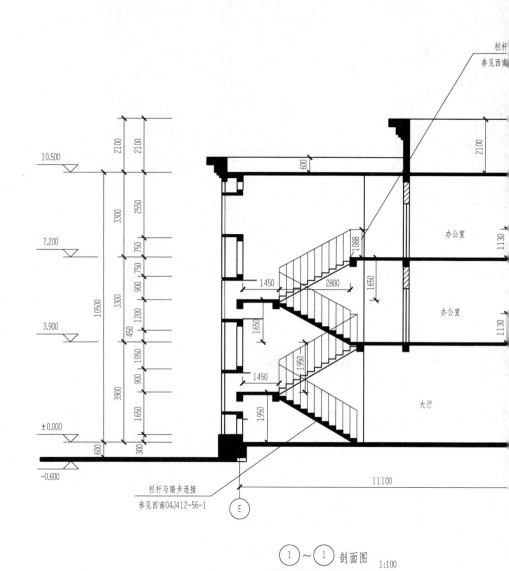

栏杆
参见西南

办公室

办公室

大厅

10.500

7.200

3.900

±0.000

−0.600

栏杆与踏步连接
参见西南04J412-56-1

E

$\underset{1\text{:}100}{\text{①}\sim\text{①}}$ 剖面图

说明:
(1)隐框玻璃幕墙由有资质的专业厂家制作安装,施工确保质量安全。

(2)有玻璃幕墙的地方的楼板外沿设置耐火极限不低于1.00h、高度0.8m的不燃烧实体裙墙。

(3)幕墙与每层楼板、隔墙处的缝隙应采用防火封堵材料封堵。

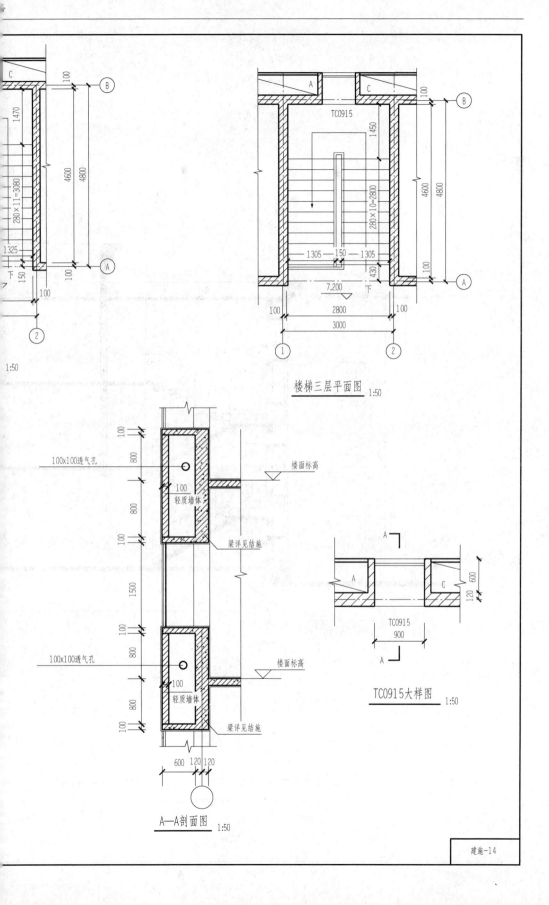

1:50

楼梯三层平面图 1:50

100x100透气孔

轻质墙体

楼面标高

梁详见结施

100x100透气孔

轻质墙体

楼面标高

梁详见结施

A—A剖面图 1:50

TC0915大样图 1:50

TC0915

建施-14

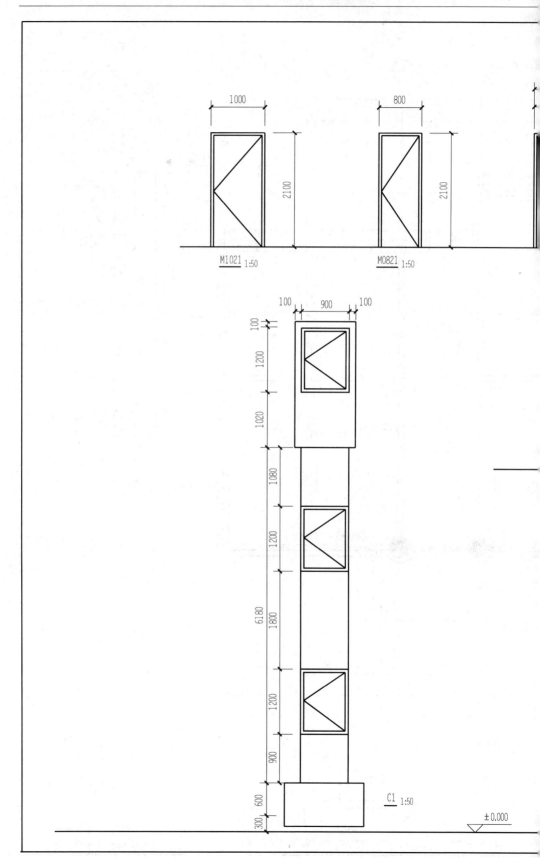

M1021 1:50

M0821 1:50

C1 1:50

±0.000

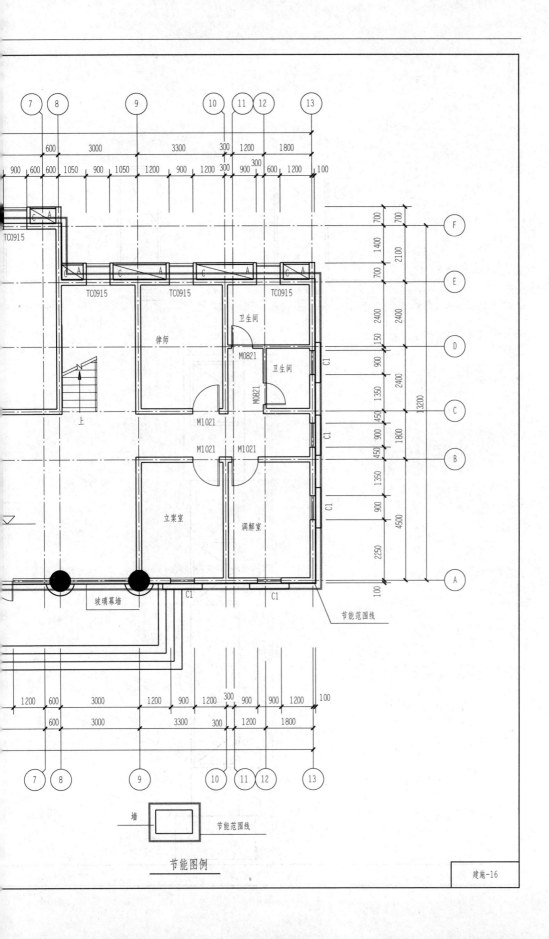

节能图例

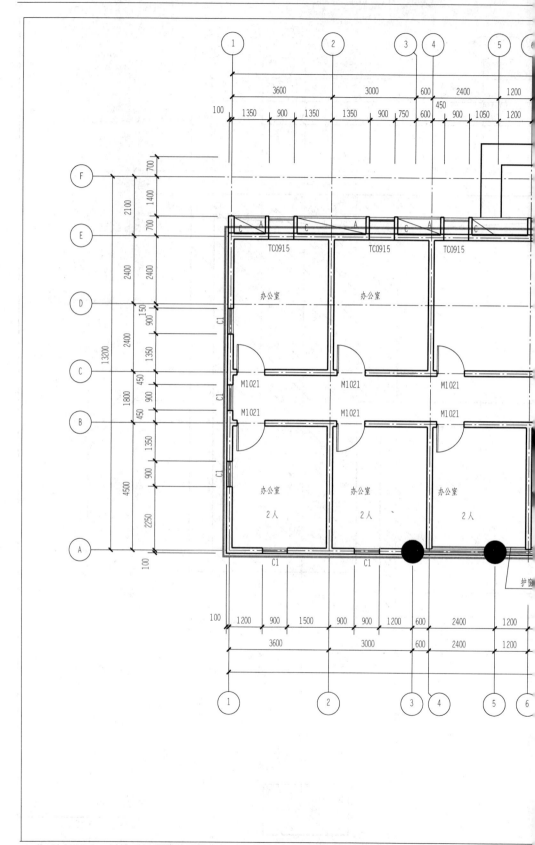

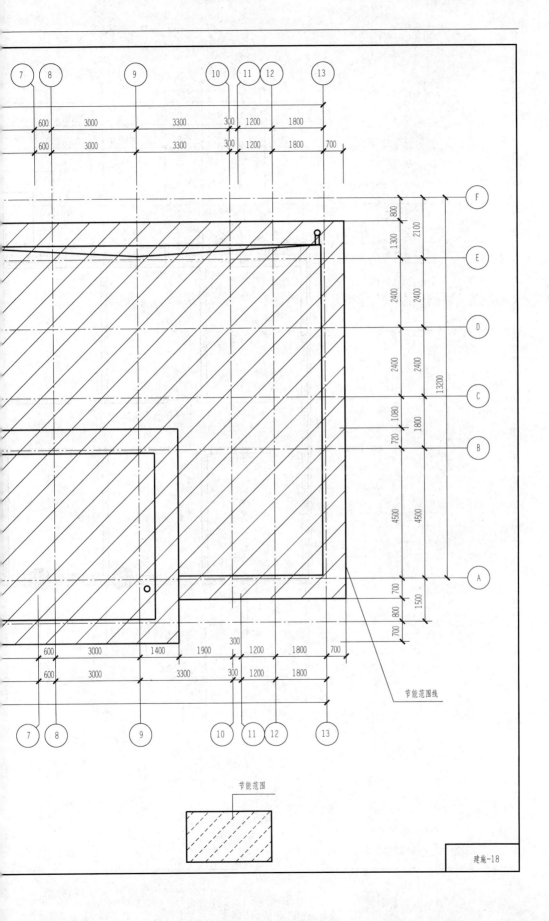

节能范围线

节能范围

一、设计依据

(1)国家颁发的结构设计现行有关规范、规程、规定。

(2)建设单位有关批准文件。

(3)本工程结构的设计使用年限为50年。

(4)未经技术鉴定或设计许可，不得改变结构的用途和使用环境。

二、自然条件

(1)地震烈度：本工程为6度抗震设防地区，抗震设防类别为丙类。

(2)建筑场地类别：Ⅱ类。

(3)风荷载：本工程基本风压为0.40kN/m²，地面粗糙度为B类。

三、工程概况

(1)本工程建筑结构安全等级为二级，地基基础设计等级为丙级。

(2)本工程结构类型主体为钢筋混凝土框架结构，框架抗震等级为三级抗震。

(3)该工程共3层，总高度为11.100m。

(4)环境类别：结构与水、土壤直接接触的部位为二a类，其余为一类。

四、使用荷载标准值

办公室	2.0 kN/m²	会议室	2.0 kN/m²
楼梯	2.5 kN/m²	走廊	2.5 kN/m²
卫生间	2.5 kN/m²	案卷存放室	5.0 kN/m²
上人屋面	2.0 kN/m²	不上人屋面	0.5 kN/m²

其余按《建筑结构荷载规范》(GB 50009-2012)规定采用。施工中及投入使用后
均不得超出上述荷载限值。

五、主要结构材料

1.混凝土(除图中注明外)

(1)基础垫层：C15。

(2)桩基础：C25。

(3)柱：C30。

(4)梁、板及楼梯：C30。

(5)构造柱、过梁：C30。

2.钢材

(1)钢筋：　A—HPB300级钢筋、B—HRB335级钢筋

　　　　　C—HRB400级钢筋、A^R—冷轧带肋钢筋(CRB550级)

框架梁柱的纵向受力钢筋应进行检验，对一、二级框架其抗拉强度
实测值与屈服强度实测值的比值不应小于1.25；钢筋屈服强度实测
值与强度标准值的比值不应大于1.3且钢筋在最大拉力下的总伸率实
测值不应小于9%。

各种预制构件的吊环和吊挂重物的吊钩均应采用未经冷加工的
HPB300级钢筋制作。

(2)焊条：E43型用于Q235钢及HPB300级钢筋间焊接；

　　　　E50型用于HRB335级钢间的焊接；

　　　　E55型用于HRB400级钢间的焊接。

(3)钢板、型钢：Q235。

3.填充墙

±0.000以下采用页岩实心砖(MU10)，用M5.0水泥砂浆砌筑；

±0.000以上采用MU5.0页岩空心砖砌筑，容重≥8.0kN/m³，

用于外框架填充墙的烧结页岩空心砖，其壁厚应≥25mm，容重不大于9kN/m³，

均用M5.0混合砂浆砌筑，墙厚详见建施图。

填充墙砌体结构施工质量控制等级为B级。

六、构造及施工要求

1.受力钢筋净保护层厚度

除图中注明外，按下列要求取用：

基础、地基梁：40mm；

梁：30mm；

柱：30mm；

构造柱：25mm；

板：20mm；

箍筋保护层：15mm；

分布钢筋保护层：10mm。

2.钢筋的锚固和接头

锚固、搭接长度l_{aE}、l_{lE}11G101

(1)钢筋锚固：

1)板底部钢筋应伸至支座中心线，
　级钢筋时，端部加弯钩，当为HRB
　不加弯钩；当楼屋盖现浇混凝土
　况下，纵向受拉钢筋的锚固长度

2)板的边支座负筋伸入支座未注明
　厚度，锚固长度为l_a，直钩长
　钩长度应加长至满足锚固要求；

3)框架梁、柱纵向钢筋锚固见11G1

4)次梁上部钢筋最小锚固长度为l_a
　HPB300级钢为15d，HRB335、HR

5)纵向受力钢筋的抗震锚固长度l

(2)钢筋接头

1)框架柱的纵向钢筋采用对焊接头
　中相应抗震等级的框架柱构造。

2)框架梁的通长负筋及下部纵向钢
　次采用双面贴角焊接头，有条件

3)跨度小于12m的梁的底部纵向钢
　1/3跨度范围内，且宜避开梁端
　用高质量机械连接接头，且钢筋
　不应在跨中的1/3跨度范围内
　1/3范围内接头，但不应在支座
　若在跨中1/3处接头时，应采用机

4)受力钢筋的接头位置应相互错开
　倍的搭接长度内的任一区段内和
　35d且不小于500区段内，同一根钢

5)受力钢筋在同一搭接长度内接头
　符合下表的规定：

接头形式	
绑扎搭接接头	
焊接接头	

6)受拉区搭接长度的要求为：
　搭25%则l_{lE}=1.2l_{aE}；搭50%则l_{lE}=1.4

7)受拉钢筋接头当采用机械接头时，
　(对直径≥22的粗钢筋宜优先采用
　钢筋机械连接通用技术规程 JGJ
　带肋钢筋套管挤压连接技术规程
　钢筋锥螺纹接头技术规程 JGJ 10

8)纵筋搭接范围内箍筋间距不大于

9)冷轧带肋钢筋严禁采用焊接。

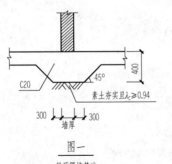

图一

轻质隔墙基础
(地基承载力不得小于150kPa)

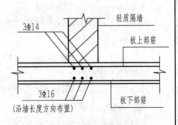

墙下无梁时板钢筋加强大样

钢筋锚入梁内l_a

序号	规范编号	规范名称	备注
1	GB 50068—2001	建筑结构可靠度设计统一标准	国标
2	GB 50009—2012	建筑结构荷载规范	国标
3	GB 50223—2008	建筑工程抗震设防分类标准	国标
4	GB 50011—2010	建筑抗震设计规范	国标
5	GB 50010—2010	混凝土结构设计规范	国标
6	JGJ 94—2008	建筑桩基技术规范	国标

序号	图集代号	图集名称	备注
1	11G101-1	混凝土结构施工图平面整体表示方法制图规则和构造详图(现浇混凝土框架、剪力墙、梁、板)	国标
2	西南05G701(四)	框架轻质填充墙构造图集	西南标
3	03G322-2	钢筋混凝土过梁	国标
4	03G329(一)	建筑物抗震构造详图	国标

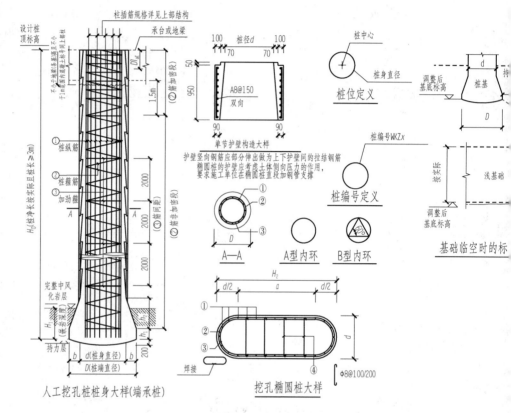

人工挖孔桩桩身大样(端承桩)

挖孔椭圆桩大样

1.扩底端侧面的斜率可根据现场桩孔开挖后的实际情况按1/4~1/2由施工单位会同监理、建设方自行确定。

2.桩孔开挖成孔后必须及时经设计、地勘、监理、建设方验槽后确认满足地基承载力要求方可浇筑混凝土垫层及时封底。

A1栋人工挖孔灌注桩(墩)大样及配筋明细表

桩编号	桩顶标高(m)	桩身直径d(mm)	椭圆桩直线段a(mm)	桩端直径D(mm)	扩底尺寸b(mm)	h_1(mm)	h_2(mm)	嵌岩深度H_1(mm)	1号筋	2号筋	
										加密区	非加密区
WKZ-1	-0.750	800	0	800	0	300	1000	≥1200	10Φ14	Φ10@100	Φ8@200
WKZ-2	-0.750	800	0	1000	100	300	1000	≥1200	10Φ14	Φ10@100	Φ8@200

注桩身实际长度以桩达到持力层并满足嵌岩深度为准。

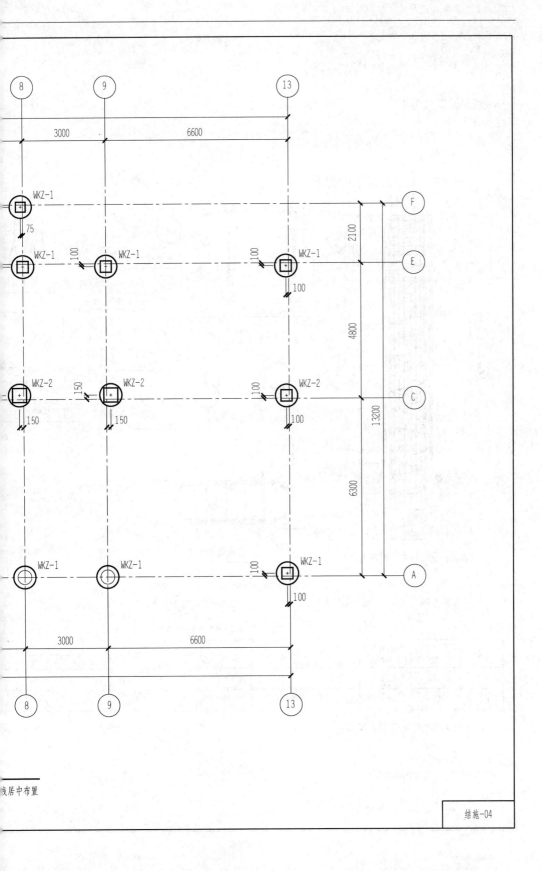

線居中布置

结施-04

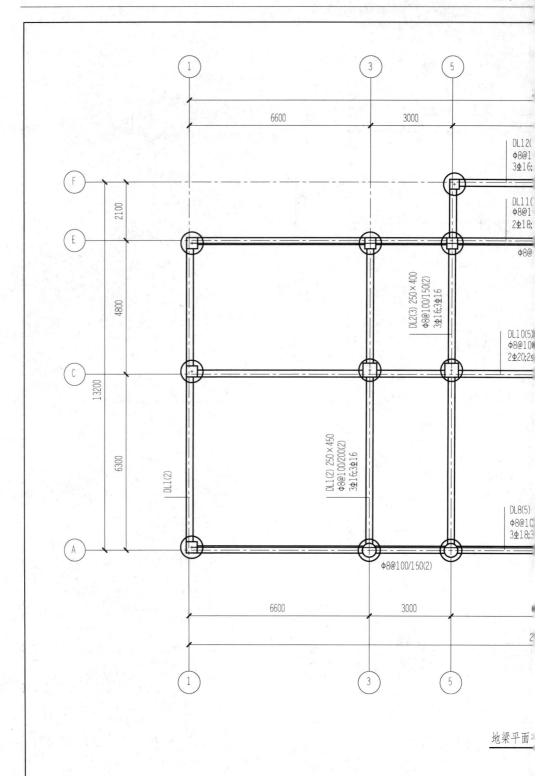

地梁平面

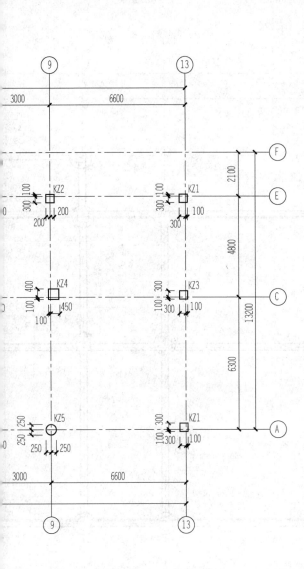

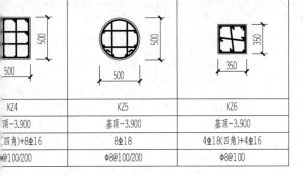

		KZ4	KZ5	KZ6
		顶~3.900	基顶~3.900	基顶~3.900
		四角)+8⚍16	8⚍18	4⚍18(四角)+4⚍16
		@100/200	Φ8@100/200	Φ8@100

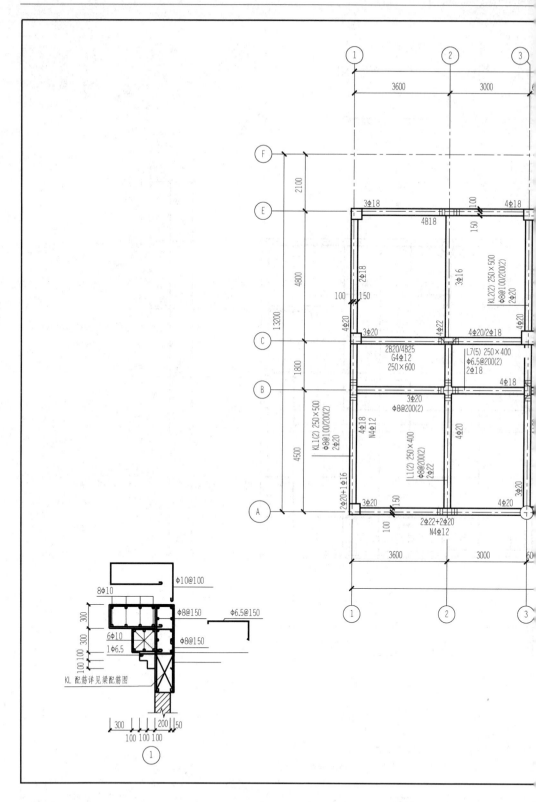

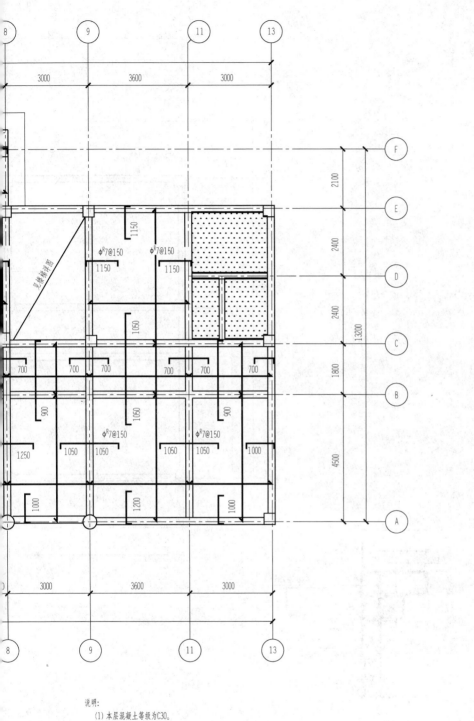

说明:

(1) 本层混凝土等级为C30。

(2) 未标现浇板厚为100mm，未标板钢筋为$\phi^R7@180$。

(3) 图中标注板上部钢筋尺寸均从梁边算起。

(4) 图中 ▨▨▨ 表示卫生间，标高H-0.300,配筋$\phi^R7@180$,双层双向。

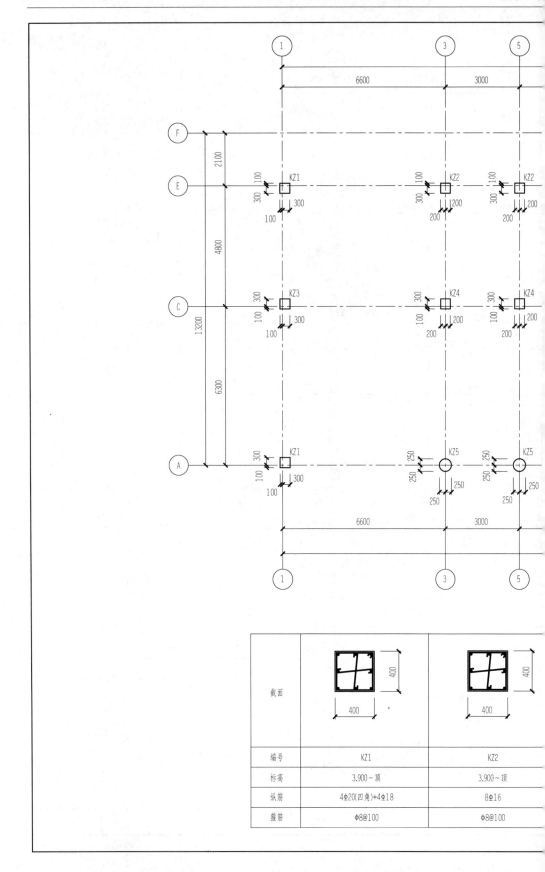

截面		
编号	KZ1	KZ2
标高	3.900~顶	3.900~顶
纵筋	4Φ20(四角)+4Φ18	8Φ16
箍筋	Φ8@100	Φ8@100

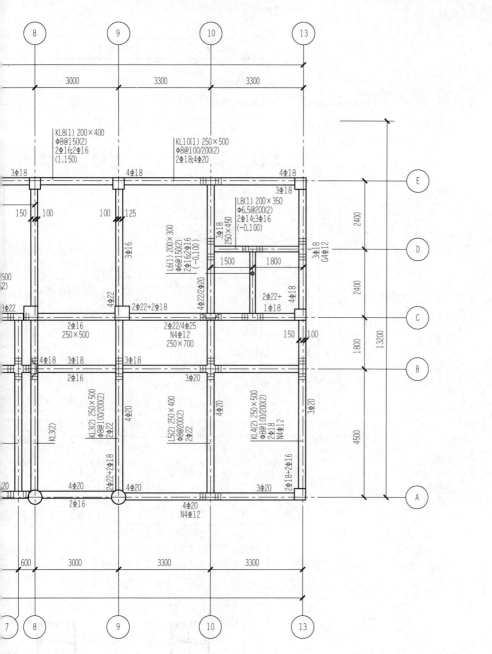

说明:
(1) 梁主筋采用HRB335级(Φ)热轧钢筋, 梁混凝土等级为C30。
    梁高大于500时梁侧构造筋设置见总说明, 有腰筋的梁设拉筋Φ8@400。
    梁箍筋采用HPB300级热轧钢筋。
(2) 本图主、次梁交接处, 一律在次梁位置两侧附加主梁箍筋, 箍筋直径、肢数同主梁内箍筋,
    间距为50。每侧附加箍筋数为3道, 且应符合《11G101-1》图集的构造要求。
    未标注的吊筋均为2Φ14。
(3) 未专门定位的梁沿轴线居中布置或梁边齐墙边。梁上穿管位置须经设计认可后方可施工。
(4) 设备管、孔穿梁、板时, 应配合建施图或设备专业图纸作好预留或预埋并满足结构总说明要求。

结施-10

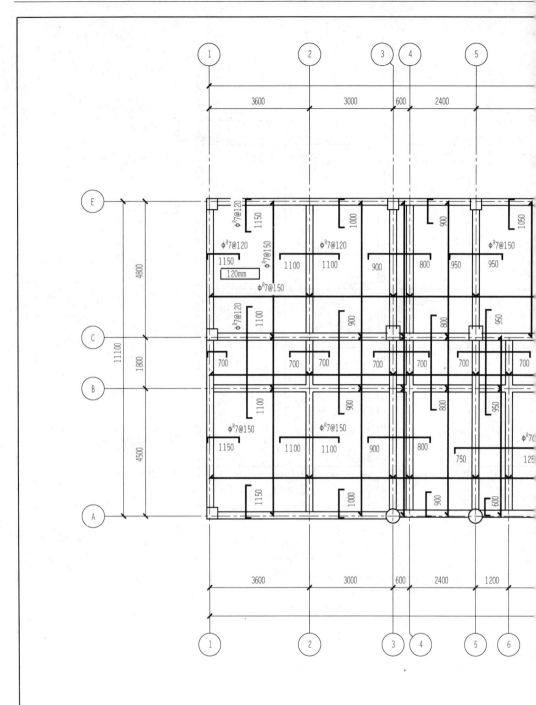

三层板配筋图

(注：结构标高7.20

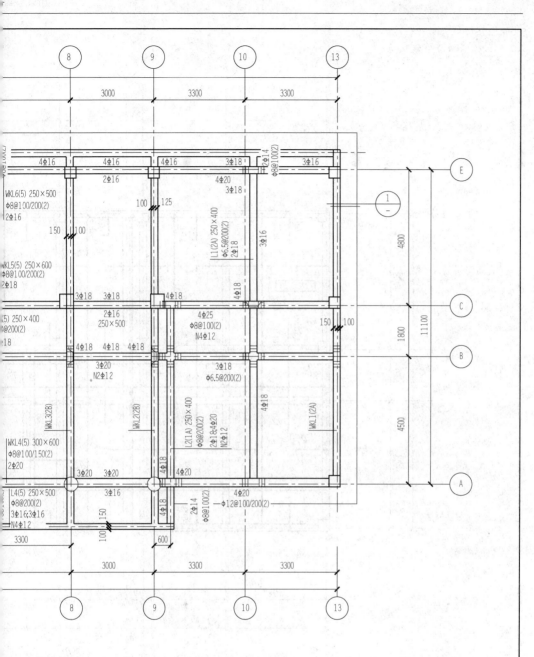

说明:

(1) 梁主筋采用HRB335级(Φ)热轧钢筋,梁混凝土等级为C30。梁高大于500时梁侧构造筋设置见总说明,有腰筋的梁设拉筋Φ8@400。梁箍筋采用HPB300级热轧钢筋。

(2) 本图主、次梁交接处,一律在次梁位置两侧附加主梁箍筋,箍筋直径、肢数同主梁内箍筋,间距为50。每侧附加箍筋数为3道,且应符合《11G101-1》图集的构造要求。未标注的吊筋均为2Φ14。

(3) 未专门定位的梁沿轴线居中布置或梁边齐墙边。梁上穿管位置须经设计方认可后方可施工。

(4) 设备管、孔穿梁、板时,应配合建施图或设备专业图纸作好预留或预埋并满足结构总说明要求。

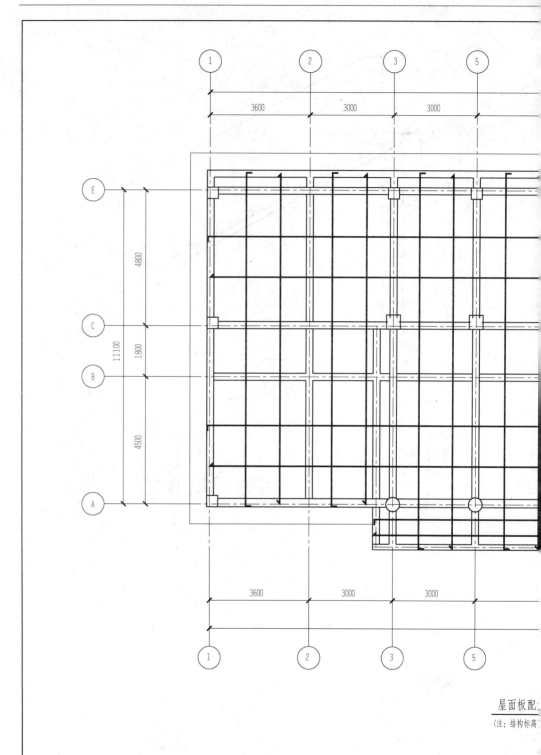

屋面板配
(注：结构标高

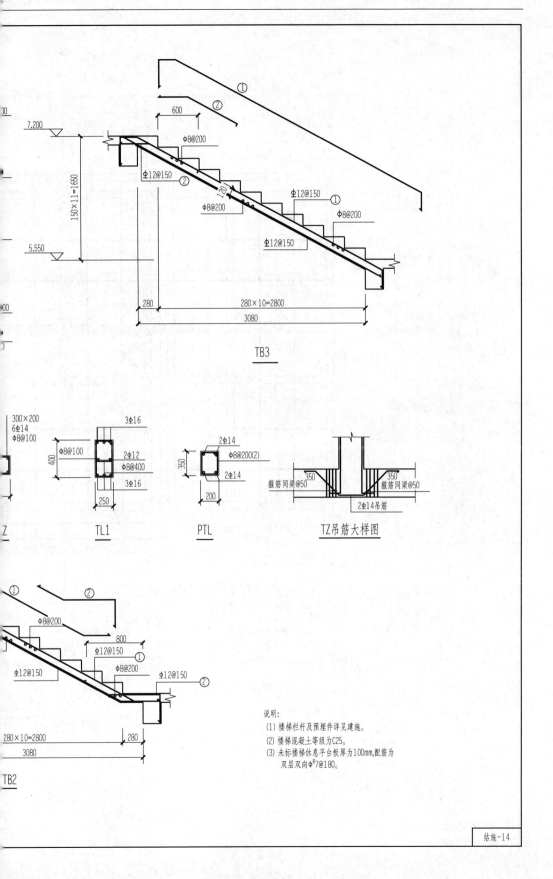

TB3

TL1

PTL

TZ吊筋大样图

3Φ16
Φ8@100
2Φ12
Φ8@400
3Φ16
250

2Φ14
Φ8@200(2)
2Φ14
200

350
箍筋同梁@50   箍筋同梁@50
2Φ14吊筋

300×200
6Φ14
Φ8@100
400

TB2

说明:
(1) 楼梯栏杆及预埋件详见建施。
(2) 楼梯混凝土等级为C25。
(3) 未标楼梯休息平台板厚为100mm,配筋为
     双层双向Φ^R7@180。

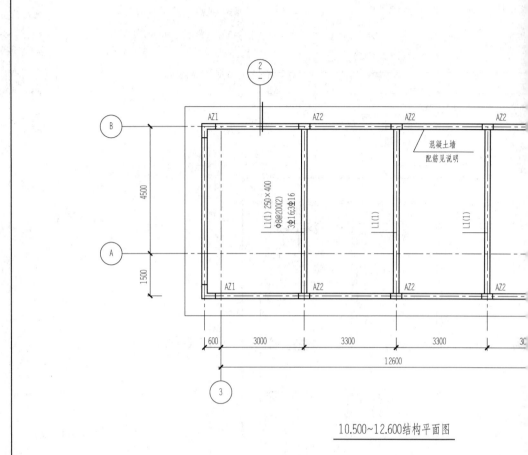

10.500~12.600结构平面图

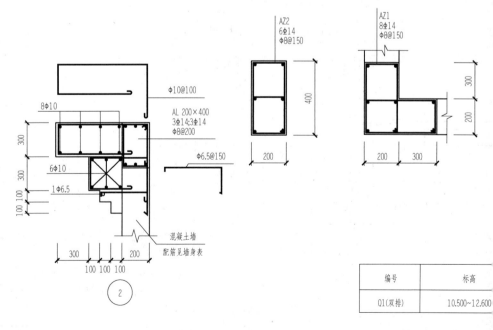

编号	标高
Q1(双排)	10.500~12.600

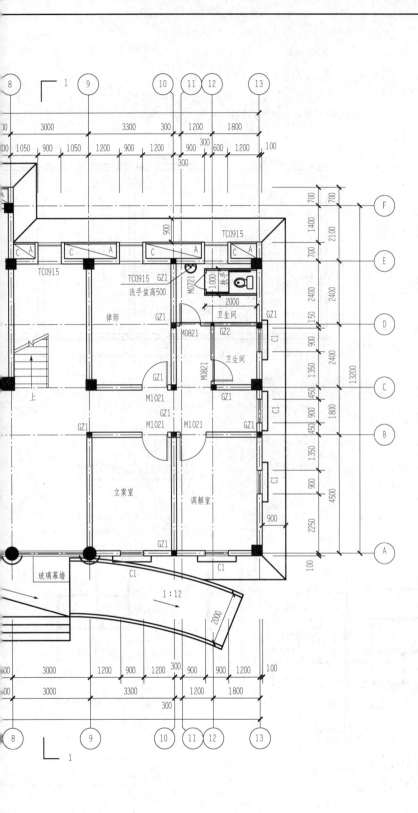

律师

卫生间

卫生间

立案室

调解室

玻璃幕墙

TC0915

TC0915

TC0915

TC0915

洗手盆高500

GZ1

GZ1

GZ1

GZ1

GZ1

GZ1

GZ1

GZ1

GZ1

GZ2

M0721

M0821

M0821

M1021

M1021

M1021

C1

C1

C1

C1

C1

C1

上

1:12

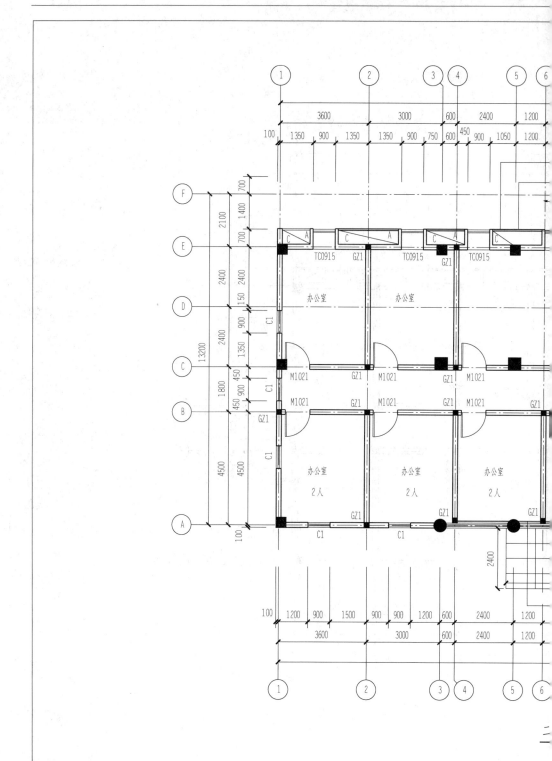

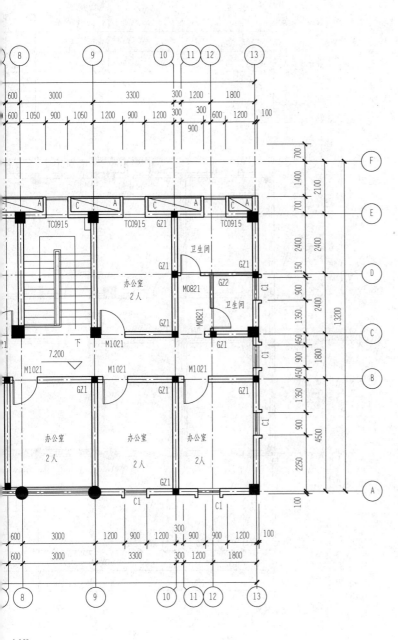

办公室
2人

卫生间

卫生间

办公室
2人

办公室
2人

办公室
2人

TC0915
TC0915
TC0915

GZ1

M0821
M0821

M1021
M1021
M1021
M1021

7.200

下

C1

GZ2

1:100

装

一、设计依据

(1) 本工程建设单位提供的部分建筑图；

(2) 本工程建设单位提供的设计任务书；

(3)《建筑制图标准》GB/T 50104—2001；

(4)《建筑装饰装修工程质量验收规范》GB 50210—2001；

(5)《建筑内部装修防火施工及验收规范》GB 50354—2005；

(6)《建筑照明设计标准》GB 50034—2013；

(7)《民用建筑工程室内环境污染控制规范》GB 50325—2001；

(8)《室内装饰装修材料有害物限量》9 项国家标准 GB 18580—18588—2001；

(9)《建筑材料放射性核素限量》GB 6566—2001；

(10) 其他有关的国家现行规范、规程、规定及标准；

(11) 装饰工程施工的标准做法及惯常方式，施工图中未详尽之做法请参照相关标准及工具书。

二、主要材料性能及检测要求

(1) 本工程中主要材料的品牌、色彩、质感、规格应由甲方、监理单位及设计单位三方共同认定，并制作《材料明细附表》后，施工单位方可作安装，且所有材料均应符合国家现行有关标准、规范、规程、规定，并由施工单位提供必要的检测试验报告。

(2) 施工单位在地面地砖（或石材等）的铺设前，应对楼地面进行找平，找平材料用 C15 特细砂细石混凝土。

(3) 本工程中所有钢结构部分均应采用热轧型钢，且按图做防锈处理，其焊接部分焊缝应大于或等于焊件自身厚度，焊缝通长补刷红丹防锈漆。本工程中焊条均采用国产"大西洋"牌 CHE422 碳钢焊条。

(4) 本图中所标"轻钢龙骨石膏板顶棚吊顶，面刷乳胶漆"应为：50 系列轻钢龙骨；ϕ8HPB300 级钢筋做吊筋，面刷红丹防锈漆三遍；9.5mm纸面石膏板；4×25 镀锌自攻螺纹，ϕ8Q100 镀锌膨胀螺栓；镀锌角钢（50×50×5）；环保型乳白色乳胶漆。

(5) 本工程所有地砖（或石材）铺地均采用 1：2.5 水泥砂浆粘贴。

(6) 在本图中：

1) 所有标注"面刷乳胶漆"的图说均应为：

①在基层材料面作不低于 2 遍腻子灰，以找平基层为标准。

②作 1～2 遍乳胶漆底漆。

③作不低于 2 遍乳胶漆面漆。

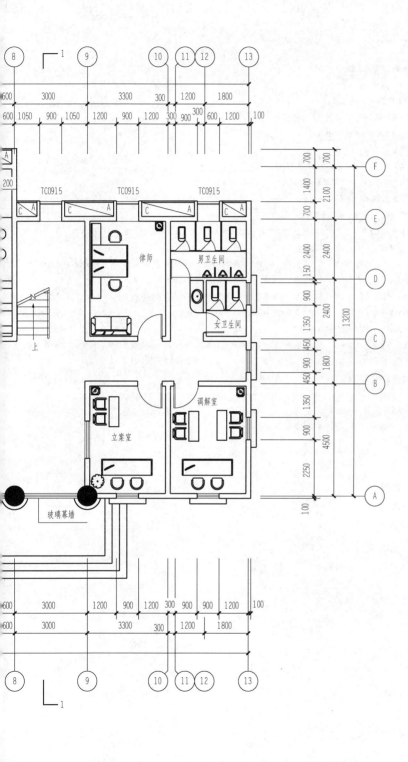

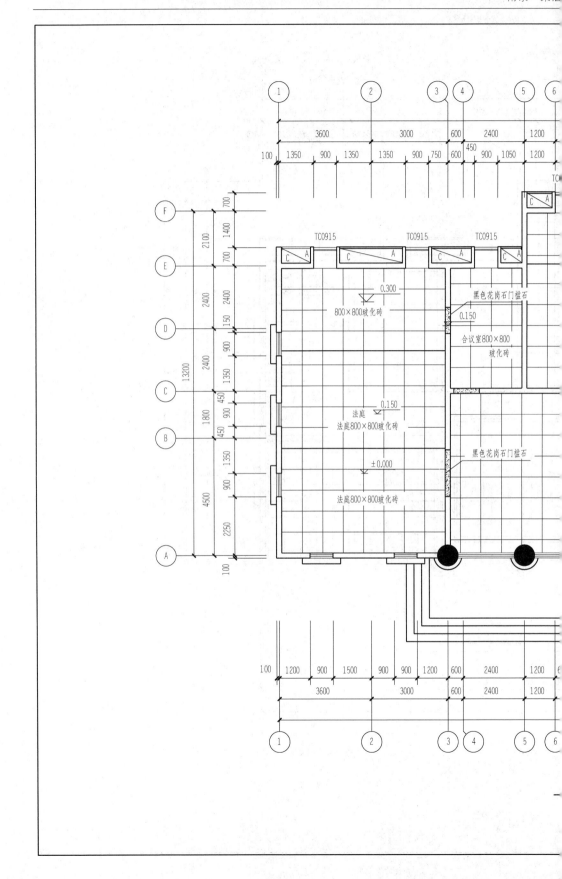

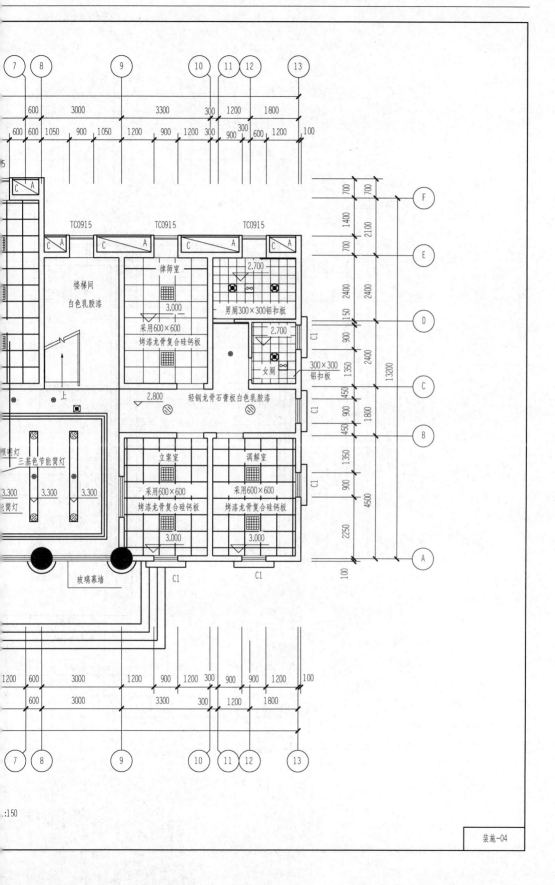

律师室

3.000

采用600×600

烤漆龙骨复合硅钙板

楼梯间

白色乳胶漆

上

TC0915　TC0915　TC0915

2.700

男厕300×300铝扣板

2.700

女厕

300×300
铝扣板

C1

2.800

轻钢龙骨石膏板白色乳胶漆

立案室

采用600×600

烤漆龙骨复合硅钙板

3.000

调解室

采用600×600

烤漆龙骨复合硅钙板

3.000

照明灯

三基色节能筒灯

3.300　3.300　3.300

筒灯

玻璃幕墙

C1

C1

C1

C1

装施-04

:150

600　3000　3300　300　1200　1800

600　600　1050　900　1050　1200　900　1200　300　900　300　600　1200　100

700　700

1400　2100

700

2400　2400

150

900

2400

1350

450

900　1800

450

1350

900

2250

100

13200

4500

1200　600　3000　1200　900　1200　300　900　900　1200　100

600　3000　3300　300　1200　1800

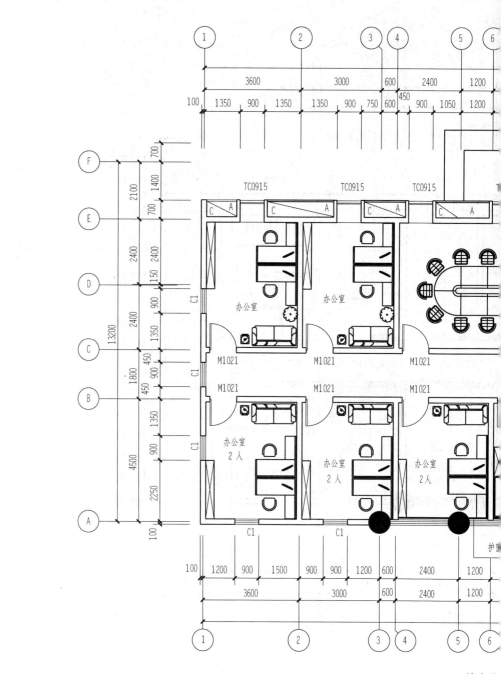

二层平面

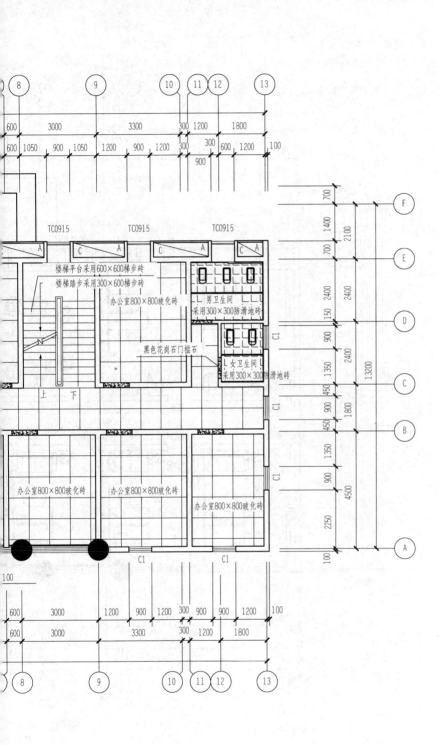

楼梯平台采用600×600梯步砖
楼梯踏步采用300×600梯步砖
办公室800×800玻化砖

男卫生间
采用300×300防滑地砖

黑色花岗石门槛石

女卫生间
采用300×300防滑地砖

办公室800×800玻化砖　办公室800×800玻化砖
办公室800×800玻化砖

TC0915　TC0915　TC0915

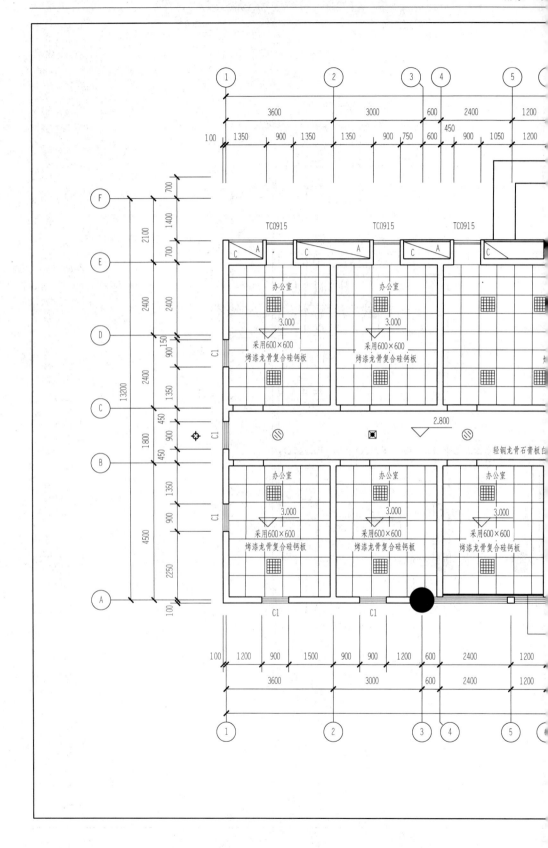

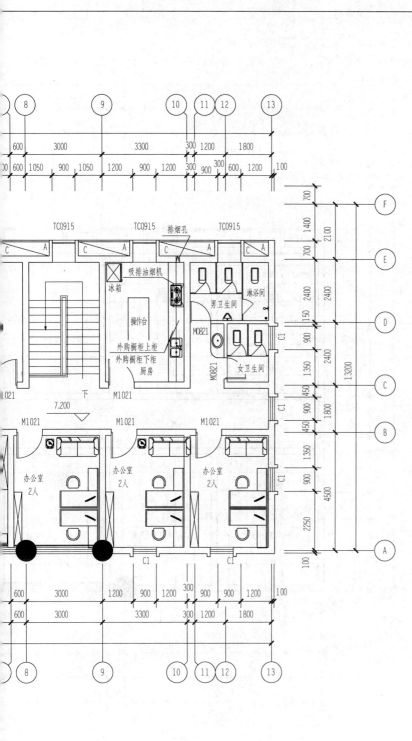

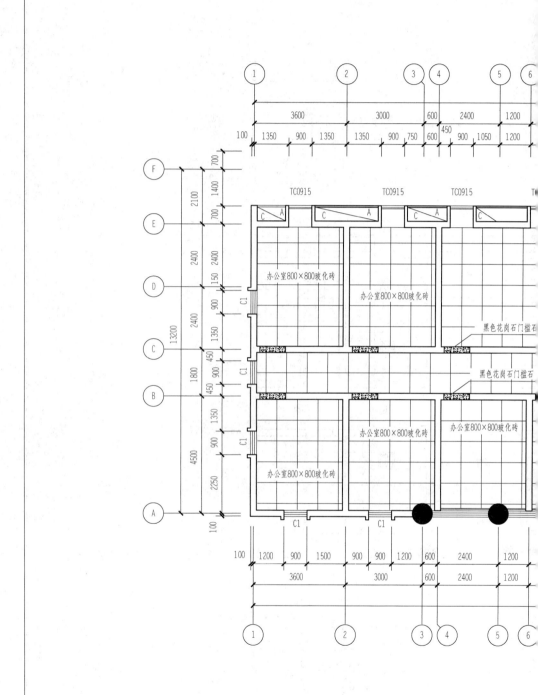

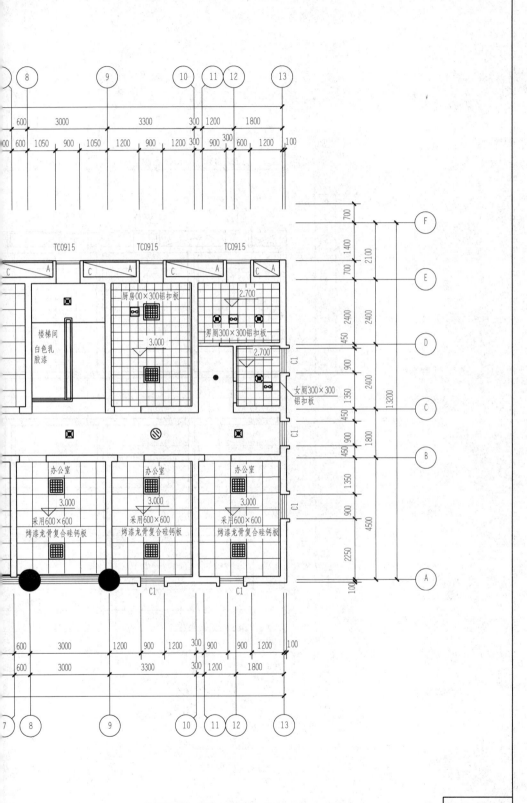

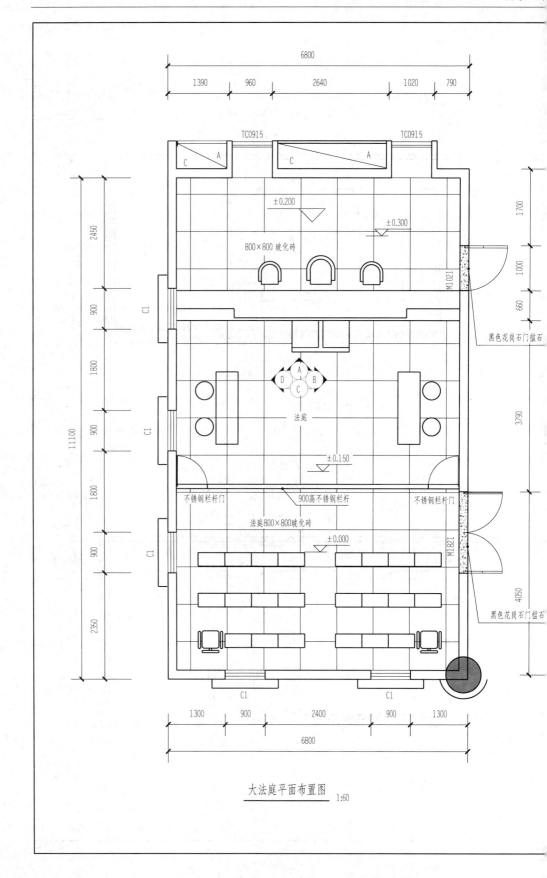

大法庭平面布置图 1:60

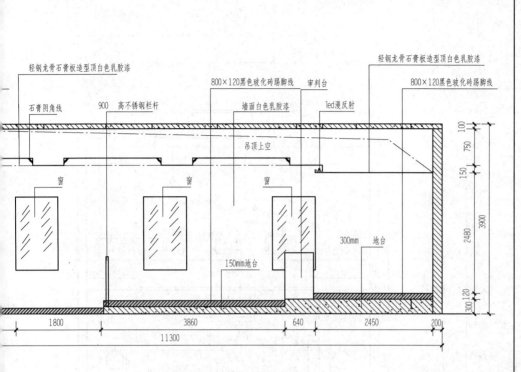

轻钢龙骨石膏板造型顶白色乳胶漆
石膏阴角线
900 高不锈钢栏杆
800×120黑色玻化砖踢脚线
审判台
墙面白色乳胶漆
led漫反射
轻钢龙骨石膏板造型顶白色乳胶漆
800×120黑色玻化砖踢脚线
窗
窗
窗
吊顶上空
300mm 地台
150mm地台
100
750
150
2480
3900
300 120
1800
3860
640
2450
200
11300

大法庭B立面　1:40

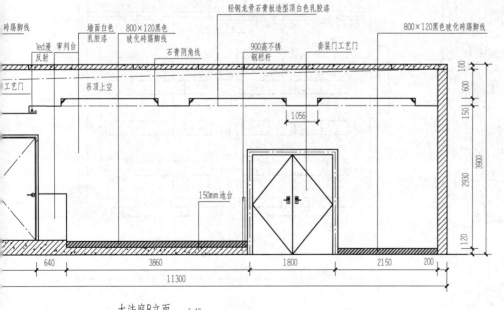

砖踢脚线
led漫反射
审判台
工艺门
墙面白色乳胶漆
800×120黑色玻化砖踢脚线
石膏阴角线
轻钢龙骨石膏板造型顶白色乳胶漆
900高不锈钢栏杆
套装门工艺门
800×120黑色玻化砖踢脚线
吊顶上空
1056
150mm地台
100
600
150
2930
3900
120
640
3860
1800
2150
200
11300

大法庭B立面　1:40

装施-12

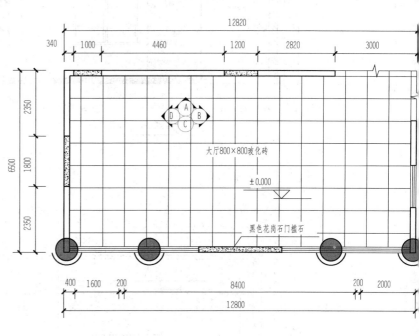

大厅平面布置图   1:50

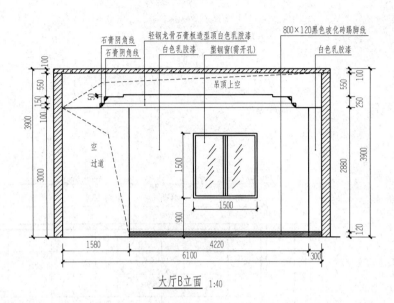

石膏阴角线　轻钢龙骨石膏板造型顶白色乳胶漆　800×120黑色玻化砖踢脚线
石膏阴角线　白色乳胶漆　塑钢窗(需开孔)　白色乳胶漆

吊顶上空

空过道

1500

900

1500

1580　　4220　　300
6100

大厅B立面 1:40

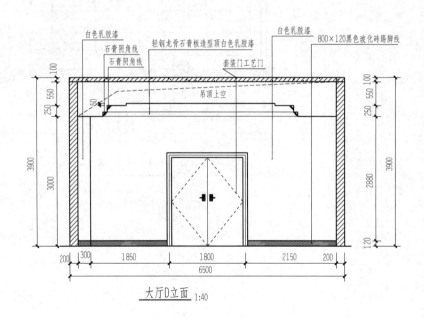

白色乳胶漆　白色乳胶漆
石膏阴角线　轻钢龙骨石膏板造型顶白色乳胶漆　800×120黑色玻化砖踢脚线
石膏阴角线　套装门工艺门

吊顶上空

200 300　1850　　1800　　2150　200
6500

大厅D立面 1:40

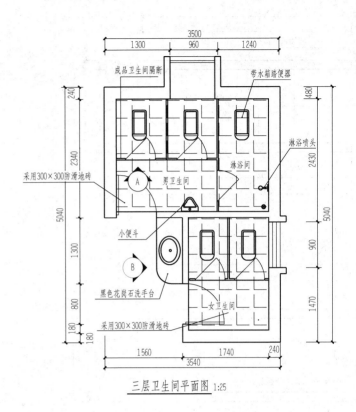

三层卫生间平面图 1:25

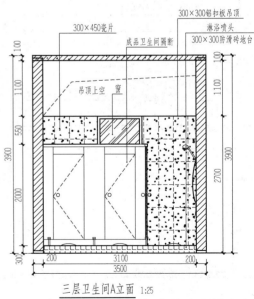

三层卫生间A立面 1:25

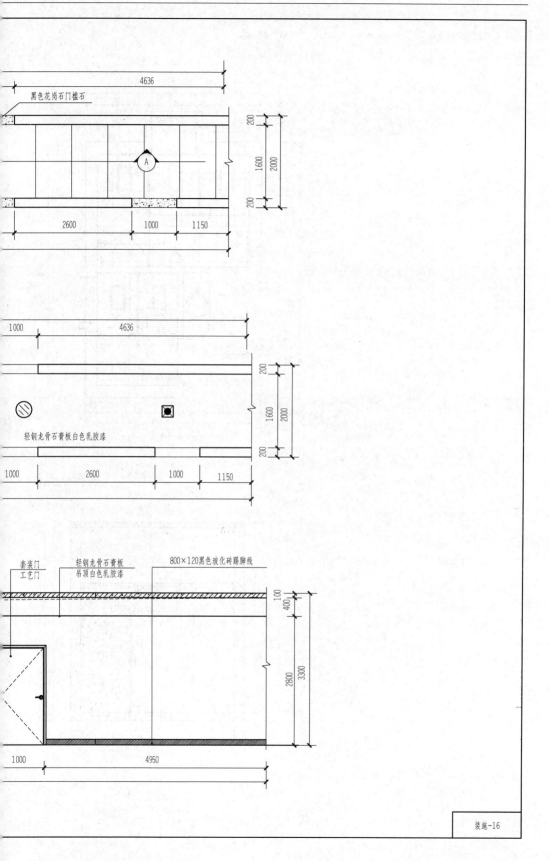

4636

黑色花岗石门槛石

200

1600

2000

200

A

2600   1000   1150

1000   4636

200

1600

2000

轻钢龙骨石膏板白色乳胶漆

200

1000   2600   1000   1150

套装门
工艺门

轻钢龙骨石膏板
吊顶白色乳胶漆

800×120黑色玻化砖踢脚线

100

400

2800   3300

1000   4950

装施-16

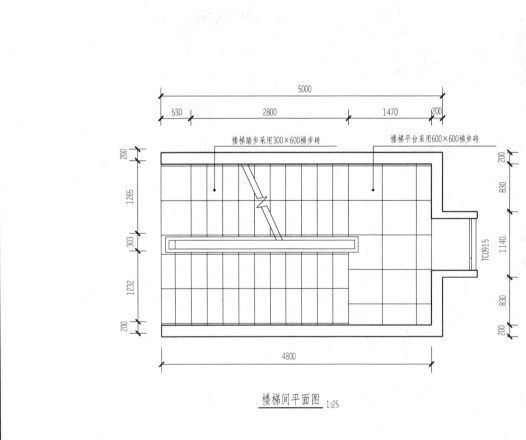

楼梯间平面图 1:25

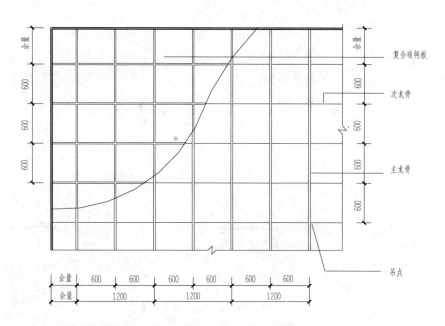

明架式烤漆龙骨复合硅钙板单层吊顶系统结构示意 1:25

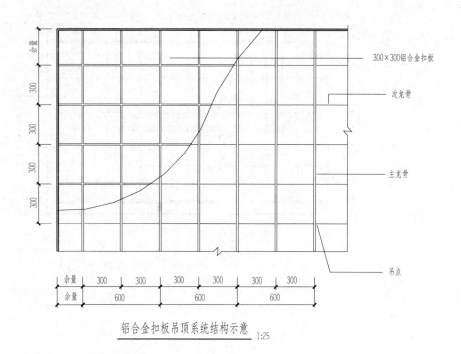

铝合金扣板吊顶系统结构示意 1:25

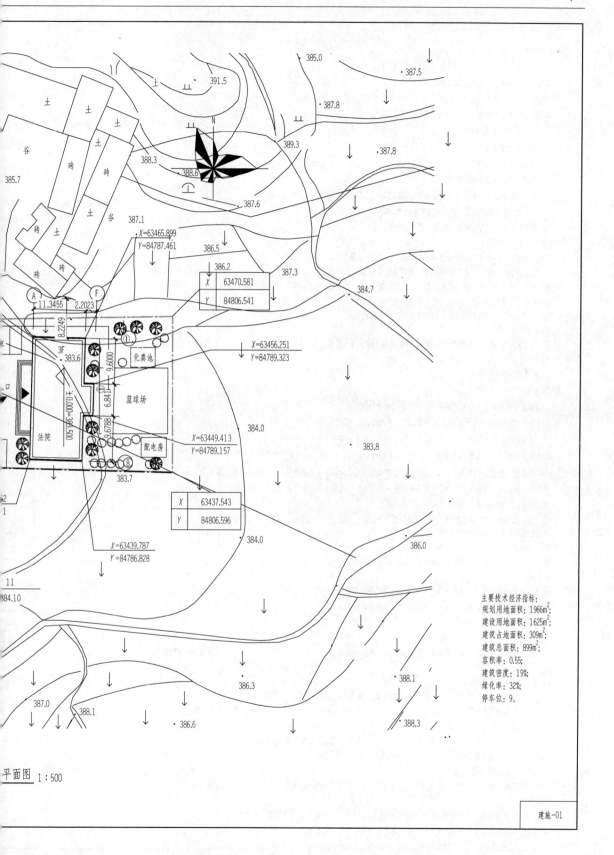

385.0　　　　　　　　·387.5

土　土　土　·391.5　　　　·387.8

388.3　　　　N　　389.3　　·387.8

谷　砖　土　砖　388.6　387.6

385.7　　土　谷　387.1

砖　土

砖　　X=63465.899
　　　Y=84787.461

X	63470.581
Y	84806.541

386.5　　386.2　　387.3　　384.7

Ⓐ　　Ⓕ
11.3455　2.2023
8.2249

3F　　　X=63456.251
383.6　　Y=84789.323
9.6000
化粪池
±0.000=383.500
6.8411
篮球场　　384.0
9.6788
法院　　X=63449.413　　383.8
配电房　Y=84789.157

Ⓑ
383.7

X	63437.543
Y	84806.596

386.0

384.0

X=63439.787
Y=84786.828

11
384.10

主要技术经济指标：
规划用地面积：1966m²；
建设用地面积：1625m²；
建筑占地面积：309m²；
建筑总面积：899m²；
容积率：0.55；
建筑密度：19%；
绿化率：32%；
停车位：9。

386.3　　388.1

387.0　388.1　386.6　388.3

平面图　1：500

建筑设计说明

1.设计依据

(1)甲、乙双方签订的设计合同及甲方提出的设计委托书。

(2)某人民法院第一人民法庭工程初步设计文件(方案)。

(3)某规划局及消防部门初步设计(方案)审批文件和消防设计审核意见书。

(4)《办公建筑设计规范》(JGJ 67—2006)。

(5)《建筑设计防火规范》(GB 50016—2006)。

(6)《建筑灭火器配置设计规范》(GB 50140—2005)。

(7)《民用建筑设计通则》(GB 50352—2005)。

(8)《无障碍设计规范》(GB 50763—2012)。

(9)《夏热冬冷地区居住建筑节能设计标准》(JGJ 134—2010)。

(10)《重庆市建设领域限制、禁止使用落后技术的通告》(第一、二、三、四、五号)。

(11)国家和重庆市现行有关其他规范、规程、规定、条例。

2.项目概况

(1)某人民法院第一人民法庭位于重庆xx区xx镇,该工程共3层。

一~三层均为办公楼。总建筑面积899m²,建筑基底面积309m²,建筑高度11.1m。

结构形式采用框架结构,建筑类别为乙类,抗震烈度为6度,耐火等级二级,屋面防水等级Ⅱ级,

合理使用年限为15年。建筑结构合理使用年限为50年。

(2)设计范围:本设计除外墙装修一次完成外,室内仅作初装修。

3.设计标高

本工程±0.000相当于绝对标高383.500m,各层所标注的标高为建筑完成面标高,以m为单位,总平面尺寸

以m为单位,其他尺寸以mm为单位。

4.建筑各部分构造做法

4.1墙体

(1)墙体采用砖的种类和砂浆强度种类、强度等级详见结施说明。

(2)墙身在标高-0.060m处,做1:2水泥砂浆加5%防水剂防潮层,30mm厚。

(3)凡墙体内预埋木砖均需作防腐处理,钢、铁件均需作除锈处理,以防锈底漆打底,刷防锈漆两道。

(4)竖井围护墙需待设备管道(包括铁皮风管)安装及检验合格后方começ砌筑,所有管井内壁随砌随抹光。

(5)孔洞预留:本工程砖墙上的孔洞和钢筋混凝土楼面的预留孔分别详见各专业设计图,施工中要严格要求,

严禁现浇楼板施工形成后凿洞,若预制楼板的地方要凿洞,则预制楼板要改为现浇楼板,墙体上的洞

口必须预留,管道安装完成后缝隙用矿棉水泥填塞密实。

(6)不同墙体材料相接处挂钢丝网,钢丝网的规格为φ0.9mm,网格12mm×12mm,宽度300mm,伸入砌体和

梁、柱各150mm,用水泥钉或射钉固定。

4.2 楼地面

楼、地面做法详见装饰施工图,土建施工时应严格按图预埋连接铁件。

4.3 屋面

(1)屋面各部分做法详见本页建筑工程做法表,且应严格按图预埋连接铁件。

(2)屋面排水坡度为2%,坡向雨水口,不得出现消水和倒流现象。

(3)屋面女儿墙净高≥1200mm。

4.4 栏杆

楼梯栏杆和扶手做法详见本页建筑工程做法表,扶手高度≥900mm,栏杆水平段长度大于500mm时,扶手度≥1050mm。

4.5 门窗

(1)门:详见本页门窗表。

(2)管道井检修门定位与管道井外侧墙面平,且在门口做300高门槛,宽同墙厚;管道井防火门须配防火门锁。

(3)窗选用多腔塑料型材窗框中空玻璃窗,颜色为灰白色;钢衬≥1.5mm且钢衬进行镀锌防腐处理,窗玻璃选用

6mm+9A+6mm,颜色为白色(单扇玻璃面积大于1.5m²时,必须使用5mm厚钢化玻璃)。

(4)窗台:详见立面、剖面标注,高度<900mm,均做护窗栏杆,做法详见本页建筑工程做法表。

(5)底层外墙窗,窗台距室外地面高度低于2000mm时,设置不锈钢防盗网。

(6)所有外墙窗,均设置限位卡。

(7)所有门窗制作安装应与现场实际尺寸核对无误后方可施工。门窗立面分格及开启方式为示意,由具有资质专业厂家设计安装。

4.6 装修

(1)外墙:外立面采用外墙砖饰面,颜色详见立面标注。所有外墙做法详见本页建筑工程做法表。选择外墙

材料及色彩时均应先定样品,待规划、设计等有关部门认可后,方可施工。

(2)内墙:所有内墙为混合砂浆喷涂料墙面,做法详见本页

精装修详见装修施工图。

(3)顶棚:所有顶棚为混合砂浆喷涂料顶棚,精装修详见装

4.7 其他

(1)室内消火栓下口离地1100mm高,具体安装详见04S202。

(2)室外散水、踏步、坡道、排水沟等做法详见本页《建筑

5. 注意事项

(1)建筑施工必须与结构、给排水、电气、弱电等专业图纸

留孔洞及预埋件等工作。

(2)对本设计的任何变更必须依据设计修改通知单方能进行

(3)如发现建筑图纸有误或施工中发生问题请及时通知设计

(4)本说明未尽事宜,尚应遵守国家及地方有关的施工验收

(5)待一切手续完善后,方可使用本图施工。

设计说明(一)

表。

材料厚度d (mm)	导热系数λ W/(m²·K)	蓄热系数S [W/(m²·K)]	材料层热阻R (m²·K/W)	热惰性指标D	修正系数
40	1.51	15.36	0.03	0.41	1.0
15	0.93	11.39	0.02	0.18	1.0
4	0.23	9.37	0.02	0.16	1.0
15	0.93	11.39	0.02	0.18	1.0
35	0.03	0.32	1.06	0.37	1.1
3	1.27	6.73	—	0.02	1.0
15	0.93	11.39	0.02	0.18	1.0
40	0.84	10.36	0.03	0.49	1.5
120	1.74	17.2	0.07	1.19	1.0
20	0.93	11.37	0.02	0.24	1.0
307			1.28	3.43	

=1.44(m²·K/W)

——=0.70W/(m²·K)
R_0

《公共建筑节能设计标准》第4.2.1条规定的$K \le 0.70$W/(m²·K)的标准要求。

表。

导热系数λ[W/(m²·K)]	材料厚度d(m)	材料层热阻=$\dfrac{\text{材料厚度}d}{\text{导热系数}\lambda}$ (m²·K/W)
不计入		
0.93	20	0.02
0.93	5	0.01
0.085	45	0.32
0.54	200	0.37
0.93	20	0.02

总传热阻+Re=0.89(m²·K/W)

——=1.13W/(m²·K)
热阻R

建施-03

5.2

4.权衡计算

4.1 设计建筑能耗计算

能耗计算结果	指标限值(kwh)	设计建筑(kwh)
	106947	106680

4.2 建筑节能评估结果

计算结果	设计建筑	指标限值
全年能耗	122.20	122.47

内

4.3 结论

该设计建筑的单位面积全年能耗小于参照建筑的单位面积全年能耗,节能率为50.11%,因此XX区人民法院第一人民法庭

已经达到了《重庆市工程建设标准-公共建筑节能设计标准》的节能要求。

4.4 该工程采取的主要节能措施

外墙:外墙维护结构为200厚烧结页岩空心砖,外35厚建筑无机保温砂浆。

屋面:保温层为35厚挤塑聚苯板。

窗户:多腔塑料型材K_f=2.0×框面积×25%(6透明+9A+6透 明),传热系数2.80W/(m² · K),自身遮阳系数86,
气密性为6级,水密性为3级,可见光透射比0.71。

5.节能详图

5.1 屋面保温节能构造详图

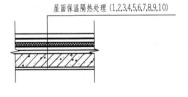

屋面保温隔热处理 (1,2,3,4,5,6,7,8,9,10)

1—40厚C25细石混凝土(内配Φ⁸7@500X500钢筋网);
2—15厚水泥砂浆;
3—4厚SBS改性沥青防水卷材;
4—15厚水泥砂浆;
5—35厚挤塑聚苯板(A级燃烧性能);
6—厚石油沥青1;
7—15厚水泥砂浆;
8—40厚黏土陶粒混凝土(找坡,最薄处30);
9—120厚钢筋混凝土;
10—20厚水泥砂浆。

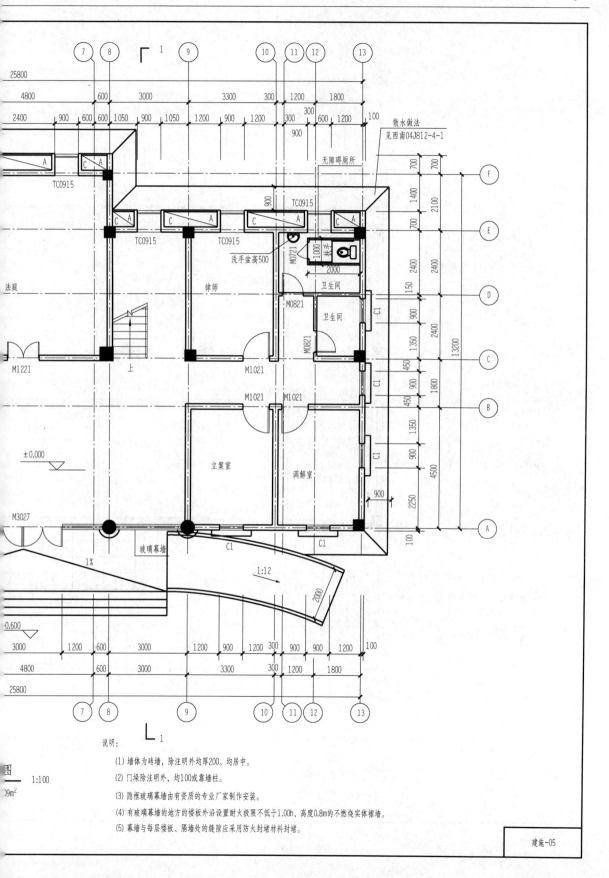

散水做法
见西南04J812-4-1

无障碍厕所

TC0915

洗手盆高500

卫生间

卫生间

法庭

律师

M1221

上

M1021

立案室

调解室

±0.000

M3027

玻璃幕墙

1%

1:12

-0.600

25800

说明：

(1) 墙体为砖墙，除注明外均厚200。均居中。

(2) 门垛除注明外，均100或靠墙柱。

(3) 隐框玻璃幕墙由有资质的专业厂家制作安装。

(4) 有玻璃幕墙的地方的楼板外沿设置耐火极限不低于1.00h、高度0.8m的不燃烧实体裙墙。

(5) 幕墙与每层楼板、隔墙处的缝隙应采用防火封堵材料封堵。

图　1:100

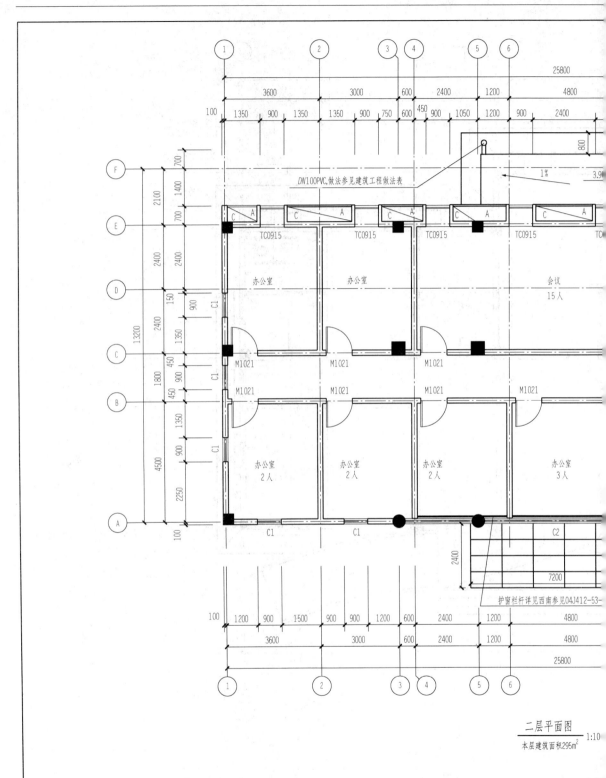

二层平面图 1:10
本层建筑面积295m²

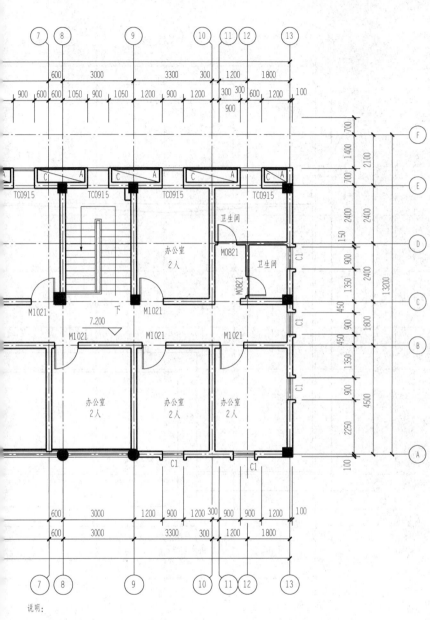

说明：

(1)墙体为砖墙，除注明外均厚200。均居中。

(2)门垛除注明外，均100或靠墙柱。

(3)隐框玻璃幕墙由有资质的专业厂家制作安装,施工确保质量安全。

(4)有玻璃幕墙的地方的楼板外沿设置耐火极限不低于1.00h、高度0.8m的不燃烧实体裙墙。

(5)幕墙与每层楼板、隔墙处的缝隙应采用防火封堵材料封堵。

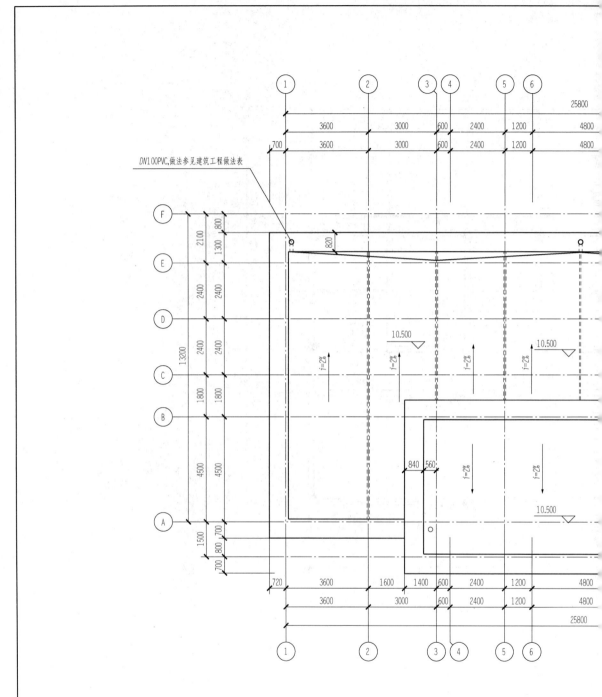

屋顶层

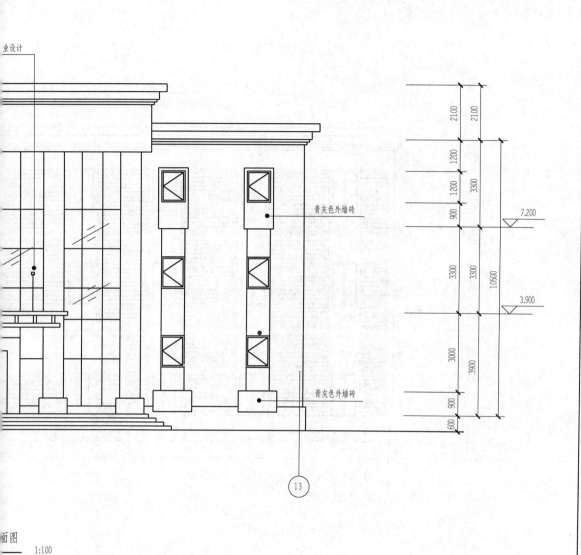

业设计

青灰色外墙砖

青灰色外墙砖

2100
2100
1200
1200
3300
900
7.200

3300
3300
10500
3.900

3000
3900
900
600

⑬

面图

1:100

说明：
隐框玻璃幕墙由有资质的专业厂家制作安装,施工确保质量安全。

建施-09

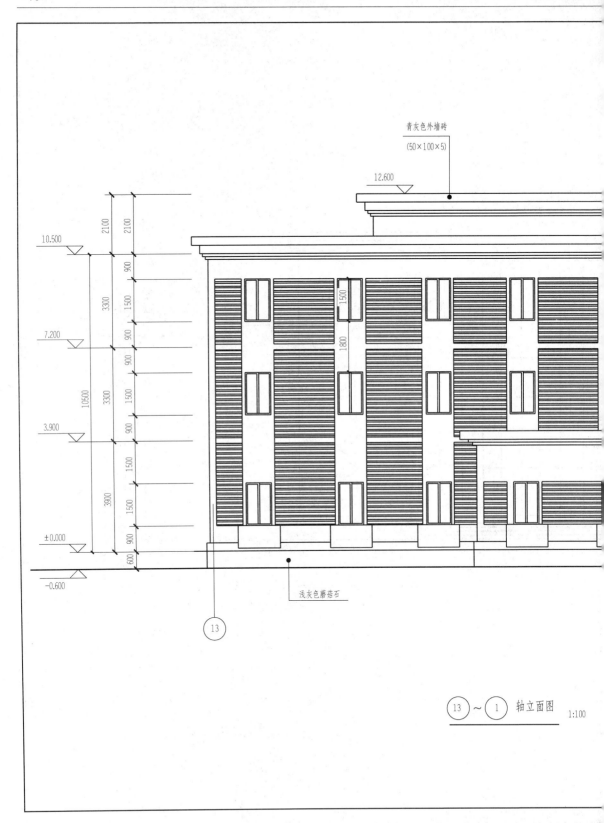

青灰色外墙砖
(50×100×5)

12.600

10.500

2100
2100

900
1500
3300

7.200

1500
900
900

10500

3300
1500
900

3.900

1500
1500

3900

±0.000

900
600

−0.600

1500

1800

13

浅灰色蘑菇石

$\underset{13}{\bigcirc}\!\sim\!\underset{1}{\bigcirc}$ 轴立面图 1:100

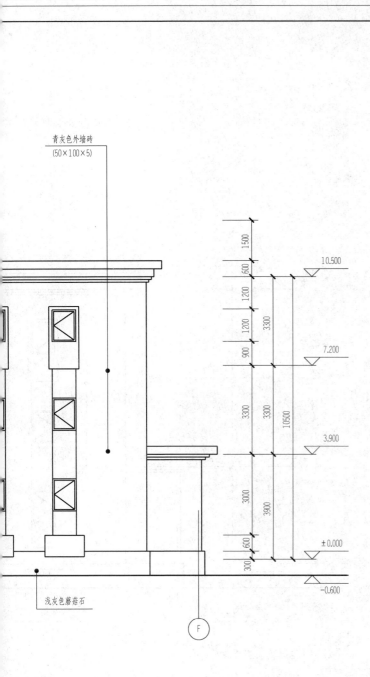

青灰色外墙砖
(50×100×5)

1500

600 10.500

1200

1200 3300

900 7.200

3300 3300 10500

3.900

3000 3900

600 ±0.000

300 −0.600

浅灰色蘑菇石

F

立面图 1:100

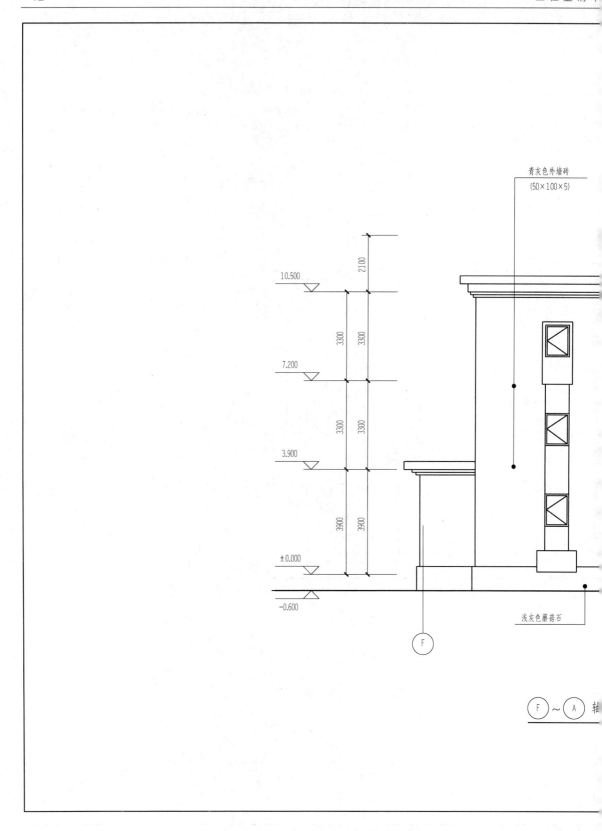

青灰色外墙砖
(50×100×5)

10.500

7.200

3.900

±0.000

−0.600

2100

3300   3300

3300   3300

3900   3900

浅灰色蘑菇石

F

F ～ A 轴

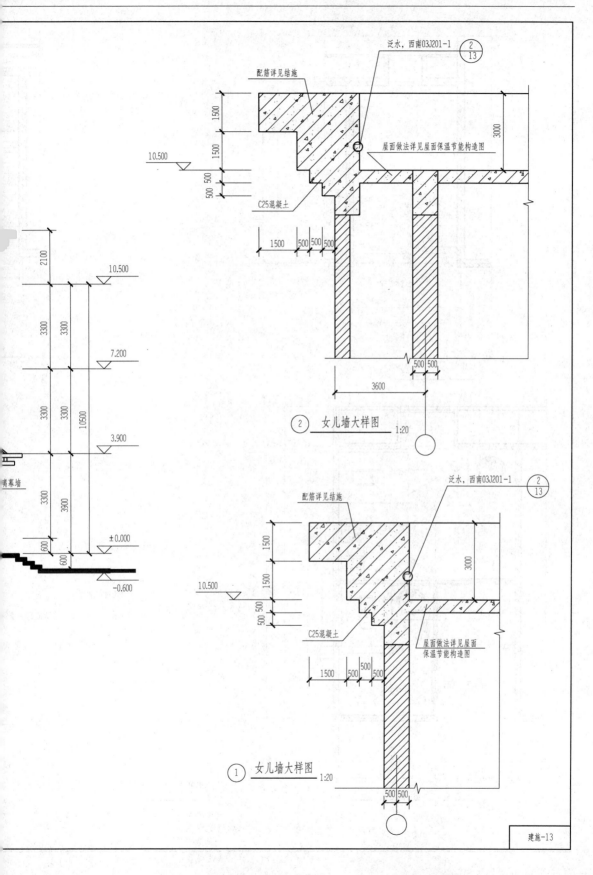

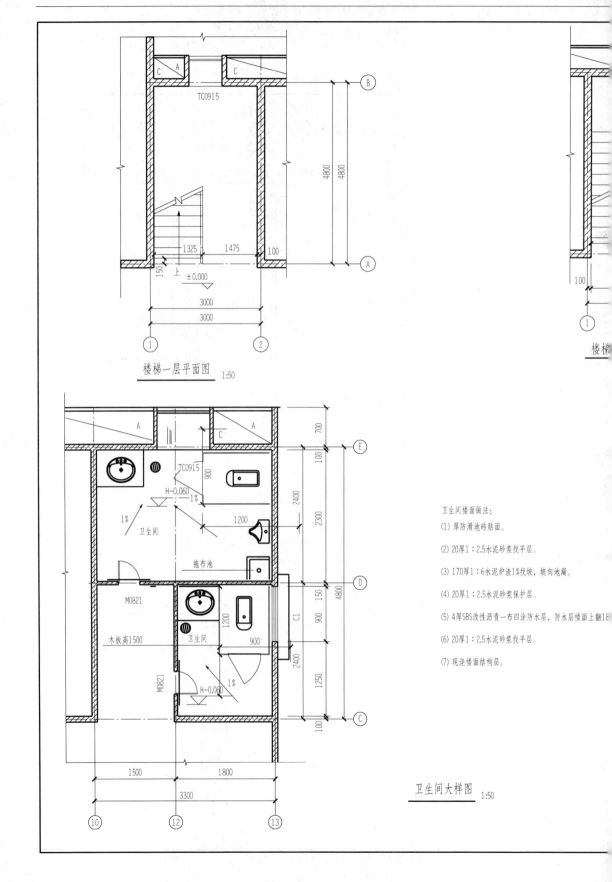

楼梯一层平面图 1:50

卫生间楼面做法:

(1) 厚防滑地砖贴面。

(2) 20厚1:2.5水泥砂浆找平层。

(3) 170厚1:6水泥炉渣1%找坡,坡向地漏。

(4) 20厚1:2.5水泥砂浆保护层。

(5) 4厚SBS改性沥青一布四涂防水层,防水层楼面上翻18

(6) 20厚1:2.5水泥砂浆找平层。

(7) 现浇楼面结构层。

卫生间大样图 1:50

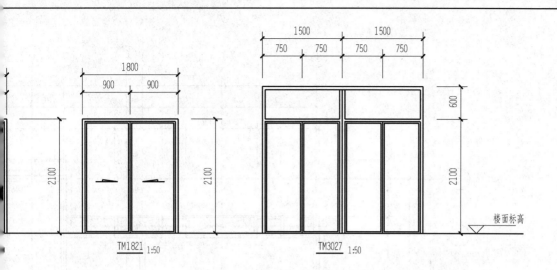

TM1821 1:50   TM3027 1:50

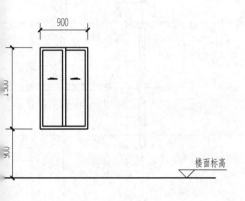

TC09515 1:50

说明：
(1)G表示固定玻璃窗。
(2)本工程下列部位须使用6mm+9A+6mm中空玻璃：
　　1) 单块面积大于1.5m²的玻璃；
　　2) 玻璃底边离最终装修面小于900的落地窗。

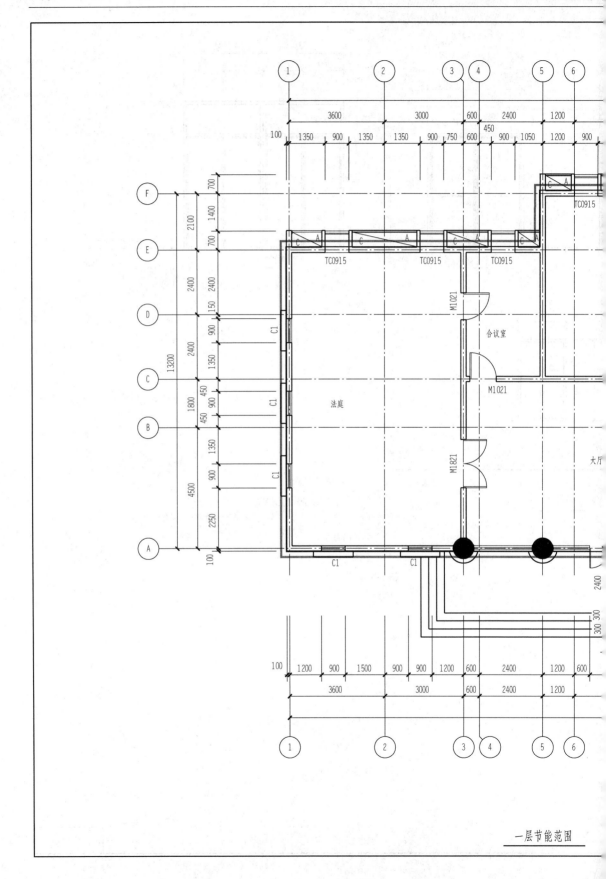

一层节能范围

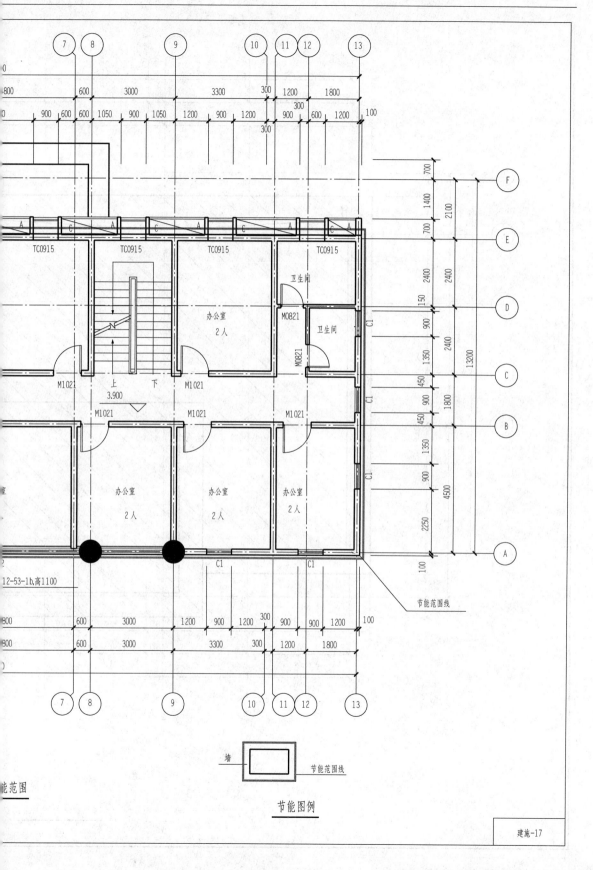

节能图例

墙 节能范围线

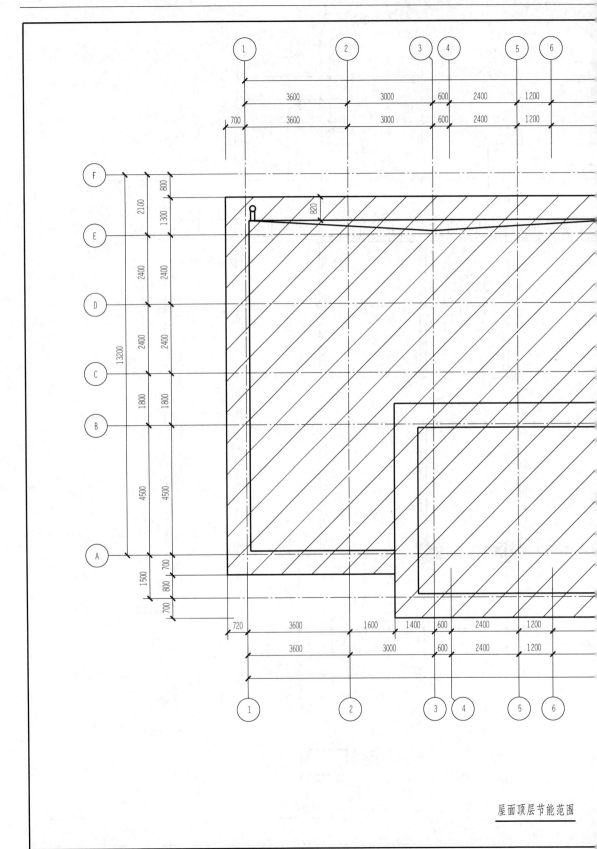

屋面顶层节能范围

总说明(一)

3.地基基础

(1)本工程采用的基础形式及基础持力层详见基础施工图。

(2)基坑开挖时，应采取降水、排水及基坑支护措施，防止地表水进入基坑，
保证基坑施工安全，并防止对周边建筑物、道路及城市地下管线的不利影响。

(3)采取机械开挖时，应保护坑底土不受扰动，并在基底设计标高以上保留
300mm厚原状土采用人工挖除，基坑不得积水，经验收合格后应立
即施工基础垫层。

(4)基础上插筋的直径、数量、级别和位置应与柱、墙详图仔细核对并固定，
经验收合格后方可浇混凝土。

(5)基础施工时若发现地基实际情况与设计要求不符时，请及时通知有关单
位，共同研究处理。

(6)基槽及地坪下回填土质量要求：采用砂性土回填，必须分层夯实，每层
厚度为300mm,当填土厚度不大于2m时，其压实系数不得小于0.94,
当回填土的厚度≥2m时，压实系数不得小于0.96。

(7)基础现浇时，若原槽浇筑应采取措施保证不跑浆、不掉土。

(8)轻质隔墙下基础详见结施—02中图一。

4.钢筋混凝土现浇板

(1)钢筋混凝土现浇板的底部钢筋，短跨钢筋放下排，长跨钢筋放上排，并
尽可能沿板跨方向通长设置；板面钢筋在角部相交时，短跨钢筋放上排，
长跨钢筋放下排。

(2)当板底与梁底齐平时，板的下部钢筋伸b入梁内，并置于梁下部钢筋之上。

(3)楼面板、屋面板开洞处，当洞口长边b(直径ϕ)小于或等于300时，钢筋可绕过、
不截断；当300<b(ϕ)≤700时，板底、板面分别按结施—02中图二设置①号加强
钢筋，每侧加强钢筋面积不小于同方向被截断钢筋面积的一半，且不小于
以下数值：板厚h≤120时，2B12。

(4)需封堵的管井，板内的钢筋不断，待管道安装完毕后再用提高5MPa强度
等级的混凝土浇筑。

(5)当板短向≥4m时，模板应起拱板跨度的千分之2.5。

(6)现浇板分布筋均采用 A6@250。

(7)浇捣楼、屋面混凝土时，应设支临时马道，以保证板面钢筋的准确位置，
严禁踩塌负钢筋。

(8)填充墙下无梁时，应按本图大样所示在板底增通长钢筋。

5.梁

(1)梁箍筋采用封闭箍，构造详见11G101—1图集相应抗震等级的规定。

(2)当梁与柱外皮齐平时，梁外侧的纵向钢筋应稍作弯折，置于柱墙主筋内
侧，并在弯折处增设二道箍筋。

(3)框架梁的构造腰筋应将两端锚入柱内或墙内l_a,抗扭腰筋两端应锚
入柱内或墙内l_{aE}。

(4)当梁净跨大于5m时，模板应起拱跨度的千分之2.5。悬挑梁悬臂端大于
2m时，模板应起拱千分之3。

(5)当梁高≤800时，吊筋的弯起角度为45°，当梁高>800时，为60°。

(6)除图中特别注明外，梁侧面纵向构造纵筋按下表规定设置；梁侧面纵向
抗扭纵筋具体见施工图标注。

(mm)

梁宽\梁高	550	600	650	700	750	800	850	900	1000
200	4A10	4A10	4A10	4A10	6A10	6A10	6A10	6A10	8A10
250	4A10	4A10	4A10	4A10	6A10	6A10	6A10	6A10	8A10
300	4A10	4A10	4B12	4B12	6B12	6B12	6B12	6B12	8B12
350	4B12	4B12	4B12	4B12	6B12	6B12	6B12	6B12	8B12
400	4B12	4B12	4B12	4B14	6B12	6B12	6B12	6B12	8B12

结施-01

6.柱

(1)柱箍筋采用封闭箍，构造详见11G101-1图集相应抗震等级的规定。

(2)凡框架柱、混凝土墙与现浇过梁、填充墙中钢筋混凝土带连接处均应按
建筑图中墙的位置与相应图纸圈梁的详图及做法说明施工，填充墙部位则
在混凝土柱上植筋 2φ6.5@600,伸出柱外皮长度 50d,且不小于墙长的1/5
和700mm,植入柱内 10d。

7.钢结构

(1)钢结构的除锈与刷漆应在制作质量检验合格后进行，所有钢构件均必须
采取机械喷砂除锈，并涂刷二道防锈底漆与二道防锈面漆，油漆面色及
品种详见建施图。涂层总厚度不小于100μm。

(2)钢结构的表面应采用防火涂层，其厚度应达到一级耐火等级要求。

8.填充墙

填充墙的砌筑按图集《框架轻质填充墙构造图集》西南05G701(四)执行，
并满足下列要求：

(1)构造柱设置原则：

内隔墙的下列部位应设置构造柱，其构造详见西南05G701(四)第30页。

1)内隔墙转角处；

2)相邻隔墙或框架柱的间距大于5m时，墙段内增设构造柱，间距应≤3m；

3)门洞≥3m的洞口两侧；

4)悬墙端部。

围护墙的下列部位应设置构造柱，其构造详见西南05G701(四)第30页。

1)内外墙交接处，外墙转角处；

2)相邻隔墙或框架柱的间距大于4m时，墙段内增设构造柱，间距应
  ≤2.5m；

3)窗洞 ≥3m的窗下墙中部及窗洞口两侧。

女儿墙上构造柱的设置原则详见西南05G701(四)第37页。

阳台栏板上构造柱的设置原则详见西南05G701(四)第36页。

(2)高度≥4m的填充墙，半层高处或门、窗上口处设置长卧梁，梁截面为
墙厚×120mm,纵筋4φ10,箍筋φ6@200,卧梁钢筋锚入两端柱内。

(3)填充墙转角处水平拉结措施详见西南 05G701(四)第 29页。

(4)填充墙与框架柱连接构造详见西南 05G701(四)第 31~33页。

(5)填充墙与梁板连接措施详见西南 05G701(四)第 34页。

(6)门、窗洞过梁，当其跨度<2.1m时按西南05G701(四)第 27页的过
梁配筋表选用；当门窗洞宽≥2.1m时，按下表采用。

门窗洞宽 (L_n)	梁长 (L)	梁宽 (B)	梁高 (H)	上部筋	下部筋	箍筋
2100~2700	$L_n+250×2$	墙厚	190	2φ12	2φ14	A8@150
2700~3300	$L_n+250×2$	墙厚	240	2φ12	2φ16	A8@150
3300~3900	$L_n+250×2$	墙厚	290	2φ14	3φ16	A8@150
3900~4500	$L_n+250×2$	墙厚	340	2φ14	4φ16	A8@150
4500~5100	$L_n+250×2$	墙厚	400	2φ16	4φ16	A8@150

9.膨胀加强带

膨胀加强带的设置位置及施工要求详见有关平面图

七.其他

(1)本设计结构施工图采用平面整体表示方法，除本说明。
家建筑标准设计图集11G101-1《混凝土结构施工图
则和构造详图》。

(2)用于本工程的所有材料须满足现行国家标准的要求。

(3)施工单位必须严格按图施工，若有修改必须经结构设计
发现问题应及时通知设计院。

(4)土建施工前，必须与各工种图纸校对，如有矛盾应及时
商解决。

(5)土建施工前，应与设备施工单位密切配合，做好预留
布置。

(6)主体结构施工时应配合建筑图纸预埋楼梯栏杆连接件
及窗台卧梁与钢筋混凝土柱的连接钢筋，屋面结构
墙的构造柱插筋。

(7)装饰构件应与主体结构采取可靠的连接措施，且事先
次安装单位配合后确定。

(8)应严格按业主提供的电梯订货样本图核对电梯井尺寸
孔洞及门洞牛腿。

(9)防雷要求的埋件须与柱及基础内的钢筋连通且不少于
图。

(10)悬挑构件的模板支撑必须有足够的刚度，牢固可靠，
度达到100%后方许拆模，施工时不得在其上堆放重物

(11)施工中采用的商品混凝土，应与搅拌站配合好配比
混凝土加强振捣养护、保湿、以免失水引起干裂。

(12)应采取有效措施确保输送混凝土浇筑时板不超厚。

(13)梁、柱节点区混凝土务必仔细捣搞密实，当该节点区
混凝土有困难时，可采用等强度的细石混凝土浇捣(事
块试压报告)。

(14)幕墙(玻璃、铝合金、花岗石)部位的梁柱均应配合幕
柱混凝土一起整体浇筑，不得事后补钻。

(15)隐藏工程记录必须完备、真实、可靠、准确。

(16)本工程尺寸以毫米计，标高以米计。

(17)除本设计图说施工外，尚应遵照国家现行施工验

(18)当梁柱或梁板混凝土强度等级相差 ≥5MPa时，应
梁柱节点核心区的混凝土强度等级。

(19)结构标高相对于建筑标高降低30mm。

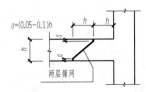

梁柱混凝土强度等级不同时大样

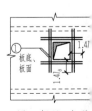

图二 板洞口加强

某人民法院第一人民法庭基础设计总说明

(1) 根据《某人民法院第一人民法庭办公楼工程岩土地质勘察报告》，桩端持力层为砂岩，岩石天然单轴抗压强度标准值 f_{rk}=5.6MPa，桩端嵌入该岩层深度详见桩表。人工挖孔桩的最小埋深为3m，相邻桩的底部连线净距离与其水平线夹角≤45°。

(2) 本工程地基础设计等级为丙级，场地类别为Ⅱ类，结构桩基设计等级为丙级。本工程基础采用人工挖孔灌注桩(墩)基础。

(3) 桩(墩)孔开挖前应采取措施防止地表水流入基坑内；桩(墩)孔必须采用人工开挖，不得爆破作业，以使持力层岩石尽量少受扰动，保证原岩的完整性。

(4) 桩(墩)施工时施工单位应根据现场实际工程地质情况，采用钢筋混凝土桩护壁，或其他安全措施。当相临桩(墩)心距离小于2.5倍桩径或桩间净距小于3.0m时，应跳槽开挖。

(5) 基础平面布置图中黑圆点表示桩(墩)心。

(6) 相邻基础(包括桩基础及浅基础)底面高差的绝对值不得大于其水平净距，当不能满足时，必须调整基础埋深，将浅埋基础的埋深加大直至满足上述要求。当浅基础附近有临空面时基础埋深应加大；桩(墩)基础在其持力层以下3倍桩(墩)端直径范围内不应有临空面，否则也应加大其埋深(见大样图)。

(7) 桩(墩)孔挖至设计标高后，必须由各相关单位验孔认可并确认桩(墩)底持力层范围内无软弱夹层等不良地质现象后方可终孔，终孔后应及时清理好侧壁上的松动石块和孔底残渣、积水，在浇筑混凝土之前必须对桩的孔径、孔深、垂直度等进行复查，不合格者应及时处理；合格的应立即用同桩身强度等级的混凝土封底。

(8) 材料强度等级及钢筋保护层厚度：
　　桩(墩)的混凝土强度等级为C25，未特别注明的垫层为C15，护壁用C25；桩身、基础梁的保护层厚度为40mm。

(9) 凡桩(墩)，基础梁相碰处一同现浇。

(10) 基础梁(DKZL-x)梁内钢筋按受拉要求锚入桩身内，基础梁(DKZL-x)按三级框支梁进行锚固。
　　基础梁和桩身内纵筋不宜有接头，有接头时应采用焊接或机械连接，同一截面内接头钢筋面积不应超过全部纵向钢筋面积的50%。

(11) 本图应配合结构及水、暖、电各专业施工。防雷接地作法详见电施图。当结构及水、暖、电各专业设置的基坑、管沟(如 集水坑、电缆沟等)与挖孔桩之间净距≤2m时，挖孔桩的入岩深度应从基坑、管沟的底部标高算起。

(12) 桩(墩)基础应严格按《建筑桩基技术规范》JGJ 94—2008及《建筑地基基础设计规范重庆》DBJ50-047-2006施工，检测。

(13) 施工中发现与地质报告及设计不符的地质现象应及时通知勘察、设计单位。

(14) 基础施工完毕后，基坑回填应均匀、对称、分层夯实，每层厚300，密实度0.94。

(15) 未尽事宜应按有关规范、规程执行。

(16) 桩基础施工时孔内必须设置应急软爬梯供人员上下；使用的电葫芦、吊笼等应安全可靠，并配有自动卡紧保险装置，不得使用麻绳和尼龙绳吊挂或脚踏井壁凸缘上下。

(17) 每日开工前必须检测井下的有毒、有害气体，并应有足够的安全防范措施。

(18) 孔口四周必须设置护栏，护栏高度宜为0.8m。

(19) 挖出的土石方应及时运离孔口，不得堆放在孔口周边1m 范围内，机动车辆的通行不得对井壁的安全造成影响。

等筋 类型	单桩承载力 特征值(kN)
	1407
	2198

空面

临空面

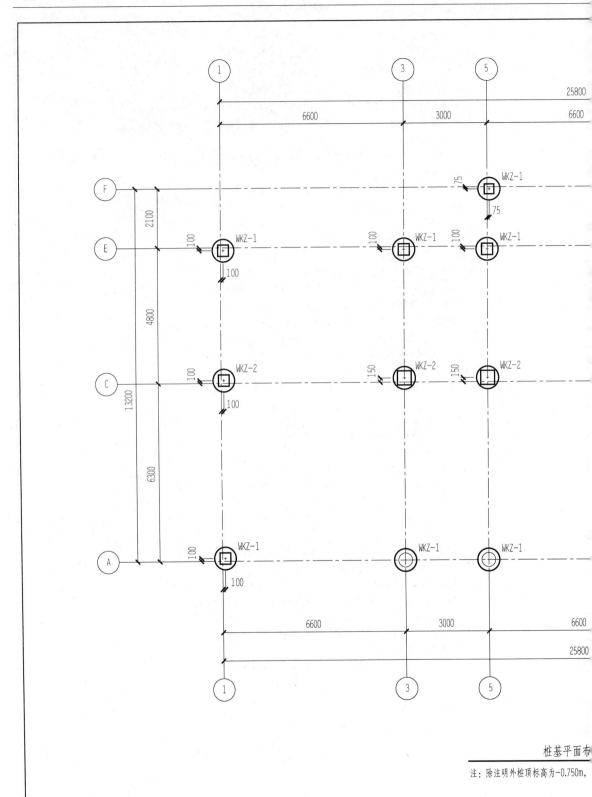

桩基平面布

注：除注明外桩顶标高为-0.750m,

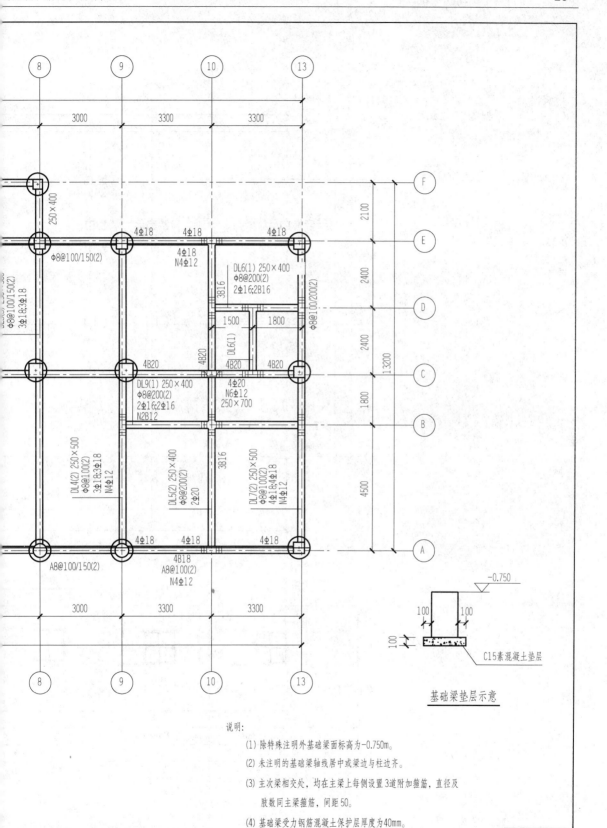

基础梁垫层示意

说明:

(1) 除特殊注明外基础梁面标高为-0.750m。

(2) 未注明的基础梁轴线居中或梁边与柱边齐。

(3) 主次梁相交处,均在主梁上每侧设置3道附加箍筋,直径及

   肢数同主梁箍筋,间距50。

(4) 基础梁受力钢筋混凝土保护层厚度为40mm。

结施-05

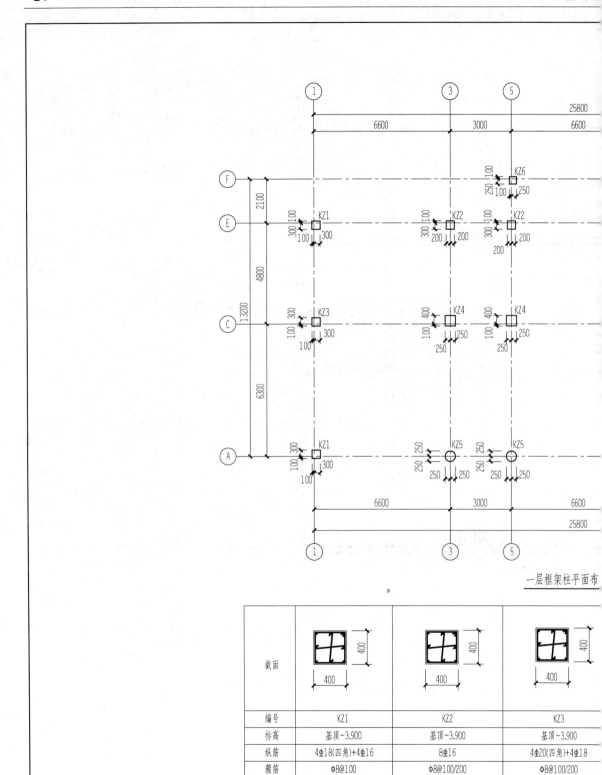

一层框架柱平面布

截面	400×400	400×400	400×400
编号	KZ1	KZ2	KZ3
标高	基顶~3.900	基顶~3.900	基顶~3.900
纵筋	4Φ18(四角)+4Φ16	8Φ16	4Φ20(四角)+4Φ18
箍筋	Φ8@100	Φ8@100/200	Φ8@100/200

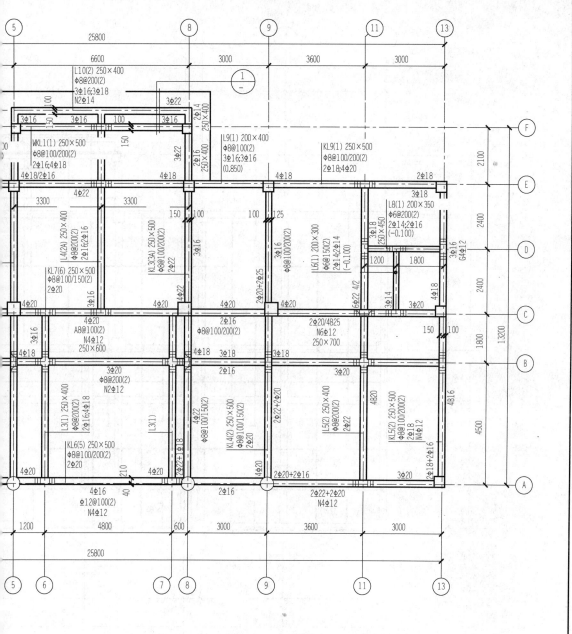

□筋图

（高3.900）

说明：
(1) 梁主筋采用HRB335级(Φ)热轧钢筋,梁混凝土等级为C30。梁高大于500时梁侧构造筋设置见总说明,
有腰筋的梁设拉筋Φ8@400。梁箍筋采用HPB300级热轧钢筋。
(2) 本图主、次梁交接处,一律在次梁位置两侧附加主梁箍筋,箍筋直径、肢数同主梁内箍筋,间距为
50。每侧附加箍筋数为3道,且应符合《11G101-1》图集的构造要求。未标注的吊筋均为2Φ14。
(3) 未专门定位的梁沿轴线居中布置或梁边齐墙边。梁上穿管位置须经设计认可后方可施工。
(4) 设备管、孔穿梁、板时,应配合建施图或设备专业图纸作好预留或预埋并满足结构总说明要求。

结施-07

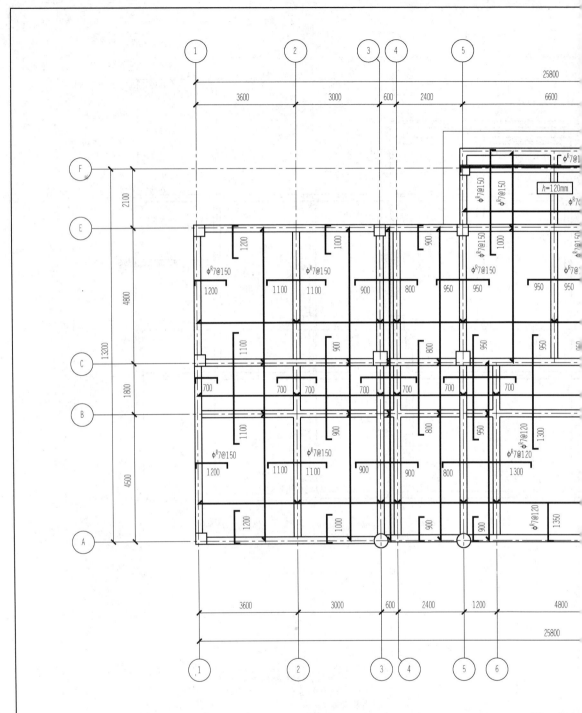

二层板配筋图

(注：结构标高3.900)

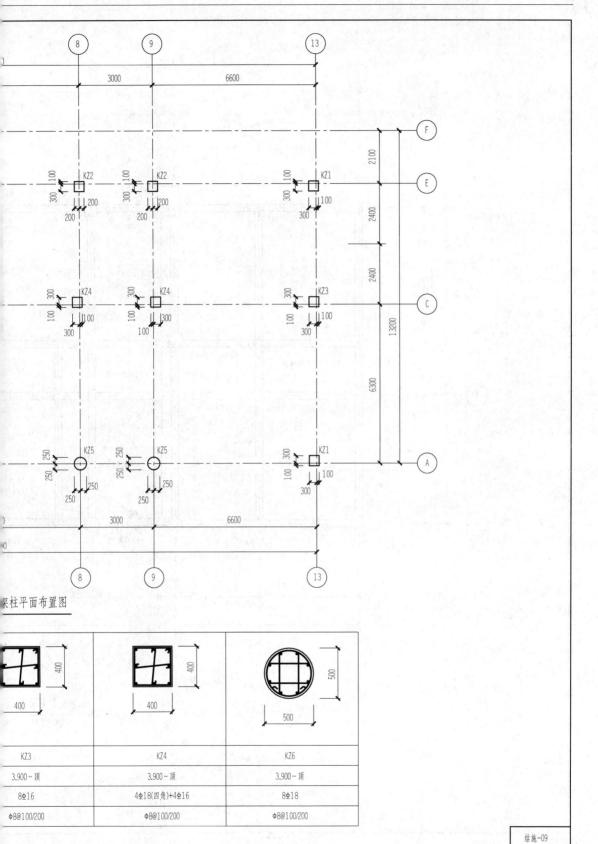

架柱平面布置图

KZ3	KZ4	KZ6
3.900～顶	3.900～顶	3.900～顶
8Φ16	4Φ18(四角)+4Φ16	8Φ18
Φ8@100/200	Φ8@100/200	Φ8@100/200

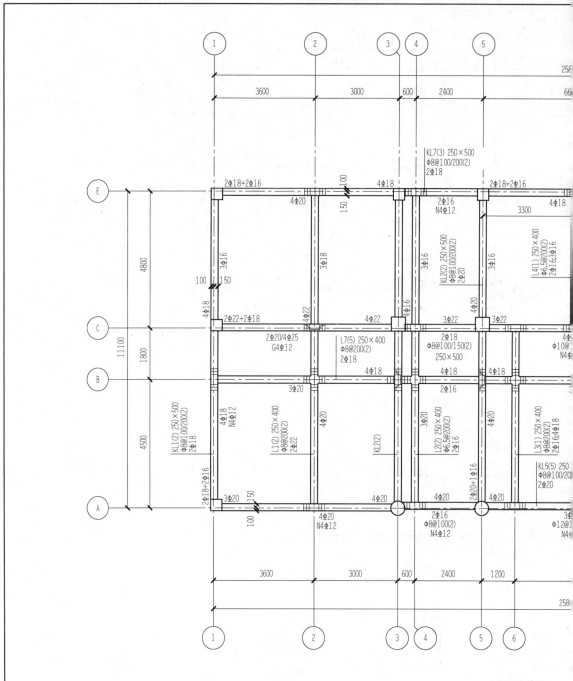

三层梁配筋图

(注：结构标高7.200)

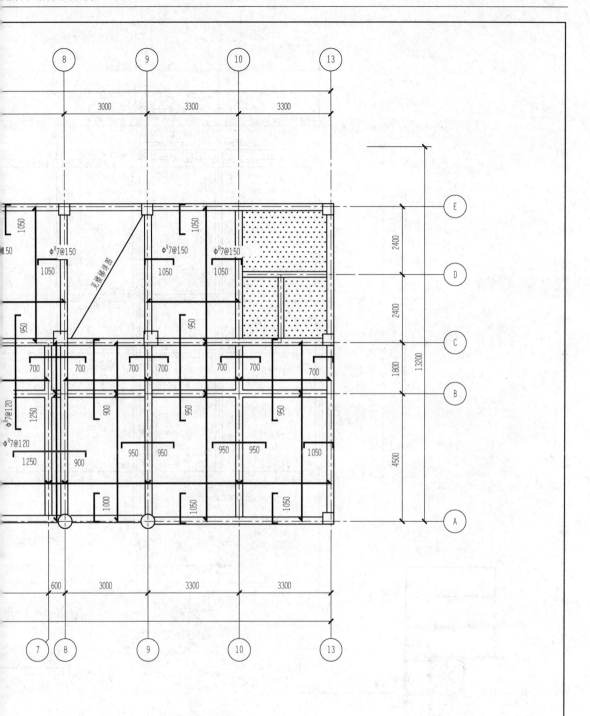

说明:

(1) 本层混凝土等级为C30。

(2) 未标现浇板厚为100mm，未标板钢筋为$\phi^R7@180$。

(3) 图中标注板上部钢筋尺寸均从梁边算起。

(4) 图中 ▨▨▨ 表示卫生间，标高H-0.300,配筋$\phi^R7@180$，双层双向。

结施-11

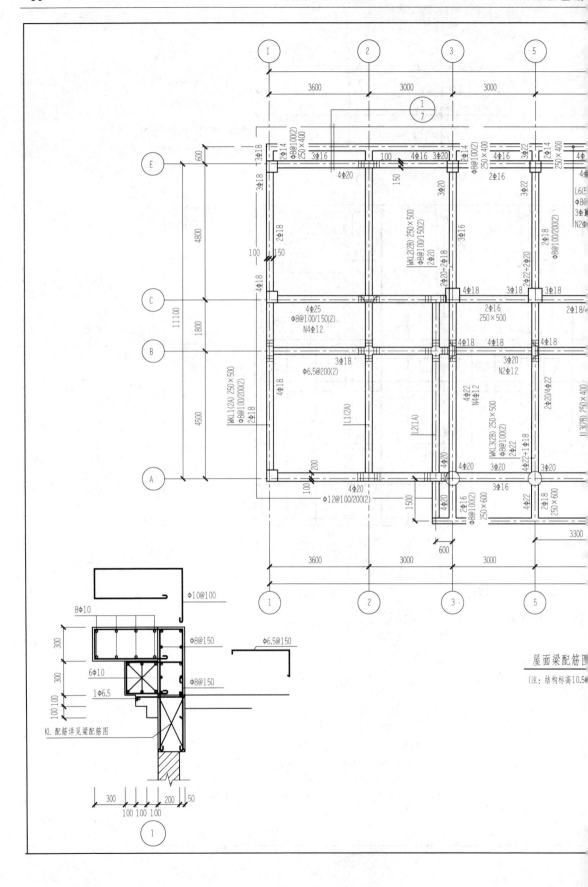

屋面梁配筋图
(注：结构标高10.5

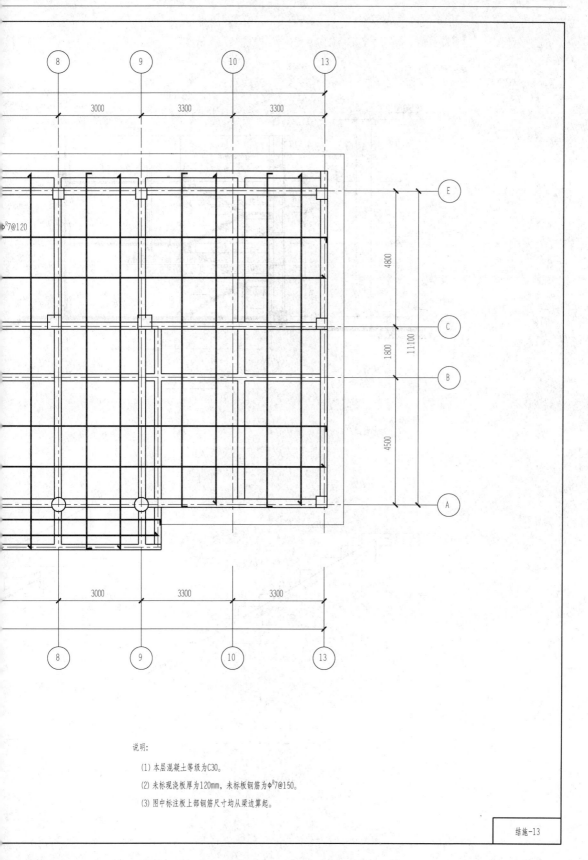

说明：

(1) 本层混凝土等级为C30。

(2) 未标现浇板厚为120mm，未标板钢筋为φ7@150。

(3) 图中标注板上部钢筋尺寸均从梁边算起。

结施-13

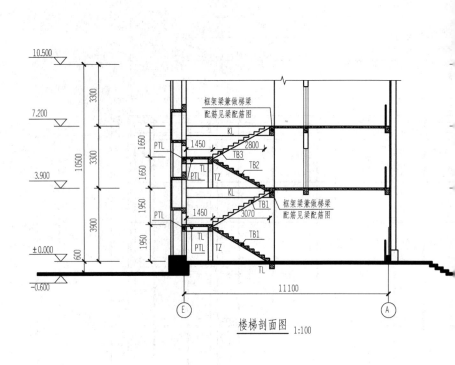

楼梯剖面图 1:100

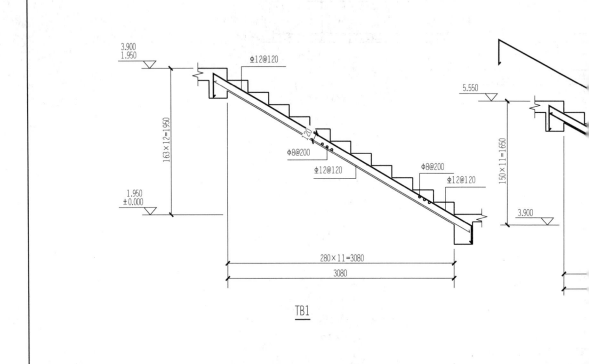

TB1

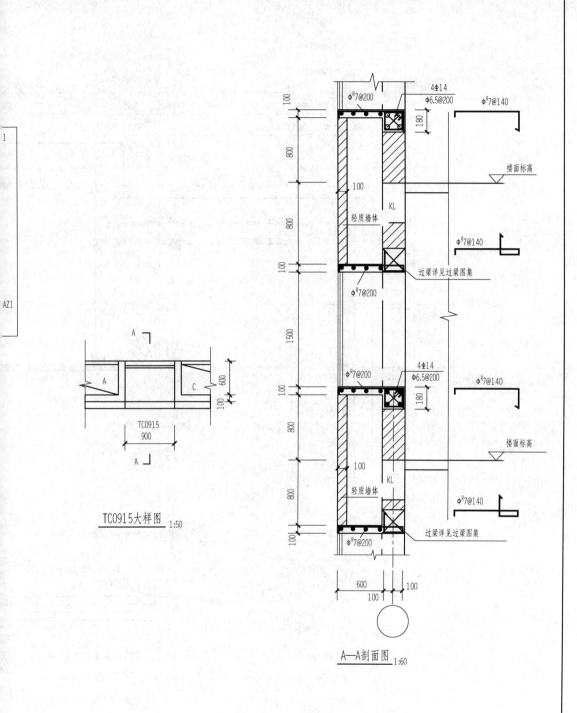

TC0915大样图 1:50

A—A剖面图 1:60

墙身表

水平分布筋	垂直分布筋	拉筋 （水平间距×竖向间距）	强度等级
φ8@150	φ8@150	φ8@450×450	C30

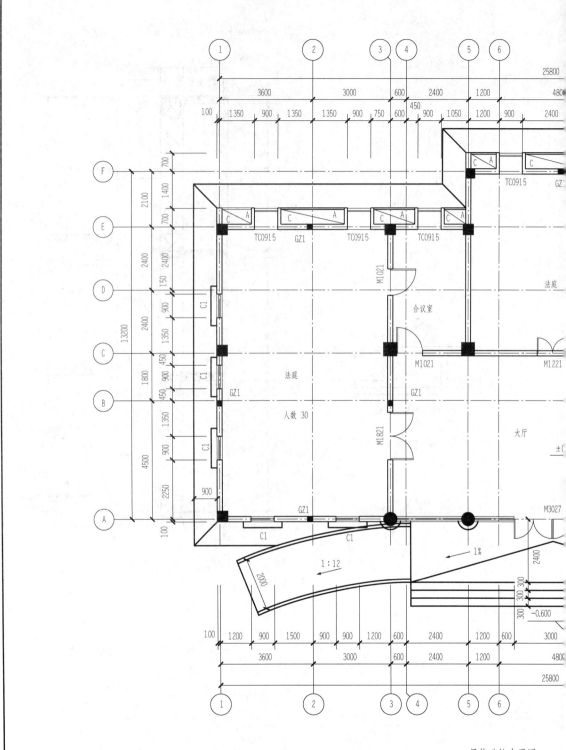

一层构造柱布置图　1:10

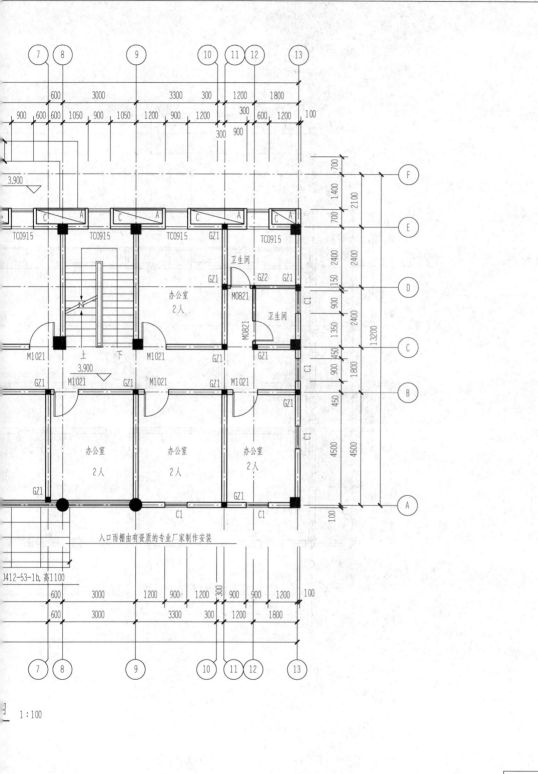

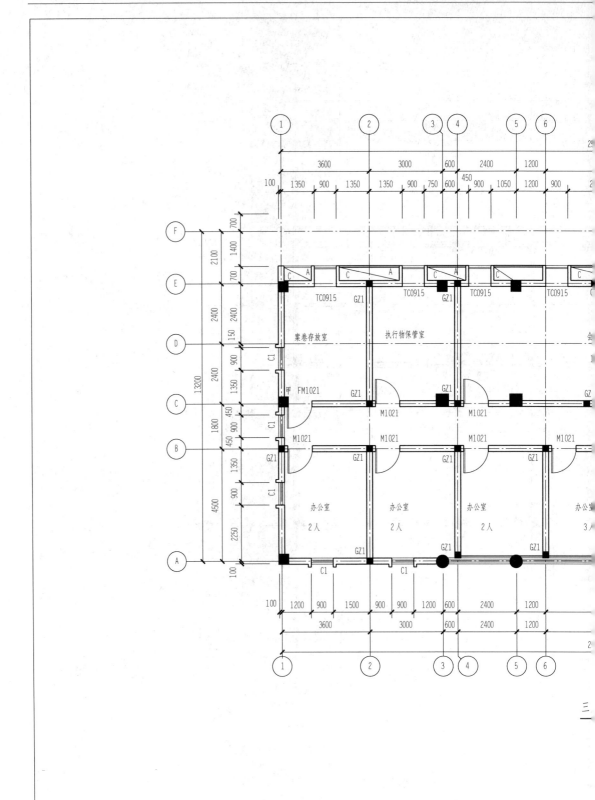

设计说明

2）所有标注"墙纸"的图说均应为：

①在基层材料面作不低于 2 遍腻子灰，以找平基层为标准。

②作 1～2 遍醇酸清漆固底。

③用厂家配套的专用墙纸胶裱糊墙纸。

（7）进口花岗石：磨光度达到 85°以上，厚度要基本一致，在规范公差范围内，最大公差±2mm；

进口大理石：硬度要符合国家有关规定，磨光度达到 85°以上，厚度要均匀，最大公差±2mm；

国产花岗石、大理石的产品质量要符合国家 A 级产品标准。

（8）墙面干挂大理石均采用 25 厚大理石。

三、本图中各空间及部件的标准操作工艺

（1）花岗石，大理石的墙面及地面平整度公差±2mm（2m 靠尺检测）。凡是白色，浅色花岗石，大理石，在贴以前都要做防污、防渗透处理；完工后要做晶面处理。

（2）所有木夹板的天花、防墙、墙裙，都要进行防火处理。

（3）所有外墙内侧的墙面、洗手间、淋浴间等的内墙（批水泥或装饰）均要进行防水处理。

（4）所有天花石膏板与木夹板拼合处及其他今后会发生列裂处要以绷带做防裂处理。

（5）吊顶吊筋长度超过 1.5m 的要加反支撑或角钢，风管下方角钢加固处理。

四、范围

本图所示的装饰部分到外墙内侧面为界（或以窗户或以外大白玻璃墙内侧立面为界）。

五、防火、防腐处理

本图中所有木基层材料、装饰织物等应按国家消防局等有关规定做防火、防腐处理（如木基层表面刷防火涂料三遍等）。

六、注

（1）家具选用详见家具配置图。

（2）窗帘采用遮阳透景型卷帘。

（3）原有消防设施、防火门，本次装饰设计未做任何变动。

（4）本施工设计图说一经审定，任何一方不得擅自更改。

（5）建设监理单位应全面熟悉本工程有关图说及相应的规范、规程、规定、标准。

（6）施工单位应严格按图施工，严禁擅自更改。施工如有设计更改，设计更改图必须得到设计单位、监理单位及甲方的共同认可后方能施工。

装施-01

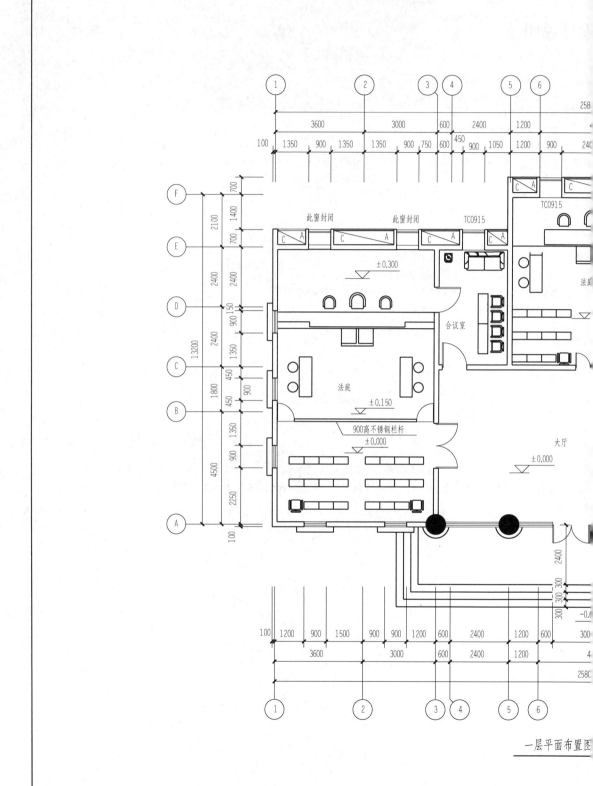

一层平面布置图

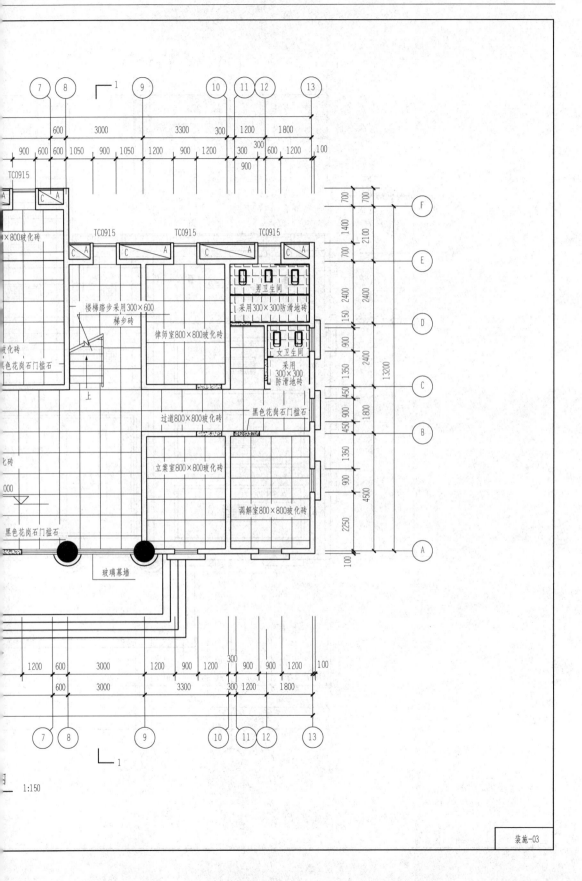

楼梯踏步采用300×600
梯步砖

律师室800×800玻化砖

男卫生间
采用300×300防滑地砖

女卫生间
采用
300×300
防滑地砖

过道800×800玻化砖

黑色花岗石门槛石

立案室800×800玻化砖

调解室800×800玻化砖

黑色花岗石门槛石

玻璃幕墙

TC0915

1:150

装施-03

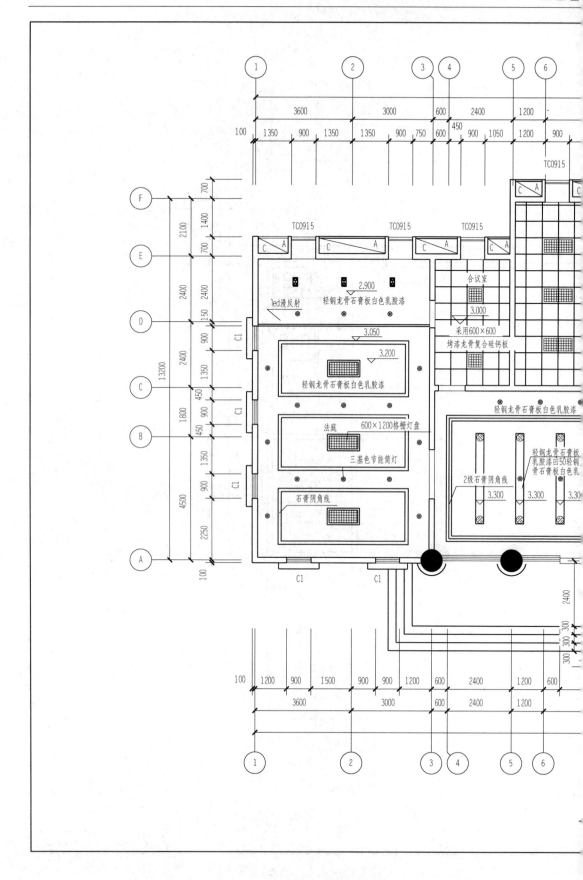

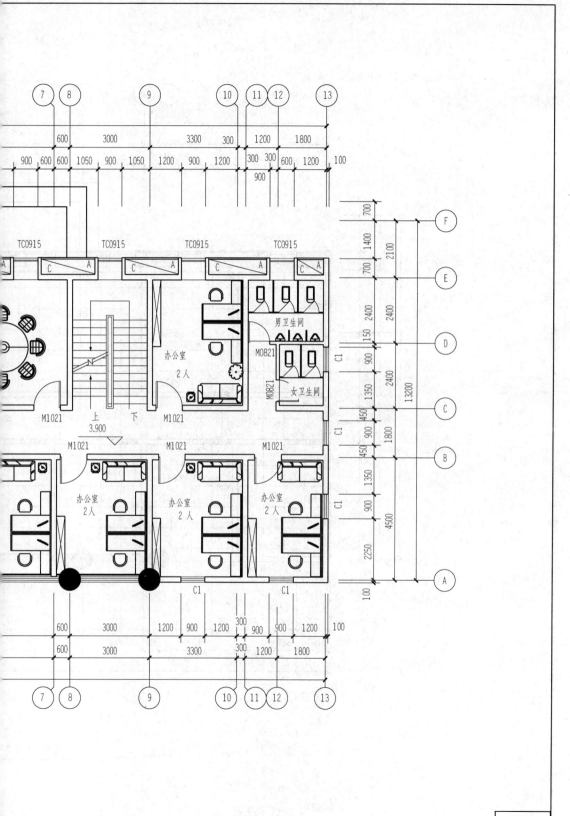

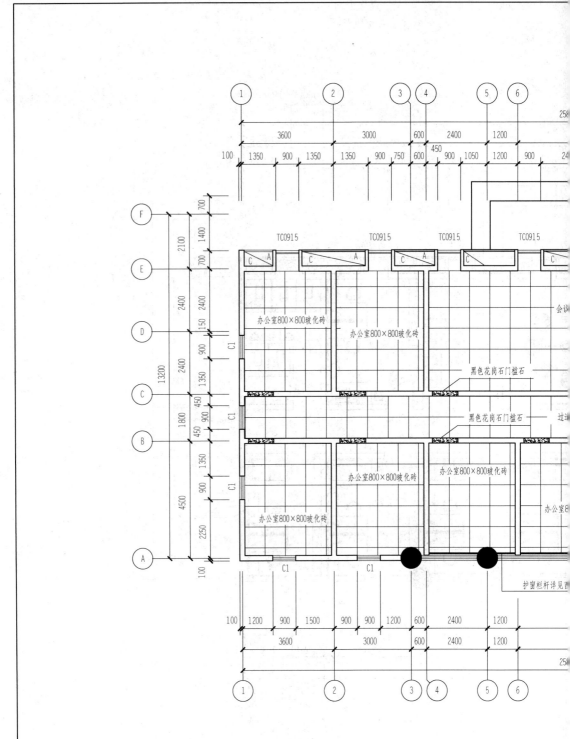

二层地面材质图

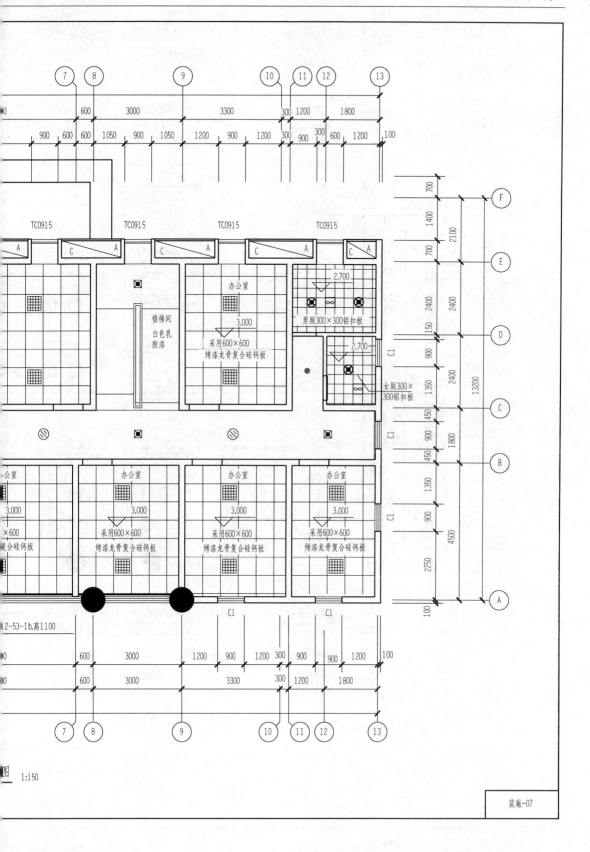

图　1:150

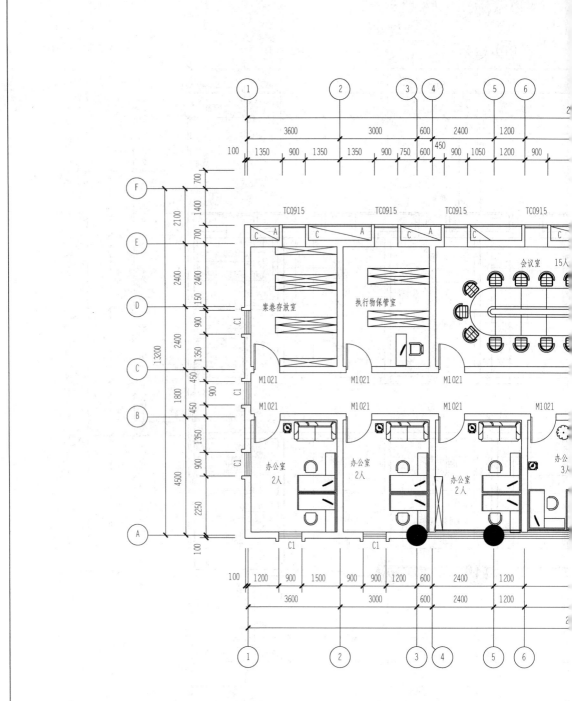

三层平面布置

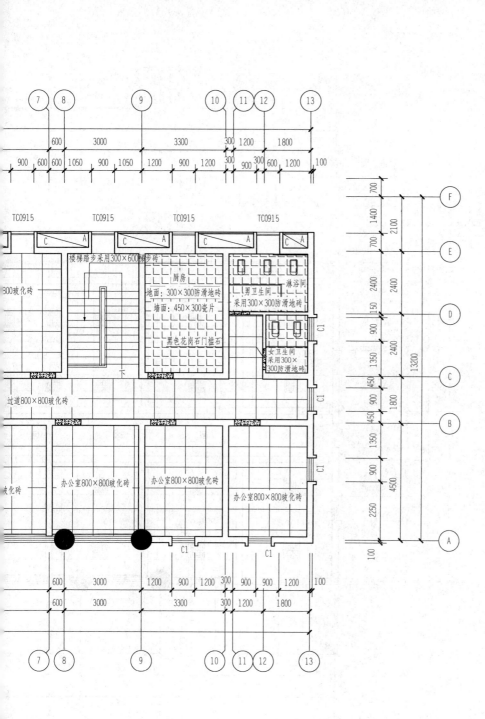

楼梯踏步采用300×600踏步砖

厨房
地面：300×300防滑地砖
墙面：450×300瓷片

黑色花岗石门槛石

男卫生间
采用300×300防滑地砖

淋浴间

女卫生间
采用300×
300防滑地砖

过道800×800玻化砖

办公室800×800玻化砖

办公室800×800玻化砖

办公室800×800玻化砖

面材质图   1:150

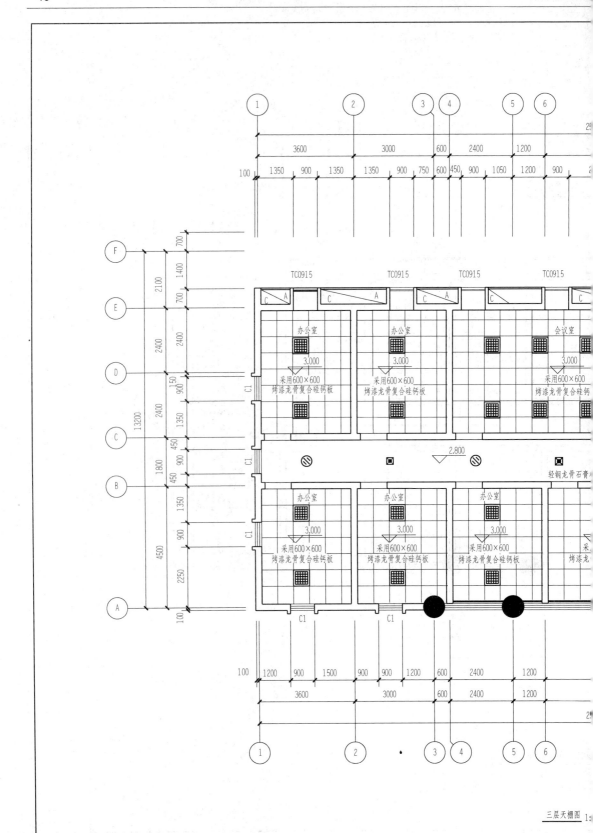

三层天棚图 1:

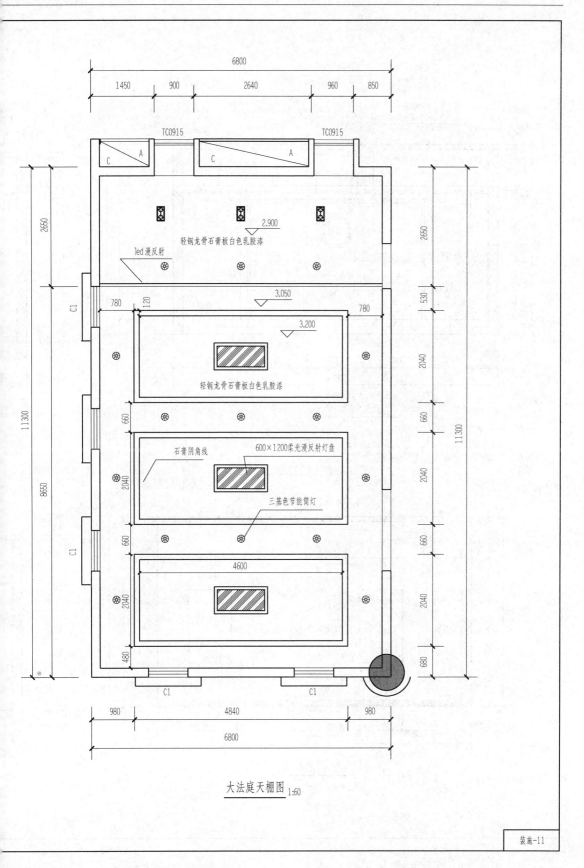

大法庭天棚图 1:60

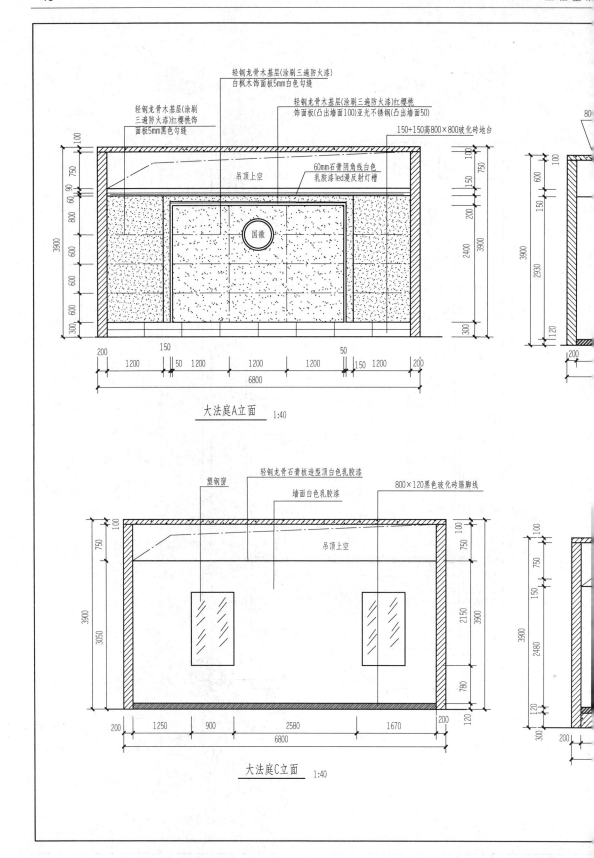

轻钢龙骨木基层(涂刷三遍防火漆)
白枫木饰面板5mm白色勾缝

轻钢龙骨木基层(涂刷三遍防火漆)红樱桃
饰面板(凸出墙面100)亚光不锈钢(凸出墙面50)

轻钢龙骨木基层(涂刷
三遍防火漆)红樱桃饰
面板5mm黑色勾缝

150+150高800×800玻化砖地台

吊顶上空

60mm石膏阴角线白色
乳胶漆led漫反射灯槽

国徽

大法庭A立面   1:40

塑钢窗

轻钢龙骨石膏板造型顶白色乳胶漆

墙面白色乳胶漆

800×120黑色玻化砖踢脚线

吊顶上空

大法庭C立面   1:40

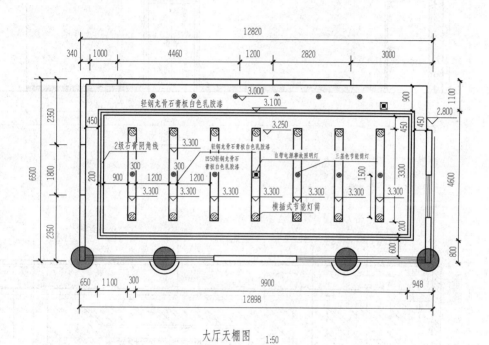

轻钢龙骨石膏板白色乳胶漆

2级石膏阴角线

轻钢龙骨石膏板白色乳胶漆

四50轻钢龙骨石膏板白色乳胶漆

自带电源事故照明灯

三基色节能筒灯

横插式节能灯筒

大厅天棚图   1:50

装施-13

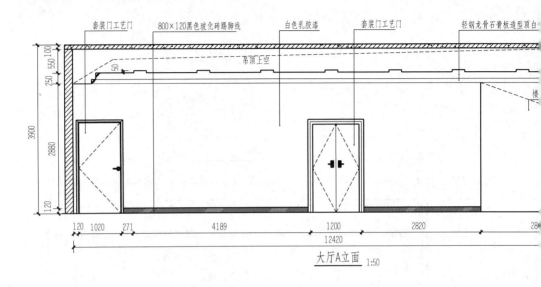

大厅A立面 1:50

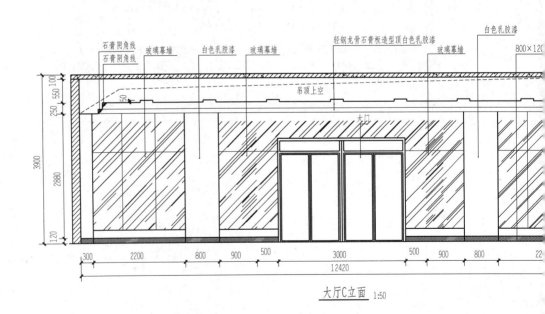

大厅C立面 1:50

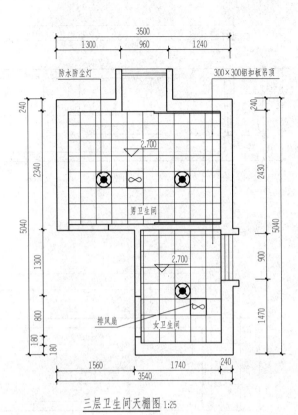

三层卫生间天棚图 1:25

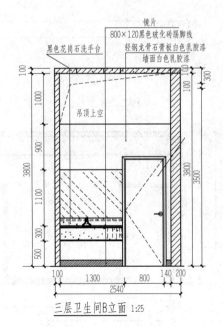

三层卫生间B立面 1:25

装施-15

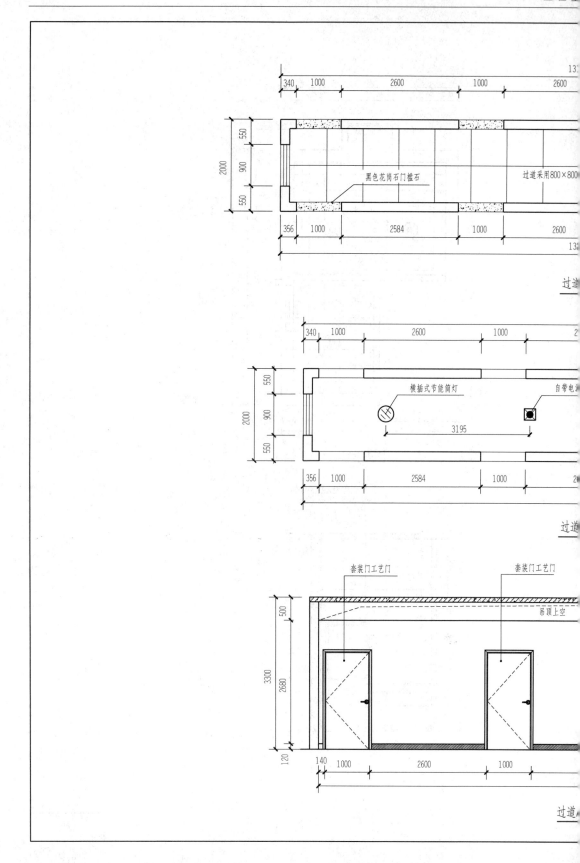

过道

过道

过道

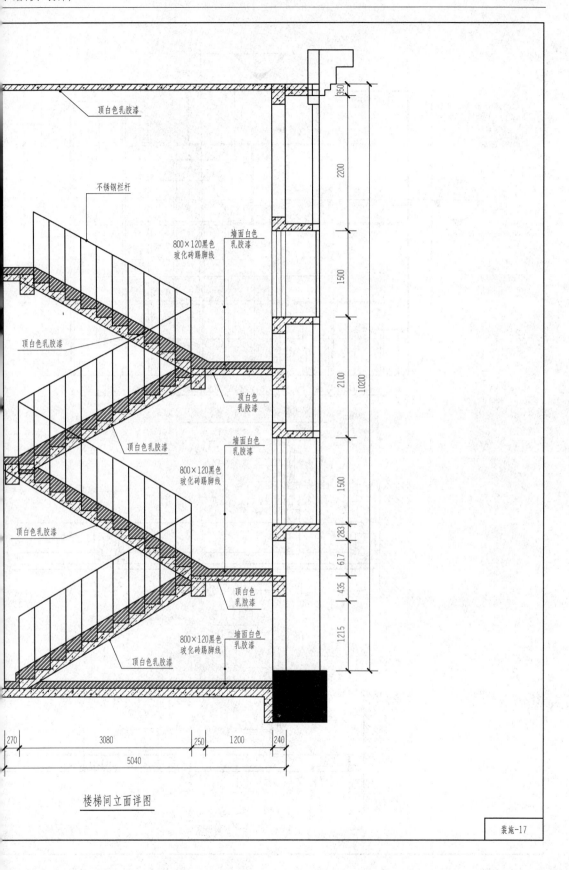

不锈钢栏杆

顶白色乳胶漆

800×120黑色
玻化砖踢脚线

墙面白色
乳胶漆

顶白色乳胶漆

顶白色
乳胶漆

顶白色乳胶漆

墙面白色
乳胶漆

800×120黑色
玻化砖踢脚线

顶白色乳胶漆

顶白色
乳胶漆

800×120黑色
玻化砖踢脚线

墙面白色
乳胶漆

顶白色乳胶漆

350

2200

1500

2100   10200

1500

283

617

435

1215

270   3080   250   1200   240

5040

楼梯间立面详图

装施-17

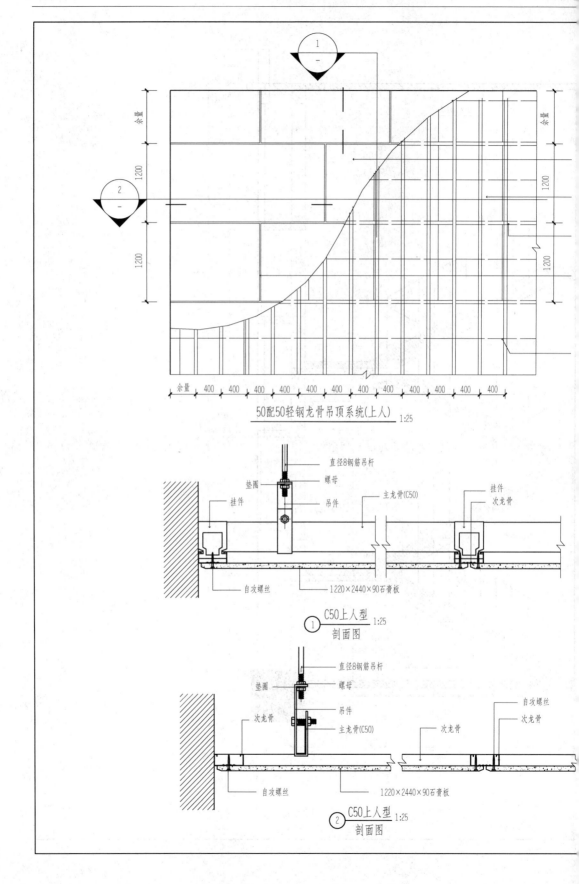

50配50轻钢龙骨吊顶系统(上人) 1:25

直径8钢筋吊杆
螺母
垫圈
吊件
挂件
主龙骨(C50)
挂件
次龙骨
自攻螺丝
1220×2440×90石膏板

① C50上人型 1:25
剖面图

直径8钢筋吊杆
螺母
垫圈
吊件
次龙骨
主龙骨(C50)
自攻螺丝
次龙骨
次龙骨
自攻螺丝
1220×2440×90石膏板

② C50上人型 1:25
剖面图